固体废物生物处理技术

周 成　熊向峰　主　编
王文东　杨道丽　副主编

Biotechnology for Solid Waste Treatment

化学工业出版社
·北京·

内 容 简 介

本书共 10 章，详细介绍了固体废物生物处理的现有技术及前沿研究，内容包括：固体废物及其生物处理概述、微生物对基质的降解利用过程及原理、有机固体废物堆肥技术、蚯蚓堆肥处理固体废物、卫生填埋生物处理技术、沼气化技术、木质纤维素废物的生物炼制、有机固体废物的微生物饲料化处理、蘑菇栽培对农业固体废物的处置、微生物冶金。

本书可以作为高等院校环境相关专业学生系统学习固体废物生物处理技术的教材，还可以作为环保行业研究者开展固体废物资源化利用研究的参考书。

图书在版编目(CIP)数据

固体废物生物处理技术 / 周成，熊向峰主编. -- 北京 ：化学工业出版社，2023. 12
 ISBN 978-7-122-44260-4

Ⅰ. ①固… Ⅱ. ①周… ②熊… Ⅲ. ①固体废物处理－生物处理 Ⅳ. ①X705

中国国家版本馆 CIP 数据核字（2023）第 187682 号

责任编辑：左晨燕　　　　　　　　　装帧设计：刘丽华
责任校对：宋　夏

出版发行：化学工业出版社（北京市东城区青年湖南街 13 号　邮政编码 100011）
印　　装：北京印刷集团有限责任公司
787mm×1092mm　1/16　印张 19½　彩插 1　字数 481 千字　2024 年 2 月北京第 1 版第 1 次印刷

购书咨询：010-64518888　　　　　　售后服务：010-64518899
网　　址：http://www.cip.com.cn

凡购买本书，如有缺损质量问题，本社销售中心负责调换。

定　价：88.00 元

前言

近年来，环境问题日益尖锐，资源日益短缺，影响着人类的生活和生存，合理处理与处置固体废物并将其转化为可供人类利用的资源也越来越引起人们的重视。为了保护环境和发展生产，许多国家不断采取新措施和新技术来处理和利用固体废物，其总的趋势是从消极处理和处置转向积极利用，实现废物的资源化利用。总之，对固体废物的综合利用，实现其资源化和无害化，是节约资源、防止污染的有效途径，而固体废物的生物处理是实现此目的的最佳方法之一。因此，国内高校的环境专业相继开设了涉及固体废物生物处理内容的课程。

然而，国内很少有针对固体废物生物处理技术的著作或教材。编者在固体废物生物处理的教学过程中很难找到相关的参考教材，从而编写了本书以弥补此空缺。

本书介绍了有机固体废物堆肥技术、固体废物的蚯蚓堆肥处理、卫生填埋、沼气化技术、农业固体废物的蘑菇栽培、纤维素废物的生物炼制、有机废物的微生物饲料化处理、微生物冶金等内容。其特点之一是内容全面，因为它不仅包括农业固体废物的生物处理技术，还包括城市固体废物的生物处理技术，以及矿业固体废物的生物处理技术。此外，本书还将部分固体废物生物处理的前沿研究内容如纤维素废物的生物炼制收入进来。因此，本书不仅可以作为学生系统学习固体废物生物处理技术的教材，还可以作为研究者开展固体废物资源化利用研究的参考书。

本书第1章、第2章和第5章由昆明理工大学周成编写；第3和第6章由西安交通大学王文东和李超鲲编写；第4和第9章由昆明理工大学杨道丽编写；第7和第8章由昆明理工大学熊向峰和周成编写；第10章由昆明理工大学熊向峰编写。全书由周成和熊向峰主编，王文东和杨道丽副主编，并由四位老师统稿。

本书的出版得到了昆明理工大学教材建设立项基金以及昆明理工大学环境科学与工程学院的支持，在此表示感谢。

限于编者的理论水平和实践经验，书中难免存在疏漏和欠妥之处，恳请读者批评指正。

编者
2023 年 7 月 10 日

目　录

第1章
固体废物及其生物处理概述

在生产和生活中，许多废物是以固体形式存在，如废纸、饮料罐、废金属、城市垃圾、畜禽粪便等。作为世界第二大经济体，我国的固体废物产量较高，例如 2020 年我国 200 个大中城市一般固体废物产生量约为 18.3 亿吨，同比增长了近 12.0%，但是处理量严重不足（表 1-1）。

表 1-1　我国近年固体废物的产量及处理现状

年份	全国固体废物 产量/亿吨	大中城市固体废物 产量/亿吨	全国固体废物 处理量/亿吨
2015	33.1	19.1	7.4
2016	31.4	14.8	6.7
2017	33.8	13.1	8.2
2018	34.8	15.5	8.7
2019	35.4	16.3	8.8

另外，中国曾是世界上最主要的垃圾进口国家之一（图 1-1 和图 1-2），早在 2016 年时，仅进口的废弃塑料就高达 730 万吨，总值达 37 亿美元。除了塑料，还有废铜、废铁、废铝、废纸等。根据美国废弃金属工业协会提供的数据，仅 2016 年一年，美国就向中国出口了高达 143 万吨的塑料废品和 1320 万吨的纸质废品，总价值 56 亿美元；2016 年，日本 85% 的出口废旧塑料和 70% 的出口废旧纸张都流向了中国。

图 1-1　垃圾进口

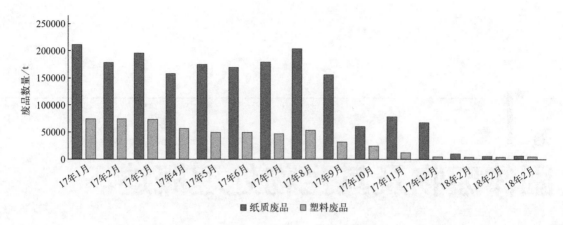

图 1-2 2017 年 1 月至 2018 年 3 月美国出口中国的塑料废品和纸质废品数量变化

对这些固体废物不合理处理和处置会对人们的生产、生活造成损害。因此，我国采取禁止洋垃圾进口的政策。2017 年 7 月，国务院提出全面禁止洋垃圾入境；2018 年的政府工作报告更是首次将严禁"洋垃圾"作为年度重点工作，其目的就是有效防范垃圾进口对我国自然环境和民众健康造成的风险，防止中国成为垃圾倾倒国；从 2018 年 1 月 1 日起，中国拒绝进口 4 大类共 24 种洋垃圾，分别是来自生活的废塑料（8 种）、未经分拣的废纸（1 种）、废纺织品原料（11 种）和钒渣（4 种）。

然而，从本质而言，固体废物是一种资源，如城市垃圾中含有大量有机物，经过分选和加工处理，可作为煤的辅助燃料，也可经过高温分解制取人造燃料油，还可利用微生物的降解作用制取沼气和优质肥料。因此，可将循环经济的发展模式应用于固体废物的处理与处置中。自从提出可持续发展战略以来，发达国家正在把发展循环经济、建立循环型社会看作是实施可持续发展战略的重要途径和实现方式。当今世界各国都在努力实施可持续发展战略，探寻经济发展、环境保护和社会进步共赢的道路。根据国际上多年的实践经验，循环经济是一条有别于传统经济的发展模式，在固体废物的污染治理工作中实现固体废物的循环利用，能够有效解决这些废物造成的污染环境问题，并支持未来经济可持续发展。

自 2020 年 9 月 1 日起，修订后的固体废物污染环境防治法施行，明确了需要进一步促进固废综合利用。目前，我国应该在禁止废塑料进口的同时，推动国内外使用可降解塑料替代普通塑料；在废铜进口方面，一方面其进口量降幅收窄，另一方面国内废铜对精炼铜消费替代；进口废钢下降，未来废钢产量增长动力将主要来自社会废钢供给增加。总之，我国需要进一步提高再生资源回收率，升级改造我国制造业标准，降低资源对外依存度。

此外，合理的固体废物处理与处置技术对实现固废综合利用非常关键。目前，固体形式的废物是可以通过物化的手段（如粉碎、压缩、干燥、蒸发、焚烧等）进行处理与处置。但是这些处理与处置方法最终仍会形成一定量的固体废物残存，容易产生二次污染。

所以，固体废物处理要选择合适的处理方法对废物进行综合利用，减少最终废物排放量，减轻对地区的环境污染，防止二次污染的扩散，同时还能做到总处理费用低且资源利用效率高。但是，选择合适处理方法的前提是必须对利用对象——固体废物进行分类，了解各类固体废物的特性。

1.1　固体废物的概念

前面谈及以固体形式存在的废物（如废弃塑料、废铜、废铁、废铝、废纸等）就是固体废物（solid waste），它是指人类在生产建设、日常生活和其他活动中产生且污染环境的固态、半固态废物质，主要包括垃圾、炉渣、污泥、废弃的制品、破损器皿、残次品、动物尸体、变质食品、人畜粪便等。一些国家还将置于容器中的气态的物品、物质以及法律规定纳入固体废物管理的物品、物质，通称为固体废物。此外，人们还将在各类生产活动中产生的固体废物称为废渣；将生活过程中产生的固体废物则称为垃圾。

对固体废物的本质而言，所谓的"固体废物"实际上只是针对原来的过程而言。在任何生产或生活过程中，对原料、商品或消费品往往仅利用了其中某些有效成分，而大多数固体废物中，仍含有对其他生产或生活过程有用的成分，这些成分经过一定的技术处理，是可以转变为有关行业的生产原料，或可以直接再利用的。因此，固体废物的概念具有一定的相对性。

另外，固体废物一词中的"废"还具有鲜明的时间和空间特征。从时间角度而言，它仅仅相当于目前的科学技术和经济条件下的"废"，但随着科学技术的飞速发展，矿物资源的日趋枯竭，生物资源滞后于人类需求，昨天的废物势必又将开发利用成为明天的资源；从空间的角度看，废物仅仅相当于某一过程或某一方面没有使用价值，而并非在一切过程或一切方面都没有使用价值。因此，某一过程中产生的废物往往可能是另一过程的原料。

1.2　固体废物的分类

固体废物来源广泛，种类繁多且组分复杂，可以按照不同的分类标准进行分类，如可以根据其性质、状态和来源分别进行分类。目前常见分类有：

（1）以组成为标准的分类

按组成可以将固体废物分为：有机固体废物、无机固体废物。

（2）以形态为标准的分类

按形态可以将固体废物分为：固态固体废物、半固态固体废物。

（3）以来源为标准的分类

按来源可以将固体废物分为：工业固体废物、矿业固体废物、城市固体废物、农业固体废物和放射性固体废物五类。

（4）以危害性为标准的分类

按危害性可以将固体废物分为：一般固体废物（常规固体废物）、有毒有害固体废物和危险固体废物。

1.3　固体废物的特征

不同固体废物具有不同的特征，下文按来源将固体废物进行分类，继而分别介绍其相应的特征。

1.3.1　工业固体废物

工业固体废物是指在工业生产和加工过程中所产生的燃料废渣、化工生产废渣及冶炼废渣等固体形式的废物，又称工业废渣或工业垃圾（图1-3）。它常常包含两类：常规工业固体废物和有毒有害工业固体废物。其中，常规工业固体废物包括废渣、粉尘、碎屑、污泥等；有毒有害工业固体废物常常含有毒性物质（如 Cd、Hg、As、Pb）、传染性物质（如病毒、害虫）、易燃物、腐蚀性强的物质、易爆物、放射性强的物质等。

图1-3　工业固体废物

目前，我国工业固体废物综合利用和处置问题突出。工业企业生产过程中产生的废渣越积越多，长期得不到有效处置，给周围环境带来了严重危害，尤其是对土地的危害。

1.3.2　矿业固体废物

矿业固体废物简称矿业废物，指开采和洗选矿石过程中产生的废石和尾矿。由于各种金属和非金属矿石均是与围岩（矿体周围的岩石）共存，在开采矿石过程中，必须剥离围岩，排出废石。此外，采得的矿石通常也需要经过洗选以提高品位，这会形成尾矿；各种金属矿石提取金属后要丢弃大量矿业固体废物。例如，开采 1t 煤，一般要排出 200kg 左右煤矸石（在成煤过程中与煤层伴生的一种含碳量较低、比煤坚硬的黑灰色岩石）。

大量的矿业废物会造成环境的严重污染。例如，矿业废物大量堆存会污染土地，或造成滑坡、泥石流等灾害；废石风化形成的碎屑和尾矿可被水冲刷进入水体，被溶解渗入地下水，被风吹入大气；矿业废物中往往含有砷、镉等有毒元素或放射性元素，可直接危害人体健康。因此，为消除污染，应该对矿业废物进行无害化处理，开展废石和尾矿的综合利用。

1.3.3　城市固体废物

城市固体废物是指居民生活、商业活动、市政建设与维护、机关办公等产生的固体形式的废物，它主要包括居民生活垃圾（图1-4）、医疗废物、商业垃圾、建筑垃圾（又称渣土）。

图 1-4　生活垃圾

(1) 居民生活垃圾

一般来说，城市每人每天的垃圾量约为 1～2kg，其多寡及成分与居民物质生活水平、习惯、废旧物资回收利用程度、市政建筑情况等有关，如国内城市生活固体废物主要为厨房垃圾。随着城市化进程，城市生活固体废物每年的产量十分惊人。在 18 世纪中叶，世界人口仅有 3% 住在城市；到 1950 年，城市人口比例占 29%；1985 年，这个数字上升到 41%。预计到 2025 年，世界人口的 60% 将住在城市或城区周围。这么多人住在或即将住在城市，而城市又是高度集中，若不对城市垃圾进行有效处理，则其所产生的污染可能引发极大的环境问题。随中国城镇化建设推进，城市生活垃圾的产生量也在不断增长，其无害化处理是城市化进程必须解决的难题。

(2) 医疗废物

医疗废物是指医疗卫生机构在医疗、预防、保健以及其他相关活动中产生的具有直接或间接感染性、毒性以及其他危害性的废物（图 1-5）。主要有五类：一是感染性废物；二是病理性废物；三是损伤性废物；四是药物性废物；五是化学性废物。不同于普通的废物和生活垃圾，医疗废物若处置不当，其作为传染源极易引发污染事故，危害周边居民健康，影响当地经济发展。依据《中华人民共和国传染病防治法》和《医疗废物管理条例》等法律法规，国家推行医疗废物集中无害化处置，医疗机构应有专人或部门负责医疗废物处置，并对接医疗废物集中处置机构，进行分类收集、消杀、转运和处置。

图 1-5　医疗废物

(3) 商业垃圾

商业垃圾是指城市商业营业活动中产生的垃圾，包括各类包装材料和容器。另外，在商业经营过程中消耗的票据、证券、宣传品以及因过期、变质、损坏而失去商品价值和政策性强制销毁的商品均可视为商业垃圾。商业垃圾中有相当一部分垃圾通过销售活动转入居民生活垃圾，其中的食品和饮料包装容器往往可以回收和利用。

(4) 建筑垃圾

建筑垃圾（又称渣土）是指建设、施工单位或个人对各类建筑物、构筑物、管网等进行建设、铺设或拆除、修缮过程中所产生的渣土、弃土、弃料、淤泥及其他废物。这些材料对于建筑本身而言是没有任何帮助的，但却是在建筑的过程中产生的物质，需要进行相应的处理。建筑垃圾经分拣、剔除或粉碎后，大多可以作为再生资源而被重新利用，如废钢筋、废铁丝、废电线等金属，经分拣、重新回炉后，可以再加工制造成各种规格的钢材；废弃的竹材和木材则可以用于制造人造木材；砖、石、混凝土等废料经粉碎后，可以代替砂，用于砌筑砂浆、抹灰砂浆等，还可以用于制作铺道砖、花格砖等建材制品。

1.3.4　农业固体废物

农业固体废物是指农业生产、畜禽饲养、农副产品加工、农村居民生活中产生的固体形式的废物（图 1-6）。

图 1-6　农业固体废物

我国是农业大国，近年来中国粮食作物播种面积稳定在 15 亿亩（1 亩＝666.67m²）左右；在畜牧养殖中，2020 年全国畜牧业总产值破 4 万亿元，达 40266.67 亿元。国家统计局数据显示：2020 年生猪存栏 37039 万头，同比增长 20.7%。但农牧业的丰收也带来了大量农业固体废物的处置难题，秸秆和稻壳等被焚烧造成空气的污染，牛羊猪粪处置不当影响当地的环境卫生，尤其是农业生产的集约化，畜禽粪便未经有效处理直接排入环境，会严重污染空气和水体。在新修订的《中华人民共和国固体废物污染环境防治法》中，首次提出了农业废物的污染防治问题。其实，这些农业固体废物含有大量的生物质能，是可以转换为清洁燃料的环保型可再生能源，但是对农村固体废物的处理，大多数地区还没有提上日程。因此，如何利用农业固体废物是我国农业发展和环境保护面临的重要问题。目前，生物质能的开发利用研究已经作为我国可持续发展技术的重要内容之一，被列入我国 21 世纪发展议程。

1.3.5　放射性固体废物

放射性固体废物是指放射性核素含量超过国家规定限值的有害性固体废物。常以辐射形式或其他途径（如食物链）进入人体而危害人体健康。

放射性固体废物主要来源于放射性矿物的加工以及放射性物质在核电站、工业、医学和科学研究等方面的利用过程和核武器试验等。例如，目前核能工业的主要原料是铀，铀矿开采为核燃料生产的第一个环节。铀矿石种类繁多，凡含氧化铀的平均品位为 0.22% 者属于富矿，有工业开采价值的品位一般在 0.05% 以上。因此，其开采势必形成废石和尾矿渣。铀矿石中所含的天然铀，其衰变后会产生一系列放射性核素 [铀镭系，它是指由铀-238 多次连续衰变而成的一系列核素，包括铀-238、钍-234、镤 234、铀-234、钍-230、镭-226、氡-222、钋-218、铅-214、铋-214、钋-214、铊-210、铅-210、铋-210、钋 210 及铅-206（稳定）]。这些核素分别放出 α、β 或 γ 射线，其中镭为重要的污染物，在水冶过程中，约有 98% 以上留在尾矿渣内，危害最大；氡为气体，在通风不良的作业区，也容易造成危害。镭的三种子体（钋、铅、铋）和钋均为固体，半衰期都较短，如在大气中生成，会迅速附着在灰尘颗粒或其他固体物质的表面，从而延长飘浮时间，进入人体后可能沉积于呼吸道和肺部。

此外，铀常与其他金属如钍、钒、钼、铜、镍、铅、钴、锡等共生，甚至在磷酸盐岩、硫化矿物和煤中也有铀。因此含铀矿渣内不仅有放射性核素，而且可能有其他伴生的重金属元素。

随着核能源的日益发展，放射性固体废物的量迅速增加，控制和防止其在环境中产生放射性污染，是环境保护的重要方面，如日本福岛核事故和福岛核废水排入太平洋事件。

1.4　固体废物产生的必然性及其污染现状与危害

1.4.1　固体废物产生的必然性

目前认为：固体废物的产生是必然的，这可以通过耗散结构理论来理解。耗散结构理论是比利时的俄裔科学家伊里亚·普里戈金（Ilya Prigogine）提出的，此理论可概括为：一个远离平衡态的非线性的开放系统（不管是物理的、化学的、生物的乃至社会的、经济的系统）通过不断地与外界交换物质和能量，在系统内部某个参量的变化达到一定的阈值时，通过涨落，系统可能发生突变即非平衡相变，由原来的混沌无序状态转变为一种在时间上、空间上或功能上的有序状态。这种在远离平衡的非线性区形成的新的稳定宏观有序结构，由于需要不断与外界交换物质或能量才能维持，因此被称之为"耗散结构"（dissipative structure）。

耗散结构理论可用于化学反应中的有序结构、生物进化、核反应过程和生态系统中的人口分布、环境保护、交通运输、城市发展等问题的研究。比如，工厂的生产系统就是一个耗散结构，它不断依靠外界供给原材料（各种消费资料等）生产产品，并不断把废品和废料排到外界，也就是通过与外界的物质交流，从外界取得能量和负熵（把正熵给予外界），才得以维持和发展，一旦与外界的交流断绝了，工厂的生产系统便趋于停滞。

可见，对系统（如工厂的生产系统）而言，向环境排出废物是系统维持其有序性所必须的，即系统向环境排出废物是不可避免的，作为废物的组成成员，固体废物产生在人类活动中是必然的（图1-7）。

图1-7　耗散结构理论与环境问题

此外，分析以上固体废物产生的途径，还可以获得两点启示：

① 人类的一切活动相对于外界环境而言，只不过是开发和利用了自然资源，而最终将资源以废物的形式回归于环境。这种对资源的"利用与归还"经常处于交变状态。在生产与产品的消费过程中，均产生各种形态的废物，这些废物一部分在生产与消费中得到回收和再利用，与在环境中开发的原料等量的部分，是以废物的形式返回到自然环境中，形成一个相对封闭的循环系统。

② 在现代社会中，人类活动的每一环节均产生各种状态的废物，从环境原料的开发直至产品的利用，无一例外。减少废物产量的途径是降低单位产品原料的消耗量，减少原料的开发，但是人类的生存和社会的发展使得人类需要不断生产各种所需的产品。因此，固体废物产生是必然性的，这是因为人类在索取、利用自然资源时，限于实际需要和技术条件，必然丢弃一部分材料；此外，产品有使用寿命，最终产品会失去使用价值，变成废物。

1.4.2　固体废物的现状

施行《中华人民共和国固体废物污染环境防治法》以来，我国的固体废物污染防治工作已取得一定成效，但固体废物污染仍然十分严重。

目前我国固体废物的现状是，工业固体废物综合利用率稳中有升，城市生活垃圾无害化处理率逐步提高，危险废物处理处置有所加强。例如，2018年全国大、中城市一般工业固体废物综合利用量8.6亿吨，处置量3.9亿吨，贮存量8.1亿吨，倾倒丢弃量4.6万吨。一般工业固体废物综合利用量占利用处置总量的41.7%，处置和贮存分别占比18.9%和39.3%；2022年244个大、中城市工业固体废物产量达19.2亿吨，综合利用量8.5亿吨，处置量3.1亿吨，贮存量3.6亿吨，倾倒丢弃量13.5万吨，一般工业固体废物综合利用量占利用处置总量的61.9%，处置和贮存分别占比24.7%和13.4%。城市生活垃圾产生量也在不断增长，无害化处理得到加强。根据生态环境部的公布，2017年，202个大、中城市生活垃圾产生量为2.02亿吨，较2016年均有所提高。2013—2017年，我国城市生活垃圾产生量的复合增长率为5.75%，到2022年公布的垃圾产生量约为16816.1万吨，处置率达到97.8%。另外，2019年，全国196个大、中城市工业危险废物产生量达4498.9万吨，综合利用量2491.8万吨，处置量2027.8万吨，贮存量756.1万吨。工业危险废物综合利用量占利用处置及贮存总量的47.2%，处置量、贮存量分别占比38.5%和14.3%。2022年，全国

244 个大、中城市工业危险废物产生量达 2436.7 万吨，综合利用量 1431.0 万吨，处置量 889.5 万吨，贮存量 138.0 万吨。工业危险废物综合利用量占利用处置及贮存总量的 58.2%，处置量、贮存量分别占比 36.2% 和 5.6%。

当前固体废物防治工作存在的突出问题主要有：

① 工业固体废物综合利用和处置问题突出，工业企业生产过程中产生的废渣越积越多，长期得不到有效处置，给周围环境带来了严重危害，许多省市的废渣危害突出，乡镇企业的工业固废处置更是薄弱环节，如磷石膏问题（图 1-8）；

② 城市生活垃圾处理设施的能力不足、标准不高，处理方式单一，生活垃圾急剧增加，采用卫生填埋处理方式又使得土地资源不堪重负；

③ 危险废物集中处置能力低，危险废物紧急事故快速反应能力长期处于较低水平。

图 1-8　磷石膏堆积场（上左）、坝体（上右）和坝体下方收集的浸出液（下）

此外，农村固体废物污染问题日益严重。根据 2020 年生态环境部、国家统计局联合国家农业农村部发布《第二次全国污染源普查公报》公布的数据显示：2017 年全国种植业秸秆产生量为 8.05 亿吨，秸秆可收集资源量 6.74 亿吨，秸秆利用量 5.85 亿吨，可回收资源利用率为 86.8%；畜牧养殖业造成的水污染物排放量中化学需氧量 1000.53 万吨，氨氮 11.09 万吨，总氮 59.63 万吨，总磷 11.97 万吨。总体看来，我国农业污染问题依然严峻。

1.4.3　固体废物的危害

固体废物中含有许多污染物，如有害微生物（包括病毒、致病菌、寄生虫卵等）、无机污染物（包括重金属）、有机污染物（包括有机的致癌物）和其他污染物（如氮、磷、放射性物质、具有恶臭的物质等）。这些污染物会对人们的生产、生活造成损害，如果未经处理的工业废物和生活垃圾简单露天堆放，不仅占用土地，破坏景观，而且废物中的有害成分不但可通过风进行空气传播，还可以经过雨水侵入土壤和地下水源，污染河流，造成固体废物污染，具体表现在以下几个方面：

(1) 污染水体

一些固体废物未经无害化处理而随意堆放，将随天然降水或地表径流而流入河流或湖泊，长期淤积可使水面缩小，若其具有有害的成分，则危害将更大。固体废物的有害成分，如汞（来自红塑料、霓虹灯管、电池、朱红印泥等）、镉（来自印刷、墨水、纤维、搪瓷、玻璃、镉颜料、涂料、着色陶瓷等）、铅（来自黄色聚乙烯、铅制自来水管、防锈涂料等）等微量元素，如果处理不当，能随溶沥水进入土壤，从而污染地下水，同时也可能随雨水渗入水网，流入水井、河流以至附近海域，若被植物摄入，可通过食物链进入人体，最终影响人体健康。例如，在我国个别城市发现：垃圾填埋场周围的地下水色度、总细菌数、重金属含量等污染指标均出现严重超标的情况。

(2) 污染大气

一些固体废物的微粒会向大气飘散，对大气造成污染。固体废物在收运、堆放过程中未作密封处理，有的经日晒、风吹、雨淋和焚化等作用，挥发出大量废气或粉尘；有的发酵分解后产生有毒气体，向大气中飘散，造成大气污染。焚烧是处理固体废物目前较为流行的方式，但是焚烧将产生大量的有害气体和粉尘；一些有机固体废物长期堆放，在适宜的温度和湿度下会被微生物分解，同时释放出有害气体。例如，生活垃圾焚烧烟气中的二噁英是近几年来世界各国普遍关心的问题。二噁英（dioxins）是指多氯取代的含氧三环芳烃。广义上有多氯取代的二苯并-P-二噁英（polychlorinated dibenzo-p-dioxins, PCDDs）、多氯取代的二苯并呋喃（polychlorinated dibenzofurans, PCDFs）和多氯联苯（polychlorinated biphenyls, PCBs）三大类。由于氯原子取代的位置和数量不同，二噁英类化合物多达百种，其中毒性最强、研究最多的是 2,3,7,8-四氯二苯并二噁英（2,3,7,8-tetrachlorodibenzo-para-dioxin, TCDD）。二噁英的生成方式主要是燃烧生成，其生成的来源是石油产品和含氯塑料，它们是二噁英的前体。二噁英的最佳生成温度为 300℃，但是在 400℃ 以上时，仍然有二噁英生成的可能；当温度达到 800～950℃ 时，二噁英会发生氧化反应，分解产生无毒的芳烃。此外，二噁英的生成与燃烧效率还有直接的关系。二噁英类剧毒物质对环境造成很大危害，早在 1997 年，国际癌症研究机构（International Agency for Research on Cancer, IARC）就将 TCDD 归为一级致癌物。此外，2023 年 2 月美国俄亥俄州火车脱轨导致有毒化学品泄漏事故（图 1-9），对车厢内的氯乙烯进行所谓的"控制释放"，该过程涉及化学品的燃烧，产生致命烟雾——光气和二噁英，引发诸如周围生物死亡和危害周围居民的健康等环境问题。

图 1-9 美国俄亥俄州火车脱轨导致的有毒化学品泄漏事故

（3）污染土壤

土壤是植物赖以生存的基础，是许多细菌、真菌等微生物聚居的场所，这些微生物在土壤功能的体现中起着重要作用，它们与土壤本身构成了一个平衡的生态系统，而未经处理的有害固体废物，经过风化、雨淋、地表径流等作用，其有毒液体将渗入土壤，进而杀死或抑制土壤中的微生物，破坏土壤的生态平衡，污染严重的地方甚至寸草不生。

此外，固体废物污染土壤还表现在：①土壤渣化，例如长期使用带有碎砖瓦砾的"垃圾肥"，土壤就严重"渣化"；②病原菌通过土壤进入食物链，带有病菌、寄生虫卵的粪便施入农田，一些根茎类蔬菜、瓜果附着土壤中的病菌、寄生虫卵，威胁人体健康。必须提及的是，近年来，我国禁止农民焚烧秸秆，有些地区采用直接秸秆还田，秸秆未能及时腐化，掺杂在土壤中的秸秆会妨碍小麦等农作物根系的发育和水分、矿物质的吸收，严重的会导致农作物的直接死亡；秸秆直接还田还会导致严重农作物病虫害。因此，解决农业秸秆问题迫在眉睫。

（4）侵占土地

固体废物不像废气、废水那样到处迁移和扩散，但是其存放必须占用大量的土地。城市固体废物侵占土地的现象日趋严重，如 2022 年统计的 244 个大、中城市一般工业固体废物的倾倒丢弃量就达到 13.5 万吨，这会侵占大量的土地。此外，不断增加的废物产生量（例如，据统计 2019 年的城市生活垃圾产生量为 23560.2 万吨）迫使许多城市利用城郊边缘的大片农田来堆放这些固体废物，形成大片白色垃圾围城的景象。王久良导演于 2010 年拍摄的《垃圾围城》就是一部反映此情况的纪录片。在一年半的时间里，王久良导演通过对北京周边几百座垃圾场的走访与调查，最后用朴素与真实的影像向我们呈现了垃圾包围北京的严重态势。

（5）其他危害

固体废物在城市里大量堆放而又处理不妥，不仅妨碍市容，而且有害城市卫生。城市堆放的生活垃圾，非常容易发酵腐化，产生恶臭，招引蚊蝇、老鼠等的滋生繁衍，继而容易引起疾病的传染；在城市下水道的污泥中，还含有几百种病菌和病毒，威胁着人们的健康。

此外，城市的清洁卫生文明，很大程度同固体废物的收集、处理有关，尤其是作为国家卫生城市和风景旅游城市，对固体废物不妥善处理，容易引起传染病等疾病的扩散，将会造成一定的经济损失和非常不良的社会影响。

1.5　固体废物处理与处置

固体废物的处理和利用有悠久的历史。早在公元前 3000—1000 年，古希腊米诺斯文明时期，克里特岛的首府诺萨斯就出现将垃圾覆土埋入大坑的处理方法。但大部分古代城市的固体废物都是任意丢弃，年复一年，甚至使城市埋没，有的城市是后来在废墟上重建的，如英国巴斯城的现址，比它在古罗马时期的原址高出 4～7m。

为了保护环境，古代有些城市颁布过管理垃圾的法令。古罗马的一个标志台上写着"垃圾必须倒往远处，违者罚款"；1384 年英国颁布禁止把垃圾倒入河流的法令；苏格兰大城市爱丁堡 18 世纪设有废料场，将废料分类出售；1874 年英国建成世界第一座焚化炉，垃圾焚化后，将余烬填埋；1875 年英国颁布公共卫生法，规定由地方政府负责集中处置垃圾，最早的处置方法主要是填埋或焚烧。

中国、印度等亚洲国家，自古以来就有利用粪便和利用垃圾堆肥的处置方法。我国早在三千年前的西周时期就已经开始使用肥料，当时人们发现田间腐烂的杂草有利于农作物的生长，这便是肥料的雏形。同时，《齐民要术》中详细记载了肥料的制作方法，使用作物茎秆与牛粪尿混合，经过堆积制作而成。秦汉时期，蚕矢、缲蛹汁、骨汁、豆萁、河泥、厩肥等被作为肥料，其中厩肥被广泛运用。我国出土过大量的连厕圈遗址，由猪圈和厕所连接在一起组成，反映出当时人们对粪肥利用的重视。

进入 20 世纪后，随着生产力的发展，人口进一步向城市集中（例如美国 100 年前 80％人口在农村，现在 80％人口在城市），消费水平迅速提高，固体废物排出量急剧增加，引发严重的环境问题。20 世纪 60 年代中期以后，环境保护受到重视，污染治理技术迅速发展，大体上形成一系列处置方法。20 世纪 70 年代以来，美国、英国、德国、法国、日本等国由于废物放置场地紧张，处理费用大，资源缺乏，提出了"资源循环"的概念。为了加强固体废物的管理，许多国家设立了专门的管理机关和科学研究机构，研究固体废物的来源、性质、特征和对环境的危害；研究固体废物的处置、回收、利用的技术和管理措施，以及制定各种规章和环境标准，出版有关书刊。固体废物的处理和利用，逐步成为环境工程学的重要组成部分。

为了保护环境和发展生产，许多国家还不断采取新措施和新技术来处理和利用固体废物。矿业废物从在低洼地堆存，发展为矿山土地复原、安全筑坝等。工业废物从消极堆存，发展到综合利用。城市垃圾从人工收集和输送发展到机械化、自动化和管道化收集输送；从无控制的填埋，发展到卫生填埋和滤沥循环填埋；从露天焚化和利用焚化炉，发展到回收能源的焚化、中温和高温分解等；从压缩成型发展为高压压缩成型。城市有机垃圾和农业有机废物还用于制取沼气。工业有害废渣从隔离堆存发展到化学固定、化学转化以防止污染。

目前，在处理与处置固体废物时，其总的趋势是从消极处理与处置转向积极利用，实现废物的再资源化利用。

① 对城市垃圾进行分选回收。根据垃圾的化学、物理性质，如密度、电磁性、颜色、回弹性、可燃性等进行分选，再用干法、水浆机法、高温或中温分解等方法处理，从中回收金属、玻璃、造纸原料、塑料等物资，同时回收热能和可燃气体。

② 对于工业废渣，大多作为资源被综合利用。例如，2022 年我国重点调查工业企业的粉煤灰产生量为 4.6 亿吨，综合利用率为 87.5％；工业企业的冶炼废渣产生量为 3.4 亿吨，综合利用率为 92.6％；工业企业尾矿产生量为 10.5 亿吨，综合利用率为 29.4％。

另外，在处理与处置固体废物时，优先考虑是否可以采取管理和工艺措施从固体废物中回收有用的物质和能源，即资源的再利用问题，以减少对环境的污染；此外，由于固体废物的种类多，危害程度和方式不尽相同，在处理与处置固体废物时应根据不同废物的危害程度与特性，区别对待、分类管理。例如医疗废物一般因可能含传染性微生物而属于具有特别严重危害性质的危险废物，在处理和处置上应该更为严格，实行特殊控制。再者，安全性是必须要考虑的问题，即处理与处置固体废物时，要遵循安全处理和处置的原则。安全性包括处理与处置场所的安全可靠、对自然环境的安全、对操作人员和周围居民的安全等。例如在对危险废物和放射性废物进行处理与处置时，应该考虑最大限度地与自然界和人类环境隔离，处理与处置场所要有完善的环保监测设施，且处理与处置过程要有严格的管理措施和维护，使其处理与处置对环境和人类的影响减至最低程度。

我国于 20 世纪 80 年代中期提出了"无害化""减量化""资源化"的控制固体废物污染的处理原则，这无疑是今后固体废物处理和利用的大趋势。

1.5.1　固体废物的处理原则

固体废物处理是通过物理的手段（如粉碎、压缩、干燥、蒸发等）或生物化学作用（如氧化、消化分解、吸收等）和燃烧或热解气化等化学作用以缩小其体积，加速其自然净化的过程，在此过程中一般遵循对固体废物的资源化、无害化和减量化处理原则。

（1）无害化

无害化是指经过适当的处理或处置，使固体废物或其中的有害成分无法危害环境，或转化为对环境无害的物质。其基本任务是将固体废物通过工程处理，达到不损害人体健康、不污染周围的自然环境的目的。常用的方法有：土地填埋、焚烧法、堆肥法等。

（2）减量化

减量化是指通过适宜的手段减少和减小固体废物的数量和容积。这可以从两方面着手：一方面减少产生（前端），另一方面对其进行处理和利用（末端）。

（3）资源化

资源化是指采用适宜的工艺，从固体废物中回收有用的物质和能源。一般而言，固体废物的资源化有以下三条途径：

① 固体废物回收利用，包括分类收集、分选和回收。

② 固体废物转换利用，即通过一定技术将废物组分处理形成新形态的物质。如利用垃圾微生物分解可堆腐有机物，产生肥料；用某些塑料裂解生产汽油或柴油等。

③ 固体废物转化为能源，即通过化学或生物转换，释放废物中蕴藏的能量，并加以回收利用，如垃圾焚烧发电或填埋气体发电等。

此外，目前防治固体废物污染和利用固体废物资源的措施主要有以下 4 个：

① 改革生产工艺，减少固体废物的产生。提高产品质量，生产使用寿命长的产品，使物品不至于很快变成废物；采用精料，减少生产过程中的废物排放量，例如在选矿工序中，提高铁矿石品位，可以少投加造渣剂和焦炭，从而减少高炉渣的排放量。

② 发展物质循环利用工艺。改革传统工艺，发展物质循环利用工艺，使生产第一种产品的废物，成为生产第二种产品的原料，使生产第二种产品的废物又成为生产第三种产品的原料等，最后只剩下少量废物排入环境，这样能取得经济的、环境的和社会的三方面效益。

③ 把固体废物纳入资源管理范围，制订固体废物资源化方针和鼓励利用固体废物的政策；建立起固体废物资源化体系，把有明确用途的废物纳入资源分配计划，暂时不能利用的废物可作为后备资源储藏起来。

④ 制定固体废物的管理法规，如有关防治固体废物的污染和利用固体废物的政策都可通过立法手段体现出来。

1.5.2　固体废物处理

固体废物处理可以分为以下 3 类。

(1) 物理处理

此法是通过浓缩或相变化来改变固体废物的结构，使它便于运输和利用，或形成最终处置的形态。

① 压实技术 压实是一种普遍采用的固体废物的预处理方法，它是通过对废物实行减容化，降低运输成本，延长填埋寿命的预处理技术。适于压实减少体积处理的固体废物，如汽车、易拉罐、塑料瓶等，通常采用压实进行预处理；一些固体废物，如焦油、污泥、液体物料或某些可能引起操作问题的废物，一般不宜作压实处理。

② 破碎技术 为了使进入焚烧炉、填埋场、堆肥系统等的废物外形减小，必须预先对固体废物进行破碎处理，经过破碎处理的废物，由于消除了大的空隙，不仅尺寸大小均匀，而且质地也均匀，利于在填埋过程中的分层压实。固体废物的破碎方法很多，主要有冲击破碎、剪切破碎、挤压破碎、摩擦破碎等，此外还有低温破碎和混式破碎等方法。

③ 分选技术 固体废物分选是实现固体废物资源化、减量化的重要手段，通过分选将有用的废物充分选出来并加以利用，同时将有害的废物充分分离出来，方便单独处理；另一种是将不同粒度级别的废物加以分离，分选的基本原理是利用物料在某些方面的特性差异而将其分离开来。例如，利用废物中的磁性和非磁性的差别进行分离；利用粒径尺寸差别进行分离；利用密度差别进行分离等。根据不同性质，可设计制造各种机械对固体废物进行分选，包括手工拣选、筛选、重力分选、磁力分选、涡电流分选、光学分选等。

(2) 化学处理

此法是采用化学方法破坏固体废物中的有害成分，达到无害化或将其转变为适于进一步处理与处置的形态。

① 固化技术 固化技术是通过向固体废物中添加固化基材，使有害固体废物固定或包容在惰性固化基材中的一种无害化处理过程，经过处理的固化产物应该具有良好的抗渗透性、机械性以及抗浸出性、抗干湿、抗冻融等特性。固化处理根据固化基材的不同可分为：沉固化、沥青固化、玻璃固化及胶质固化等。

② 焚烧和热解技术 焚烧法是固体废物经过高温分解和深度氧化的综合处理过程，其优点是大量有害的废料分解变成无害的物质。由于固体废物中可燃物的成分比例逐渐增加，采用焚烧方法处理固体废物，利用其热能已成为有机固体废物资源化的主要备选技术。有机固体废物经过此种方法处理后，其占地减少，处理能力增大，并且许多焚烧厂还可以设能量回收系统以回收热能。以日本为例，由于其土地紧张，采用焚烧法逐渐增多，焚烧过程获得的热能可用于发电，也可以供居民取暖，维持温室等。目前日本及瑞士每年把超过 65% 的都市废料进行焚烧，实现了能源的再生。但是焚烧法也有缺点，如投资较大，焚烧过程排烟造成二次污染，设备锈蚀现象严重等。

热解是将有机物在无氧或缺氧条件下高温（500～1000℃）加热使之分解为气、液、固三类产物，与焚烧法相比，热解法则是更有前途的处理方法，它最显著的优点是基建投资少。

(3) 生物处理

此法是利用微生物对有机固体废物的分解作用使其得到处理，并可以使有机固体废物转化为能源、食品、饲料和肥料，还可以用来从废品和废渣中提取金属，它是固体废物资源化的有效方法。目前应用比较广泛的有：堆肥化、沼气化、废纤维素糖化、废纤维饲料化、微生物浸出等。

1.5.3　固体废物处置

固体废物处置是指最终处置或安全处置，常常是固体废物污染控制的末端环节，是解决固体废物的归宿问题。一些固体废物经过处理和利用，总还会有部分残渣存在，而且很难再加以利用，这些残渣可能又富集了大量有毒有害成分；还有一些固体废物目前尚无法利用，它们都将长期地保留在环境中，是一种潜在的污染源。为了控制其对环境的污染，必须进行最终处置，使之最大限度地与生物圈隔离。

一般固体废物处置方法包括海洋处置和陆地处置两大类。

（1）海洋处置

海洋处置主要分海洋倾倒与远洋焚烧两种方法。近年来，随着人们对保护环境生态重要性认识的加深和总体环境意识的提高，海洋处置已受到越来越多的限制。

（2）陆地处置

陆地处置包括农用、土地填埋、深井灌注、尾矿坝或废矿坑处置等几种，其中土地填埋法是一种最常用的方法。

① 农用　它是利用表层土壤的离子交换、吸附、微生物降解以及渗滤水浸出、降解产物的挥发等综合作用机制处置固体废物的一种方法。该技术具有工艺简单、费用适宜、设备易于维护、对环境影响很小、能够改善土壤结构、增长肥效等优点，主要用于处置含盐量低、不含毒物、可生物降解的固体废物。如污泥和粉煤灰施用于农田作为一种处理方法已引起关注。

② 土地填埋处置　它是从传统的堆放和填埋处置发展起来的一项最终处置技术。因其工艺简单，成本较低，适于处置多种类型的废物，目前已成为一种处置固体废物的主要方法。

土地填埋处置种类很多，采用的名称也不尽相同。按填埋地形特征可分为山间填埋、平地填埋、废矿坑填埋；按填埋场的状态可分为厌氧填埋、好氧填埋、准好氧填埋；按法律可分为卫生填埋和安全填埋等。随填埋种类的不同，其填埋场构造和性能也有所不同。一般来说，填埋系统主要包括：废物坝、雨水集排水系统（含浸出液集排水系统、浸出液处理系统）、释放气处理系统、入场管理设施、入场道路、环境监测系统、飞散防止设施、防灾设施、管理办公室、隔离设施等。

③ 其他方法　深井灌注是将液状废物注入地下与饮用水和矿脉层隔开的可渗性岩层内。一般废物和有害废物都可采用深井灌注方法处置。但主要还是用来处置那些难于破坏、难于转化、不能采用其他方法处理或者采用其他方法费用昂贵的废物。深井灌注处置前，需使废物液化。深井灌注处置系统的规划、设计、建造与操作主要分为废物的预处理、场地的选择、井的钻探与施工，以及环境监测等几个阶段。

此外，尾矿坝形成的空间和废弃矿井形成的地下空间都是可以充分利用的资源，因此可以考虑采用尾矿坝或废矿坑处置固体废物，例如可以考虑利用尾矿坝处置尾矿，废弃矿井处置放射性废物，这不仅能满足废物的处置需求，还可以实现资源的再利用。但是选址时，需要考虑地质条件、废物类型、水文地质、矿山类型和环境保护等因素。

1.6　适合生物处理的固体废物

从生态系统的角度而言，能够用于固体废物生物处理的生物是属于分解者或是一小部分消费者，在此根据它们是否对有机固体废物有需求，将这些生物简单归纳为两大类，异养类和自养类。前者主要包括异养细菌和腐朽真菌以及以有机质为食的蚯蚓等；后者包括自养微生物。

适合异养类生物处理的固体废物一般要满足以下条件：含有生物生长所必需的元素和营养成分，如人体排泄的尿和粪的混合物。人粪约含 70%～80% 的水分，20% 的有机质（纤维类、脂肪类、蛋白质和硅、磷、钙、镁、钾、钠等盐类及氯化物），少量粪臭质、粪胆质和色素等。人尿含水分和尿素、食盐、尿酸、马尿酸、磷酸盐、铵盐、微量元素及生长素等。可以通过异养类生物对固体废物吸收利用而将固体废物减量化或转化形成其他可利用的物质，这将是本书在以后章节中介绍的主要内容。

另外，适合自养类生物处理的固体废物一般要满足以下条件：因为自养生物可以制造有机物，它们只需要从外界环境中获取所需的无机物和水就能够生长繁殖，因此固体废物只要含有生物生长所必需的无机盐和水，就能够支持自养类生物的生长，但需要考虑如何将固体废物的无机物由不溶解状态转化为可溶解状态的问题。

1.7　固体废物生物处理的特点

不同于固体废物的物理和化学处理，固体废物生物处理具有以下独特的特点：

① 固体废物生物处理本质上是生物对作为生长基质的固体废物进行降解、吸收和利用的过程，其中生物主要是指异养微生物，它们利用固体废物获得生长所需的能量、中间代谢产物和还原力 [H]，继而利用三种成分合成生长所需的一切物质，实现生物自身的生长和繁殖。因此生物对基质的降解利用过程和原理是学习固体废物生物处理的理论基础。

② 固体废物生物处理具有"饲养"的特点。与畜牧业中的饲养猪、牛、羊等类似，固体废物生物处理，尤其是采用微生物对固体废物进行处理时，就如同"饲养"微生物，是通过微生物的生长繁殖进行不断循环的过程，最终将固体废物降解或转化，实现固体废物的减量化、资源化和无害化。

③ 因为微生物一般体积小，因此固体废物生物处理具有"以数量取胜"的特点。例如，采用微生物对固体废物进行处理，通过目标微生物生长繁殖的不断循环过程，增加目标微生物的数量。一般而言，目标微生物的数量越多，将固体废物降解或转化利用的量就越大，利用效率就越高。

④ 固体废物生物处理中，稳定的固体废物生物处理体系构成生态系统，目标生物常常参与并在此生态系统中作为关键物种而存在。

复习思考题

1. 什么是固体废物，它具有哪些特点？
2. 试分析固体废物产生的必然性。
3. 我国处理固体废物的原则是什么？
4. 适合生物处理的固体废物有哪些？
5. 简单分析固体废物生物处理的特点。

第2章
微生物对基质的降解利用过程及原理

生物对基质的降解利用与生物在自然界中承担的功能有关。各种生物对固体废物基质的降解利用就是将固体废物基质分解为简单小分子物继而吸收并代谢的处理过程,其扮演的角色就是生态系统中的分解者。因此,寻求能对固体废物处理的生物一般应该在分解者中寻找。那么这些分解者是如何将固体废物基质(以下简称基质)进行降解利用的呢?下文将以微生物为例,介绍微生物对基质的降解利用过程及原理,其他生物如蚯蚓对基质的降解利用将在第4章进行介绍。

图 2-1 概括了微生物对基质的降解利用过程及原理,图中微生物对基质的降解利用包括了以下几个步骤:

① 微生物对营养(环境信号)的感测;
② 微生物对大分子营养物质和无机盐的水解;
③ 微生物对小分子营养物质的跨膜(细胞膜)转运;
④ 营养物质在微生物细胞内的转运;
⑤ 营养物质在微生物细胞内的代谢。

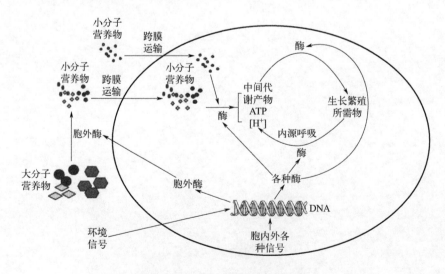

图 2-1 微生物对基质的利用示意图

　　微生物通过以上几个步骤实现其对基质的降解利用，最终导致自身的生长与繁殖。对微生物而言，其生命的本质最终在于繁殖以维持其物种的延续，微生物对基质的降解利用是实现此目标的必要途径。据此，下文先介绍微生物生长繁殖的条件和与基质的降解利用相关的营养方式，继而介绍微生物对基质的降解利用的过程及原理。

2.1　微生物生长繁殖的条件

　　微生物细胞的化学分析表明，微生物是由约 27 种生物元素（bioelements）组成的。微生物作为分解者，其生命活动所需的能量和物质必须从外界环境中获取，即这些生物元素或以化合物的形式（如由 C、H 和 O 组成的各种碳源），或以离子的形式（如 Na^+、K^+、Mg^{2+} 等）被微生物细胞以不同的方式从菌体外界环境中运入菌体细胞内。

2.1.1　碳源

　　凡是能够提供微生物细胞物质和代谢产物中碳素来源的营养物质称为碳源，它包括两类——有机碳源和无机碳源，其中有机碳源不仅用于构成微生物的细胞物质和代谢产物，而且还为微生物生命活动提供能量；无机碳源（如 CO_2）常常被自养微生物所利用并合成自身的含碳化合物（常常为葡萄糖）。

　　微生物能够利用的碳源种类是极其广泛的，从简单的含碳化合物如葡萄糖等，到各种复杂的有机物，如多糖及其衍生物、脂类、醇类、有机酸、烃类、芳香族化合物等，它们的分类如下：

（1）单糖类碳源

　　单糖类碳源包括五碳糖（如果糖）、六碳糖（如葡萄糖）、半乳糖、甘露糖以及其他一些单糖（如山梨糖、阿拉伯糖、木糖和鼠李糖等）。在所有的糖类化合物中，葡萄糖一般是微生物最喜好的碳源。

（2）双糖类碳源

　　常见的双糖有麦芽糖、纤维二糖、蔗糖和乳糖。

（3）寡糖类碳源

　　两个及两个以上（一般指 2～10 个）单糖单位以糖苷键相连形成的糖分子。寡糖经水解后，每个分子产生为数较少的单糖。常见的寡糖有棉籽糖、水苏糖等。

（4）多糖类碳源

　　常见的多糖有纤维素、半纤维素、淀粉和木质素等。

（5）醇类碳源

　　分子中含有跟烃基或苯环侧链上的碳结合的羟基的化合物叫做醇，其官能团为—OH。

　　自然界有许多种醇，在发酵液中有乙醇及其同系列的其他醇。植物香精油中有多种萜醇和芳香醇，它们以游离状态或以酯、缩醛的形式存在。还有许多醇以酯的形式存在于动植物油、脂、蜡中。一般而言，醇类物质能够被微生物所利用。

（6）脂类碳源

　　由脂肪酸和醇作用生成的酯及其衍生物统称为脂类，包括油脂（甘油三酯）和类脂（磷脂、固醇类）。脂类范围很广，其化学结构有很大差异，其共同物理性质是不溶于水而溶于有机溶剂，在水中可相互聚集形成内部疏水的聚集体。

（7）无机碳源

一般将二氧化碳、碳酸氢钠等含碳的无机物称为无机碳源。它们是自养微生物合成自身有机物的原料。

2.1.2 氮源

凡是构成微生物细胞物质和代谢产物中氮素来源的营养物质称为氮源，它主要用于合成微生物的细胞物质及代谢产物中的含氮化合物，一般不提供能量。

氮是构成重要生命物质蛋白质和核酸等的主要元素，例如氮占细菌干重的12%～15%，故与碳源相似，氮源也是微生物的大量营养物。若把微生物作为一个整体来考察，它们能利用的氮源范围，即氮源谱是十分广泛的（表2-1）。常用的氮源有碳酸铵、硫酸铵、硝酸盐、尿素及牛肉膏、蛋白胨、酵母膏、多肽、氨基酸等。工业发酵中，常用鱼粉、蚕蛹粉、黄豆饼粉、玉米浆、酵母粉等作氮源。铵盐、硝酸盐、尿素等含氮化物中的氮是水溶性的，玉米浆、牛肉膏、蛋白胨、酵母膏等有机氮化物中的氮主要是蛋白质的降解产物，都可以被微生物直接吸收利用，称为速效性氮源。饼粕中的氮主要以蛋白质的形式存在，属迟效性氮源。一般速效性氮源有利于微生物的生长，迟效性氮源有利于代谢产物的形成。

表 2-1 微生物的氮源谱

类型	元素水平	化合物水平	培养基原料水平
有机氮	N·C·H·O·X	复杂蛋白质、核酸等	牛肉膏、酵母膏、饼粕粉、蚕蛹粉等
	N·C·H·O	尿素、氨基酸、蛋白质等	尿素、蛋白胨、明胶等
无机氮	N·H	NH_3、铵盐等	$(NH_4)_2SO_4$等
	N·O	硝酸盐等	KNO_3等
	N	N_2	空气

微生物对氮源的利用有如下特点：

① 微生物能够利用的氮源种类相当广泛，有分子态氮、氨、铵盐和硝酸盐等无机含氮化合物，也包括尿素、氨基酸、嘌呤和嘧啶等有机含氮化合物。

② 不同的微生物在氮源的利用上差别很大。有些微生物既能利用硝酸盐又能利用氨，但有些微生物不能利用硝酸盐而能利用氨，如冻土毛霉（*Mucor hiemalis*）和蜜粘褐菌（*Lenzites trabea*）。

③ 微生物对供给的不同氨基酸的左、右旋异构形式常常表现出相当严格的专一性。

④ 如同碳源一样，微生物对氮源混合物的利用同样表现出各种效应。氨常常被优先吸收，而氨基酸常常表现出特别复杂的相互作用。一般异养微生物对氮源的利用顺序是："N·C·H·O" 或 "N·C·H·O·X" 类优于 "N·H" 类，更优于 "N·O" 类，而最不易利用的则是 "N" 类，只有少数固氮菌（Nitrogen fixing bacteria）、根瘤菌（Rhizobium）和蓝细菌（Cyanobacteria）等可利用它。

⑤ 蛋白质需要经微生物产生并分泌到胞外的蛋白酶水解为氨基酸，以氨基酸的形式被吸收利用。

2.1.3　生长因子

生长因子通常是指那些微生物生长所必需，但需求量很小且微生物自身不能合成或合成量不足以满足其生长需要的有机化合物。广义的生长因子包括：维生素、氨基酸、嘌呤或嘧啶碱基、卟啉及其衍生物、甾醇、胺类或脂肪酸；狭义的生长因子一般仅指维生素。需要指出的是：以下的生长因子并非每种微生物都需要从外界吸收，有些微生物可以合成自身所需要的部分或全部的生长因子。以下是几类常见的生长因子：

(1) 维生素

维生素是一些微生物生长和代谢所必需的微量的小分子有机物。它们的特点是：a. 微生物对它的需要量较低；b. 它不是结构或能量物质，但它是必不可少的代谢调节物质，大多数是酶的辅助因子；c. 不同微生物所需的维生素种类各不相同，有的微生物可以自行合成维生素。

① 维生素 B_1　维生素 B_1 又称硫胺素，是由嘧啶环和噻唑环通过亚甲基结合而成的一种 B 族维生素。它是白色结晶或结晶性粉末，有微弱的腥臭，味苦，有引湿性，露置在空气中易吸收水分。pH 在 3.5 时其可耐 100℃ 高温，pH 大于 5 时易失效。遇光和热效价会下降，故应置于遮光、阴凉处保存，不宜久贮。在酸性溶液中很稳定，在碱性溶液中不稳定，易被氧化和受热破坏。还原性物质亚硫酸盐、二氧化硫等能使维生素 B_1 失活。

② 维生素 B_2　它又称核黄素（$C_{17}H_{20}N_4O_6$），它是一种水溶性维生素，是黄酶（黄素蛋白）类辅基的组成部分（黄酶在生物氧化还原中发挥递氢作用）。微溶于水，在 27.5℃ 下，溶解度为 12mg/100mL。可溶于氯化钠溶液，易溶于稀的氢氧化钠溶液，在碱性溶液中易溶解，在强酸溶液中稳定，耐热、耐氧化，光照及紫外照射可引起不可逆的分解。

③ 生物素　它是 B 族维生素之一，又称维生素 H、维生素 B_7、辅酶 R（Coenzyme R）等，是合成维生素 C 的必要物质，是脂肪和蛋白质正常代谢不可或缺的物质，是多种羧化酶的辅酶，在羧化酶反应中起 CO_2 载体的作用。

(2) 氨基酸

L-氨基酸是组成蛋白质的主要成分，如果微生物缺乏合成某种氨基酸的能力，就需要补充这种氨基酸。补充量一般要达到 $20\sim50\mu g/mL$，是维生素需要量的几千倍。有时培养基中一种氨基酸的含量太高，会抑制其他氨基酸的摄取，这称为"氨基酸不平衡"现象。

(3) 碱基

碱基包括嘌呤碱和嘧啶碱，主要功能是构成核酸、辅酶和辅基。嘌呤和嘧啶进入细胞后，必须转变成核苷和核苷酸后才能被利用。

最后，值得注意的是各种微生物需求的生长因子的种类和数量是不同的。

① 某些微生物在生长的不同阶段对生长因子的需求存在差异。如疣孢漆斑菌（*Myrothecium verrucaria*）的孢子在缺少生物素时生长非常缓慢，但在孢子刚萌发时投加生物素，其生长速率大大增加，但是在菌丝的正常生长阶段则不需要投加生物素就能正常生长。

② 环境因子和培养基的成分有时能影响微生物对生长因子的需求。许多微生物在达到它们能忍受的温度极限时，对维生素的需求更加迫切，可能是其合成机制受到了损害，如白绒鬼伞（*Coprinus lagopus*）在 40℃ 以上培养时，需要添加蛋氨酸。培养基的矿质元素的平衡决定了巴特勒腐霉（*Pythium butleri*）对硫胺素的需求。用果糖代替葡萄糖可以消除粗糙脉孢霉（*Neurospora crassa*）对生物素的需求。

能提供生长因子的天然物质有酵母膏、蛋白胨、麦芽汁、玉米浆、动植物组织或细胞浸液以及微生物生长环境的提取液等。

2.1.4 矿质元素

无机盐是微生物生长所不可或缺的营养物质，其中磷、硫、钾、钠、钙、镁和铁等元素参与细胞结构组成，并与能量转移、细胞透性调节功能有关。微生物对它们的需要浓度在 $10^{-3} \sim 10^{-4} \, mol/L$，称为大量元素；铜、锌、锰、钼、钴和镍等元素一般是酶的辅助因子，微生物对其需要浓度在 $10^{-6} \sim 10^{-8} \, mol/L$，称为微量元素。值得注意的是，不同种微生物所需的无机元素浓度有时差别很大。

(1) 磷

在细胞内矿质元素中，磷的含量最高，磷是合成核酸、磷脂、一些重要的辅酶（NAD、NADP 和 CoA 等）及高能磷酸化合物的重要原料。此外，磷酸盐还是磷酸缓冲液的组成成分，对环境中的 pH 起着重要的调节作用，一般微生物所需的磷主要来自无机磷化合物，如 K_2HPO_4 和 KH_2PO_4 等。

(2) 硫

硫是蛋白质中某些氨基酸（如胱氨酸、半胱氨酸、甲硫氨酸等）的组成成分，是辅酶因子（如 CoA、生物素和硫胺素等）的组成成分，也是谷胱甘肽的组成成分。微生物可以从含硫无机盐或有机硫化物中得到硫，一般人为提供的硫化物为 $MgSO_4$。

(3) 镁

镁是一些酶（如己糖激酶、异柠檬酸脱氢酶、羧化酶）的激活剂。镁还起到稳定核糖体、细胞膜和核酸的作用。缺乏镁，就会导致核糖体和细胞膜的稳定性降低，从而影响机体的正常生长。微生物可以利用硫酸镁或其他镁盐。

(4) 钾

钾不参与细胞结构物质的组成，但它是细胞中重要的阳离子之一。它是许多酶（如果糖激酶）的激活剂，也与细胞质胶体特性和细胞膜透性有关。钾在胞内的浓度比胞外高许多倍。各种水溶性钾盐如 K_2HPO_4 和 KH_2PO_4 可作为微生物的钾源。

(5) 钙

钙一般不参与微生物的细胞结构物质（除细菌芽孢外），但为细胞内重要的阳离子之一，它是某些酶（如蛋白酶）的激活剂，还参与细胞膜通透性的调节。各种水溶性的钙盐如 $CaCl_2$ 及 $Ca(NO_3)_2$ 等都是微生物的钙元素来源。

(6) 钠

钠也是细胞内的重要阳离子之一，它与细胞的渗透压调节有关。钠在细胞内的浓度低，细胞外浓度高。

(7) 微量元素

微量元素往往参与酶蛋白的组成或者作为酶的激活剂。如铁是过氧化氢酶、过氧化物酶、细胞色素和细胞色素氧化酶的组成元素；铜是多酚氧化酶和抗坏血酸氧化酶的成分，锌是乙醇脱氢酶和乳酸脱氢酶的活性剂；钴参与维生素 B_{12} 的组成；锰是多种酶的激活剂，有时可以代替 Mg^{2+} 起激活剂作用。

2.1.5　水

水是微生物营养中不可缺少的一种物质。这并不是由于水本身是营养物质，而是因为水是微生物细胞的重要组成成分；水还是营养物质和代谢产物的良好溶剂，二者都是通过溶解和分解于水中而进出细胞的；水是微生物细胞中各种生物化学反应得以进行的介质，并参与许多生物化学反应；水的比热高，汽化热高，又是良好的热导体，因此能有效地吸收代谢释放的热量，并将热量迅速地散发出去，从而控制细胞内的温度；水还有利于生物大分子结构的稳定。生长中的微生物细胞，其含水量可达到微生物细胞重量的 85%～90%。在微生物的孢子中，含水率相对于微生物细胞要低，如米曲霉（*Aspergillus oryzae*）的分生孢子的含水率为 17.4%；桃褐腐病菌（*Monilinia fructicola*）的分生孢子的含水率为 25%；指状青霉（*Penicillium digitatum*）的分生孢子的含水率为 6%。

水在细胞中有两种存在形式：结合水和游离水。结合水与溶质或其他分子结合在一起，很难被微生物利用。游离水则可以被微生物利用。游离水的含量可用水的活度 α_w 表示。水的活度定义为在相同温度、压力下，体系中溶液的水的蒸汽压与纯水的蒸汽压之比，即：

$$\alpha_w = p/p_0$$

式中，p 为溶液中水的蒸汽压；p_0 为纯水的蒸汽压。

纯水的 α_w 为 1.00，当含有溶质后，α_w 小于 1.00。对某种微生物而言，它对 α_w 的要求是一定的，并且不决定于溶质的性质。当培养基的 α_w 值降到该微生物的最适值以下时，会影响微生物的生长。

一些微生物能够忍受相对湿度达 85%～90% 的环境，如裂褶菌（*Schizophyllum commune*）。在环境中的相对湿度低于 65% 时，其很少攻击底物；在环境中的相对湿度高于 95% 时，其生长受到抑制。

微生物在适宜含水率的土壤中比在高含水率的土壤中活跃，这可能是高的土壤含水率降低土壤微生物对氧气的获取。一些微生物能够忍受相对低的湿度环境，可能是与这些微生物能够忍受高的渗透压相联系，这种联系在孢子的萌发过程中非常明确。

不同的微生物对渗透压的耐受存在差异。粗糙脉孢霉（*N. crassa*）的突变体能够被 0.17mol/L 的葡萄糖所抑制，但曲霉属（*Aspergillus*）的某些微生物能够在高渗透压环境下生长。在可溶性糖的浓度达 2.0mol/L 的培养环境中，大部分微生物的生长会受到抑制。

一般而言，微生物的细胞质总是要比其外部环境的浓度高。对黑曲霉（*Aspergillus niger*）而言，当其生长在高浓度的葡萄糖中，其细胞质中的结合水的含量增加。

2.2　微生物的营养方式

与有机物基质的降解利用相关的微生物营养方式可以简单地归纳为 2 类，即异养和自养。

2.2.1　异养

不能直接把无机物合成有机物，必须摄取现成的有机物来维持生活的营养方式，叫做异

养 (heterotroph)。

异养生物指的是那些只能将外界环境中现成的有机物作为能量和碳的来源，将这些有机物摄入体内，转变成自身的组成物质，并且储存能量的生物。它们不能在无有机物的环境中生存，包括寄生、腐生的各种微生物，在生态系统中是消费者或是分解者，如：营腐生活和寄生生活的微生物，大多数种类的细菌（包括除了硝化细菌、铁细菌、硫细菌等化能合成型细菌和一些光能型细菌以及固氮菌外的其他细菌）。

(1) 腐生

腐生 (saprophyte) 是指微生物分解有机物或已死的生物体，并摄取其中的养分以维持生存的一种微生物获得营养的方式（图 2-2）。一般将凡是从动植物尸体或腐烂组织中获取营养以维持自身生存的微生物称为腐生微生物。它们不能够自己进行光合作用，也不能够自己制造有机养分，因此按其所需要的氮源、碳源来分，它们属于化能异养型微生物。

图 2-2　腐生于枯木（上左图）、西红柿（上右图）和含腐殖质的土壤（下图）的真菌

以真菌为例，多数腐生真菌都是通过菌丝来吸收营养物质。真菌的单个菌丝可以通过菌丝细胞的延伸以及菌丝的分枝形成大量菌丝，并将菌丝深入到培养基或腐物中去吸取养分（图 2-2）。蘑菇、香菇、木耳、银耳、猴头、灵芝等都是典型的腐生生物，它们大都生活在枯死的树枝、树根上或富含有机物的地方；曲霉、青霉等霉菌也都是腐生微生物，它们的菌体是由菌丝构成的。它们的菌丝蔓延生长在有机物表面或伸入到有机物内部，并长出直立菌丝，其顶端生出不同颜色的孢子；大部分单细胞的酵母菌同样是营腐生生活的。

(2) 寄生

寄生 (parasitism) 即两种生物在一起生活，一方受益，另一方受害，后者给前者提供营养物质和居住场所，这种生物的关系称为寄生。主要的寄生物属于细菌、病毒、真菌和原生动物，它们从其他生物活体中获得营养物质，因此在此不做进一步介绍。

(3) 互利共生

互利共生是指两种生物生活在一起，彼此有利，两者分开以后都不能独立生活。例如，地衣就是两种真菌和藻类植物的共生体，地衣靠真菌的菌丝吸收养料，靠藻类植物的光合作用制造有机物。如果把地衣中的真菌和藻类植物分开，两者都不能独立生活。互利共生还有豆科植物与根瘤菌的共生。

2.2.2　自养

一些微生物能以简单的无机含碳物质（如二氧化碳、碳酸盐）作为碳源，以无机的氮、氨或硝酸盐作为氮源，合成菌体所需的复杂有机物质，这类微生物称为自养菌（prototroph）。此类菌所需能量可来自无机化合物的氧化，亦可通过光合作用而获得能量，其中前者称为化能自养菌（chemoautotroph），后者称为光能自养菌（photoautotroph）。

（1）化能自养菌

少数细菌利用从无机化合物的氧化作用中获得的能量进行生物合成，包括二氧化碳的同化作用。这些反应包括氨氧化为亚硝酸盐，或亚硝酸盐氧化成硝酸盐；硫化氢氧化为硫，如无色硫细菌（*Achromatium*）；亚铁化合物氧化成铁化合物，如铁细菌（iron bacteria）等。化能自养菌作为初级生产者的一部分非常重要，其活动最终供给异养生物所需的能量和碳素。下面以硝化细菌（nitrifying bacteria）为例子介绍自养菌的能量和有机物的来源。

在自然界中，进行化能合成作用的细菌是普遍存在的。如硝化细菌是能够氧化无机氮化合物，从中获取能量，从而把二氧化碳合成为有机物的一类细菌，硝化细菌合成有机物的过程表示如下：

$$2NH_3 + 3O_2 \longrightarrow 2HNO_2 + 2H_2O + 能量$$
$$2HNO_2 + O_2 \longrightarrow 2HNO_3 + 能量$$
$$6CO_2 + 6H_2O \longrightarrow C_6H_{12}O_6 + 6O_2$$

上面的前两个反应式是氨和亚硝酸的氧化和放出能量的过程；最后一个反应式是硝化细菌利用前面的两个反应式中释放的能量，把从外界摄取的二氧化碳和水合成为葡萄糖的过程。硝化细菌实际包括亚硝化菌和硝化菌两类，即硝化作用必须通过两菌的共同作用才能完成。

（2）光能自养菌

光合细菌（photosynthetic bacteria）等微生物能将二氧化碳合成有机物，它们属于光能自养微生物。它们的细胞内都含有一种或几种光合色素。蓝细菌含叶绿素 a，利用水作为氢供体，在光照下同化二氧化碳，并放出氧气；光合细菌（如紫硫细菌和绿硫细菌）不能以水作为氢供体，而是利用硫化氢等无机硫化合物还原二氧化碳，而且这些化学反应是在严格厌氧的条件下以光为能源进行的，这些光合细菌生长时不释放出氧气，产生的元素硫可分泌到细胞外或沉积在细胞内。

2.3　微生物的"营养感测"

术语"营养感测"（nutrient sensing）包含以下两种解释。在最狭义的意义上，营养物传感器（nutrient sensor）是结合营养物的蛋白质，且由此经历构象变化，以某种方式触发下游事件（图 2-1）。更广泛的解释包括由于营养物质代谢引起的一个或多个事件而产生信号的系统。

感知环境和确保适当的细胞反应是所有活体微生物所面临的关键挑战。为了生存，微生物必须适应环境变化和处理不利的环境影响，这需要其能够识别它们周围正在发生的事情和感测外部条件，例如温度、pH 和营养等。为了适应变化的环境，微生物已经发展了感测和响应多种环境因素（如营养物、气体、光和压力等）的机制，从而在一系列生态位中存活和增殖（图 2-1），这些事件发生的程序是：接受—转导—响应。

感知环境和确保适当的细胞反应的整个过程基本按照此途径顺序发生！在该序列的任何步骤的失败都可能引起异常的细胞状态。因此，微生物细胞需要感知环境，确保适当的细胞反应，最后实现其生长、分化、增殖和死亡的过程。对微生物而言，感知这些外部信息是必要的，可以调整自身的形态、代谢、繁殖等。

2.4 大分子营养物质的胞外酶水解

2.4.1 大分子营养物质的水解

营养感测的结果之一是诱导胞外水解酶的形成。例如由于外界信号（植物残渣）的传导，进而激活纤维素酶基因、半纤维素酶基因以及相应的转运蛋白基因等的转录因子，这些转录因子进一步再激活其目的基因的表达，产生相应的酶，其中的水解酶被运送出细胞，在胞外对基质中的大分子营养物质（如植物残渣）进行水解，获得小分子的降解产物，而转运蛋白或透过酶则分泌到细胞膜上，为这些小分子营养物质的吸收进入细胞做准备。

常见大分子营养物质主要有糖类（如纤维素、淀粉、果胶等）、脂类、蛋白质、核酸等物质。但它们必须依靠一些微生物所分泌的胞外酶将其水解转变为小分子的营养物质后，才能被微生物所吸收利用。下面将以木聚糖（xylan）为例讲述胞外酶对大分子物质的降解。

木聚糖是植物细胞中半纤维素的主要成分，占植物细胞干重的 35%，是一种丰富的生物质资源，是自然界中除纤维素之外含量最丰富的多糖。

木聚糖的结构是一种多聚五碳糖，由 β-D-1,4 木糖苷键连接起来，并带有多种取代基。木聚糖被部分降解可形成低聚木糖，彻底降解则得到五碳单糖——木糖、阿魏糖、阿拉伯糖等，其中以木糖为主。完全降解木聚糖，实现植物残体的生物转化需要多种水解酶（即木聚糖水解酶系）的协同作用。

木聚糖水解酶系（xylanolytic enzyme systems）是一类降解木聚糖的酶系，包括木聚糖内切酶（endoxylanase）、β-木糖苷酶（β-xylosidase）、阿拉伯呋喃糖酶（arabinofuranosidase）、葡糖苷酸酶（glucosidase）、乙酰基木聚糖酯酶（Acetyl xylan esterase）、阿魏酸酯酶（feruloyl esterase）和半乳糖苷酶（galactosidase）等（图 2-3），可降解自然界中大量存在的木聚糖类半纤维素。

在木聚糖水解酶系中，木聚糖内切酶是最关键的水解酶，它通过水解木聚糖分子的 β-1,4-糖苷键，将木聚糖水解为小分子的寡糖和木二糖等低聚木糖，以及少量的木糖和阿拉伯糖。β-木糖苷酶通过水解低聚木糖末端的方式来实现催化并释放出木糖残基。

另外，参与彻底降解木聚糖的还有 α-L-阿拉伯呋喃糖苷酶、α-葡萄糖醛酸苷酶、乙酰木聚糖酯酶以及阿魏酸酯酶等侧链水解酶，它们作用于木糖与侧链取代基之间的糖苷键，协同主链水解酶的作用，最终将木聚糖转化为它的组成单糖（图 2-4），其中阿魏酸酯酶能降解木聚糖中阿拉伯糖侧链残基与酚酸（如阿魏酸或香豆酸）形成的酯键（图 2-4）。

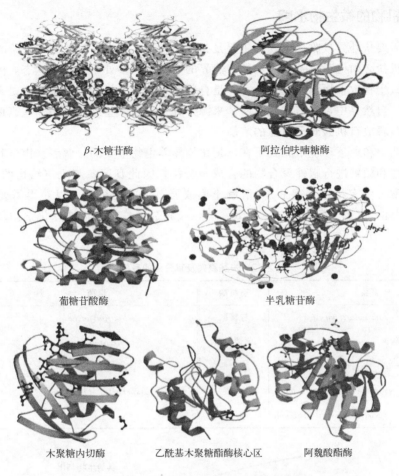

β-木糖苷酶   阿拉伯呋喃糖酶

葡糖苷酸酶   半乳糖苷酶

木聚糖内切酶   乙酰基木聚糖酯酶核心区   阿魏酸酯酶

图 2-3 木聚糖水解酶系的各酶结构示意图

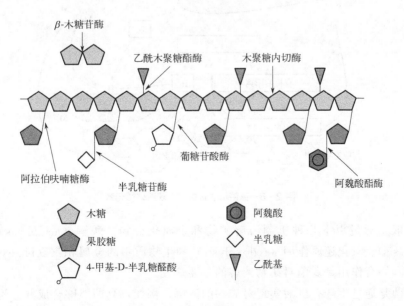

图 2-4 木聚糖降解的酶系统

2.4.2　无机物的微生物水解

微生物需要从外界吸收无机物，主要是指无机盐（矿物质），但是无机盐的吸收是有条件的，即无机盐必须处于离子状态。但自然界的无机物大多处于非离子状态，因此无机盐的水解问题是微生物常常面临的难题，尤其是自养微生物。无机盐的水解通常是经过酸处理而成离子状态。自然界中，所需的酸有两个来源，分别是由一些细菌和由一些真菌形成。

(1) 真菌释放有机酸对无机盐的溶解

真菌在陆上和地下环境中无处不在，是化能异养生物重要的分解者。由于其具有丝状分枝生长的特性和频繁进行胞外聚合物的合成与分泌，因此真菌参与土壤结构的维护。另外，由于真菌常常分泌有机酸（表 2-2）溶解土壤或岩石中的无机盐，以获得需要的矿质元素（图 2-5）。因此，真菌对元素（如碳、氮、磷，硫和金属）在生物地球化学循环中的作用是非常重要的。

表 2-2　一些真菌及其分泌的有机酸

真菌	有机酸	真菌	有机酸
A. niger；*Yarrowia lipolytica*	柠檬酸	*Rhizopus oryzae*	反丁烯二酸
A. niger	葡萄糖酸	*Rhizopus* spp.	乳酸
Aspergillus terreus；*Aspergillus itaconicus*	衣康酸	*Aspergillus* spp.	五倍子酸
Aspergillus oryzae；*Aspergillus flavus*	曲酸	*Aspergillus fumigatus*	环氧琥珀酸钠
Aspergillus spp.；*Saccharomyces cerevisiae*	苹果酸		

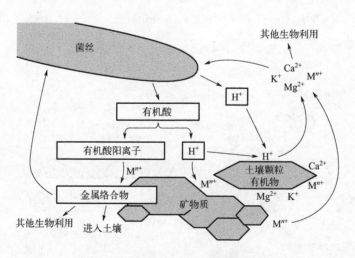

图 2-5　真菌释放有机酸以获取矿质元素

真菌一般是通过以下几种机制溶解矿物和金属化合物：酸解（acidolysis）、络合作用（complexolysis）、氧化还原作用（redoxolysis）和生物质中的金属积累（bioaccumulation）。其中，酸解和络合作用是真菌对矿物溶解的主要途径。

许多真菌是通过生产有机酸实现对矿物的溶解。例如，真菌能够合成并分泌具有强螯合性的草酸和柠檬酸，然后对矿物表面进行攻击；草酸可以浸出那些形成可溶性草酸络合物的金属，包括铝和铁。大毒滑锈伞（*Hebeloma crustuliniforme*）的菌丝体能够合成并分泌草酸和铁菌素（ferricrocin），其中草酸在每个菌丝顶端的分泌速率达到（19±3）fmol/h 或者在每个平方毫米的菌丝达（488±95）fmol/h。这表明：菌丝分泌活动可能会改变土壤微环境的化学条件和影响矿物的溶解。

真菌分泌的许多其他代谢产物具有能够与金属进行配位的性质。能够进行金属溶解的真菌分泌的代谢产物通常是二或三羧酸、氨基酸和酚类化合物。在存在氨基酸的条件下，金属氧化物和金属硫化物中的铜、锌、铀、汞和铅可以被溶解。由真菌释放的胞外多糖聚合物能与无机硅氧烷反应，形成水溶性有机硅氧烷。胞外聚合物表面也会延长水的停留时间，增加了能够引起硅酸盐风化的化学反应的持续时间。以上这些生化和生物物理活动的结果会导致岩石的膨胀和岩石表面层的剥落。

(2) 细菌释放酸对无机盐的溶解

一些化能自养的微生物能够产生酸，如硫化细菌（thiobacillus）能将自然界的还原性硫化物氧化成硫黄或硫酸。利用硫化细菌的氧化性，可将重金属转化为可溶性的金属离子，从固体矿物沥出，转化为液体。

硫化细菌是能够氧化还原态硫化物（H_2S、$S_2O_3^{2-}$）或单质硫为硫酸，且菌体内不形成硫颗粒的化能自养微生物，主要是硫杆菌属（*Thiobacillus*）中的一些种，如氧化硫硫杆菌（*T. Thiooxidans*）、排硫硫杆菌（*T. thioparus*），氧化亚铁硫杆菌（*T. ferrooxidans*），脱氮硫杆菌（*T. denitrificans*）等。

硫化细菌氧化硫化物时获得能量，继而同化二氧化碳，其中的氧化亚铁硫杆菌（*T. ferrooxidans*），不仅能氧化元素硫和还原态硫化物，还能在氧化亚铁成为高铁的过程中获得能量。此种细菌常见于矿山的水坑中，可将金属硫化物氧化成硫酸，使矿物中的金属溶解，已用于低品位铜矿等矿物的开采，称为细菌浸矿。硫化细菌广泛分布于土壤和水中，其氧化作用为植物提供了可利用的硫酸态的硫素营养。

硫化矿的细菌浸出实质是使难溶的金属硫化物氧化，使其金属阳离子溶入浸出液，浸出过程是硫化物中 S^{2-} 的氧化过程。硫化矿微生物浸出过程包括微生物的直接作用和间接作用，同时还具有原电池效应及其他化学作用。其浸出机理的详细内容可以参见本书第 10 章的内容。

2.5　小分子产物的吸收和转运

离子状态的无机盐和胞外降解形成的小分子产物的吸收和转运包括两方面事件：

① 外界的信号传导入微生物细胞内，并对诸如水解酶基因以及相应的转运蛋白基因等的转录因子进行调节，进一步激活/抑制这些基因的表达，产生/终止相应的酶的合成，从而调节营养物质的降解和吸收；

② 离子状态的无机盐和小分子营养物在转运蛋白/透过酶的帮助下被转运进入微生物菌体细胞内，进而运送至其目的地加以利用。

在以上过程中，涉及的事件包括：信号感知和传导、胞外水解酶的调节合成与分泌、胞外大分子物质的水解、小分子营养物质的吸收及其转运。

总之以上的过程主要涉及三方面的内容，即微生物对大分子营养物质的水解；营养物质通过微生物细胞壁和细胞膜的吸收过程；对吸收进入细胞质的营养物质的运输和转运。

由于存在细胞壁和细胞膜的屏障，微生物细胞不能直接吸收大分子的营养物质，而仅能吸收小分子的营养物质。一般微生物细胞只能吸收小于 5000Da 的分子。然而，自然界的营养物质主要以大分子的形态存在，如自然界含量最多的有机物质——纤维素，它是一种复杂的多糖，有 8000～10000 个葡萄糖残基通过 β-1,4-糖苷键连接而成。因此，这些大分子物质必须转变成小分子的物质后才能被微生物细胞所吸收，然后通过细胞壁和细胞膜的屏障，进入微生物细胞内。细胞壁在微生物细胞的最外层，对小分子的营养物质的进出没有选择性，允许小分子的营养物质自由通过，但细胞膜对小分子的营养物质进出微生物细胞具有高度的选择性，不同的营养物质一般跨细胞膜的运输方式存在一定差异。

2.5.1 营养物质跨膜运输的方式

细胞膜由于具有高度选择通透性而在营养物质进入与代谢产物排出的过程中起着极其重要的作用。细胞膜具有磷脂双分子层结构，所以物质的通透性与物质的脂溶性程度直接有关。一般来说，物质的脂溶性（或非极性）越高，越容易透过细胞膜。另外，物质的通透性也与其大小有关，气体（O_2和CO_2）与小分子物质如糖类比较容易透过微生物细胞膜。

许多分子量较大的物质如糖类、氨基酸、核苷酸、离子（H^+、Na^+、K^+ 和 Ca^{2+}）以及细胞的代谢产物等尽管都是非脂溶性的，但它们借助于细胞膜上的转运蛋白或透过酶可以自由进出细胞。

对于带电荷的离子，它们在微生物的细胞膜上具有各自的通道，例如磷酸根离子（PO_4^{3-}）不能够通过运输 Ca^{2+} 的离子通道。

水虽然不溶于脂，但由于其分子小，不带电以及水分子的双极性结构，所以也能迅速地透过细胞膜。

总之，由于细胞质膜是磷脂双分子层，易溶于脂类的小分子物质能够通过细胞质膜而无需其他帮助。然而，微生物细胞所需的极大部分物质都是亲水性的物质，而非亲脂质类的物质。微生物的细胞质膜进化出依靠一系列的运输系统以允许所需要的营养物质进入细胞中，其进入方式有如下几类。

(1) 单纯扩散

小分子的溶解物质在穿越细胞质膜时必须离开液相的环境，继而进入细胞质膜的脂样环境中，进一步跨过细胞质膜后，再重新进入液相的环境中。因此，不需要载体等帮助的简单分子扩散主要是依靠其在脂类的溶解性来通过细胞质膜。

但是，有些小分子物质能够不依靠其在脂类的溶解性穿过细胞质膜，如水分子。它们能通过由于细胞质膜中的膜磷脂的酰基链无规则运动形成的孔或间隙扩散到细胞内部，以上这两种方式一般都称为单纯扩散（simple diffusion），如图 2-6 (a) 所示。

还有些小分子物质能够依靠蛋白质形成的通道穿过细胞质膜，一般是从高浓度到低浓度的方向进行。

单纯扩散是在无载体蛋白参与下，物质顺浓度梯度以扩散方式进入细胞的一种物质运送方式，它是物质进出细胞最简单的一种方式。该过程基本是一个物理过程，运输的分子不发生化学反应。其推动力是物质在细胞膜两侧的浓度差，不需要外界提供任何形式的能量。物质运输的速率随着该物质在细胞膜内外的浓度差的降低而减小，当膜两侧物质的浓度相等时，运输的速率降低到零，单纯扩散就停止。

通过这种方式运送的物质包括一些气体（O_2 和 CO_2）、水、一些水溶性小分子（乙醇和甘油）。影响单纯扩散的因素主要有：被运输物质的大小、溶解性、极性、膜外 pH、离子强度和温度等。一般温度高时且分子量小、脂溶性、极性小的营养物质容易被吸收。另外，该过程没有特异性和选择性，扩散速度很慢，因此不是细胞获取营养物质的主要方式。

（2）促进扩散

促进扩散（facilitated diffusion）指物质借助于细胞膜上的特异性载体蛋白，顺浓度梯度进入细胞的一种物质运送方式，如图 2-6（b）所示。在促进扩散过程中，被运输的营养物质与膜上的特异性载体蛋白发生可逆性结合，载体蛋白像"渡船"一样把"货物"从细胞膜的一侧运送到另一侧，运输前后载体本身不发生变化，载体蛋白（也称作渗透酶、移动酶）的存在只是加快了"货物"的运输过程。载体蛋白的外部是疏水性的，但与"货物"的特异性结合部位却是高度亲水的。载体亲水部位取代极性"货物"分子上的水合层，实现载体与"货物"分子的结合。具有疏水性外表的载体将"货物"带入脂质层，到达另一侧。因为胞内"货物"浓度低，所以"货物"就会在胞内侧释放。

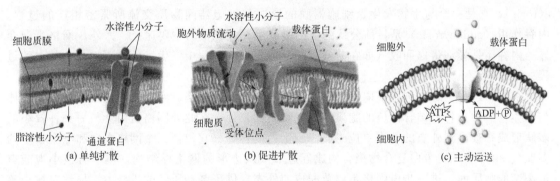

图 2-6　营养物跨细胞膜的运输方式

促进扩散过程对被运输的物质有高度的立体专一性。某些载体蛋白只转运一种分子，如葡萄糖载体蛋白只转运葡萄糖；大多数载体蛋白只转运一类分子，如转运芳香族氨基酸的载体蛋白不转运其他氨基酸。

促进扩散通常在微生物处于高浓度营养物质的情况下发生。与简单扩散一样，促进扩散的驱动力也是物质的浓度梯度。因此，此过程不需要消耗能量。例如，葡萄糖可以通过促进扩散进入酵母菌细胞内。

（3）主动运送

当微生物生长在营养物质贫瘠的环境中，微生物细胞必须依靠其将外界的低浓度营养物质吸入细胞内才能维持生存。因此，微生物细胞必须克服营养物质的浓度差，逆浓度梯度将营养物质运输到细胞内，这种运输方式称为主动运送（active transport），见图 2-6（c）。具体讲，主动运送是指通过细胞膜上特异性载体蛋白的构象变化，同时消耗能量，使膜外低浓度物质进入膜内，且被运送的物质在运送前后并不发生任何化学变化的一种物质运送方式。

可见这种运送方式需要载体蛋白的参与，且对被运送的物质有高度的立体专一性。此立体专一性表现在：被运送的物质和载体蛋白之间存在亲和力，且在细胞膜内外的亲和力不同，膜外亲和力大于膜内亲和力，因此被运送的物质与载体蛋白在胞外能形成载体复合物，当进入膜内侧时，消耗能量继而载体构象发生变化，亲和力降低，营养物质便被释放出来，进入细胞质中。

主动运送过程和促进扩散一样，需要膜载体蛋白的参与，且被运送物质与载体蛋白的亲和力改变与载体蛋白构型的改变相关。二者不同的是：在主动运送过程中，载体蛋白构型的变化需要消耗能量，其一般由 ATP 提供。

主动运送是微生物吸收营养物质的主要方式，很多无机离子、有机离子和一些糖类（乳糖、葡萄糖、麦芽糖等）是通过这种方式进入细胞内的，对于很多生存于低浓度营养环境中的微生物来说，主动运送是影响其生存的重要营养吸收方式。

值得注意的是：物质跨膜运送的机理在一定程度上随被运送物质的性质而变，一般说来有两种：一种是被动过程；另一种是主动运送，这取决于代谢能和由此而造成的某种逆浓差的积累。对于某一物质的运送，可能既涉及被动运送，亦涉及主动运送。例如对水的运送，一般水可以通过扩散作用直接进入微生物细胞；但是，当微生物细胞需要更多的水时，同样可以借助微生物细胞膜上运送水的蛋白质通道进行水的运送。

（4）网格蛋白介导的内吞

在真核微生物（如真菌）中还存在网格蛋白介导的内吞作用（clathrin-mediated endocytosis），它是一个与生物发生、细胞器膜的形成和细胞器间物质交流所紧密相连的过程。内吞作用（endocytosis）是目前公认的真菌摄取生物大分子的主要途径。另外，网格蛋白介导的内吞还是囊泡蛋白回收（如在菌丝顶端延伸生长的过程中发生）的主要途径。其大致过程如下：

在内吞过程中，在细胞膜内侧网格蛋白包被区域形成凹陷。网格蛋白分布在质膜上受体与配体（货物）特异结合部位的胞质面（细胞内侧）处，在此处网格蛋白会与另一种较小的多肽形成有被小泡外衣的结构单位——三腿蛋白复合物（它包括三个网格蛋白和三个较小的多肽）。由许多三腿蛋白复合物聚合构成五边形或六边形的网格样结构，覆于有被小泡或有被小窝的胞质面。进一步由网格蛋白装配成的外衣提供了牵动质膜的机械力，导致有被小窝的下凹，也有助于捕获膜上的特异受体及与之结合的被转运分子。调节素是有被小泡中组成外衣的另一类重要的蛋白，它是多亚基的复合物，能识别特异的跨膜蛋白受体，并将其连接至三腿蛋白复合物上，起选择性的介导作用。跨膜受体蛋白的胞质面的肽链尾部，常在一个由四个氨基酸残基构成的区域内高度转折，形成一个内吞信号，由调节素识别它。所以，调节素可以介导不同类型的受体，这样使细胞能捕获不同类型的物质。有被小窝的下凹导致凹陷，继而在细胞质中生成由网格蛋白包被的囊泡，最终使得位于细胞外局部区域的物质和与其相邻的部分细胞膜上的物质进入细胞内。

以真菌细胞中的内吞途径为例（图 2-7），其过程包括接收来自质膜的物质，继而进行处理，这些物质可能再循环回到细胞表面或在溶酶体中降解等。早期内涵体（EE）在细胞内吞途径中处于中间位置。在酿酒酵母（*S. cerevisiae*）和粟酒裂殖酵母（*S. pombe*）中，不存在沿微管的长距离运输，这可能与它们的体积小有关。

2.5.2 跨膜运输中的功能蛋白

2.5.2.1 通道蛋白

参与物质转运的膜蛋白在控制分子转运以供应能量的产生、营养物质的输送、废物的排

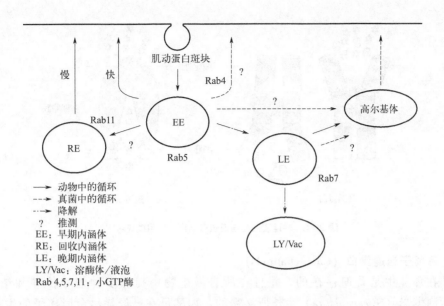

图 2 - 7　在动物细胞和真菌细胞中的内吞途径示意图

注：内吞作用开始于物质摄取入内吞囊泡。在真菌中，这些囊泡被肌动蛋白所包围。第一内吞装置是早期内涵体（early endosomes，EE），它携带小的 GTPase——Rab5。在动物细胞中，返回到质膜的再循环涉及 EE 和相关的 GTPase——Rab4（快速回收）以及携带小的 GTPase——Rab11 的回收内涵体（recycling endosomes，RE）。真菌循环途径还不清楚（表示为?），但可能涉及后期高尔基体的膜，而朝着液泡/溶酶体运动，EE 成熟后进入晚期内涵体（late endosomes，LE），这涉及 Rab5 被 Rab7 所替代。

出等方面起着至关重要的作用。

以米曲霉（A. Oryzae，被广泛用于酶的工业生产）为例，在其基因组序列中，包含 12096 个基因，其中 58 个基因编码了代谢转运蛋白，属于一级活性的转运蛋白基因有 15 个；有 55 个代谢转运基因属于形成通道和孔的基因；属于电化学电位驱动的转运基因有 33 个。这些基因形成物质跨膜运送的膜蛋白，且后者可以分为三大类：一是通道（或孔）蛋白；二是转运蛋白；三是物质转运相关的信号蛋白。

通道（或孔）蛋白主要转移离子或一些小分子溶质（如水、尿素、铵盐或甘油），它被认为具有与转运蛋白不同的结构和作用机制。

(1) 通道蛋白的结构及作用机制

同转运蛋白一样，大多数通道蛋白都是由具有几个 α 螺旋的跨膜结构域（transmembrane domain，TMD）构成的。但在大多数情况下，它们的功能部位是由 2 个或更多的亚基耦合成的低聚物。通道蛋白可能形成一个连续的孔，此孔通常位于不同的亚基之间。但在大多数情况下，这种孔是被所谓的选择性过滤器（孔的狭窄部分，其大小和电荷是适合于特定的离子的）所限制和被门控域或门所控制（图 2-8）。门可以朝膜的两侧打开，以动态的结构域来响应打开或关闭的化学信号。

与转运蛋白不同，通道蛋白可以在膜的两侧同时打开。当通道打开时，顺着浓度梯度，一个或多个离子进入孔道，并迅速流向膜的另一侧（图 2-8）。因此，通道蛋白的功能只是作为促进者（加速物质通过膜的运输，速度可以达到 10^8 个离子/s），它的速度快于转运蛋白的运输速度，当转运带电荷的离子时，可能导致电流的产生，改变细胞静电状态。

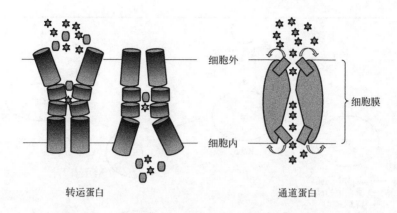

图 2-8 转运蛋白与通道蛋白结构和作用模式对比

(2) 钙离子通道蛋白（Ca²⁺ channels）

Ca^{2+} 在环境中是普遍存在的，并且在所有微生物中提供多种信号传导和结构功能。Ca^{2+} 是酿酒酵母（*S.cerevisiae*）生长所必需的，如酵母在已经耗尽金属离子的生长培养基中经历 G_2 停滞，但在 Zn^{2+} 再加上 Ca^{2+} 或 Mn^{2+} 时，能够恢复细胞周期进展。

在酵母细胞中，钙含量丰富。然而，若要保持 Ca^{2+} 发挥其信号功能，必须将其在细胞溶质中的浓度维持在 $50\sim200nmol/L$，这是通过 Ca^{2+} 泵和交换蛋白（从细胞内的相关细胞器内主动吸出 Ca^{2+}）来实现。

在特定条件下，例如暴露于环境胁迫或交配信息素时，胞质 Ca^{2+} 瞬时增加，并激发下游事件。这些信号是由 Ca^{2+} 通过质膜离子通道进入和/或 Ca^{2+} 从细胞内的细胞器所释放而产生。酵母细胞中的主要 Ca^{2+} 储存器是液泡。在液泡中，细胞 90% 的 Ca^{2+} 与多磷酸盐结合（总浓度：$2mmol/L$）。酵母细胞中的 Ca^{2+} 储存与哺乳动物细胞中的 Ca^{2+} 储存有显著不同。酵母线粒体不累积 Ca^{2+}，并且不在线粒体钙单向转运体（存在于哺乳动物中）中表达。此外，与在哺乳动物细胞的内质网中观察到的 $250\sim600mmol/L$ 的 Ca^{2+} 相比，酵母细胞的内质网含有 $10mmol/L$ 的 Ca^{2+}，这明显不是 Ca^{2+} 的储存。然而，在酵母细胞和心肌细胞中 Ca^{2+} 稳态的主要成分之间存在相似性。

Ca^{2+} 通道的化学本质是蛋白质（称为载体），当 Ca^{2+} 与载体结合时被转运，它是一种跨越细胞膜的结构，它严格控制着 Ca^{2+} 进入细胞的过程（图 2-9）。由于 Ca^{2+} 信号与很多重要生理功能相关。因此，调节 Ca^{2+} 进入细胞的精确反馈机制就至关重要。

图 2-9 中的所有真菌基因组都包含一个编码与酿酒酵母（*S.cerevisiae*）细胞质膜的 Cch1（Ca^{2+} 通道蛋白）同源的单一基因，它们在序列和拓扑结构上与人类的电压门控 Cav 通道类似。在这些真菌的基因组中，还存在编码同源的 *mid1* 基因，它编码一个调节亚基且为 Ca^{2+} 通道蛋白——Cch1 所必须，类似于哺乳动物电压门控 Cav 通道的 α-2-δ-亚基。这表明：高亲和力、低容量的 Ca^{2+} 系统（HACS）需要至少三种蛋白质：Mid1、Cch1 和 Ecm7。

Mid1 和 Cch1 是彼此相互作用的跨膜蛋白。Mid1 具有四个预测的跨膜结构域，并且是大多数酵母和真菌中的保守结构。Ecm7 是通道组分的第三种蛋白质，与 VGCC（人钙离子通道抗体）的 γ 亚基相关，是紧密连接蛋白的超家族成员之一。在缺乏 Mid1 的细胞中，Ecm7 是不稳定的，这表明：它与 Mid1 相关，虽然这种相互作用尚未被证明。缺乏 Mid1 或 Cch1 或两者都缺乏的细胞具有相似的表型。这种 Ca^{2+} 通道的电生理特性及其激活机制

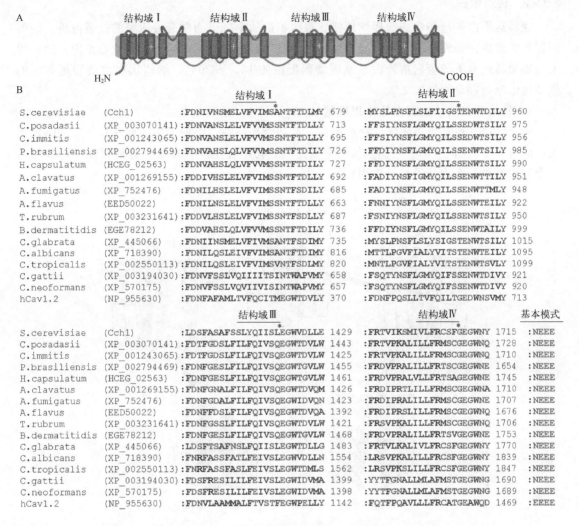

图 2-9　病原真菌中的 Cav 通道蛋白在膜中的可能构象模拟（文后彩图 2-9）

注：1. 红线表示 Ca^{2+} 通道；2. 星号（＊）表示 Ca^{2+} 结合位点。

尚不清楚。

在酵母中，还有低亲和力的 Ca^{2+} 转运系统——LACS，能够转运 Ca^{2+} 进入细胞。当在丰富培养基中生长的酵母细胞被暴露于高浓度的信息素下时，LACS 被激活。信息素诱导 FIG1 的基因表达，其是紧密连接蛋白超家族的成员，包含四个预测的跨膜结构域的蛋白质，并且在交配期间，其定位于细胞融合的位点处。缺乏 FIG1 的细胞不能诱导 LACS，并且在交配期间具有融合缺陷，其可以通过向培养基中加入 Ca^{2+} 来抑制。这表明：通过 LACS 的 Ca^{2+} 流入与细胞融合过程密切偶联。

（3）钾离子通道蛋白（K^+ channels）

钾离子通道是允许钾离子通过质膜，但阻碍其他离子（特别是钠离子）通透的蛋白质，这些通道一般由两部分组成：一部分是通道区，它选择并允许钾离子通过，而阻碍钠离子通过；另一部分是门控开关，它可以根据环境中的信号而开、关通道。

2.5.2.2 转运蛋白

膜转运蛋白是指那些能选择性地使非自由扩散的小分子物质透过质膜的膜蛋白质。一般而言，转运蛋白是完整的膜蛋白，在生物分子高效通过细胞膜的运动中起核心作用。细胞膜上与物质转运有关的蛋白估计占核基因编码蛋白的 15%～30%，细胞用在物质转运方面的能量达细胞消耗总能量的 2/3。

1）转运蛋白的结构特点及作用机制

转运蛋白一般是正多面体的跨膜蛋白，是功能拓扑酶，即催化底物使其从膜的一侧转运到膜的另一侧（图 2-10）。它们包括一个主要的底物结合位点（在每个运输周期中，其可与一个特殊的单一底物分子相互作用）。

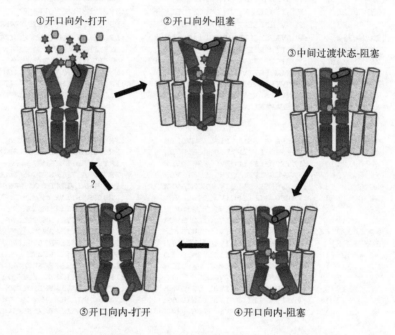

① 开口向外-打开　　② 开口向外-阻塞　　③ 中间过渡状态-阻塞
⑤ 开口向内-打开　　④ 开口向内-阻塞

图 2-10 运输蛋白在跨膜转运中的作用模型（文后彩图 2-10）

转运蛋白的特点是，在大多数情况下可用 Michaelis-Menten 动力学方程来衡量底物的亲和力（K_m）、抑制或解离常数（K_i 或 K_d）和运输能力或速率（V 或 V_m）。当转运蛋白与底物结合，引起自身构象的变化，从而产生一个与最初开口相对面的开口，换句话说，转运不包含一个能够从膜的两侧访问的连续的开放孔。这个"摇摆开关"机制（rocking-switch mechanism）表明：转运蛋白是向外和向内交替其开口的构象。转运蛋白能催化 $10^2 \sim 10^5$ 个分子/s。在大多数情况下，它一般由 10～14 个跨膜结构域组成，主要涉及 α-螺旋、片段（TMS）以及亲水性细胞质内或细胞外的末端。TMS 常常与不同长度的亲水环相连，其涉及氨基酸残基与底物相互作用，或与催化螺旋内的底物相互作用的动态易位相关。亲水环连接 TMS 也可以在底物识别和运输中发挥作用。转运蛋白可以作为协助运输的蛋白（运输顺浓度梯度）、主动转运的蛋白（逆浓度转运底物，要耦合 ATP 水解或参与最常用的 H^+、Na^+ 或其他离子的转运）或通过对不同底物的交换而将底物转运到相反的方向。

目前越来越多的证据支持：转运蛋白在跨膜运输中的作用涉及了五个结构不同的基本构型（图 2-10），其 5 种构象可以概括为：①开口向外-打开；②开口向外-阻塞；③中间过渡状态-阻塞；④开口向内-阻塞；⑤开口向内-打开。

在图 2-10 中，红色表示的门可以由一些柔性的氨基酸组成或由 α-螺旋组成的更大的区域来构成。从开口向外-打开①开始，在细胞外的门处结合的 Na^+ 或 H^+（绿色星）或者在更深处的底物口袋处结合，并稳定开口向外-打开①的开放状态，继而在转运蛋白的深处形成一个高亲和力的底物结合位点；底物（黄色六边形）也可能选择性地绑定到细胞外的门处。当底物和潜在的离子结合后，转运蛋白在细胞外的门②被关闭，此关闭促进诱导适合阻塞的中间过渡状态③。这种转变涉及 α-螺旋或部分螺旋（如深蓝色）的构象运动。在内向的状态④下，释放的 Na^+ 或 H^+ 能够稳定细胞内的门的打开⑤和触发底物的释放。底物被释放后，空载的转运蛋白转变为开口向外-打开①状态，完成一次转运循环。

2）转运蛋白种类

（1）质子转运蛋白

细胞中质子（H^+）的浓度［以细胞内 pH（pH_i）表示］显著影响细胞生物化学的各个方面，并且必须在胞质内和细胞器的管腔中精细调节。在快速生长的酵母细胞中，细胞溶质的 pH 稳定在 7.2，并且细胞外生长环境的 pH 变化范围很小。

然而，越来越多的证据表明：细胞内的 pH 被调节，并且可以发挥信号功能（特别是反映营养物的可利用性）。已经使用不同的方法来评估酿酒酵母（*S. cerevisiae*）中的 pH_i，包括核磁共振磷-31 谱（$^{31}P\ NMR$）、pH 敏感的染料以及 pH 敏感性荧光蛋白比色计（pHluorin，其可以靶向细胞质或细胞内区室以测量活细胞中的 pH 值）。

细胞质中的质子浓度主要由两个质子泵的活性所决定：位于质膜（PM）中的 Pma1（图 2-11）和称为 V-ATP 酶的蛋白复合物，其能酸化内膜系统（包括液泡、高尔基体和溶酶体）。

酿酒酵母（*S. cerevisiae*）的 Pma1 H^+-ATP 酶（Pma1p）在生理上起到将质子泵出细胞的作用，一种 P2 型 ATP 酶（动物细胞中 P2 家族的成员，包括质膜 Na^+，K^+-ATP 酶和 Ca^{2+}-ATP 酶，胃黏膜 H^+，K^+-ATP 酶和肌浆网 Ca^{2+}-ATP 酶），由单个 100kDa 亚基组成，通过 10 个疏水 α-螺旋锚定在膜中，每个 ATP 分子水解可提供能量帮助一个质子穿过质膜。这种 H^+-ATPase 是最丰富的细胞蛋白质之一，消耗至少 20% 的细胞 ATP。其主要功能是将质子泵出细胞，是细胞质 pH 和质膜电位的主要调节者。

另外，脂质筏（lipid raft）在生物合成传递 Pma1p 到细胞表面的过程中起作用。脂质筏的中断会导致 Pma1p 对液泡的错误靶向。

Pma1 是生长的关键物质，其在生长速率的限制中起作用；损害其活性的突变会降低胞质 pH 并影响生长。Pma1 功能受损的突变体，不能在低 pH 培养基中或在弱酸存在下生长，反映了它们降低质子穿过质膜的能力。它们还耐多种阳离子药物和离子，包括氨基糖苷类和潮霉素 B，因为降低跨质膜的质子运动力会导致这些化合物的细胞摄取量减少。还存在 *pma2*，当其被强启动子表达时，可以替代 Pma1，但它的含量通常非常低。

Pma1 H^+-ATP 酶在粗糙内质网中合成，并整合到细胞膜中。一旦被合成，Pma1 H^+-ATP 原酶实现了非常快速的完全折叠结构的转变，因为它在合成的初期就被配体所保护，避免了被胰蛋白酶水解。然后，ATP 酶经由分泌途径（内质网到高尔基体再到分泌小泡，最后到细胞膜）运送到细胞表面。在分泌途径中，H^+-ATP 酶在其多个 Ser 和 Thr 残基上经历了翻译后的磷酸化。目前，成熟 H^+-ATP 酶的寡聚状态尚不确定。

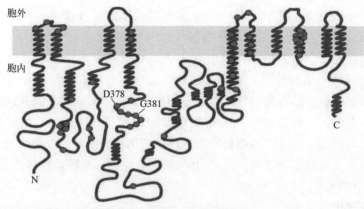

(a) Pma1 H⁺-ATP酶在细胞膜中的构象

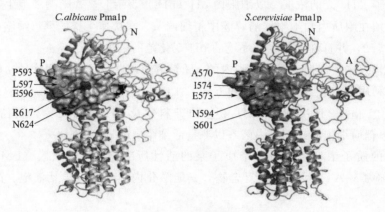

(b) Pma1 H⁺-ATP酶的结构

图 2-11 Pma1 H⁺-ATP 酶的结构示意图

(2) 含氮物质的转运蛋白

一般说来，氨优先于硝酸盐被运输。氨一进入菌体就迅速被代谢活动同化成有机的含氮化合物。氨的运输包括图 2-12 所示的若干阶段。

阶段Ⅰ 外部的"氨" $\underset{\text{过程}}{\overset{\text{物理交换}}{\rightleftharpoons}}$ 可交换的"氨" $\left\{ \begin{array}{c} \text{自由空间} \\ + \\ \text{K}^+\text{交换位点} \end{array} \right\}$

阶段Ⅱ 可交换"氨" $\underset{\text{过程}}{\overset{\text{代谢}}{\rightleftharpoons}}$ 残留"氨" $\underset{\text{过程}}{\overset{\text{代谢}}{\rightleftharpoons}}$ 同化了的"氮"

图 2-12 氨的运输

有机氮主要以氨基酸或肽的形式被吸收，一般通过细胞膜上的转运蛋白进行。

① 肽的转运蛋白

a. 寡肽转运蛋白（oligopeptide transporter family，OPT）：寡肽转运蛋白均是 12～16 个跨膜区的膜蛋白，负责寡肽的转运。一般而言，由 4～5 个氨基酸构成的寡肽可以由转运蛋白 Opt1p（有 12～14 个跨膜结构域）跨膜运输。

b. 双/三肽转运蛋白（di-and tripeptide transporter，PTR）：双/三肽转运蛋白（PTR）均是由 12～14 个跨膜螺旋组成的膜蛋白，能够转运二肽、三肽及其类似物。

② 氨基酸转运蛋白（amino acid transporters）　氨基酸转运蛋白是贯穿在细胞膜上且与氨基酸转运有关的载体蛋白。这些蛋白质似乎含有多达 12 个跨膜片段。在该家族中，最好的保守区域位于第二跨膜片段。

③ 铵转运蛋白（ammonium transporters，Amt）　产黄青霉（*P. chrysogenum*）具有特定的铵转运系统用于铵的吸收。研究发现：酿酒酵母（*S. cerevisiae*）对铵的吸收量可达 1000 倍的积累。酵母对铵的吸收至少包含三个通透酶，即 Mep1、Mep2 和 Mep3，它们属于多基因家族，即所谓的 Mep/Amt 家族。

④ 硝酸盐转运蛋白（nitrate transporter）　在自然环境中，硝酸盐很容易从土壤中浸出且短暂存在，其浓度变化幅度高达 5 个数量级。一些微生物能够利用硝酸盐作其氮素营养。硝酸盐的跨膜运送可以通过硝酸盐转运蛋白协助完成。

（3）糖类的转运蛋白

许多丝状真菌能产生对多种植物基质降解的酶，例如霉菌（*Aspergilli* sp.）对木质纤维素的利用途径是严格地被转录因子——CreA［介导碳代谢抑制（CCR）］所抑制，通过特异性转录因子——XlnR、ClrA 和 ClrB 的调节子而被正诱导。这些真菌因能降解木质纤维素而能够在木质纤维素基质上生长。木质纤维素降解产物一般是单糖（monosaccharides）和多糖（polysaccharides）的混合产物，包括己糖［hexose，如葡萄糖（glucose）］、戊糖［pentose，如木糖（xylose）］、纤维［cellodextrins，如纤维二糖（cellobiose）］和低聚木糖［xylooligosaccharides，如木二糖（xylobiose）］。这些降解产物（碳源）先在转运蛋白的帮助下进行跨膜转运，进入菌体后才被微生物所利用。

葡萄糖转运蛋白（glucose transporters）是一类镶嵌在细胞膜上并转运葡萄糖的载体蛋白。葡萄糖的摄入需要借助细胞膜上的葡萄糖转运蛋白（glucose transporters，GLUT）的转运功能，才能进入微生物细胞。

木糖（xylose）是木聚糖的一个组分，以大分子的木聚糖形式广泛存在于植物半纤维素中，是一种戊醛糖。野生型酿酒酵母（*S. cerevisiae*）以低亲和力（$K_m=100～190\text{mmol/L}$）将木糖转运进入细胞，此转运是通过高亲和力的己糖转运蛋白基因（*gal2* 和 *hxt7*）表达形成的转运蛋白来完成，这体现了酿酒酵母（*S. cerevisiae*）对单糖——葡萄糖的偏好（葡萄糖先前已被证明抑制木糖运输）。

此外，以前发现的葡萄糖转运蛋白 HxtB，也被发现在构巢曲霉（*A. nidulans*）中，主要参与木糖的跨膜转运。在酿酒酵母（*S. cerevisiae*）中，Hxtb 转运蛋白同样能够转运木糖，使酿酒酵母（*S. cerevisiae*）能够生长在木糖的底物中生产乙醇。

（4）脂肪酸转运蛋白

以前认为，游离脂肪酸主要以简单扩散的形式通过细胞膜，即依靠分子运动从浓度高的一侧通过细胞膜向浓度低的一侧扩散。但近年来越来越多的证据表明：简单扩散不能完全说明脂肪酸吸收的机制。

有研究者根据膜外的脂肪酸能以很快的速率进入膜内进行细胞的代谢提出：细胞膜上存在协助脂肪酸转运的载体蛋白。因此，脂肪酸通过简单扩散和协助扩散两条途径被吸收的观点逐渐得到认同。目前已经在真菌的细胞膜上发现脂肪酸转运蛋白（fatty acid transport protein，FATP），其主要功能是调节长链脂肪酸的吸收及其在细胞内的转运。

Fat1p 是在酿酒酵母（*S. cerevisiae*）中发现的一种跨膜的脂肪酸转运蛋白。它包括一个横跨膜区，此区包含一个 ATP/AMP 结合序列（也称磷酸结合环）以及 FATP/极长链酰基辅酶 A 合成酶（very long chain acyl CoA synthetase）的结合序列。在酿酒酵母（*S. cerevisiae*）中，长链脂肪酸运输过程至少需要膜结合蛋白 Fat1p 的参与，外源性脂肪酸获取是需要脂肪酰基辅酶 A 合成酶 Faa1p 和 Faa4p 的激活，但不同于大肠杆菌中的情况，运输和激活之间没有紧密的联系。

(5) 磷的转运蛋白

磷酸盐参与了微生物的核苷酸和脂质合成、信号传导和化学能储存等，因此对于微生物结构的构建和代谢至关重要。磷酸盐可以分别以一价、二价或三价离子（$H_2PO_4^-$、HPO_4^{2-} 或 PO_4^{3-}）进行运输。磷酸盐的流入是与代谢能需求相联系的专一性过程。

磷酸盐转运进入细胞的过程被认为是一个低亲和力和两个高亲和力蛋白参与的过程。低亲和力的转运蛋白（估计其对胞外磷酸盐的 K_m 约为 1mmol/L）被认为是一个组成型表达系统。除了这个低亲和力系统，酿酒酵母（*S. cerevisiae*）还有两个高亲和力的磷酸盐运输系统，以适应不同的磷酸盐浓度环境，一个是 Pho89 转运蛋白（是依赖于 Na^+ 进行的磷酸盐转运），另一个是 Pho84 转运蛋白（能够介导质子耦合的磷酸盐转运）。

(6) 硫酸盐转运蛋白

硫对微生物的代谢和繁殖有明显的调节作用。已有的研究表明：硫酸盐的吸收是主动运输过程。在点青霉（*Penicillium notatum*）中，硫酸盐是与一个质子和一个钙离子一起共同运输至细胞内的。但是 Hillenga 等认为：硫酸盐的吸收是由跨膜的 pH 梯度驱动，而非跨膜的电位驱动。硫酸盐的吸收是一个共运输过程，是两个质子和硫酸盐阴离子的共同运输过程，此过程需要硫酸盐转运蛋白（sulfate transporter）的介导。

2.5.3 营养物质在细胞内的转运

小分子的营养物质通过细胞膜后进入细胞质中，下一步这些营养物质要在细胞内被转运到不同的细胞部位。这种转运涉及细胞质的流动（真菌细胞最为常见）以及细胞内的分区。

2.5.3.1 细胞内的简单扩散

细胞内的简单扩散与跨膜的简单扩散的原理一样，是一个物理过程，被运输的分子不发生化学反应。其推动力是物质在细胞质中不同部位的浓度差，扩散过程不需要外界提供任何形式的能量。物质运输（扩散）的速率随着该物质在细胞质中不同部位的浓度差的降低而减小，当细胞质中不同部位的浓度相等时，运输的速率降低到零，单纯扩散就停止。

2.5.3.2 依靠扩散作用进行的主动运输

依靠扩散作用进行的主动运输的原理仍然是依靠物质在细胞质中不同部位的浓度差进行运输。在扩散的过程中，形成快速的营养物质流动，使得营养物质快速地运输到比较远的部位，并在细胞内部形成针对所运输的营养物质的高浓度梯度。这种运输不需要提供额外的能量，仅仅依靠扩散作用完成。

2.5.3.3 细胞质流动

细胞质流动（cytoplasmic streaming）是一个循环过程（图 2-13），它在真菌的细胞中最为常见。它能够带动细胞内物质的转运分配。真菌细胞质内其实并不像它所表现的那样仅仅只是透明且流动性非常好的液体，事实上里面有很多的细胞器（如线粒体、高尔基体、内质望网、各种小泡等），并且充斥着各种微丝，后者一方面起着固定细胞器的作用，另一方面还提供细胞质内物质运转的动力。

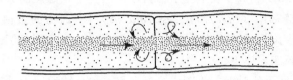

图 2-13　白边土盘菌（*Humaria leucoloma*）的菌丝中细胞质流在通过简单隔膜孔时形成旋涡的示意图

2.5.3.4　一些营养物质在细胞内转运

(1) Na$^+$

酵母细胞不主动积累 Na$^+$，在一般生长条件下，Na$^+$ 在细胞中的水平非常低，但细胞生长在高 Na$^+$ 环境下，Na$^+$ 在细胞中的水平会上升。在一般情况下，酵母运输机制偏向最小化的 Na$^+$ 吸收，并促进其流出。两种不同的机制促进 Na$^+$ 和 Li$^-$ 外排以及在较小的程度上的 K$^+$ 外排；Ena 的 P 型 ATP 酶和 Nha1 逆向转运蛋白可促进酵母生长在有毒的阳离子环境中。

(2) K$^+$

K$^+$/H$^+$ 交换可在线粒体中进行。含 K$^+$/H$^+$ 交换的突变体可以改变线粒体钾离子含量，导致呼吸链装配的缺陷，破坏线粒体的形态和体积的平衡。在酿酒酵母（*S. cerevisiae*）中，Mdm38 和 Mrs7 是 LETM1 蛋白家族的成员。然而，LETM1 蛋白包含一个跨膜结构域，提示它们参与调节运输，而不是直接进行离子交换。人类 LETM1 家庭成员包含钙结合的 EF-手型结构域，但不存在于酵母蛋白中。LETM1 可能参与线粒体 Ca^{2+} 的吸收。

酵母细胞在其液泡和其他细胞器（如高尔基体）中，与 V 型 ATP 酶产生的质子梯度驱动碱金属阳离子（Na$^+$ 和 K$^+$）的积累（质子耦合转运）。Vnx1 定位于液泡中并在液泡中介导了此运输。*vnx1* 编码一个 102kDa 的蛋白，它有 13 个跨膜结构域，是钙衔接蛋白（CAX）超家族的成员，但是它缺乏几个介导 Ca^{2+} 结合和不运输 Ca^{2+} 的序列模块。

kha1 编码一个定位于高尔基体的蛋白 KHA1，分子量约 97kDa，估计它具有 12 个跨膜结构域，与细菌 K$^+$ 和 Na$^+$ 转运蛋白相关。此外，它可能执行 K$^+$/H$^+$ 的运输，被认为进行 K$^+$/H$^+$ 交换，在 K$^+$ 和 pH 值稳态平衡中起作用。

nhx1 编码一种内涵体内的 Na$^+$/H$^+$ 逆向转运蛋白 Nhx1（是 NHE 超家族的成员），主要存在于次级内涵体和其他的分泌细胞器。Nhx1 的一个功能是将 Na$^+$ 和 K$^+$ 导入分泌细胞器，这时它利用了 V 型 ATP 酶建立的质子梯度。此外，Nhx1 参与维持内涵体中的 pH 平衡，它可以调节这些运输部件间的融合，对蛋白质运输非常关键。

独立转运的质子也有助于液泡中 K$^+$ 的积累。Vhc1 是阳离子-氯共转运蛋白（CCC）家族中的转运蛋白，被认为进行液泡钾-Cl 的转运。

Nha1 和 Ena1 在 Na$^+$ 转运中发挥主要作用，也参与排钾。

Tok1 是在细胞膜上的向外排钾的钾离子通道蛋白，通过细胞膜的去极化而被激活，是酵母细胞中唯一的 K$^+$ 特异性外排机制。Tok1 是具有 691 个氨基酸的完整膜蛋白，包含两个孔道的结构域，每个孔道都进行 K$^+$ 的转运。含有两个串联的孔隙结构是一个保守的 K$^+$

通道蛋白的共性。Tok1 的胞内羧基末端参与调控和控制门通道，以防止关闭。Tok1 在低膜电位下介导细胞 K^+ 的释放，提高跨膜电位。

Trk1 和 Trk2 是大的细胞膜蛋白，分别有 889 和 1235 个氨基酸残基，分别含有四 M1-P-M2 序列模块，其中 M1 和 M2 表示疏水结构域，由一个 α 螺旋的 P 段连接。通过与 KcsA 晶体结构类比，组成链霉菌（*Streptomyces lividans*）K^+ 通道的蛋白是一种对称跨膜结构域，由折叠的四对 α 螺旋构成，形成一个中央的 K^+ 导电孔。每个 Trk1 或 Trk2 单体进一步被认为关联到一个同源四聚体上。

Trk1 介导的转运显示其对 K^+ 和 Rb^+ 的高亲和力和高转运速度 [$V_{max}=30nmol/$（mg 细胞·min）]，是由 H^+-APTase 构建的负电位所驱动。每个转运蛋白有两个阳离子结合位点，通常共同转运两个相同离子（K^+）。但在植物中，能够转运一个 K^+ 和一个 Na^+。这些蛋白质也介导流出阴离子，这包括卤化物（I^-、Br^- 和 Cl^-）、非卤化物的阴离子（SCN^- 和 NO_3^-）和一个不耦合 K^+ 运输的外流活性。Trk1/2 的活性和稳定性受到多种蛋白激酶和磷酸酶的调节。功能冗余的激酶（Hal4 和 Hal5）可以将 Trk1/2 稳定在细胞膜上，特别是在低细胞外 [K^+] 条件下。Sky1 是一种 SR 蛋白激酶（调节 SR 型剪接因子的作用），是可以调节 Trk1/2 和/或 K^+ 内稳的附加组分。

除了高亲和力转运 K^+/Rb^+，酵母显示低亲和力的 K^+ 运输方式，这可能由 Trk1/2 介导。

(3) 锌离子的转运

在酿酒酵母（*S.cerevisiae*）中，锌的吸收控制是在响应细胞内锌水平，继而在转录水平进行控制（图 2-14）。

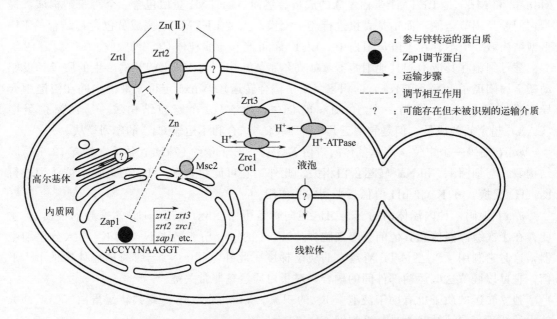

图 2-14 酿酒酵母（*S.cerevisiae*）中锌吸收和转运模型

增加 *zrt1* 基因转录，造成高亲和系统，能够诱导超过 30 倍的锌的吸收。低亲和力的系统也通过 *zrt2* 转录调控。*zap1* 基因产物介导了针对这些基因对锌响应的调节。*zap1* 编码一个转录激活七羧基末端的 C2H2 型锌指结构域和两个氨基末端的激活域。*zap1* 还被发现可以通过正的自动调节机制来调节其转录。在逐步限制锌的条件下，这种调控可以放大对锌含量和 zap1 活性变化的响应。

Zap1 与 *zrt1*、*zrt2* 和 *zap1* 基因的锌响应元件（zap1 ZRES）结合。一个 *ZRE* 保守序列，5-ACCYYNAAGGT-3，被鉴定，发现其是必要的，且足可以对锌反应进行转录调控。尽管在基因的启动子中，具有一个或多个保守的 *ZRE*，在 *zrt1*、*zrt2* 和 *zap1* 基因中，锌响应存在差别。*zrt2* 启动子的抑制比抑制 *zrt1* 或 *zap1* 启动子需要更多的锌。

zrt1、*zrt2* 和 *zap1* 启动子对锌的灵敏度存在差异，这是与这些蛋白质的不同功能一致的，在细胞内充满锌的条件下，*zrt2* 低亲和力的基本转录进行表达，足以供应细胞对锌的需求。当细胞进入锌限制的初始阶段，它们的第一反应是增加 Zrt2 转运蛋白的活性。锌的限制变得更加严重时，Zrt1 转运蛋白被诱导，提供锌获取所需的高亲和力的吸收活性。增加 *zap1* 基因的表达，使其靶基因的表达达到最大，可能只会在极度限制锌的条件下进行。

对于锌如何调节 Zap1 活性，可以从 Zap1 功能域方面考虑。在 Zap1 蛋白上发现了两个激活域（AD I 和 AD II）；在羧基末端的五锌指区域发现完整的 DNA 结合域；每个手指都需要与高亲和力的 DNA 结合；纯化 Zap1 蛋白被发现每个单体蛋白有五个锌原子。这些结构表明：部分 Zap1 蛋白（为锌响应所需）定位于 DNA 结合的结构域和 C-末端的五个锌指结构域。Zap1 的 DNA 结合活性是被锌结合到该蛋白质区域所控制。锌能够对该结合域功能进行激活。

Gaither 和 Eide 提出 Zap1 活性如何受锌的调节。首先，假设 Zap1 是锌的直接感受器，在 DNA 结合域除了高亲和力的五个 C2H2 锌指外，还包含一个或多个低亲和力的结合位点。锌对这些调控位点的结合，可能稳定其多聚体构象，还可能会聚集其他蛋白来抑制 Zap1 的功能。

另外，在酿酒酵母（*S. cerevisiae*）中，可以在翻译后水平上对锌转运体活性进行调节（图 2-15）。

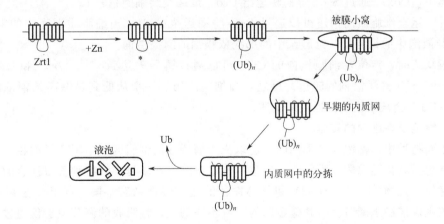

图 2-15 酿酒酵母（*S. cerevisiae*）中 Zrt1 蛋白在高浓度锌响应的转录后失活的模型

如图 2-15 所示，高浓度锌会导致 Zrt1 蛋白质的泛素化，这会导致泛素化的 Zrt1 迁移到被膜小窝中，随后内吞，形成内吞小泡。然后，Zrt1 通过内吞途径运到液泡中，然后被液泡蛋白酶所降解。该模型提出：锌 Zrt1 构象改变（用星号表示）使它最适底物被泛素化。随后，Zrt1 蛋白经历内吞途径，最终到达液泡，被液泡中的蛋白酶所降解。

（4）铜离子的转运

Beaudoin 等提出裂殖酵母（S. pombe）中铜离子的吸收和转运模型（图 2-16）。该模型将裂殖酵母（S. pombe）中铜离子的吸收和转运表述为：由一个假定的细胞表面还原酶将 Cu^{2+} 还原为 Cu^{1+}。然后 Cu^{1+} 穿过质膜上的膜蛋白复合物（由 Ctr4 和 Ctr5 蛋白形成）进入细胞内。在酿酒酵母（S. cerevisiae）和裂殖酵母（S. pombe）得到的结果表明：在裂殖酵母（S. pombe）中的铜伴侣蛋白包括 Atx1、PccS 和 Cox17。

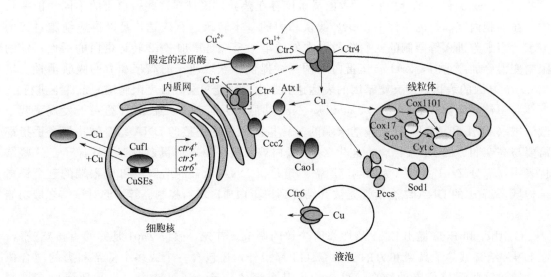

图 2-16 裂殖酵母（S. pombe）中铜离子的吸收和转运模型

Atx1 携带铜到 Ccc2（在高尔基体膜上的 P 型 ATP 酶），它将铜泵入分泌途径。在分泌过程中，铜可以与蛋白结合，形成新合成的铜蛋白。Atx1 也参与将运输的铜转运给 Cao1；在线粒体中，Cox17 通过 Sco1 将铜转运给 Cco，最终交给细胞色素 c。

另外，运至细胞质的铜还可以通过 Pccs 将铜运至 Sod1。当细胞质铜库中的铜被耗尽，Ctr6 参与液泡中的铜流出，给胞浆中的那些依赖铜的酶提供铜。

在铜缺乏时，定位在细胞核内的 Cuf1 可以通过诱导表达 $ctr4^+$、$ctr5^+$ 和 $ctr6^+$ 基因，继而结合 CuSEs 并激活铜的转运。反之，当细胞经历了一个从低到足够高的铜浓度变化的转变时，Cuf1 会从细胞核转运至细胞质。

（5）锰离子在胞内的转运

在不同物种中，锰浓度是不同的，这取决于酶所在的细胞区室中阳离子的相对浓度。锰依赖性酶包括氧化还原酶、脱氢酶、转移酶和水解酶。在酵母中，特别值得注意的是线粒体的含有锰超氧化物歧化酶（Sod2）和分泌途径的锰依赖性糖转移酶。与其他金属的吸收类似，锰的摄取被稳态调节。与其他金属的吸收不同的是，锰吸收的调节似乎仅通过翻译后机制进行（图 2-17）。

Smf1 和 Smf2 参与了锰吸收的调节。Smf1 和 Smf2 的活性是通过细胞内运输和降解途径在翻译后进行控制（图 2-17）。图 2-17 显示了参与锰的运输和利用的蛋白质，描述了在锰缺乏条件下蛋白质的亚细胞定位。

在锰充足的培养基中生长的酵母，需要快速降解新合成的 Smf1 和 Smf2。这种降解发生的顺序是：Smfs 从后期高尔基体隔室进入到晚期分泌途径的多泡体中，随后在液泡中被

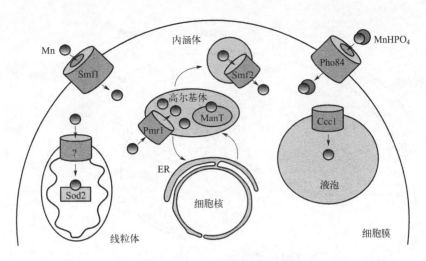

图 2-17 锰离子在酵母细胞内稳态平衡

降解。与其他转运蛋白相似，Smf1 和 Smf2 的降解取决于泛素连接酶 Rsp5 的泛素化，但也需要几个衔接蛋白参与招募 Rsp5 到转运蛋白上，这些蛋白包括 Bsd2 和 Tre1/Tre2。

在锰缺乏的培养基中生长的酵母，其 Smf1 和 Smf2 逃避由 Bsd2 和 Tre1/Tre2 识别，并且分别在质膜和内涵体上稳定表达。但不清楚 Smf1 和 Smf2 如何逃避检测或是由什么控制它们排序到不同的膜上。在锰毒性条件下，Smf1 降解变得独立于 Bsd2 和 Tre1/Tre2，并且仅部分依赖于 Rsp5。胞质锰的水平升高，随后触发这种降解途径，并且不再需要在高尔基体腔中存在锰。

当酵母在含有高浓度锰的培养基中生长时，可以通过高亲和力磷酸转运蛋白 Pho84 完成锰离子的摄取。Pho84 转运蛋白的转运底物是磷酸根阴离子和二价金属阳离子的复合物。在标准实验室培养基中，镁浓度相对较高，Pho84 的底物可能是 $MgHPO_4$ 复合物。然而，当细胞外锰离子浓度升高时，Pho84 也可以转运 $MnHPO_4$（图 2-17），而缺乏 Pho84 的菌株表现出对锰毒性的抗性。Pho84 转运蛋白在转录水平上被细胞内磷酸强烈调节，但没有证据表明被锰调节。因此，通过 Pho84 转运蛋白的锰吸收可以显著加剧锰的毒性。

酵母在高尔基体中需要相当高浓度的锰，以正确地对已经在内质网中被 O- 和 N-葡糖基化修饰的分泌蛋白质进一步进行甘露糖化。酵母甘露糖基转移酶（类似于细菌、植物和动物的寡糖转移酶）的活性依赖于结合的锰辅助因子。这些酶在体外的完全活化需要＞1mmol/L 浓度的锰。从这些观察结果推断：锰在管腔内的浓度必须是相对高的，这与 Ca^{2+} 的浓度（1～2mmol/L）相似。酵母中的单一转运蛋白 Pmr1 催化了 Ca^{2+} 和 Mn^{2+} 进入高尔基体腔的 ATP 依赖性转移。

酵母还可以通过外排泵 Ccc1，在液泡腔中储存锰。尽管 Ccc1 主要是作为铁转运蛋白，Ccc1 的过表达与液泡锰的增加相关。

（6）氮源在胞内的流动

除了作为蛋白质的结构单元之外，氨基酸在一般代谢中具有核心作用，跨膜转运后的氨基酸可以作为碳和氮源而被利用，参与氨基酸生物合成以及将氨基酸转化为包括核苷酸在内的其他代谢物。因此，根据不同的需求信号，含氮化合物将被运输到不同的细胞器或细胞质的不同地方，参与与氮相关的代谢活动（图 2-18）。

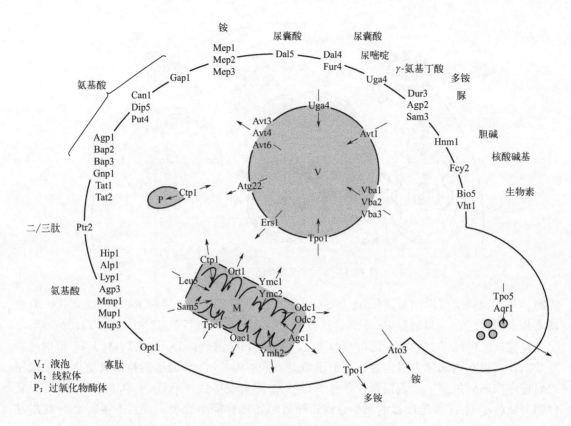

图 2-18 含氮化合物的吸收和胞内的转运示意图（文后彩图 2-18）

注：1. 绿色文字：转运蛋白，其表达是在氮调节（NCR）下进行。

2. 蓝色文字：转运蛋白，其表达由细胞外氨基酸的 SPS 传感器的转录所控制。

3. 红色向外指向的箭头：被认为参与氨基酸排泄的转运蛋白（在晚期分泌途径中或在质膜上起作用）。

4. 箭头为传输的方向。

2.6 营养物质的代谢

微生物吸收外界的营养物质，继而从吸收的营养物质中获得能量和机体构成所需的物质进行生长，此过程是通过代谢来完成的（图 2-19）。

2.6.1 代谢及与代谢相关的几个基本概念

代谢（metabolism）是生物体内所发生的用于维持生命的一系列有序化学反应的总称。这些反应的进行使得生物体能够生长和繁殖、保持它们的结构以及对外界环境作出响应。代谢通常被分为分解代谢和合成代谢，前者可以对物质进行分解以获得能量 ATP、还原力氢和中间代谢产物；后者可以利用部分能量、还原力氢和中间代谢产物来合成细胞中的各个组分，如蛋白质和核酸等。代谢可以被认为是生物体不断进行物质和能量交换的过程，一旦物质和能量的交换停止，生物体的结构和系统就会解体。

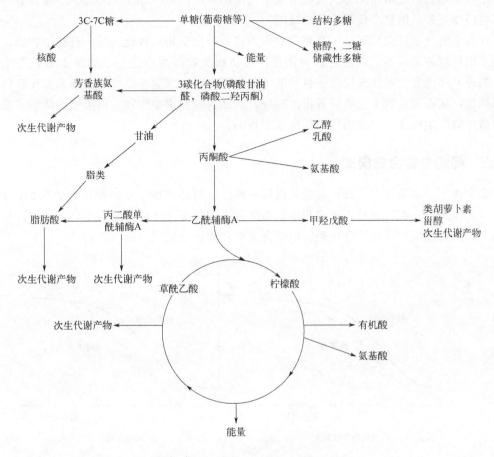

图 2 - 19　微生物的物质代谢途径概要

① 新陈代谢（metabolism）：是细胞内发生的各种化学反应的总称，主要由分解代谢和合成代谢两个过程组成，其中前者又称异化作用，后者又称同化作用。

② 物质代谢（substance metabolism）：是指生物体与外界环境之间物质的交换和生物体内物质的转变过程。

③ 能量代谢（energy metabolism）：是指生物体与外界环境之间能量的交换和生物体内能量的转变过程。

④ 初级代谢（primary metabolism）：一般将微生物从外界吸收的各种营养物质通过分解代谢和合成代谢生成维持生命活动所需的物质和能量的过程。

⑤ 次级代谢（secondary metabolism）：是在一定的生长时期（一般是稳定生长期），微生物以初级代谢产物为前体，合成对微生物本身的生命活动没有明确功能的物质的过程。

⑥ 代谢途径（metabolic pathway）：在生物体内，把从 A 到 X 的酶反应常规程序（A→B→C→……X）称为 A 至 X 的代谢途径。A→B、B→C 等各反应，则称为中间代谢（途径）。生物体代谢途径的重要特征可以被概括为：

a. 由代谢的中间体（中间代谢产物）产生许多分支，从而构成了复杂的代谢网；

b. 正反应（A→X）与逆反应（X→A）的途径往往是不同的；

c. 在代谢途径的一些中间过程具有各种代谢调节作用。

把代谢途径以线路图案形式来表示就是代谢图（metabolic map）。图 2-19 就是表示主要代谢途径相互关系的整个代谢途径的简图。

代谢中的化学反应是通过一系列酶的作用将一种化学物质转化为另一种化学物质。酶对代谢来说是至关重要的，因为它们的催化作用使得生物体可以进行热力学上难以发生的反应。当外界环境发生变化或接受来自其他细胞的信号时，细胞也需要通过酶来实现对代谢途径的调控，从而对这些变化和信号作出响应。总之，我们讲微生物对污染物的降解实质上是通过微生物产生的酶所催化的化学反应来实现的。

2.6.2　酶的生物合成模式

微生物在一定条件下生长，其生长过程一般会经历适应期、生长期、平稳期和衰退期 4 个阶段。在此过程中，通过比较细胞生长与酶合成的关系，可以将酶的生物合成模式分为四种类型：同步合成型、延续合成型、中期合成型和滞后合成型（图 2-20）。

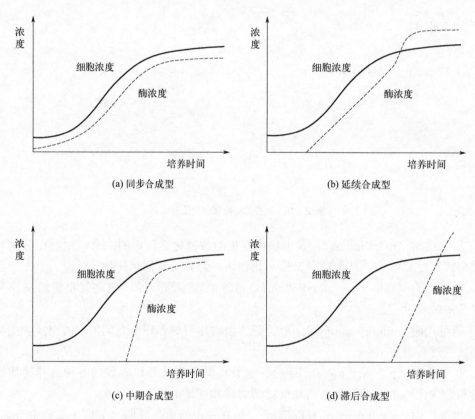

图 2-20　四种酶生物合成模式

(1) 同步合成型

属于该合成型的酶，其生物合成伴随着细胞的生长而开始，在细胞进入旺盛生长期时，酶大量合成，当细胞生长进入平衡期后，酶合成逐渐停止。例如米曲霉（A. oryzae）在含有单宁或者没食子酸的培养基中生长，在单宁或没食子酸的诱导下，合成单宁酶。

(2) 延续合成型

属于该合成型的酶，其生物合成可以受诱导物的诱导，在细胞生长达到平衡期后，仍然可以继续合成，说明这些酶所对应的 mRNA 相当稳定，在平衡期后相当长的一段时间内，仍然可以通过翻译而合成所对应的酶。

（3）中期合成型

属于该合成型的酶，其生物合成受到产物的反阻遏作用或分解代谢物阻遏作用，而酶所对应的 mRNA 稳定性较差。

（4）滞后合成型

属于该合成型的酶，要在细胞生长进入平衡期以后才开始合成，该类酶所对应的 mRNA 稳定性强，可以在细胞生长进入平衡期后相当长的一段时间内，继续进行酶的生物合成。

2.6.3 酶的生物合成过程

蛋白质合成的过程可分为起始、延伸、终止和核糖体再循环四个主要步骤（图 2-21）。DNA 首先转录到细胞核中的信使 RNA。在运输出核后，蛋白质合成在核糖体的帮助下开始，将转运 RNA 运来的氨基酸，通过将核苷酸三联体密码翻译成蛋白质的氨基酸链。

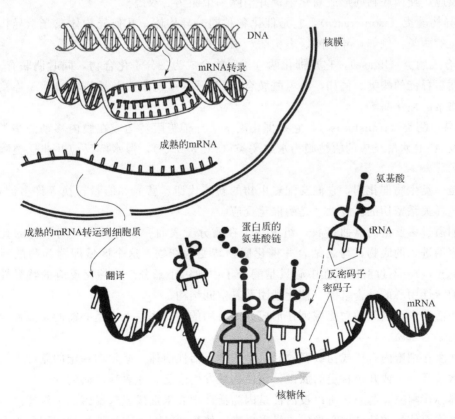

图 2-21 真核微生物的酶（蛋白质）合成示意图

2.6.4 酶与酶催化

酶是由活细胞产生的、对其底物具有高度特异性和高度催化效能的蛋白质或 RNA。本书不讨论 RNA 酶。本书所说的酶其化学本质是蛋白质，大部分酶具有一级、二级、三级，乃至四级结构。按其分子组成的不同，可分为单纯酶和结合酶。仅含有蛋白质的称为单纯酶；结合酶则由酶蛋白和辅助因子组成。例如，大多数水解酶仅由蛋白质组成；黄素单核苷酸酶则由酶蛋白和辅助因子组成。结合酶中的酶蛋白为蛋白质部分，辅助因子为非蛋白质部分，只有两者结合成全酶才具有催化活性。

根据酶所催化的反应性质的不同，国际生化协会酶委员会将酶分成了七大类：

① 氧化还原酶类（oxidoreductase），它是促进底物进行氧化还原反应的酶类，是一类催化氧化还原反应的酶，可分为氧化酶和还原酶两类。

② 转移酶类（transferases），它是催化底物之间进行某些基团（如乙酰基、甲基、氨基、磷酸基等）的转移或交换的酶类。例如，甲基转移酶、氨基转移酶、乙酰转移酶、转硫酶、激酶和多聚酶等。

③ 水解酶类（hydrolases），它是催化底物发生水解反应的酶类。例如，淀粉酶、蛋白酶、脂肪酶、磷酸酶、糖苷酶等。

④ 裂合酶类（lyases），它是催化从底物（非水解）移去一个基团并留下双键的反应或其逆反应的酶类。例如，脱水酶、脱羧酶、碳酸酐酶、醛缩酶、柠檬酸合酶等。许多裂合酶催化逆反应，使两底物间形成新化学键并消除一个底物的双键。

⑤ 异构酶类（isomerases），它是催化各种同分异构体、几何异构体或光学异构体之间相互转化的酶类。例如，异构酶、表构酶、消旋酶等。

⑥ 合成酶类（ligase），它是催化两分子底物合成为一分子化合物，同时偶联有 ATP 的磷酸键断裂释能的酶类。例如，谷氨酰胺合成酶、DNA 连接酶、氨基酸-tRNA 连接酶以及依赖生物素的羧化酶等。

⑦ 易位酶类（translocase），它是催化离子或分子跨膜转运或在膜内移动的酶类。其中有些涉及 ATP 水解反应的酶被归为水解酶类（EC 3.6.3-），但水解反应并非这类酶的主要功能。

酶是一类生物催化剂，它们支配着生物的新陈代谢、营养和能量转换等许多催化过程，与生命过程关系密切的反应大多是酶催化反应。

它们通过多肽链的盘曲折叠，组成一个在酶分子表面、具有三维空间结构的孔穴或裂隙，以容纳进入的底物，与之结合并催化底物转变为产物，这个区域即称为酶的活性中心（active center）。不过酶的活性中心只是酶分子中的很小部分。酶催化反应的特异性实际上决定于酶活性中心的结合基团、催化基团及其空间结构。

而酶活性中心以外的功能域则在形成并维持酶的空间构象上也是必需的，故称为活性中心以外的必需基团。

有些酶在细胞内合成或初级释放时只是酶的无活性前体，必须在一定的条件下，这些酶的前体水解开一个或几个特定的肽键，致使构象发生改变，才表现出酶的活性。这种无活性酶的前体称作酶原。酶原之所以没活性是因为活性中心未形成或未暴露。一般通过对多肽链的剪切修饰而使酶的活性中心形成或暴露出来。使酶原转变为有活性酶的作用称为酶原激活（zymogen activation）。

酶在催化时，主要是降低反应活化能。在任何化学反应中，反应物分子必须超过一定的能阈，成为活化的状态，才能发生变化，形成产物。这种提高低能分子达到活化状态的能量，称为活化能。酶可以降低反应所需的活化能，以致相同的能量能使更多的分子活化，从而加速反应的进行。酶能显著地降低活化能，故能表现为极高的催化效率。一般认为，酶催化某一反应时，首先在酶的活性中心与底物结合生成酶-底物复合物（ES），此复合物再进行分解而释放出酶，同时生成一种或数种产物。ES 的形成改变了原来反应的途径，可使底物的活化能大大降低，从而使反应加速。

2.6.5　初级代谢与次级代谢

一般微生物通过初级代谢，例如能量代谢及氨基酸、蛋白质、核酸的合成等，产生基本的且关键的中间代谢或最终代谢产物，例如糖酵解中的丙酮酸、乙醇，三羧酸循环中的 α-酮戊二酸、草酰乙酸、柠檬酸以及与此循环相关的衍生产物，如谷氨酸、丙氨酸、苹果酸等氨基酸和有机酸等均属初级代谢产物。此外，初级代谢还获得能量、还原力氢（最终可以形成 ATP）。通过初级代谢能使营养物转化为结构物质、具生理活性的物质或为生长提供能量，因此初级代谢产物通常都是机体生存必不可少的物质。只要在这些物质的合成过程的某个环节上发生障碍，轻则引起生长停止，重则导致生物体发生突变或死亡。因此，初级代谢是一种基本代谢类型。在不同种类的微生物细胞中，初级代谢产物的种类基本相同。

除此之外，微生物还可以利用初级代谢的某些中间产物合成一些对微生物生长和繁殖没有直接相关性的次级代谢产物（secondary metabolism，图 2-22）。

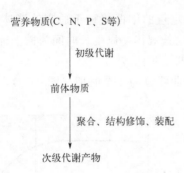

营养物质(C、N、P、S等)

↓ 初级代谢

前体物质

↓ 聚合、结构修饰、装配

次级代谢产物

图 2-22　次级代谢合成的简单模式

迄今对次级代谢产物分类还无统一的标准。有的研究者根据次级代谢产物的生理作用对次级代谢产物分类；有的根据次级代谢产物的合成途径对次级代谢产物分类；有的根据次级代谢产物的结构特征对次级代谢产物分类。例如根据次级代谢产物的生理作用，次级代谢产物可大致分为抗生素、生长刺激素、色素、生物碱与毒素等不同类型。

对初级代谢而言，其生理功能是明确的，它可以为微生物的菌体提供能量、还原力氢和中间代谢产物，并利用它们合成复杂的细胞物质，它们是维持微生物生命活动所必需的代谢过程。如果初级代谢过程的某一环节发生障碍，微生物的菌体将不能完成正常的生命活动。

但是，次级代谢的生理功能不如初级代谢那样明确。一般而言，次级代谢产物不是微生物生长、繁殖所必需的物质。因此，次级代谢过程中的某一环节发生障碍，微生物只是不能合成某个次级代谢产物，而微生物菌体的生长和繁殖却不会受到影响，针对次级代谢的变异菌株可以同亲本菌株在相同的培养基上共同生长。

2.7 微生物的生长与繁殖

2.7.1 单细胞细菌的生长与繁殖

(1) 细菌个体的生长繁殖

细菌一般是以二分裂方式进行无性繁殖，个别细菌如结核分枝杆菌（*Mycobacterium tuberculosis*）可以通过分枝方式繁殖。大多数细菌繁殖的速度为每 20～30min 分裂一次，称为一代，而结核分枝杆菌（*M.tuberculosis*）则需要 18～20h 才能分裂一次，故结核患者的标本培养需时较长。

(2) 细菌群体的生长繁殖

生长是一个逐步发生的量变过程，繁殖是一个产生新的生命个体的质变过程。在高等生物中，这两个过程可以明显分开。但在微生物中，生长和繁殖的速度很快，而且两者始终交替进行，个体生长与繁殖的界限常常难以划清。因此，微生物中实际上常以群体生长作为衡量微生物生长的指标。群体生长的实质是包含着个体细胞生长与繁殖交替进行的过程。

将一定量的细菌（细菌群体）接种在液体培养基中或琼脂平板上进行培养，细菌群体就会一代一代地生长繁殖。对细菌群体数量及生长规律的了解，对完成固体废物的生物处理具有现实的意义。

① 细菌的生长曲线　将一定量的细菌接种于适宜的液体培养基中进行培养，间隔不同时间取样检查细菌数，观察其生长规律，以生长时间为横坐标，培养物中菌数的对数为纵坐标，可得出一条曲线，即细菌的生长曲线。

② 生长曲线的特点　生长曲线分为 4 个时期（图 2-23），它们分别是：

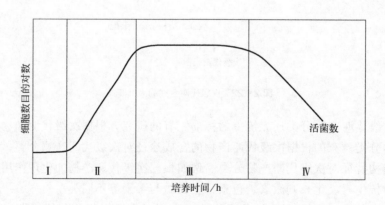

图 2-23　生长曲线的 4 个时期

a. 延缓期（Ⅰ）　为细菌进入新环境的适应阶段，约 1～4h。此期细菌体积增大，代谢活跃，但不分裂，主要是合成各种酶、辅酶和代谢产物，是下一步增殖的必要条件。

b. 对数期（Ⅱ）　细菌培养至 8～18h 后就以几何级数恒定地快速增殖，在曲线图上表现为：活菌数的对数直线上升至顶峰。此期细菌的大小、形态、染色性、生理活性等都较典型，对抗生素等外界环境的作用也较为敏感，此时是细菌鉴定的最佳时期。

c. 稳定期（Ⅲ）　由于培养基中营养物质的消耗，毒性代谢产物积聚，pH 发生变化，使细菌的繁殖速度渐趋减慢，死亡的菌数逐步上升，此时细菌繁殖数与死亡数趋于平衡。此期细菌形态和生理特性发生变异，如革兰氏阳性菌可能被染成阴性菌；同时细菌产生和积累代谢产物，如外毒素、抗生素等；芽孢也多在此期形成。

d. 衰亡期（Ⅳ）　此时细菌的繁殖速度减慢或停止，死菌数迅速超过活菌数。此期细菌形态显著改变，菌体变长、肿胀或扭曲，出现畸形或衰退型等多形态，有的菌体自溶，难以辨认，代谢活动停滞。

2.7.2　放线菌的生长与繁殖

放线菌（Actinomycetes）是原核生物中一类能形成分枝菌丝和分生孢子的特殊类群，呈菌丝状生长，主要以孢子繁殖，因菌落呈放射状而得名。大多数有发达的分枝菌丝。菌丝纤细，宽度近于杆状细菌，约 0.2~1.2μm，一般可分为：

① 营养菌丝，又称基内菌丝或一级菌丝，主要功能是吸收营养物质，有的可产生不同的色素，是菌种鉴定的重要依据；

② 气生菌丝，叠生于营养菌丝上，又称二级菌丝；

③ 孢子丝，气生菌丝发育到一定阶段，其上可以分化出形成孢子的菌丝。

放线菌总的特征介于霉菌与细菌之间，因种类不同可分为两类：

一类是由产生大量分枝和气生菌丝的菌种所形成的菌落。链霉菌的菌落是这一类型的代表。链霉菌菌丝较细，生长缓慢，分枝多而且相互缠绕，故形成的菌落质地致密，表面呈较紧密的绒状或坚实、干燥、多皱，菌落较小而不蔓延；营养菌丝长在培养基内，所以菌落与培养基结合较紧，不易挑起或挑起后不易破碎；当气生菌丝尚未分化成孢子丝以前，幼龄菌落与细菌的菌落很相似，光滑或如发状缠结。有时气生菌丝呈同心环状，当孢子丝产生大量孢子并布满整个菌落表面后，才形成絮状、粉状或颗粒状的典型的放线菌菌落；有些种类的孢子含有色素，使菌落正面或背面呈现不同颜色，带有泥腥味。

另一类菌落由不产生大量菌丝体的种类形成，如诺卡氏放线菌的菌落，黏着力差，结构呈粉质状，用针挑起则粉碎。若将放线菌接种于液体培养基内静置培养，能在瓶壁液面处形成斑状或膜状菌落，或沉降于瓶底而不使培养基混浊；如以震荡培养，常形成由短的菌丝体所构成的球状颗粒。

放线菌主要通过形成无性孢子的方式进行繁殖，也可借菌体分裂片段繁殖。放线菌长到一定阶段，一部分气生菌丝形成孢子丝，孢子丝成熟便分化形成许多孢子，称为分生孢子。

放线菌孢子具有较好的耐干燥能力，但不耐高温，60~65℃处理 10~15min 即失活。放线菌也可借菌丝断裂的片段形成新的菌体，这种繁殖方式常见于液体培养基中。工业化发酵生产抗生素时，放线菌就以此方式大量繁殖。如果静置培养，培养物表面往往形成菌膜，膜上也可产生出孢子。某些放线菌偶尔也产生厚壁孢子。

2.7.3　酵母菌的生长与繁殖

作为单细胞真菌，酵母菌的生长主要是通过营养物质的吸收代谢，增加菌体的体积并繁殖增加菌体的数量，最终在基质上形成菌落，或在液态培养条件下保持自身的形态。

典型的酵母菌细胞宽度为 2.5~10mm，长度为 4.5~21mm。它们以芽殖或裂殖的方式进行无性繁殖，有些细胞能进行有性繁殖，形成子囊孢子。菌体细胞一般呈卵圆形、球形、圆柱形或柠檬形（图 2-24）。当细胞进行一连串的芽殖后，如果长大的子细胞与母细胞不分离，形成藕节状的细胞串，称为假菌丝（pseudohypha，具体见下文，图 2-25），它与霉菌的真正菌丝完全不同。

图 2-24 单细胞酵母菌的高压冷冻-断裂扫描电子显微照片

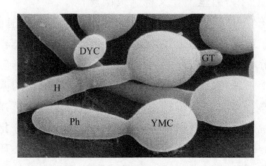

图 2-25 假菌丝

DYC—酵母子细胞；GT—芽管；H—菌丝；Ph—假菌丝；YMC—酵母母细胞

2.7.4 丝状真菌的生长与繁殖

丝状真菌的生长主要通过菌丝的顶端延伸完成。随菌丝的延伸，菌丝还出现分枝，原菌丝和分枝菌丝的顶端继续延伸，且这些菌丝在延伸的同时还可以进一步分枝。随菌丝的延伸和分枝，相邻的菌丝还可以出现联结现象，最终使整个营养生长的丝状菌形成菌落或克隆（图 2-26）。对丝状菌而言，在固态或液体的培养条件下，其生长过程相似，但最终形成的克隆形态有差异。一般而言，固态培养形成菌落，液态静止培养形成菌膜，而液态摇瓶培养形成菌丝球或其他不规则形态。

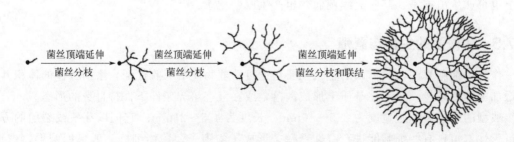

图 2-26 在固态培养条件下，丝状菌的孢子萌发及生长过程示意

　　丝状真菌是极端极化的生物（polarized organisms），表现出在其菌丝顶端呈现持续生长的特征，维持细胞极性对于细胞来说是必不可少的，以确保细胞的正常功能。其菌丝在顶端处不断地延伸，而在远端部分，菌丝可以在分枝形成过程中，引发新位点的极性生长。

　　当营养生长进行到一定时期时，真菌就开始转入繁殖阶段，其首先分化形成气生菌丝，然后在气生菌丝上形成各种繁殖结构，如子实体（fruiting body）。真菌的繁殖常常包括无性生殖（asexual reproduction，形成无性孢子的繁殖）和有性生殖（sexual reproduction，产生有性孢子的繁殖）。随菌丝的增加，菌丝体最终形成菌落，然后按照线性速率向四周扩展，成熟的菌落可以分为四个形态区（图 2-27）。

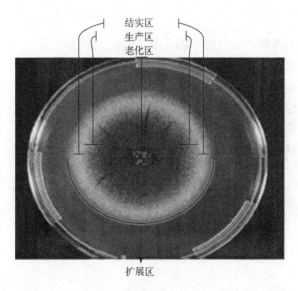

图 2-27　真菌菌落的分区

　　(1) 扩展区

　　扩展区，又称边沿生长区，由基内营养菌丝构成，无气生菌丝。成熟菌落的边沿生长区的宽度几乎保持稳定。菌丝分化形成粗的主菌丝和细的分枝菌丝。主菌丝从菌落中心迅速向外生长。它们的顶端几乎位于同一水平上。因此，菌落具有光滑的轮廓。处于边沿的菌丝，细胞壁比较薄，原生质饱满，富含 RNA 和 DNA。

　　主菌丝生长快，其上可以产生分枝菌丝，分枝菌丝生长较慢，例如构巢曲霉（*A. nidulans*）和冻土毛霉（*Mucor hiemalis*）的菌落边沿区，主菌丝形成的一级分枝，其生长速率较主菌丝的分裂慢 20% 和 30%。此外，尽管菌落的直径不断地扩大，但边沿区和菌丝的密度大体上保持恒定，这表明：随着菌落的增大，新的主菌丝同样在不断地形成。新形成的主菌丝是一级分枝生长的结果。只有边沿生长区的生长才会促使菌落的径向生长。

　　(2) 生产区

　　生产区是密集的营养菌丝组成，其宽度大体上也是恒定的。和边沿生长区不同的是，它具有气生菌丝。该区域菌丝的原生质充满了液泡，并有糖原和脂类的积累。随着分枝的形成，菌丝逐渐变细，生长更加曲折，但径向生长较少。

　　(3) 结实区

　　气生菌丝的一部分或全部分化为无性或有性的繁殖结构。该区占菌落的大部分。

(4) 老化区

随着菌落的半径增大，菌落的中心形成老化区，该区的菌落大部分产生自溶。

总之，对异养的微生物而言，通过基质的降解利用，可以将含碳有机物部分转化为 CO_2 和 H_2O；一部分有机质和无机盐还参与形成代谢产物，包括胞外酶和基质的转化产物等；通过微生物的生长和繁殖，还有一部分有机质和无机盐被利用形成生物体。对自养的微生物而言，主要是利用无机盐，将其吸收入细胞加以利用成为细胞组成成分。关于部分固体废物的具体降解机制、转化产物和其他流向，将在下面章节逐一介绍。

 复习思考题

1. 微生物对基质的降解利用包括了哪几个步骤？
2. 简述有机固体废物被微生物利用过程中的迁移过程。
3. 微生物为什么要利用有机固体废物？
4. 营养物质跨膜运输的方式有哪些？
5. 什么是细菌的生长曲线？简述其生长的各个时期的特点。
6. 简述成熟的丝状真菌菌落的四个形态区各自的特点。

第**3**章
有机固体废物堆肥技术

堆肥是指在人为的控制下将固体废物（如畜禽粪便、农作物秸秆、市政污泥、生活垃圾、庭院废弃物等）进行堆置的过程，这些固体废物属于有机废物，含有的有机质可以为微生物所利用。固体废物的堆肥化正是利用这一特点，通过微生物的发酵腐熟作用，将废弃有机物转变为稳定的不含植物性毒素、病原菌、富含腐殖质的肥料的过程。在此过程中，微生物通过代谢堆肥物料（基质），实现物料的减量化；在堆置过程中产生的热量能杀死病原菌和杂草种子，实现无害化；堆肥物料中的有机物经微生物作用后由不稳定状态转变为稳定的腐殖质，可作为土壤改良剂和有机肥料，实现资源化。

3.1 堆肥技术过程

3.1.1 堆肥处理的一般过程

堆肥过程通常分为两个阶段，即一次堆肥（又称快速或高温发酵）和二次堆肥（又称后熟或陈化）。这两个阶段之间通常没有明确的界限和区分（图 3-1）。

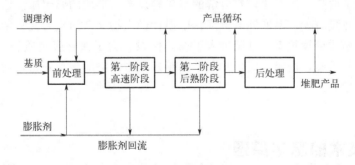

图 3-1 一般堆肥流程图

一次堆肥阶段的特点是：高氧气吸收率，高温，可降解的挥发性固体（BVS）大量减少，高的臭味潜力。通常，一次堆肥阶段由于需要减少臭气，因此需要提供通气和保持堆肥过程的良好控制。二次堆肥阶段的特点是：温度低，氧气吸收率低，臭味潜力低。

相对一次堆肥来讲，二次堆肥阶段的管理和调控比较简单，然而从工程角度看，不能没有二次堆肥，因为二次堆肥阶段可继续降解那些难降解的有机物，还要克服反应速率变慢以及重建低温微生物群落，从而有助于堆肥腐熟、减少植物毒性物质和抑制病原菌。这两个阶段对一个完整的堆肥系统的设计和操作来说是缺一不可的，而且是产生腐熟堆肥所必需的。

一次堆肥开始之前的物料处理称为前处理，后熟阶段之后的物料处理称为后处理。前处理或后处理是否需要依赖于物料的特点和期望的产品质量。

3.1.2 堆肥的微生物学过程

(1) 发热阶段

堆肥堆制初期，主要由中温好氧的细菌和真菌利用堆肥中容易分解的有机物，如淀粉等糖类迅速增殖，释放出热量，使堆体温度不断升高。

(2) 高温阶段

堆体温度上升到50℃以上，进入了高温阶段。由于温度上升和易分解物质的减少，好热性的纤维素分解菌逐渐代替了中温微生物，这时堆体中除残留的或新形成的可溶性有机物继续被分解转化外，一些复杂的有机物如纤维素、半纤维素等也开始迅速被分解。

由于各种好热性微生物的最适温度互不相同，因此随着堆体温度的变化，好热性微生物的种类、数量也逐渐发生着变化。在50℃左右，堆体中存在的微生物主要是嗜热性真菌和放线菌，如嗜热真菌属（*Thermomyces*）、嗜热褐色放线菌（*Actinomyces thermofuscus*）、普通小单孢菌（*Micromonospora vulgaris*）等。温度升至60℃时，堆体中的真菌几乎完全停止活动，仅有嗜热性放线菌与细菌在继续活动，分解着有机物。当堆体温度升至70℃时，大多数嗜热性微生物已不适应此温度，相继大量死亡，或进入休眠状态。

高温对于物料的快速腐熟起到重要作用，在此阶段中堆体内开始了腐殖质的形成过程，并开始出现能溶解于弱碱的黑色物质。同时，高温对于杀死病原性生物也是极其重要的，一般认为，堆温在50~60℃，持续6~7d，可达到较好地杀死虫卵和病原菌的效果。

(3) 降温和腐熟保肥阶段

当高温持续一段时间以后，堆体中易于分解或较易分解的有机物（包括纤维素等）已大部分被分解，剩下的是木质素等较难分解的有机物以及新形成的腐殖质。这时，好热性微生物活动减弱，产热量减少，温度逐渐下降，中温性微生物又渐渐成为优势菌群，残余物质进一步被分解，腐殖质继续积累，堆肥进入了腐熟阶段。为了保存腐殖质和氮素等植物养料，可采取压实肥堆的措施，造成其厌氧状态，抑制好氧微生物的生长繁殖，使有机质矿化作用减弱，以免损失肥效。

3.2 堆肥技术的基本原理

3.2.1 热力学原理

堆肥系统可借助热力学原理进行分析，其中热力学第一定律为能量守恒定律，可理解为能量进入一个系统后只有"储存"和"流出"两条出路，即能量既不会凭空产生也不会消失。具体到堆肥工艺中，其主要能量输入为堆肥基质的有机分子，当这些分子被微生物分解时，能量可转化为微生物机体（不同有机物之间的化学能转化）或以热的形式释放到周围环境中。由此可见，有机分解产生的能量推动了堆肥化进程，使堆体温度升高，同时还可以干燥堆体中的湿基质。实际上也正好可以使微生物继续获得能量对其周围的有机质进行分解。

热力学第二定律则提出了热量的散失方向，即对于所有独立系统来讲，其熵的变化总是向着无序增加的状态进行。堆肥过程中始终伴随着热量的散失，热量一旦损失，就不可逆转，必须靠微生物进一步利用有机碳源来获得能量。

堆肥热力学过程简图（图 3-2）描述了系统的主要输入和输出过程。主要输入有基质、其他调理剂、空气及其携带的水蒸气；主要输出是堆肥产品、排出的干燥气体和水蒸气。图 3-2分析了与这些物质相关的热量输入和输出，虽然散发到环境中的热损失没有计算在内，但通常是热输出的一小部分；堆肥回料和膨胀剂回料没有图中标出。这些物料的流动属于系统边界的内部因素，它们对系统内的平衡是重要的，但不影响整个系统的热平衡。

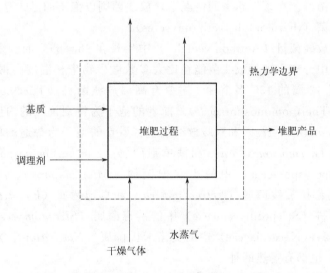

图 3-2　堆肥中的热力学边界和主要的输入和输出过程

有机物分解产生的热量使堆肥混合物中的水、气和固体基质温度升高，也驱动了水分随气体排出而蒸发。由于堆体温度比周围环境的温度要高，热量会从暴露于空气的堆体表面散失。堆体的隔离效应在一定程度上可限制热传导，并减少热损失。堆体在机械搅拌下也会产生热量损失。

3.2.2　生物学原理

3.2.2.1　堆肥微生物的种类

随着原料和环境的变化，各种微生物的种类和数量也随之不断变化，每种环境下都有其特定的微生物种群。微生物的多样性使堆肥在外部条件出现变化的情形下仍能避免系统崩溃。参与堆肥过程的主要微生物种类是细菌、放线菌以及真菌，这三类微生物中都有中温菌和高温菌参与。

（1）细菌

在好氧堆肥系统中，存在着大量的细菌。细菌凭借大的比表面积，可以快速将小分子可溶性底物（物料或基质）吸收到细胞中。所以在堆肥过程中，细菌在数量上通常要比体积更大的微生物（如真菌）多得多。在不同的堆肥环境中分离的细菌在分类学上具有多样性，其中包括假单胞菌属（*Pseduomonas*），克雷伯菌属（*Klebsiella*）以及芽孢杆菌属（*Bacillus*）的细菌。

一些细菌，例如芽孢杆菌，能够生成很厚的孢子壁以抵抗高温、辐射和化学腐蚀。嗜温细菌是堆肥系统中最主要的微生物。研究表明，在堆肥过程的初始阶段，嗜温细菌最为活跃，其数量为 $8.5 \times 10^8 \sim 5.8 \times 10^9$ 个/g 干物料，随着堆体温度达到最大值，其种群数量达到最低；在降温阶段，嗜温细菌的数量又有所回升。

(2) 放线菌

放线菌是具有单细胞菌丝的原核微生物，是介于细菌和真菌之间的微生物。放线菌可以分解纤维素，并溶解木质素。同时，它们比真菌能够忍受更高的温度和 pH 值。因此，尽管放线菌降解纤维素和木质素的能力并没有真菌强，但是它们在堆肥过程中的高温期却是分解木质纤维素的优势菌群。在条件恶劣的情况下，放线菌则以孢子的形式存活下来。目前关注较多的是嗜热放线菌（thermophilic actinomycetes）。

嗜热放线菌是放线菌目（Actinomycetales）中生长在 $45 \sim 65℃$ 的一个生态群。19 世纪末，从土壤和堆肥中分离出来的放线菌能在比大多数微生物生长温度高得多的温度下生长。至今记述有 5 个科 12 属的 150 多个种。主要有高温放线菌科（Thermoactinomycetaceae）和高温单孢菌科（Thermomonosporaceae）。前者的孢子为特别抗热的内生孢子，包括高温放线菌属（*Thermoactinomyces*）和双歧放线菌组；后者的孢子为普通的单个分生孢子，包括高温单孢菌属（*Thermomonospora*）和糖单孢菌属（*Saccharomonospora*）。其余还有小多孢菌科（Micropolysporaceae）中的小双孢菌属（*Microbispora*）、小多孢菌属（*Micropolyspora*）、马都拉放线菌属（*Actinomadura*）和卓孢菌属（*Excellospora*）的某些种兼性嗜热。链霉菌科（Streptomycetaceae）中的链霉菌属（*Streptomyces*）含有 10 多个嗜热的种，诺卡氏菌科（Nocardiaceae）中的类诺卡氏菌属（*Nocardioides*）和假诺卡氏菌属（*Pseudonocardia*）也都有嗜热的种。

嗜热放线菌也能损坏干草、谷物等，同时释放出大量孢子，引起呼吸道过敏性感染，通称农民肺病。此外，嗜热放线菌能产生多种抗生素、酶和维生素。已应用这些微生物处理城市垃圾、制作堆肥，常见的有嗜热褐色放线菌（*Actinomyces thermofuscus*）、普通小单孢菌（*Micromonospora vulgaris*）和嗜热链霉菌（*Streptomycesthermo fuscus*）等。

(3) 真菌

真菌尤其是白腐真菌可以利用堆肥底物中所有的木质素。由此，真菌的存在对于堆肥的腐熟和稳定具有重要的意义。此外，嗜温性真菌中的地霉菌（*Geotrichum* sp.）和嗜热性真菌中的烟曲霉（*Aspergillus fumigatus*）是堆肥物料中的优势种群，其他一些真菌，如担子菌（*Basidiomycotina*）、子囊菌（*Ascomycotia*）、橙色嗜热子囊菌（*Thermoascus aurantiacus*）也具有较强的分解木质纤维素的能力。但随着温度的升高，真菌的菌数开始减少，在 $64℃$ 时，几乎所有的嗜热性真菌全部消失。当温度下降到 $60℃$ 以下时，嗜温性真菌和嗜热性真菌又都会重新出现在堆肥中。研究显示，温度是影响真菌生长的最重要因素之一，绝大部分的真菌是嗜温性菌，可以在 $5 \sim 37℃$ 的环境中生存，其最适温度为 $25 \sim 30℃$。但是，在堆肥过程中，由于高温时间持续较短，在增强真菌降解能力的同时却不足以将其致死。

① 烟曲霉（*A. fumigatus*）　烟曲霉是一种重要的致病菌，也是引起食品腐败的一种真菌（图 3-3）。此菌嗜高温，在 45℃或更高的温度下生长茂盛。

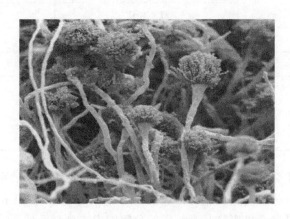

图 3-3　烟曲霉（*A. fumigatus*）的形态

烟曲霉的菌落在查氏琼脂上生长迅速，25℃培养 8d，直径可达 50～56mm，中心稍凸起或平坦，有少量辐射状皱纹或无，有同心环或无；质地丝绒状到絮状，或絮状，有的菌株呈丝绒状到颗粒状；分生孢子结构大量或较少，中部多边缘少或边缘多中部少，近于百合绿、带灰的橄榄色或海狸灰，有的菌株呈很浅的黄白色，近于弹药的淡黄到象牙黄色；具少量无色的渗出液或无；轻霉味；菌落反面黄褐色、淡黄色或带绿的淡黄色。分生孢子头幼时球形或半球形，成熟时呈致密的圆柱状，150～350μm 或更长；分生孢子梗发生于基质，少量发生于气生菌丝，通常前者的孢梗茎较长，后者的较短，一般（200～400）μm×（4～9.5）μm，上部带不同程度的绿色并逐渐膨大形成顶囊，壁平滑；顶囊烧瓶状，直径 20～30μm，但少数小顶囊的直径仅有 6.5～15μm，约 1/2～3/4 的表面可育，呈不同程度的绿色或浅灰绿色；产孢结构单层，瓶梗（5～8）μm×（2～2.5）μm，近于平行；分生孢子球形或近球形，直径 2.5～3μm，或稍大，壁稍粗糙或粗糙。

烟曲霉属于烟曲霉复合群，分布于世界各地，在土壤、腐败有机物内均可繁殖；它还存在于谷物、污染的食品、土壤和霉腐物中，是引起人和动物曲霉病的重要病原菌；它可寄生于肺内，发生肺结核样症状，常可致死，它也产生毒素。

② 橙色嗜热子囊菌（*T. aurantiacus*）　它属于子囊菌纲（Ascomycetes）-外子囊目（Taphrinales）-外子囊科（Taphrinaceae）真菌。以黄嗜热子囊菌 CICC 41655 为例子，它在 PDA 培养基（马铃薯葡萄糖琼脂培养基）上 48℃下培养时，初生一层白色气生菌丝，2～3d 后，表面均匀呈现紧密小斑点，初白色，渐金黄色，后期锈棕色，5～6d 后产生黄色至棕色水珠状分泌物。它的菌丝无色，具分枝和隔膜，产生闭囊壳，球形。它的子囊簇生，光滑，易消解，卵圆形。它的子囊孢子卵圆形。

在整个堆肥微生物群落中，细菌占主导地位，真菌、放线菌也有较多的数量，研究表明，堆肥中细菌数约为 $10^8 \sim 10^9$ MPN/g，放线菌数为 $10^5 \sim 10^8$ MPN/g，真菌数为 $10^4 \sim 10^6$ MPN/g，藻类数目＜10^4 MPN/g。细菌是中温阶段的主要作用菌群，对发酵升温起重要作用；放线菌是高温阶段的主要作用菌群；芽孢杆菌、链霉菌、小多孢菌和高温放线菌是堆肥过程中的优势种。堆肥过程中微生物的种类和数目如表 3-1 所示。

表 3-1 堆肥过程中微生物体数量 单位：MPN/g 湿重

微生物	温度	
	$T<40℃$	$40℃<T<70℃$
嗜温细菌	10^8	10^6
嗜热细菌	10^4	10^9
嗜热放线菌	10^4	10^8
嗜温真菌	10^6	10^3
嗜热真菌	10^6	10^7

总之，堆肥过程主要靠微生物的作用进行，微生物是堆肥发酵的主体。参与堆肥的微生物有两个来源：一是有机废物里面原有的大量微生物；二是人工加入的微生物接种剂，这些菌种在一定条件下对某些有机废物具有较强的分解能力，具有活性强、繁殖快、分解有机物迅速等特点，能加速堆肥反应的进程，缩短堆肥反应的时间。

3.2.2.2 堆肥过程中微生物的演替规律

堆肥过程中微生物的种群根据温度的不同存在如下的交替变化：首先是低、中温菌群为主转变为中、高温菌群为主，然后再转变为中、低温菌群。随着堆肥时间的延长，细菌逐渐减少，放线菌逐渐增多，霉菌和酵母菌在堆肥的末期显著减少。研究发现：堆肥温度在50℃时，高温真菌、细菌和放线菌非常活跃；65℃时，真菌极少，细菌和放线菌占优势；75℃时仅有产孢细菌是唯一存活的微生物。

在高温堆肥中，微生物的活动主要分为三个时期：糖分解期、纤维素分解期、木质素分解期。堆制初期主要是氨化细菌、糖分解细菌等无芽孢细菌为主，对粗有机质、糖分等水溶性有机物以及蛋白质类物质进行分解，称为"糖分解期"。

当堆体内温度升高到50~70℃的高温阶段，高温性纤维素分解菌占优势，除继续分解易分解的有机物质外，主要分解半纤维素、纤维素等复杂有机物，同时也开始了腐殖化过程，这一阶段称为"纤维素分解期"。当堆肥温度降至50℃以下时，高温分解菌的活动受到抑制，中温性微生物显著增加，主要分解残留下来的纤维素、半纤维素、木质素等物质，称为"木质纤维素分解期"。

堆肥既然是微生物作用的过程，如何通过各种手段满足微生物的生长需要就成为堆肥工程的核心。堆肥实际工作应该了解这些基本的微生物作用，为合理的物料配比、过程控制以及保障产品质量奠定良好的生物学理论基础。

3.2.3 微生物热失活原理

许多堆肥用的基质携带人类和动植物的病原体，以及令人讨厌的生物（如杂草种子），其中来源于城市污水处理后的污泥，就是典型的携带病原体的基质。在堆肥过程中，通过短时间的持续升温，可以有效地控制这些生物的生长。因此，高温堆肥的一个主要优势就是能够使人和动植物病原体以及杂草种子失活。

细胞的死亡很大程度上基于酶的热失活。在适宜的温度下，酶的失活是可逆的，但在较高温下是不可逆的。热力学的观点表明，在一个很小范围内的温度变化，酶的活性将迅速降低。如果没有酶的作用，细菌就会失去功能，然后死亡。只有少数几种酶能够经受住长时间的高温。因此，微生物对热失活非常敏感。

研究表明，在一定的温度下加热一段时间可以破坏病原体或者是令人讨厌的生物体。通常在 60～70℃（湿热）的温度下，加热 5～10min，可以破坏非芽孢细菌和芽孢细菌的非休眠体的活性。如表 3-2 所示，利用加热灭菌，在 70℃条件下加热 30min 可以消灭污泥中的病原体。但在较低的温度下（50～60℃），一些病原菌的灭活则长达 60d（表 3-2），因此堆肥过程中保持 60℃以上温度一段时间是必须的。

表 3-2　污水污泥中消灭病原体所用的时间和温度

微生物	灭菌时间/min				
	50℃	55℃	60℃	65℃	70℃
内阿米巴属	5				
蛔虫卵	60	7			
布鲁菌		60		3	
棒状杆菌		45			4
沙门菌			30		4
埃希菌属大肠菌			60		5
微球菌					20
肺结核分枝杆菌					20
病毒					25

表 3-3 中的数据也表明，热失活效应与时间和温度有关。短时间的高温和长时间的低温具有相同的热失活效果。对污水污泥堆肥过程中病毒的动态研究表明，有效的堆肥可以使病毒的密度减少到检测临界值（约 0.25CFU/g ds）以下，在堆肥过程中，温度可能是影响病毒失活的主要因素，关键在于不断保证有效的堆肥条件并使所有的堆肥物质达到热失活温度。如果堆肥物质达不到足够高的温度，病毒可以在堆肥中存活 25d。如果堆肥的最高温度低于 50℃，粪大肠菌在堆肥中的密度也会很高。

表 3-3　几种常见病菌与寄生虫的死亡温度

名称	死亡情况	名称	死亡情况
沙门伤寒菌	40℃以上不生长；55～60℃，30min 内死亡	阿米巴虫	50℃，3d 死亡；71℃，50min 内死亡
		美洲钩虫	45℃，50min 内死亡
沙门菌属	56℃，1h 内死亡；60℃，15～20min 死亡	流产布鲁菌	61℃，3min 内死亡
		酿脓链球菌	54℃，10min 内死亡
志贺杆菌	55℃，1h 内死亡	化脓性细菌	50℃，10min 内死亡
大肠杆菌	绝大部分，55℃，1h 死亡；60℃，15～20min 死亡	结核分枝杆菌	66℃，15～20min 内死亡
		牛结核杆菌	55℃，45min 内死亡

续表

名称	死亡情况	名称	死亡情况
蛔虫卵	55～60℃，5～10d 死亡	猪瘟病毒	50～60℃，30d 死亡
钩虫卵	50℃，3d 死亡	口蹄疫病毒	60℃，30d 死亡
鞭虫卵	45℃，60d 死亡	小麦黑穗病菌	54℃，10d 死亡
血吸虫卵	53℃，1d 死亡	稻热病菌	51～52℃，10d 死亡
蝇蛆	51～56℃，1d 死亡	麦蛾卵	60℃，5d 死亡
霍乱产弧菌	65℃，30d 死亡	二化螟卵	55℃，3d 死亡
炭疽杆菌	50～55℃，60d 死亡	小豆象卵	60℃，4d 死亡
布氏杆菌	55℃，60d 死亡	绕虫卵	50℃，1d 死亡
猪丹毒杆菌	50℃，15d 死亡		

目前认为：

① 堆肥可以完全破坏专性寄生的病原体，也可以把指示细菌和非专性寄生细菌病原体减少到极低的水平；

② 维持多种微生物的种群可以抑制非专性寄生细菌病原体的再生。如果堆肥的温度接近周围环境的温度，微生物种群就会增加；

③ 所有的物质应该暴露在合适的失活时间/温度条件下，这一点很重要，保证所有的物质都能达到失活的条件，可以获得较高的病原体破坏概率；

④ 为了保证病原体在统计学上的高破坏概率，要进行质量控制；

⑤ 全程监控堆肥系统或者应用堆肥反应器都可以使病原体的破坏概率提高，尤其适用于低温和潮湿的地区。

3.3 堆肥过程中物料的降解与转化

堆肥过程的物料来源广泛，其中有机物质的成分多种多样，秸秆和畜禽粪便等农业有机废物的主要成分为纤维素、半纤维素和木质素等大分子物质。

3.3.1 纤维素的结构及降解

3.3.1.1 纤维素的结构特征

在自然界中，纤维素主要是由植物通过光合作用所产生的物质，是植物细胞壁的主要成分。天然纤维素由排列整齐而规则的结晶区和相对不规则、松散的无定型区构成，前者结构稳定，微生物降解十分困难；后者结构比较疏松，很易被微生物降解。纤维素分子链结晶区有氢键，即包括分子链内、链间及分子链与表面分子之间形成的氢键，这种氢键是造成纤维素物质难以被利用的最主要原因。其结晶度一般为 30%～80%。在植物细胞中，纤维素以木质纤维素混合形态存在，其中纤维素约占 40%，半纤维素占 20%～30%，木质素占

20％～30％。纤维素分子聚集成纤维丝，包埋在半纤维素和木质素里，形成网状结构。木质素的物理屏障作用、纤维素本身的结晶结构和木质素降解产物（如挥发性酸、糠醛衍生物和酚类化合物）对酶活性的影响是天然纤维素难以被生物降解的主要原因。

3.3.1.2　降解纤维素的微生物

微生物是纤维素类物质生物转化的主要执行者，微生物对纤维素物质的降解能力通常用纤溶性（cellulolytic）来表示。好氧条件下，一些真菌、细菌和黏菌参与纤维素的降解，同时堆肥中微型动物也发挥着重要的辅助作用，如对纤维素多聚体的机械破坏作用等。在厌氧条件下纤维素主要由嗜温和嗜热梭菌进行降解。

分解纤维素的微生物非常广泛，包括细菌、真菌和放线菌。细菌如生孢食纤维菌属（*Sporocytophaga*）、食纤维菌属（*Cytophaga*）、多囊黏菌属（*Polyangium*）、芽孢杆菌属（*Bacillus*）、假单胞菌属（*Pseudomonas*）等。对于细菌来讲，具备纤溶能力的细菌种类多种多样，其生理特征同样多种多样。

细菌的纤维素酶是活性较低的胞内酶或吸附在细菌壁上，大多数对结晶纤维素无降解活性，真菌的纤维素酶活性最强，属于胞外酶。微生物产生的纤维素酶受纤维素分子的诱导，受降解产物纤维二糖和葡萄糖阻遏。其中，降解产物阻遏是影响酶合成效率的重要原因。许多易代谢的糖（如葡萄糖），能使菌体旺盛生长，同时具有促进阻遏酶合成的作用，菌体生长和酶的合成呈负相关性。对纤维素酶合成的诱导和阻遏的调节机制研究发现，酶的大量合成出现在易代谢碳源基本耗尽后。研究还发现，微生物降解纤维素时，复合菌群一般比单一菌种更加有效。更详细的降解纤维素的微生物内容可以参见本书第 7 章相关内容。

3.3.1.3　微生物对纤维素的降解机制

已知纤维素酶系统对于纤维素底物的高效水解过程其实质是一种包括内切纤维素酶、外切纤维素酶、葡聚糖苷水解酶等组分之间的协同作用。详细内容参见本书第 7 章的相关内容。

3.3.2　半纤维素的结构及降解

3.3.2.1　半纤维素资源和化学结构

各种不同来源的半纤维素在成分上有所不同。半纤维素在植物秸秆中的含量仅次于纤维素。在一年生植物中，其占植物残体重量的 25％～40％，木材中半纤维素占 25％～35％。半纤维素较集中于初级和次级细胞中，与木质素和纤维素结合在一起，以增强细胞壁的强度，另外，它与淀粉一样可起到储存糖类物质的作用。半纤维素是由两种或两种以上单糖基组成的不均一聚糖（异质多糖）。构成半纤维素主链的单糖主要是 D-木糖、D-葡萄糖、D-甘露糖；侧链糖基有 D-木糖、D-葡萄糖、D-半乳糖、L-阿拉伯糖、D-半乳糖醛酸、D-葡萄糖醛酸、L-鼠李糖、L-岩藻糖以及各种带有甲氧基和乙酰基的中性糖基。

陆地植物的大多数半纤维素主要呈线状，也带有各种短的支链。半纤维素多糖有如下类型：D-木聚糖、D-葡萄-D-甘露聚糖、D-半乳-D-葡萄-D-甘露聚糖、L-阿拉伯-半乳聚糖、D-木葡聚糖、D-甘露聚糖、D-半乳聚糖和 D-半乳甘露聚糖。构成这些聚糖主链的糖基有些是均一的，如 D-木聚糖，其主链是由 β-1,4 键合的 D-吡喃木糖残基所组成；有的聚糖主链糖基是不均一的，如 D-半乳-D-葡萄-D-甘露聚糖，它的主链是由 1,4 键合的 β-D-葡萄糖残基和 β-D-甘露糖残基所组成。

木聚糖（D-木聚糖，又称聚木糖，β-1,4 木聚糖）是一类含量最多的半纤维素。L-阿拉伯糖和含甲氧基的 D-葡萄糖醛酸侧链常常分别结合于主链 D-木糖残基的 C-3 和 C-2 位置上，另外 O-乙酰基等侧链基团也分别在主链的相应位置上。这些侧链的种类和数量随材料来源和分离条件不同而有很大变化。一般而言，在双子叶植物中，含糖醛酸的木聚糖占优势，而单子叶植物的木聚糖则具有较大量的 L-阿拉伯吡喃糖侧链。在被子植物和裸子植物中，木聚糖分别占其干重的 15%～30% 和 7%～12%，在桦木中，干重物质的 35% 是木聚糖。

3.3.2.2 半纤维素的生物降解

半纤维素酶（hemicellalase）是专一性降解半纤维素的一组酶类，属于聚糖水解酶（glycanhydrolase，EC3.2.1），不包括能降解低分子量糖苷和水解性半纤维素主链上分支的糖苷酶。典型的半纤维素酶包括 D-木聚糖苷酶、L-阿拉伯聚糖酶、D-半乳聚糖酶和 D-甘露聚糖酶。

能分解半纤维素的微生物在自然界分布很广，种类也很多，有几十个属，一百多种，包括细菌、真菌、酵母菌、放线菌等，代表性菌株有卵形拟杆菌（*Bacteroides ovatus*）、高温单孢菌（*Thermomonospora*）、产黄纤维单胞菌（*Cellulomonas flavigena*）、黑曲霉（*A. niger*）、焦曲霉（*Aspergillus ustus*）、烟曲霉（*A. fumigatus*）、绳状青霉（*Penicillium funiculosum*）和粗糙脉孢菌（*Neurospora crassa*）等。

(1) 产黄纤维单胞菌（*C. flavigena*）

此菌分布于富含纤维素的各种土壤中。在幼龄培养物中，细胞呈纤细、不规则的杆状（直径约 0.5～0.6μm）和丝状，有的还有分枝现象；在稳定期的培养物中，细胞转变成较短的杆状和（或）球状 2.0～5.0μm，直到稍弯；革兰氏阳性，有鞭毛，不运动，不生孢，不抗酸。兼性厌氧。菌落凸起，淡黄色。化能异养，可呼吸代谢也可发酵代谢。能够使葡萄糖和其他糖类物质在好氧和厌氧条件下都产酸。接触酶阳性，能分解纤维素，可以还原硝酸盐到亚硝酸盐。最适生长温度 30℃。可利用 D-核糖。

(2) 绳状青霉（*P. funiculosum*）

它属于青霉属（*Penicillium*）中的一种，属于对称二轮青霉组，绳状青霉系。多生长于腐败的植物残体或土壤中。菌落生长较快，培养 12～14d 后直径达 4.5～5.5cm；有坚韧的菌丝体基垫，气生菌丝体多集结成绳状，故名绳状青霉；有些菌株仅在菌落中央显现气生菌丝丛或很少绳状集结，仅表现为絮状，白色至粉红色或肉色，也有黄橙色或红色者；分生孢子区不均匀，多在菌落中央或边缘，呈灰绿色；菌落反面粉红色至红色，有的无色或近无色。分生孢子梗短，多自绳状集结的气生菌丝分枝而出，光滑，直径约 3μm。帚状枝是典型的对称二轮生。梗基 5～8 个轮生；小梗 5～7 个轮生，紧密而平行。分生孢子椭圆形至近球形，光滑或稍粗糙。

此菌可产生多肽类抗生素——岛青霉肽，也是防霉剂筛选中常用的 8 种试验菌之一。

(3) 焦曲霉（*A. ustus*）

此菌在查氏琼脂上 25℃培养 7d 的菌落直径可以达到 25～40mm，10～14d 达 40～55mm；质地大多为絮状，少数丝绒状；平坦或现辐状沟纹，分生孢子结构分布于全部菌落或作不均匀分布，边缘较多，有时呈现同心环纹，颜色为不同程度的茶褐色，近于灰褐色、阴暗灰褐色、深茶褐色、暗褐灰色或淡墨色，边缘仍为白色；渗出液有或无，无色或淡黄色；有的菌株老后出现白色或淡黄色的壳细胞团块；菌落反面无色或不均匀的黄褐色至暗褐色。分生孢子头幼时为球形，老后成为辐射形，60～100μm，或疏松短柱形；分生孢子梗生自基质或气生菌丝，前者的孢梗茎较长，可达 700 μm，后者一般较短，40～280 μm，直径 3～7 μm，具褐色，壁光滑，有的稍弯曲；顶囊近球形或半球形，直径 6～13 μm，颜色与孢梗茎者相同，可育表面约 3/4；产孢结构双层：梗基（4～7）μm×（3～4）μm，瓶梗（4～9）μm×（2.4～3.2）μm；有的菌株从气生菌丝生出短而不完整的小分生孢子结构；分生孢子球形或近球形，3.2～4.8 μm，明显粗糙，具刺或小突起，带褐色；许多菌株产生壳细胞，形状为不规则的卵形、长形或弯曲状不等，有时集成团块，肉眼可见。

此菌几乎遍及全世界，大多在热带和温带的土壤和各种不同基物上，能利用多种酯型的增塑剂作为碳源。可以产生 D-赖氨酸及脂肪。

由于半纤维素是大分子，不能直接进入微生物细胞，因此微生物需先分泌胞外酶，将半纤维素水解成单糖，单糖进入微生物细胞供代谢使用。多数细菌和真菌产生的半纤维素酶为胞外酶，但也有一些微生物（瘤胃细菌、嗜孢黏菌、黏液球菌以及黑曲霉中的一些种类）能产生胞内酶。不同来源的半纤维素酶性质差别很大，不同微生物产生的同一组分的性质也很不一样。

内切型 β-1,4 木聚糖酶（EC3.2.1.8）和外切型 β-木糖苷酶（EC3.2.1.37），可以水解 β-1,4 木聚糖的主链。内切型 β-1,4 木聚糖酶从 β-1,4 木聚糖的内部切割木糖苷键，使木聚糖降解为木寡糖，外切型 β-木糖苷酶通过切割木寡糖的末端而释放木糖残基。以 D-木聚糖酶为例，一般情况下多数真菌产生的木聚糖酶的 pH 稳定范围比较宽，多为 3～10，最适 pH 为 3.5～5.5，热稳定性较高，最适温度在 50℃，通常完全失活温度在 65℃以上。细菌产生的 D-木聚糖酶较真菌有更高的 pH 稳定性。半纤维素酶的分子量大多为 16000～40000。多数半纤维素酶受末端产物 D-木糖或 D-阿拉伯糖的抑制。但也有报道枯草芽孢杆菌（*Bacillus subtilis*）和双孢蘑菇（*Agaricus bisporus*）产生的木聚糖酶被氯化钠和氯化钙所激活。

许多微生物能产生多种木聚糖酶，如从黑曲霉 11（*A. niger* 11）的培养物滤液中分离纯化出 5 种不同的木聚糖酶。目前还不清楚微生物中木聚糖酶多样性的程度，通过酶谱技术已经从黑曲霉 14（*A. niger* 14）的培养过滤物中检测到 5 种主要的和 10 种量少的木聚糖酶。这些少量木聚糖酶的本质及其相互关系有待阐明。量少的木聚糖酶可能水解半纤维束中不常出现的键，它们在特定的条件下不会大量形成，或由于降解、吸附至不溶性底物上而在过滤时被丢失。相反，主要的木聚糖酶在相同的条件下将大量生成。关于木聚糖酶多样性产生的原因还有待深入研究。目前证据表明，来自同一微生物个体的多种木聚糖酶中至少有一部分是不同基因的产物。分离自哈茨木霉 E58（*Thichoderma harzianum* E58）的三种木聚糖酶的氨基酸组成研究表明，这些酶均来自不同的前体，它们之间也无相关性。产生木聚糖酶多样性的另一个原因是转译后修饰，糖基化（glycosylation）或蛋白质水解（proteolysis）或两者兼有的转译后修饰作用是木聚糖酶多样性产生的原因之一。有些木聚糖酶基因转译具有信号肽顺序（peptide signal sequence）的前体，如在大肠杆菌（*E. coli*）中，克隆自气单胞菌（*Aeromnonas* sp. 212）的木聚糖酶基因的表达产生 135kDa 的木聚糖酶，该酶小于来自同一株菌已经鉴定的 145kDa 的木聚糖酶，这两种酶似乎是来自同一基因的不同修饰的产物，因为它们具有同样的水解、免疫、生理生化特征。

在自然界中半纤维素的微生物降解较快，在纤维素开始分解以前，一般已有较多的半纤维素已被分解，但从分解的最终结果来看，纤维素基本能被完全分解，而半纤维素则往往会残留一些难分解部分，如腐殖质或泥炭中几乎没有纤维素，而半纤维素含量却相当高。研究纤维素基质固态发酵发现：半纤维素的降解比纤维素降解缓慢，而木质素几乎不降解。

3.3.3 木质素的结构及降解

3.3.3.1 木质素资源与化学结构

木质素是植物光合作用产生的一种含量仅次于纤维素的生物多聚体，广泛存在于植物细胞壁中，是针叶树类、阔叶树类和草本植物的基本化学组成之一，还存在于所有的维管植物之中（桫椤除外）。其中，在木本植物中，木质素的含量为 20%～35%，在草本植物中含量为 15%～25%，全球每年产生的木质素废物主要以造纸工业废水和农作物秸秆形式存在。在植物体内，细胞壁主要由纤维素、半纤维素和木质素三种成分构成，它们对细胞壁的物理作用有所区别，纤维素是细胞壁的骨架结构，半纤维素是基体物质，而木质素是结壳物质或硬固物质，木质素的存在给植物组织以强度和硬度，防止过多水分和有害菌类渗入细胞壁。木质素的结构复杂，对其基本的结构框架已达成以下共识。

一般认为，木质素是由苯丙烷单元通过醚键和碳键连接而成的聚酚类三维网状高分子芳香族化合物，其中醚键占 60%～75%，碳键占 25%～30%。在植物体内，首先是由葡萄糖发生芳环化反应形成莽草酸（shikimic acid），再由莽草酸合成三种木质素的基本结构——愈创木基结构、紫丁香基结构和对羟苯基结构（图 3-4）。最后再由这三种基本结构聚合形成植物体内分子量更大的一些基本成分，其中最常见的有六种（图 3-5）。

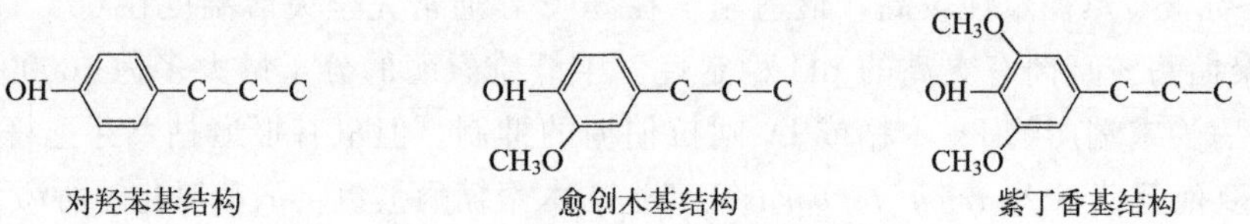

对羟苯基结构　　　　　愈创木基结构　　　　　紫丁香基结构

图 3-4 苯丙烷单元基本结构

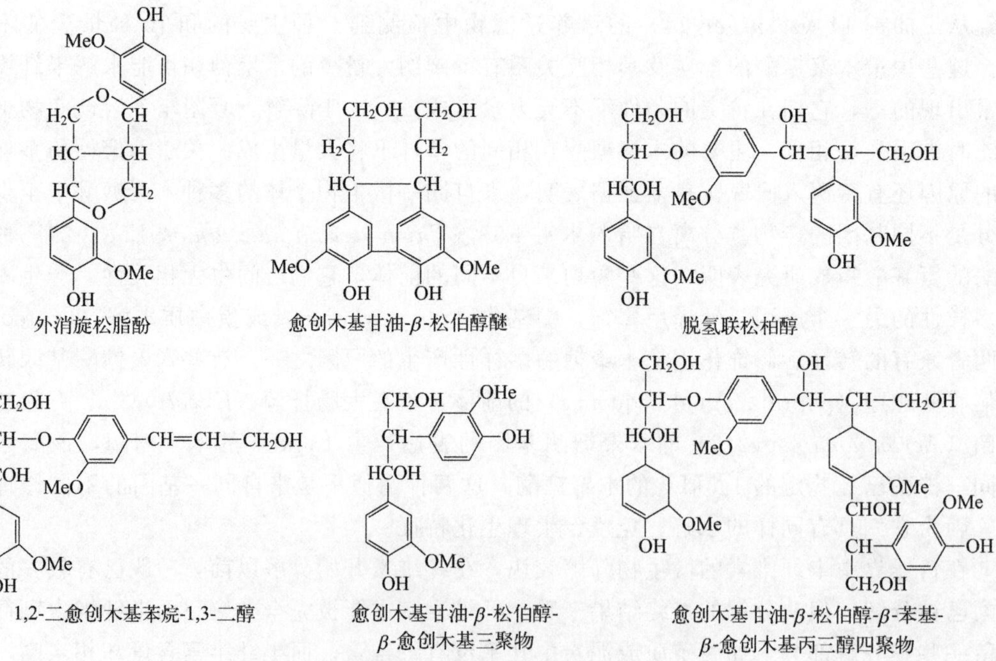

外消旋松脂酚　　　愈创木基甘油-β-松伯醇醚　　　脱氢联松柏醇

1,2-二愈创木基苯烷-1,3-二醇　　愈创木基甘油-β-松伯醇-　　愈创木基甘油-β-松伯醇-β-苯基-
　　　　　　　　　　　　　　　β-愈创木基三聚物　　　　β-愈创木基丙三醇四聚物

图 3-5 木质素的六种基本结构

这些基本成分在通过任意组合、共聚化后，形成了具有不均匀的、无旋光性的、交叉键合的高度分散的聚合物——木质素。它包围着纤维素，和半纤维素一起填充于微原纤维之间，与细胞壁成分紧密组合，构成一体，防止过多水分和有害物质渗入植物的细胞壁，对植物起支持和保护作用。但由此带来的问题就是：由于木质素与细胞壁紧密结合使其结构非常稳定，不易被微生物降解。

3.3.3.2 木质素的生物降解机理研究

自然界中，能够完全降解木质素的是白腐真菌。但是在自然界中，木质素的实际降解是真菌、细菌、放线菌及相应微生物群落共同作用的结果，其中真菌起主导作用，放线菌降解能力次之，细菌降解能力最弱。根据木质素降解产物分析，认为其降解过程可分为以下几步：①脱甲基和羟基化以形成多酚结构；②加氧裂解多酚环，产生链烃；③水解使脂肪烃缩短。因此假设 H_2O_2 及其他易扩散的有活性氧的物质，如羟基、分子氧的产生在真菌降解木质素中起着关键作用。随着木质素过氧化物酶（Lip）和锰过氧化物酶（Mnp）的发现，人们对木质素生物降解机理有了新的认识。目前认为：木质素是在过氧化物酶系统的作用下被降解，具体参见第 7 章相关内容。

3.4 堆肥过程中的物理变化

(1) 温度的变化

好氧堆肥过程中的堆体温度变化显著，大致可以分为四个阶段，即升温阶段、高温阶段、降温阶段、稳定阶段。在升温阶段，由于堆料中含有大量的有机物可被细菌等微生物所利用，这些微生物的生长繁殖将产生大量的热和部分的水分，使得堆体的温度迅速上升达到 $55\,℃$，甚至达到 $70\,℃$ 以上，进入高温期。$55\,℃$ 以上的高温维持在 $3\sim7d$ 后，随着容易被利用的有机物质大量的消耗，微生物的活性受到抑制，产生的热量减少，堆体开始进入降温阶段。在降温阶段，堆体温度逐渐降低，最终趋于堆体外界的温度，即进入稳定期。值得一提的是：堆体是个非均相的系统，堆体各个部位的温度并不一样，但总体变化趋势是一致的。即先从室温开始，堆体温度在微生物的作用下快速（约 $2\sim5d$）升高，随后进入一个高温期并持续 $3\sim7d$，之后由于有机物质的消耗，微生物的活性受到抑制，然后堆体温度下降，最后进入稳定期。

此外，堆肥过程中温度的变化容易受到堆体通气量和周围环境温度的影响。在堆肥升温过程中，周围环境温度对堆体的影响较为明显，一般周围环境温度改变 $13\,℃$ 时，堆体温度将随之发生 $2.4\sim6.5\,℃$ 的变化；而当堆肥进入高温期以后，这种影响就不太明显。实验数据表明：周围环境温度变化 $8\sim15\,℃$ 时，堆体温度仅变化 $0.75\sim1.3\,℃$。

(2) 颜色的变化

堆肥过程是一个堆料腐熟的过程，从颜色上大致可以看出堆肥腐熟过程所处的阶段，即腐熟的程度。一般而言，新鲜原料看起来颜色相对较浅，易滋生蚊蝇，随着堆置过程的进行，颜色逐渐发黑，完全腐熟的堆肥呈现黑褐色或者深黑色。

(3) 气味的变化

从气味上来看，大多数物料都有很大的气味，伴随着蚊蝇飞舞，给人极为不快的感觉。

随着堆肥过程的进行，这种令人不快的气味逐渐减弱并在堆肥结束后完全消失；运行效果较好的堆肥产品捏在手里不会感觉有异味，相反还有一股淡淡的清香。

(4) 其他物理指标的变化

在微生物的作用下，原料中的水分被大量消耗，有机物质被利用，原先形状各异且紧密的原料结构变得疏松轻软，呈现疏松状的团粒结构。

3.5 堆肥过程中的化学变化

(1) pH 的变化

微生物的生长繁殖需要一定的酸碱环境，一般控制在 pH 值大约 6～9 的范围内。堆肥物料或者在堆置初期一般为弱酸性或者中性，其 pH 值大约在 6.5～7.5，随着细菌、放线菌、真菌等微生物的大量繁殖，堆体 pH 值呈现先降低后升高的趋势，到了腐熟阶段 pH 值可达 8～9。许多的研究者都指出，pH 值可以作为堆肥腐熟的一个必要条件，但不是充分条件。

(2) 有机质的变化

在堆肥腐熟过程中，堆肥物料中的有机物质被微生物（内源微生物）分解为 CO_2 和 H_2O，因此堆肥过程中碳元素含量会减少。在堆肥化过程中，CO_2 产量呈明显的下降趋势，并在堆制开始的 35d 内迅速下降，之后下降缓慢。

此外，COD 的含量几乎可以代表堆肥中的全部有机物，物料中的 COD 含量随原料的不同而变化差异极大，从 1000～5000mg/g 不等，原料中最大的 COD 变化出现在升温阶段和高温阶段。究其原因认为：在升温、高温阶段，微生物的新陈代谢能力强，在有机物的分解和合成自身细胞等过程中消耗了较多的有机物；在降温阶段和稳定阶段的变化量不是很大，这也与微生物代谢活动慢有关。完全腐熟的堆肥 COD 含量应小于 700mg/g 干堆肥。

(3) 氮含量的变化

在堆肥腐熟化过程中，物料的氮素有一定程度的损失，但氮素的各形态变化不尽一致。在堆肥结束时，城市生活垃圾的全氮含量下降了 30%；氨基酸态氮含量下降了 48%；酰胺态氮和氨基糖态氮出现先增加后降低，且整体较物料略有增加；腐殖酸态氮增加。城市垃圾在堆肥过程中，氮素的损失主要发生在堆肥初期的 2 周内。将新鲜鸡粪和牛粪进行混合堆制，堆料总氮含量呈下降趋势，而速效氮含量增加。仅以鸡粪为主要原料堆置时，铵态氮含量出现先很快增加后下降，最终下降了 34%。究其原因，认为在堆肥前期，铵态氮含量上升是因为微生物在降解有机物时产生大量游离态的 NH_3，后期下降是由于硝化作用的增强及 NH_3 的挥发；在堆肥后期由于硝化作用，硝态氮含量不断升高。也有研究提出不同的氮素在堆肥过程中的变化规律。研究发现，猪粪、木屑和树叶混合堆肥后，总氮含量由 1.78% 上升到 2.11%，处于增加趋势；将鸡粪、牛粪、猪粪与锯末、麦秸秆等原料进行混合堆制的过程中也发现全氮含量呈上升趋势，这可能是树叶、锯末等辅料的加入导致总的干物质重量下降，下降幅度明显大于全氮含量下降幅度。

堆肥过程中氨气的挥发占氮损失的很大一部分，且氨气的挥发与堆体温度有很大的相关性，尤其是在升温阶段，氨气挥发最严重。就大规模的堆肥生产而言，要想得到一个卫生条件好的环境，就需要严格控制堆肥升温阶段的温度变化。

在堆肥初期阶段，微生物的代谢作用释放出 NH_3，硝酸盐氮含量持续增长。全氮（TN）、有机氮含量的变化规律为先降低后略有增加；水溶性 NO_3^--N（硝态氮）含量逐渐提高，水溶性 NH_4^+-N（铵态氮）先增加后减少。可以通过降低堆体的 pH 值、控制 NH_4^+-N 向其他形式进行转化来控制氮素的损失，也可以通过添加蚯蚓粪和草炭来固定氮素，或者投加一些化学物质来取得固定效果，如氢氧化镁和磷酸铵制成的乳状液可以使固氮率达到 70%，而添加铁盐、铝盐的固氮效果最好，固氮率可达 99%。此外，EM 菌剂也具有生物固氮作用。

(4) C/N 的变化

碳氮比变化是堆肥腐熟过程中的基本特征之一，被认为是衡量堆肥腐熟的一个重要指标。在有机原料堆肥腐熟过程中，碳和氮含量均发生了较大的变化，C/N 比值也在不同程度地发生着变化。

堆肥过程中，一部分氮素以 NH_3 的形式挥发出去，造成氮素的损失；同时微生物的活动消耗了大量的有机碳源，并以 CO_2 的形式散失，造成碳素的损失。此外，不同堆肥材料 C/N 比值下降速度和幅度不同，鸡粪和猪粪堆肥的 C/N 比值下降速度明显快于牛粪；鸡粪、牛粪和一定比例的调理剂混合堆制，C/N 比值可由原料的 12.6 下降至堆肥的 12.0；鸡粪单独与玉米秸秆堆制时，其 C/N 比值由 14.95 下降至 9.43；城市生活垃圾在堆肥过程中 C/N 比值由 23 下降至 15 左右。由于 C/N 比值的变化具有一定规律，可采用固相 C/N 来评价堆肥腐熟度，如 Garcia 认为：堆肥产品 C/N 在理论上趋于微生物菌体的 C/N，并提出当 C/N 由 30:1 降低至（15~20）:1 时，认为堆肥已经腐熟；Morel 等建议采用 T=（终点 C/N）/（初始 C/N）来评价城市生活垃圾堆肥的腐熟程度，认为当 $T<0.6$ 时，堆肥达到腐熟；猪粪和稻草秸秆堆肥时，T 值在 0.49~0.59 之间时即达到腐熟。

3.6　堆肥过程中的生物变化

一般地，好氧堆肥的系统中，有机原料的降解是细菌、放线菌和真菌等多种微生物共同作用的结果。嗜温菌是堆肥系统中最主要的微生物，存在于除高温阶段以外的其他阶段，堆肥高温阶段以芽孢杆菌、放线菌为代表。真菌，尤其是白腐真菌可以利用原料中的木质纤维素，主要存在于堆肥过程的降温阶段和腐熟阶段初期。

(1) 堆肥过程中的细菌变化规律

堆肥过程中数量最多、最主要、最普遍的微生物就是细菌。通过研究城市固体废物堆肥化过程中微生物区系及其纤维素分解活性后发现：堆肥原料中细菌数量巨大，其中中温细菌的数量最多，而嗜热细菌很少；随着堆肥化进程的延续、堆体温度的升高，中温细菌数量逐渐减少，嗜热细菌的数量逐渐增多，到了高温阶段（55℃以上）存在的基本是高温细菌，且细菌总数减少；当堆肥进入降温阶段，嗜热细菌数量减少，中温细菌数量增加；堆肥结束时，细菌的数量比堆肥开始时的数量减少。总之：在堆肥化过程中，细菌数量的变化趋势为高→低→高。

(2) 堆肥过程中的放线菌变化规律

放线菌数量在堆肥化过程中同样呈现高→低→高的变化趋势。在升温阶段，放线菌的数量较多，但少于细菌，最大差别可多达 3 个数量级；随着堆体温度的上升，放线菌的数量减少，最高温度时放线菌数量最少；随着堆体温度的下降，放线菌的数量又开始增加，降温阶段时放线菌活性增强，并开始降解半纤维素和纤维素；堆肥结束时，放线菌的数量趋向于起始值并稍有增加，使堆肥的表面呈灰白色。

但是，有研究结果却得出与此相反的结论：在堆肥的高温阶段，放线菌数量和种类都增加，而且是高温阶段的主要作用菌群，这可能与他们所做试验的原料、条件、检测分析方法等因素有关。此外，如链霉菌属（Streptomyces）、诺卡氏菌属（Nocardia）、高温放线菌属（Thermoactinomyces）、小单孢菌属（Micromonospora）等微生物在堆肥中都被检测到。

(3) 堆肥过程中的真菌变化规律

真菌的变化趋势与堆肥过程中所有微生物的变化趋势相似：堆肥原料中的真菌以中温真菌为主，且数量远小于细菌的数量而与放线菌数量大致相近。中温真菌数量随堆肥的进行而逐渐减少，嗜热真菌逐渐增多达到最大值；大部分真菌在温度达到 50℃ 时被灭活，当温度超过 60℃ 时，真菌失活，甚至几乎完全消亡；进入降温期，堆肥温度下降，当温度低于 45℃ 时，真菌的数量又开始回升，此时堆肥底物以木质素、纤维素、半纤维素为主，由此可以推测真菌数量的增加可能是由于堆肥中存在纤维素和木质素，且真菌是利用木质纤维素进行生长繁殖的；在堆肥结束时真菌的数量趋于或高于开始的起始值，通过研究滚筒式高温堆肥中的微生物种类数量后发现，真菌数量很少，比发酵开始时降低了大约 3 个数量级。

很多种类的真菌都存在于堆肥中，酵母菌中的克鲁斯氏念珠菌（Candida krusei）、热带假丝酵母（Candida tropicalis）在堆肥的开始阶段出现，以后就消失了。木霉菌属（Trichoderma）、太瑞斯梭孢壳霉（Thielavia terrestris）、嗜热毛壳菌（Chaetomium thermophilum）、Coonemeria crustacea、埃默森篮状菌（Talaromyces emersonii）、鬼伞菌（Coprinus sp.）、樟绒枝霉（Malbranchea cinnamomea）、嗜热色串孢（Scytalidium thermophilum）、微小根毛霉（Rhizomucor pusillus）、嗜热毁丝菌（Myceliophthora thermophila）、青霉菌（Penicillium）、拟青霉菌（Paecilomyces sp.）、宛氏拟青霉（Paecilomyces varioti）、黄孢原毛平革菌（Phanerochaete chrysosporium）、白马兰诺菌（Melanocarpus albomyces）、嗜热子囊菌（Thermoascus aurantiacus）、链格孢霉菌（Alternaria）、Stibella thermophila、嗜热篮状菌（Talaromyces thermophilus）、疏绵状嗜热丝孢菌（Thermomyces lanuginosus）、黄曲霉（Aspergillus）都存在于堆肥中，有研究者认为这些真菌对分解木质纤维素的作用很大，同时在一些蘑菇废渣堆肥中，还有大量的食用真菌存在。由此可见，堆肥是一个巨大的微生物库，里面存在多种多样的且能够利用多种有机废物的微生物类群。

(4) 病原菌的变化

如前文所述，堆肥原料中含有许多种类的微生物，也包括病原微生物。各国对于不同的堆肥系统都有相应的腐熟指标及病原菌检测控制指标，例如德国要求条垛堆肥系统的堆体温度超过 55℃ 的时间要达到 2 周或 65℃ 以上超过 1 周；澳大利亚规定，堆温超过 60℃ 的时间不少于 6d 或 65℃ 不少于 3d；丹麦要求所有的堆肥 55℃ 高温期必须达到 2 周。美国环保署（USEPA）标准规定，高温堆肥在 55℃ 以上至少要维持 3～5d；我国也规定，堆体温度 50～55℃ 至少要维持 5～7d。

一般情况下，病原微生物都不耐高温，故经过 5～7d 的高温期后，堆肥中的病原微生物基本可以灭活，从而达到卫生学的要求。此外，堆肥原料中病原菌的数量和种类与原料的种类和有机物类型有关，大肠菌可作为病原菌的一种指示微生物，通过研究以鸡粪或牛粪为原料的堆肥系统后发现：在堆肥初期，大肠菌和总大肠菌数量很高，每克样品中可达 $10^5 \sim 10^6$ 数量级，但经过 65℃ 高温期后总大肠菌数为零，即被完全杀灭。要想达到卫生堆肥的目标，就必须尽可能满足高温条件以实现对病原菌的灭杀。所以，在成功的堆肥系统中，病原菌的变化趋势是一个由高到低直到最后消失的递减的变化过程。

在研究堆肥环境中的微生物时，由于受到研究方法和技术手段的限制，加之自然界中许多微生物难以通过培养的手段获得，现在的分子生态学技术也无法保证把堆肥化过程中的所有微生物类群都检测到。因此，堆肥化过程中微生物的种类、数量、变化规律及它们对堆肥过程的影响，是一个需要不断探索的课题，随着生物学科和其他相关学科的发展，必然会取得长足的进步。尽管堆肥过程中存在物理、化学的变化，但是这些变化主要是由微生物的变化所引起，在整个堆置过程中，微生物起了至关重要的作用。

3.7　堆肥质量的控制与评价指标

(1) 堆肥腐熟度的评价

堆肥化就是通过微生物的作用，分解有机物使之稳定化的过程。堆肥的稳定化常用堆肥腐熟度来表示，换句话说，堆肥腐熟度亦即堆肥达稳定化的程度。堆肥腐熟度是评价堆肥化过程和效果的重要参数，此外，它对堆肥的理论研究、堆肥技术及设备的设计、堆肥产品质量的评价等也都具有重要意义。堆肥腐熟度的判定标准有很多种，常见的有：

① 感官标准　直观感受到堆肥不再进行激烈的分解、堆放中的成品温度不再升高、呈茶褐色或黑色、不产生恶臭、手感松软易碎等。

② 挥发性固体含量 (V_s)　V_s 反映了物料中有机物含量的多少。在堆肥过程中，由于有机物的降解，物料中 C 的含量会有所变换，因而可用 V_s 来反应堆肥有机物降解和稳定化的程度。

③ 化学需氧量 (BOD_5)　BOD_5 是反映物料中有机物含量的另一指标。与 V_s 一样，可用 BOD_5 来反映堆肥有机物降解和稳定化的程度。

④ 碳氮比 (C/N)　在堆肥过程中，由于有机物的降解，物料中 C 的含量会有所降低，C/N 比值因此会变小，C/N 比值的变化反映了有机物变化的情况。与原料相比，稳定后的堆肥 C/N 比值一般会减少 10%～20%，其至更多。

⑤ 温度　在堆肥过程中，物料的温度会经历升温→高温→降温三个阶段，物料温度的升高是由于有机物分解释放能量引起的。因此，通过检测堆肥过程中物料的温度变化，可以了解有机物降解和稳定化的情况。

⑥ 耗氧速率　在堆肥过程中，好氧微生物在分解有机物时也会消耗氧并产生 CO_2。氧的消耗速率或 CO_2 的生成速率作为腐熟标准是符合生物学原理的，是一种比较科学和可行的方法。

⑦ 发芽试验　未腐熟的堆肥含有植物毒性物质，对植物生长产生抑制，而植物在腐熟的堆肥中生长时，其生长被促进。以种子发芽指数 (germination index，GI) 为例，当发芽指数 GI 大于 50% 时，可认为堆肥腐熟。

$$GI = 对照种子的发芽率 \times 种子根长 \times 100\%$$

(2) 堆肥质量指标

堆肥质量指标可以分为一次发酵终止指标和二次发酵终止指标，具体如下：

① 一次发酵终止指标　包括：无恶臭；容量减量 25%～30%；水分去除率 10%；C/N 为 15～20。

② 二次发酵终止指标　包括：堆肥充分腐熟；含水率＜35%；C/N＜20；堆肥粒度 10mm。

3.8　影响堆肥过程的主要因素

堆肥过程是微生物的作用过程，为了取得极佳的堆肥效果，在原料配比方面如有机质含量、C/N、水分含量等和堆肥条件需要尽量满足微生物的生长繁殖条件。通过合理调控这些影响因素可以最大限度地满足微生物的生长繁殖，以加快堆肥反应的速度和引导堆肥过程趋利避害，沿着有利于缩短堆制周期、加速腐熟、降低成本的方向进行。概括起来，影响堆肥进程的因素主要有以下几个方面：

(1) 有机质含量

高温堆肥是目前处理有机固体废物的有效方法，尤其在畜禽粪便的无害化处理方面越来越受到人们的重视，并已在实际生产中得到应用。高温堆肥的关键是如何维持微生物的生长繁殖。微生物的生长繁殖明显受制于堆肥原料中有机质含量的多寡。当堆肥原料的有机质含量低，微生物的生长繁殖受限，其代谢产生的热量将不足以达到高温堆肥所必需的温度或者达到所需要的温度但维持时间不够等，使得堆肥过程进行缓慢，甚至难以完成，无法杀灭原料中的病原微生物、杂草种子等，最终无法完成堆肥的无害化过程；而当堆肥原料中的有机质含量过高时，需要适当的通风供氧，使得堆料中微生物的生长繁殖免受氧气含量的制约，避免堆肥厌氧和臭气的产生。有研究表明：堆肥原料适合的有机物含量约为 20%～80%，一般的有机废物原料均能满足此条件。在堆制初期，有机物含量对微生物的增长起主导作用，但随着微生物代谢产物的积累，温度以及 pH 值等因素的变化开始反过来影响微生物的生长活动，此时有机物含量的影响逐渐变为次要因素。

(2) C/N

微生物在利用含碳有机物时，必须同时利用一定量的氮素来合成自身的细胞体，因此碳氮比参数常常被作为堆肥的重要考察指标。微生物的生长需要适宜范围的 C/N。若 C/N 比值高，则一方面微生物生长受到限制（相对碳过量而言，氮素成为制约因素），有机物分解速度慢，堆肥发酵时间长；另一方面要消耗大量的有机原料，形成的腐殖质量少、腐殖质化水平低下，而且堆肥原料的 C/N 比值高容易导致堆肥成品的 C/N 比值偏高，堆肥成品施入土壤后易造成土壤缺氮，从而影响作物生长。若原料 C/N 比值低，在 pH 值和温度过高的条件下，易造成氮挥发和营养元素氮流失，从而降低堆肥的肥效。微生物分解利用有机物的速度快慢随 C/N 的变化而变化，当 C/N 在 10～25 时，原料中有机物的降解速度最大。因此，一般认为碳氮比调到 25 左右较为适宜，即微生物每消耗 25 份有机碳，一般就需要吸收 1 份氮素来配合。

(3) 水分含量

堆制过程中保持适当的含水量是堆肥的一个很重要的条件，其原因有：

① 植物茎秆吸水后膨胀软化，有利于微生物分解；

② 水分在堆体中移动时，所携带的微生物菌体也向各处移动，利于微生物在堆体中均匀分布，使堆肥分解腐熟均匀；

③ 水中溶解的各种营养物质给微生物的生长繁殖创造了条件。若含水量太少，微生物生长繁殖受限，且会导致微生物分布不均匀，不利于微生物对堆肥原料的降解，影响堆肥腐熟进程；水分太多，堆体通透性差，影响通气，氧气含量少、分布不均匀，易厌氧，堆肥腐熟缓慢。一般堆制过程中，堆体水分含量采用 60%～70% 为宜。

(4) 酸碱度

pH 值是影响微生物生长繁殖的重要因素之一。能分解有机物的微生物大多数适合在 pH 为 6.4～8.1 的中性到偏碱性环境中繁殖与活动。细菌和放线菌最适合的生长 pH 条件为中性和弱碱性，真菌偏酸性。堆肥过程中，pH 值过低会导致真菌的迅速增长，但其他菌群受影响，从而削弱了升温过程中的优势菌群（细菌和放线菌）的优势地位。研究表明，微生物在高温阶段达最大分解能力时的 pH 一般为 7.8～8.5，属于弱碱性。大部分原料的 pH 值均处在 6～9 的范围内。在一些堆肥化过程中，由于微生物的作用而产生有机酸，可根据原料的酸碱度，适当加入石灰等碱性物质，以调节堆料的酸碱度；为了减少堆肥过程中氮素的流失，可以用碱性磷肥来调节酸碱度。

(5) 温度

温度的变化反映了堆肥过程中微生物的活性变化。一方面这种变化与堆肥中可被氧化分解的有机质含量呈正相关性。一般情况下，无论何种物料的堆肥，只要具备适宜的 C/N 以及含水率等条件，堆体在开始的 3～5d 内，其温度通常从环境温度迅速上升至 60～70℃ 的高温，并在高温持续一段时间后逐渐下降。当其温度趋近于环境温度时，表明大部分有机质被分解。

另一方面新鲜的有机固体废物原料中含有大量致病性微生物和虫卵等，如大肠杆菌、病毒及寄生虫等，需要高温将其杀灭。

此外，堆肥的温度可以通过调节水分，控制翻堆周期、翻堆强度等措施来调节。

(6) 通气率

堆肥内的通气状况直接影响到微生物对有机物料的分解速度。堆肥中保持适当的通透性有利于空气在堆体中流动，有利于好氧微生物的生长繁殖，从而促进有机物的分解，利于堆体的升温，促使堆肥物料中水分的散失，达到降低原料水分的目的。研究表明：氧气在堆肥中的作用如下：

① 在堆肥前期（升温期），通气提供氧气来满足微生物的生长繁殖需要，从而快速降解有机物；

② 在堆肥中期（高温期），维持微生物活性，以保持堆体温度；

③ 在堆肥后期（降温期和稳定期），冷却堆体，降低水分，使堆体的体积和重量减少（实现原料的减量化）。

在堆肥过程中，适合的氧浓度范围为 5%～15%。高于 15% 的氧浓度使堆体易散热而迅速冷却；低于 5% 的氧浓度容易使堆肥因厌氧而产生恶臭。

可以通过原料配比、堆料堆积的疏松程度以及堆体内的水分含量来调节堆肥内的空气含量（可以通过控制翻堆周期来实现）。在堆体体积较大、物料较难分解的情况下，应设通气沟或者通气筒；也可以采用先松后紧的方法以实现加快原料腐熟和保氮的效果。堆肥通风供氧一般有三种方式，即翻堆供氧、表面扩散供氧和机械通气。堆肥机械化装置的强制通风流量常取 $0.05 \sim 0.2 \mathrm{m}^3 / \mathrm{min}$ 为宜。

(7) 微生物接种菌剂

微生物是堆肥过程中的主体，其数量多少及其变化规律对堆肥原料的发酵将产生很大的影响，它的作用集中体现在以下几个方面：①堆体温度上升的快慢；②一次发酵温度的高低及高温温度持续时间的长短；③促进有机物原料到达腐熟的时间长短及效果（堆制周期及堆制效果的评价）等。

因此，为了促进堆肥腐熟，加快堆肥进程，提高堆肥品质，需要在堆肥物料中加入一些微生物菌剂、堆肥添加剂，包括接种剂、调理剂、营养调节剂、膨胀剂等。例如，在堆肥中加入分解较好的厩肥或加入占原料体积 $10\% \sim 20\%$ 的腐熟堆肥，能加快原料分解发酵速度。通过有效的菌系选择，从中分离出具有较大活性的培养微生物，形成微生物接种剂，是促进堆肥腐熟，缩短堆制周期，提高堆肥品质的有效方法。

3.9 有机固体废物堆肥工艺

图 3-6 所示为生产生物有机肥（含微生物菌剂的堆肥）的一般工艺流程，在具体的生产过程中，可根据不同的要求进行工艺调整。相关研究表明，以不同有机固废为原料的生产工艺过程存在着相似性。首先是收集并选取不同类型的固体废物，对其进行前期的筛选、处理，并按各自的功能效用进行配比。之后，在环境、技术条件等的控制下进行堆肥，腐熟后破碎、筛分、烘干，成为堆肥产品。与此同时进行的是微生物的培养、营养液的配制及菌液的制备。最后可将固剂与菌液混合并进行造粒等工序生产出生物有机肥。

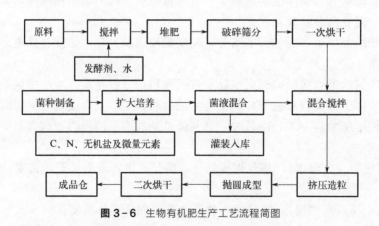

图 3-6 生物有机肥生产工艺流程简图

3.9.1 堆肥原料配比与调理

综合利用固体废物生产生物有机肥的原料选用，一方面考虑其有机质的成分和含量，所含的营养物质和元素；另一方面考虑其是否符合进行生物堆肥的条件或要求。目前，我国主要采用的生产原料有：城市污水处理厂的污泥、生活垃圾、禽畜粪便、作物秸秆、酒精厂或醋厂等的废醋液、煤矸石、粉煤灰等。在具体的生产工艺中，可选用其中的一种或几种作为原料。对于多种物料的配合使用，可按其各自的有机质、营养物质含量而选用合适的配比，并充分体现不同组分在生物有机肥中的效用，以满足各类或不同用途的生物有机肥的需求。比如，有研究者物料采用生活污泥（占 70%）、鸡粪（占 15%）、风化煤（占 5%）、醋醋（占 5%）、蛭石（占 5%），其中生活污泥是作为肥料的基质，鸡粪等可增加有机质，同时提高氮磷钾的含量，而蛭石的作用在于可疏松土壤、保持水分。要优化堆肥条件和配方，必须按照原料理化参数，通过科学的计算来确定，堆肥配方的形成就是对 C/N 和水分的平衡过程，目的是使它们均处于合理的范围内。

(1) C/N 值

针对不同原料时需要慎重选取适宜的 C/N，如当原料中含有大量的木质纤维素时，由于木质纤维素在堆肥过程中难以被绝大部分微生物所利用，木质纤维素所占据的那一部分有机碳就不易被微生物分解利用，因此在调配原料 C/N 时，需要综合考虑此因素，也可以通过实验的方法来确定最佳的 C/N。

常见的有机固体废物含碳量一般为 40%~55%，但氮的含量变化很大，因此 C/N 的变化幅度也较大。一般禾本科植物的 C/N 较高，大约在 40~60 之间；家禽粪便、城市污泥 C/N 较低，大约为 10~30。此外，不同的堆肥原料其适宜的 C/N 也存在差异，这种差异主要由两个方面构成：一方面取决于堆肥原料中有机物的生物有效性（或可降解性，表 3-4）；另一方面取决于堆肥原料粒度。虽然从理论上讲堆肥物质中的大多数碳是可以利用的，但也存在一些很难生物降解的有机化合物，如木材中的木质纤维素。因此，当这类物质含量较高时，应设置一个较高的 C/N 值；相同原料由于粒度不同，比表面积存在差异，可被微生物利用或者说其被微生物降解的速度也存在差异，这些都是进行堆肥 C/N 设计时必须考虑的。

表 3-4　某些有机质的可降解性

基质	降解性 （占挥发性固体比例）/%	基质	降解性 （占挥发性固体比例）/%
垃圾（总有机组分）	43~54	牛粪	28
庭院修剪废弃物	66	垃圾	66
鸡粪	68		

(2) 水分

由于微生物大都缺乏保水机制，所以对水分极为敏感。当含水量在 35%~40% 之间时，堆肥微生物的降解速率会显著下降，当水分下降到 30% 以下时，降解过程会完全停止。对于绝大多数堆肥混合物，推荐的含水量上限为 50%~60%，表 3-5 列出了部分原料的最大水分含量范围，水分含量值与堆肥基质的结构有关，含有纤维或不易处理的基质（如稻秸、木屑），在保持结构完整的条件下持水量均较高。

表 3-5　不同堆肥基质的最大水分含量

基质类型	水分含量（占总量）/%	基质类型	水分含量（占总量）/%
理论上	100	城市垃圾	55~65
稻秸	75~85	粪便	55~65

基质类型	水分含量（占总量）/%	基质类型	水分含量（占总量）/%
木屑	75～90	消化的或生污泥	55～60
稻壳	75～85	湿基质（厨余等）	50～55

此外，一个好的堆肥系统首先面对的是起始物料的配比，以保证有合适的孔隙、水分、C/N 以及热值。在实践中，通常采用的方法包括：①加入有机的或无机的调理剂；②加入膨胀剂，例如木屑和花生壳等；③堆肥产品回料；④上面三种方法的结合使用。

3.9.2 好氧堆肥工艺

好氧堆肥是依靠专性和兼性好氧微生物的作用使有机物得以降解的生化过程。好氧堆肥具有对有机物分解速度快、降解彻底、堆肥周期短的特点。由于好氧堆肥温度高，可以灭活病原体、虫卵和垃圾中的植物种子，使堆肥达到无害化。此外，好氧堆肥的环境好，不会产生难闻的臭气。

3.9.2.1 好氧堆肥的基本工艺流程

目前采用的堆肥工艺一般均为好氧堆肥。但由于好氧堆肥必须维持一定的氧浓度，因此运行费用较高。其基本工序通常都由前处理、主发酵（一次发酵）、后发酵（二次发酵）、后处理、脱臭、贮存等工序组成，具体过程如下。

（1）前处理

前处理包括破碎、分选和筛分等工序，可去除粗大废物和不能堆肥的物质，并通过破碎可使堆肥原料和含水率达到一定程度的均匀化。同时，破碎和筛分使原料的表面积增大，便于微生物降解，从而提高发酵速度。从理论上讲，粒径越小越容易分解。但是，考虑到在增加物料表面积的同时，还必须保持其一定的空隙率，以便于通风而使物料能够获得足够的氧量供应。一般而言，适宜的粒径范围是 12～60mm，其最佳粒径随废物物理特性的变化而变化。如果废物的结构坚固，不易挤压，则粒径应小些，否则粒径应该大些。此外，决定废物粒径大小的时候，还应从经济方面考虑，因为破碎得越细小，动力消耗越大，处理废物的费用就会增加。此外，降低水分、增加透气性和调整 C/N 值的主要方法是添加有机调理剂和膨胀剂。

（2）主发酵（一次发酵）

主发酵可在露天或发酵装置中进行，通过翻堆或强制通风为堆积层或发酵装置内堆肥物料供给氧气。物料在微生物的作用下开始发酵。首先是易分解物质的分解，产生 CO_2 和 H_2O，同时产生热量，使堆温上升。这时微生物吸收有机物的碳和氮营养成分，在微生物自身繁殖的同时，将细胞中吸收的物质分解，产生热量。发酵初期，物质的分解作用是靠嗜温菌（30～40℃为最适宜生长温度）进行的，随着堆温上升，最适宜温度45～65℃的嗜热菌取代了嗜温菌。堆肥从中温阶段进入高温阶段。此时采取温度控制手段，以免温度过高，同时应该确保供氧充足。经过一段时间后，大部分有机物被降解，各种病原菌均被杀灭，堆体温度开始下降。通常，温度从升高至开始降低为止的阶段为主发酵阶段。以生活垃圾为主体的城市垃圾和家畜粪便好氧堆肥，其主发酵期约 4～12d。

（3）后发酵（二次发酵）

经过主发酵的半成品堆肥被送到后发酵工序，将主发酵工序尚未分解的易分解和较难分解的有机物进一步进行分解，变成腐殖酸和氨基酸等比较稳定的有机物，得到完全成熟的堆肥制品。通常，把物料堆积到 1～2m 高的堆层，通过自然通风和间歇性翻堆，进行后发酵，并应防止雨水流入。在这一阶段的分解过程中，反应速度降低，耗氧量下降，所需时间较长。后发酵时间的长短决定于堆肥的使用情况。例如，堆肥用于温床（利用堆肥的分解热）时，可在主发酵后直接使用；对几个月不种农作物的土地，大部分堆肥可以不进行后发酵而直接施用；对一直在种作物的土地，则要使堆肥进行到堆肥不夺取土壤中氮元素的程度。后发酵时间通常在 20～30d。

（4）后处理

在经过二次发酵后的物料中，几乎所有的有机物都已细碎和变形，数量有所减少，成为粗堆肥。然而，城市生活垃圾堆肥时，在预分选工序没有去除的塑料、玻璃、陶瓷金属以及小石块等杂物依然存在。因此，还要经过一道分选工序以去除这类杂物，并根据需要，如生产精制堆肥，还应进行再破碎过程。处理后的堆肥产品，既可以直接销售给用户，施于农田、果园和菜园，或作为土壤改良剂，也可以根据土壤的情况和用户的要求，在堆肥中加入氮、磷和钾添加剂后生产复混肥，做成袋装产品，既便于运输，也便于贮存，而且肥效更佳；有时还需要固化造粒以利于贮存。

（5）脱臭

在堆肥过程中，由于堆肥物料在局部或某段时间内的厌氧发酵会导致臭气产生，主要成分有氨、硫化氢、甲基硫醇和胺类等。因此，必须进行堆肥排气的脱臭处理。去除臭气的方法主要有碱水和水溶液过滤、化学除臭剂除臭、活性炭或沸石等吸附剂过滤和生物除臭等。较为常用的除臭装置是堆肥过滤器，当臭气通过该装置时，恶臭成分被熟化后的堆肥吸附，进而被其中的好氧微生物分解而脱臭。也可采用热力法，将堆肥排气（含氧量约为 18%）作为焚烧炉或工业锅炉的助燃空气，利用炉内高温，热力降解臭味分子，消除臭味。

（6）贮存

堆肥一般在春秋两季使用，夏冬两季生产的堆肥只能贮存，所以要建可贮存 6 个月生产量的库房。贮存方式可直接堆存在二次发酵仓中或装入袋中，这种贮存的要求是干燥而透气的室内环境，如果是在密闭和受潮的情况下，则会影响堆肥制品的质量。

3.9.2.2 典型的好氧堆肥工艺

（1）好氧静态堆肥工艺

好氧静态堆肥工艺类型可分为一次发酵和二次发酵，其工艺流程分别见图 3-7 和图 3-8。我国高温堆肥大多采用一次发酵方法，周期长达 30d 以上，目前推广的是二次发酵方式，周期一般需 20d。静态堆肥常采用露天的静态强制通风垛的形式，或在密闭的发酵池、发酵箱和静态发酵仓内进行。一批原料堆积成条垛或置于发酵装置内后，不再添加新料和翻堆，直到堆肥腐熟后运出。由于堆肥物料一直处于静止状态，导致物料及微生物生长的不均匀性，尤其是对有机物含量高于 50% 的物料，静态强制通风较困难，易造成厌氧状态，使发酵周期延长。

（2）间歇式好氧动态堆肥工艺

间歇式堆肥采用静态一次发酵的技术路线，其发酵周期缩短，堆肥体积减小。它是将原料一批批地发酵，一般采用间歇翻堆的强制通风垛或间歇进出料的发酵仓。对于高有机质含量的物料，在采用强制通风的同时，用翻堆机械将物料间歇性地翻堆，以防止堆肥物料结

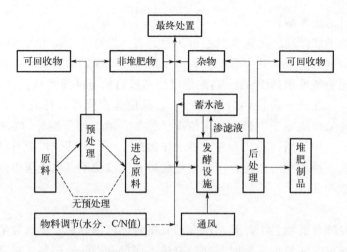

图 3-7 一次发酵工艺流程示意

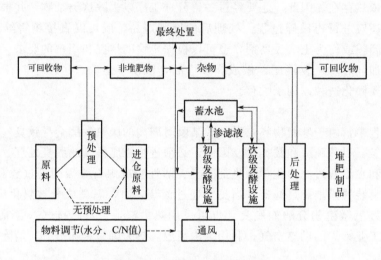

图 3-8 二次发酵工艺流程示意

块,使其混合均匀,有利于通风,从而加快发酵过程,缩短发酵周期。

间歇式发酵装置有长方形式发酵仓、倾斜床式发酵仓和立式圆筒形发酵仓,各配设通风管,有的还配设搅拌或翻拌装置。例如,常州市垃圾综合处理厂采用的是间歇式好氧动态堆肥技术,其特点是采用分层均匀进出料方式,一次发酵仓底部每天均匀出料一层,顶部每天均匀进料一层,分层发酵。发酵仓内一直控制在一定温度,促使菌种在最佳条件下繁殖,每天新加的垃圾得到迅速发酵分解,底部已熟化的垃圾及时输出。这样大大缩短了发酵周期(本工艺的发酵周期为 5d),发酵仓也可比静态一次发酵工艺减少一半。

(3) 连续式好氧动态堆肥工艺

连续式堆肥是一种发酵时间更短的动态二次发酵工艺,它采取连续进料和连续出料的方式,原料在一个专设的发酵装置内进行一次发酵过程。物料处于一种连续翻动的动态情况下,物料组分混合均匀,已形成空隙,水分易蒸发,因而使发酵周期缩短,可有效地杀灭病原微生物,并可防止异味的产生。连续式堆肥可有效处理高有机质含量的原料。正是由于具有这些优点,连续式动态堆肥工艺和装置在一些发达国家被广泛应用,如 DANO 回转窑式(滚筒式)发酵器和桨叶立式发酵器等。

图 3-9 为 DANO 卧式回转窑垃圾堆肥系统流程。其主体设备为一个倾斜的卧式回转窑（滚筒）。物料由转筒的上端进入，并随着转筒的连续旋转而不断翻滚、搅拌和混合，并逐渐向转筒下端移动，直到最后排出。与此同时，空气则由沿转筒轴向装设的两排喷管通入筒内，发酵过程中产生的废气则通过转筒上端的出口向外排放。

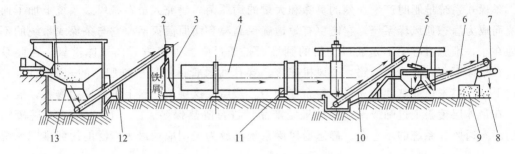

图 3-9 DANO 卧式回转窑垃圾堆肥系统流程

1—加料斗；2—磁选机；3—给料机；4—DANO 式回转窑发酵仓；5—振动筛；6—三号皮带运输机；
7—玻璃选出机；8—堆肥；9—玻璃片；10—二号皮带运输机；11—驱动装置；12—一号皮带运输机；13—板式给料机

DANO 动态堆肥工艺的特点是：由于堆料的不停翻动，在极大程度上使其中的有机成分、水分、温度和供氧等的均匀性得到提高和加速，这样就直接为传质和传热创造了条件，加快了有机物的降解速率，亦即缩短了一次发酵周期，使全过程提前完成。这对节省工程投资、提高处理能力都是十分重要的。

停留时间是 DANO 式动态堆肥工艺反应器设计的重要参数。它与城市垃圾的组成以及堆肥发酵达到初步稳定化的标准有关。物料经初步稳定化后，生化反应宏观指标耗氧速率和 CO_2 产率基本趋于稳定，绝大部分易降解有机物被降解；堆温达到高温，并维持一定时间（3d 左右）；出料感官指标为无恶臭，无蝇叮。

有机物含量 50%～60% 的城市生活垃圾，堆肥发酵速度快，达到 50℃ 高温只需 0.5～1d。高温阶段可维持 2d 以上。经 3～4d 发酵，耗氧速率基本趋于稳定，为 0.1～0.2m³/（min·m³ 堆料），此时感官指标也符合要求。因此，DANO 式堆肥的停留时间为 3～4d。堆料成分等因素将影响各参数的精确度。

有机物含量低于 40% 时，DANO 达到的温度低（<50℃），发酵速度慢，耗氧速率达到稳定所需时间长（5.5d 以上），且由于 DANO 式动态工艺热损失较大，低有机物含量的堆料难以维持高温，甚至有可能无法形成堆肥。因此，40% 的有机物含量堆为该工艺的下限。

DANO 动态堆肥工艺的主要参数范围为：转筒直径 2.5～5m；转筒长度 20～70m，转筒转速 0.2～3r/min；停留时间 3～4d；功率 55～100kW；转筒充满度 0.5～0.8；供风量（标准状态下）0.1～0.2m³/（min·m³ 堆层）；进料有机物含量 50%～60%，不宜小于 40%；进料含水率 50%～55%；进料 C/N 为（25～30）∶1。

3.9.2.3　好氧堆肥系统

按照堆肥技术的复杂程度，堆肥系统可分为条垛式系统、静态通风垛系统、反应器系统（或发酵仓系统），下面分别介绍这三种堆肥系统的特点及其技术要点。

(1) 条垛式系统

条垛式是堆肥系统中最简单最古老的一种。它是在露天或棚架下，将堆肥物料以长条状条垛或条堆堆放，在好氧条件下进行发酵。垛的断面可以是梯形、不规则四边形或三角形。条垛式堆肥的特点是通过定期翻堆来实现堆体中的有氧状态。条垛式堆肥一次发酵周期为1～3个月，由预处理、建堆、翻堆和贮存四个工序组成。

（2）静态通风垛系统

条垛式系统堆肥时产生强烈的臭味和大量的病原菌，研究人员在条垛式系统上加了通风系统而成为静态通风垛系统，它能更有效地确保高温和病原菌灭活。它与条垛式系统的不同之处在于，堆肥过程中不是通过物料的翻堆而是通过强制通风方式向堆体供氧。在此系统中，在堆体下部设有一套管路，与风机连接。穿孔通风管道可置于堆肥厂的表面或地沟内，管路上铺一层木屑或其他填充料，使布气均匀。然后在这层填充料上堆放堆肥物料，成为堆体，在最外层覆盖上过筛或未过筛的堆肥产品，进行隔热保温。图3-10为用于庭院废物堆肥的静态通风垛系统的示意图。静态通风垛系统已成为美国应用最为广泛的污泥堆肥系统。

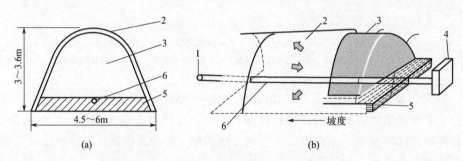

图 3-10 用于庭院废物堆肥的静态通风垛系统示意
1—堵头；2—覆盖层；3—树叶；4—鼓风箱；5—多空填充料；6—PVC穿孔管

（3）反应器系统

反应器系统是将堆肥物料密闭在发酵装置（如发酵仓、发酵塔等）内，控制通风和水分条件，使物料进行生物降解和转化，也称装置式堆肥系统、发酵仓系统等。发酵装置的种类繁多，分类方法也多种多样。

3.9.3 厌氧堆肥工艺

厌氧堆肥是在不通气的条件下，将有机废物（包括城市垃圾、人畜粪便、植物秸秆和污水处理厂的剩余污泥等）进行厌氧发酵，制成有机肥料，使固体废物无害化的过程。堆肥方式与好氧堆肥法相同，但堆内不设通气系统，堆温低，腐熟及无害化所需时间较长。然而，厌氧堆肥法简便且省工，在不急需用肥或劳力紧张的情况下可以采用。一般厌氧堆肥要求封堆后一个月左右翻堆一次，以利于微生物活动，使堆料腐熟。

3.9.3.1 厌氧堆肥的优点

厌氧堆肥是在缺氧条件下主要由厌氧类和兼性厌氧类微生物降解易分解和易腐有机物。由于传统的厌氧堆肥周期很长（一般需3～6个月），致使占地大、占用设备、设施时间较久，且产生的气体有恶臭，所以各地较为普遍地采用好氧堆肥技术。但在有机质和水分含量都很高的情况下，好氧堆肥法难以满足好氧生物降解所需的大量氧气。而且，好氧堆肥过程会产生大量热能，使堆体温度显著升高，堆肥中氮随热量逸失较多，从而降低了肥效。对厌氧堆肥而言，其腐熟过程平缓，堆体接近常温，有利于肥效的保存。现代机械化垃圾厌氧堆肥工艺中，垃圾发酵之前的破碎和分选，保证了堆肥物料有机质含量的提高和异物的减少。厌氧发酵在可加温和搅拌的密封容器中进行，从而杜绝了垃圾渗滤液的流出和恶臭气体的散发而导致的环境污染。发酵产生的沼气便于集中回收和综合利用，可用于燃烧，产生热能，提高发酵罐温度，也可用于发电，实现资源化利用。

3.9.3.2　以垃圾为例的厌氧堆肥工艺的分类

垃圾厌氧堆肥工艺是从城市污水处理厂对污泥的厌氧消化处理技术发展而来的，其实质仍然是厌氧发酵或厌氧消化。它是将垃圾的厌氧处理过程放置在可加温和搅拌的密封反应器（消化池）内完成，从而有效地缩短发酵周期，并保证垃圾渗滤液和还原性气体不泄露到环境中。根据厌氧消化的次数，有单独、多级之分；根据厌氧消化的温度，有中温、高温之分；根据有机固体废物在厌氧处理过程中的含水率或含固率，有干式和湿式之分；根据进料方式和物料运动方式，有连续式和间歇式（序批式）之分。

3.9.3.3　以剩余垃圾为例的厌氧发酵的基本流程

所谓剩余垃圾是指经过生物物质垃圾箱、有用物质垃圾箱、玻璃收集箱等容器分类收集后剩余的家庭垃圾。这种垃圾中所含可生物处理成分约占 30%～50%，其余部分是塑料、惰性物及纺织物等成分。剩余垃圾发酵工艺主要由机械干燥预处理、生物处理和最终处置等步骤组成。

剩余垃圾的机械干燥预处理是必须采取的处理手段，其目的是保持原料内有机物质的高含量，并减少进入生物设备的物料量。现代机械化的厌氧堆肥工艺中，会先将垃圾全部粉碎，再用筛选、磁选和水选等手段将垃圾中不适合作肥料的废物分选出来。

生物处理由分选后的剩余垃圾的调节处理、发酵工艺、最终处置三步组成。在剩余垃圾发酵之前，应根据发酵工艺的要求调节原料的含水率，同时为提高生物处理的效率，还应根据处理工艺的要求投放添加物。在发酵阶段，可生物处理的有机物在缺氧条件下分解，同时产生生物气体——沼气，主要由 CH_4（约占 50%～70%）和 CO_2（约占 25%～35%）组成，可作能源利用。厌氧发酵的时间一般在 5～20d。在作为发酵剩余物质中还存留有不溶于水的水解余物。这类物质在填埋前通过二次处理清除掉。最终处理就是将发酵剩余物质进行脱水和二次消化，二次消化是为了使发酵剩余物质中的有机物部分再次进行分解。

最终处置就是将厌氧发酵处理的残余物进行填埋，或作为肥料运出或出售。也可以对肥料进行深加工，制成有机颗粒肥料或复合肥料，剩余垃圾发酵处理过程见图 3-11。

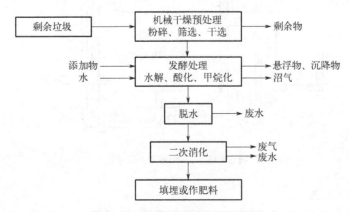

图 3-11　剩余垃圾发酵处理过程示意

3.9.3.4 典型的厌氧堆肥工艺

现代机械化垃圾厌氧堆肥工艺在我国尚无应用，以下介绍几个国外厌氧堆肥处理剩余垃圾的工艺实例及典型处理装置。

（1）WABIO 工艺

WABIO 工艺是从城市污水厂对污泥的厌氧消化处理技术发展而来的，其工艺流程如图 3-12 所示。WABIO 工艺全过程包括垃圾分选、厌氧发酵和脱水成肥三个主要环节。

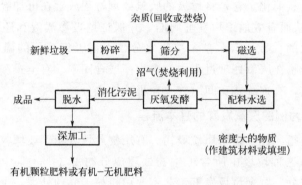

图 3-12 WABIO 垃圾堆肥工艺流程

（2）Valorga 工艺

世界上最大的垃圾厌氧堆肥厂是建在法国亚眠市（Amiens）的堆肥厂，它建于 1985 年，采用 Valorga 工艺。在 Valorga 工艺中，整个发酵过程（水解、酸化和甲烷化）都在容器中进行。图 3-13 为该工艺的简化示意图。将可发酵废物装入一个混合容器，加入工艺水，使其含固率保持在 30%～35%，加温到约 37℃（中温工艺的温度），再输入发酵反应器。为调节反应器容量，利用一台压缩器输出并压缩一部分生成的生物气体，再将气体从反应器底部输回发酵反应器，并借此挤压发酵物质。发酵物质在反应器中的停留时间为 15～20d。之后从容器中清出存留的发酵物，并进行脱水。工艺废水经过处理后再循环使用。Valorga 工艺采用一级干式中温发酵，连续式运行。

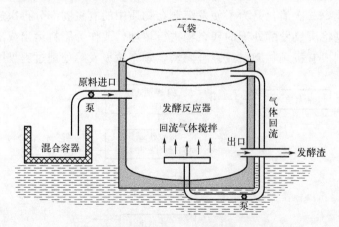

图 3-13 Valorga 工艺示意图

（3）DRANCO 工艺

DRANCO 工艺是 20 世纪 80 年代日内瓦大学的 W. Verstaete 教授发明，该工艺的所有权属于日内瓦的 OWS 公司。丹麦于 1991 年 9 月开始建设 DRANCO 工艺处理装置，1992 年夏季投入运行。该工艺以分类收集的生物垃圾为原料，采用二次消化进行堆肥。该工艺采用一级高温发酵技术，其流程是先将生物垃圾破碎，然后送入带水蒸气的预处理系统，将其加热到 55℃。原料固体含量保持在 25%～45% 之间（干式法）。经预处理的混合物从上方输入到发酵反应器。每天反应器中 1/3 的物料进行循环。发酵持续 18～21d。排出的发酵剩余物脱水后进行二次消化。该工艺以连续运行方式进行，其工艺流程见图 3-14。

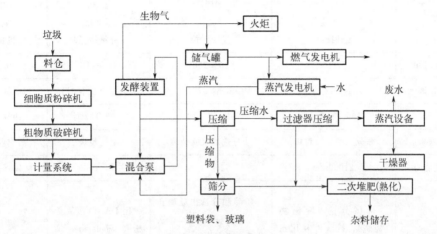

图 3-14 垃圾发酵 DRANCO 工艺流程

(4) PAQUES 工艺

工艺最初是由荷兰的 Pisvokade 公司研制。PAQUES 工艺一般是两级或三级发酵工艺。可发酵的垃圾在机械预筛分选后输入到反应器中。产生的悬浮物被加热到 35℃，固体含量保持在 10%。水解后进行固体和液体分离。液体直接送去甲烷化，采用专用于厌氧废水的处理工艺——BIOPAQ 工艺。分离出的固体在第二处理阶段中又回流到原来的水解反应器中，以使有机物继续分解，这一过程反复进行。在第三处理阶段，处理物在另一个水解系统（RUDAD 反应器）中继续分解，其运行方式有点像牛胃。RUDAD 反应器的工作温度是 35℃。从 RUDAD 反应器输出的物质进行固液分离，液体输入到甲烷化反应器内，其发酵时间为 6～8d。最终不能发酵的固体进行脱水处理后作为肥料用于农田。该工艺为连续运行方式，工艺流程见图 3-15。

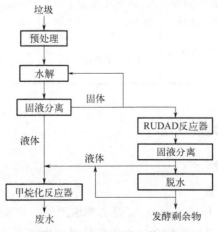

图 3-15 PAQUES 工艺流程

国外采用的厌氧堆肥处理生活垃圾的技术多种多样，在此仅将上述四种工艺的运行状况进行比较（表 3-6）。

表 3-6　四种垃圾厌氧发酵处理装置及运行情况比较

工艺名称		WABIO 工艺	Valorga 工艺	DRANCO 工艺	PAQUES 工艺
工艺类型		一级处理 中温 湿式法 气动搅拌	一级处理 中温 干式法 气动搅拌	二级处理 高温 干式法 发酵物质循环	二级或三级处理 中温 湿式法 机械搅拌
厌氧处理时间		15～20d	15～20d	18～21d	6～8d
运行所在地		Vaasa（芬兰）	Amiens（法国）	Brecht（比利时）	Brede（荷兰）
开始运行时		1990 年 5 月	1988 年 10 月	1992 年 7 月	1987 年 8 月
输入的物质		非分选的家庭垃圾	非分选的家庭垃圾	生物垃圾	农业废物
设备处理能力		21000t/a	55000t/a	10000t/a	120～150t/a
设备技术状况	预处理	机械分选，可燃物（焚烧）；铁（再利用）；粗物质（填埋）；有机成分（发酵处理）	粉碎和分选出玻璃和其他惰性物质（填埋）；铁物质（再利用）；可燃成分（填埋）；有机细小成分（发酵处理）	用 DANO 滚筒筛粉碎筛上物（堆埋）；＜40mm 的有机细物（发酵）	机械粉碎
	发酵	添加污泥和水进行处理，在处理容器中停留24h。一级反应器输入物质 15% 为干物质，在35% 温度下发酵生物气被压缩，多次返回反应器（循环）连续运行	一级反应器，输入的物质中含 0～35% 干物质，在 37℃ 发酵，生物气经压缩和多次返回反应器（循环）连续运行	一级固体反应器输入物质中 30%～40% 为干物质。发酵温度 55℃，反应器中物质循环输入，使其均匀化，连续运行	二级发酵，在水解反应器中，干物质＜10%，温度35℃；在甲烷化反应器中，悬浮物粒度＜0.5mm，温度约 35℃，连续运行
	后处理	脱水使干物质达到45%，脱水后的剩余物送填埋场，也可用于农田	脱水使干物质达50%～70%。二次消化 6个月后堆肥用于葡萄园	脱水使物质达50%，二次消化 5～6d，堆肥可出售	无后处理，10%的剩余物用于农田
	建设地点	矿区原来的采石场现为填埋场	工业区蒸汽用户附近	填埋场	农业区

3.9.4　微生物菌剂强化堆肥工艺

3.9.4.1　传统堆肥存在的问题

（1）堆体升温慢、温度低

堆体温度保持 55℃ 以上且持续至少 3d 是实现堆肥无害化所必需，而堆体高温的维持需要有足够的高温微生物的代谢热来实现。由于传统堆肥中内源微生物数量有限，导致堆体升温速度缓慢，高温微生物的数量少，导致堆体高温阶段的持续时间短。

（2）降解效果差

堆肥的减量化是通过微生物的代谢将有机废物原料中可被降解的物质消耗掉而实现。对含有植物原料的废物进行堆置时，降解效果差表现得更为明显。植物细胞的细胞壁成分主要为木质纤维素，此外纤维素具有水不溶性的高结晶结构，因此，纤维素外围被木质素半纤维素包围，木质素的完整坚硬外壳使得其很难水解为可利用的糖类等物质。所以加速木质纤维素矿化作用并转化为腐殖质是含木质纤维素废物堆肥腐熟的关键。许多微生物不能有效分解木质素，而纤维素由于受到外层木质素的包裹保护导致其分解受到限制。

（3）腐熟时间长

堆肥必须达到腐熟，即堆肥原料中的有机物经微生物作用后由不稳定状态转变为稳定的状态，才可用作土壤改良剂或肥料。传统堆肥存在两方面原因导致堆腐时间过长：

① 内源微生物不具备长成堆肥优势菌群的条件；

② 大多数的堆肥原料中含有大量木质纤维素，传统堆肥大都依赖内源微生物来实现原料的降解，对其的降解效果差，腐熟时间长，延长堆制周期。

3.9.4.2　微生物菌剂在堆肥中的作用

虽然堆肥原料中含有大量的内源微生物，但依靠这些内源微生物的作用无法在很短的时间内进入高温期，尤其在气温较低的季节或者周围环境温度较低的时期。针对这一情况，为了提高堆肥初期原料中的优势微生物种群的种类和数量，以缩短堆肥进入高温期的时间，增强微生物的降解活性和加速有机原料的分解，许多研究者开展了堆肥微生物接种剂的研究工作。近年来，在国际上与堆肥相关微生物接种剂的研究和应用发展迅速，种类繁多。这些接种剂大致上可分为两大类：一是个别有效菌的扩大培养物或者多个有效菌的组合（即复合微生物菌剂）；二是自然发酵物直接作为菌剂（如腐熟剂）。尽管有人认为添加微生物菌剂不会改变堆肥化进程。但大量的研究结果都表明：往堆肥中添加微生物菌剂会改变堆肥化进程。这些变化表现在以下几方面。

（1）加速高温期的到来，维持堆体高温

好氧高温堆肥是由群落结构演替非常迅速的多个微生物群体共同作用而实现的动态过程，在该过程中的每一个微生物群体都有在相对较短时间内适合自身生长繁殖的环境条件，并且对某一种或某一类特定有机物质的分解起作用。已有的研究结果表明：单一的细菌、真菌、放线菌群体，无论其活性多高，在加快堆肥化进程中作用都比不上多种微生物群体的共同作用。

（2）缩短堆肥周期，加速堆肥进程

研究表明：接种嗜热微生物菌剂能将一次发酵周期缩短 3～4d，二次发酵周期缩短 6～7d，整个发酵过程缩短 9～13d。此外，通过添加有益微生物（菌剂）可以有效提高堆肥品质。在蚯蚓粪便的堆肥中添加有益微生物（菌剂）可以增加堆肥的应用范围及改良酸性土壤，使得 pH 值为 4.5 的土壤改良至中性。在进行鸡粪堆肥时添加微生物菌剂，能显著加快堆肥的腐熟，常温下 20d 堆肥腐熟；堆肥及其周围的环境卫生状况得到极大的改善，不滋生蝇蛆，不流淌污水，不散发臭味，发酵 10d 左右，主要致臭源 NH_4^+-N 含量减少 40% 左右，氮素和有机质的保留率显著提高，这不仅提高了堆肥的农用价值，也改善了环境质量。

采用促腐剂和腐熟剂的协同作用可有效缩短腐熟周期。有研究表明：在鲜牛粪中先添加腐熟促进剂，再接种微生物腐熟剂，缩短了堆肥腐熟，加快了鲜牛粪的无害化处理进程；研究者认为，腐熟促进剂可以加快进入高温阶段进程，促进全氮分解，加快铵氮向硝酸盐氮转化，从而促进堆置进程，缩短堆肥周期。

(3) 促进堆肥原料的降解

绝大多数堆肥原料中都含有木质纤维素，这类复杂有机物的降解主要由白腐真菌完成。在堆肥环境下彻底降解纤维素要依赖于木质素降解菌、纤维素降解菌等多种微生物的共同作用。一般可以通过接种木质纤维素降解菌来提高其转化率、加速堆肥进程。木质纤维素的降解主要通过接种担子菌属的白腐真菌破坏木质素、多聚糖加以实现。采用混合菌种降解木质纤维素其效果可能更为明显。

因此，可以通过研究堆肥中微生物群落的动态，揭示整个堆肥过程中的物质转化规律、腐熟度进程、结合堆料特点筛选合适的微生物菌种，开发适宜的微生物菌剂，以达到提高堆体温度、维持堆体高温、促进腐熟从而达到加速腐熟进程、缩短堆肥周期的目的。

3.9.4.3 目前应用于堆肥的微生物接种剂

复合微生物菌剂是由两种或多种微生物按适当的比例共同培养，充分发挥群体的联合作用优势，能够取得较佳应用效果的一种微生物制剂，具有见效快、投资少、操作简单、不造成二次污染等优点，现已广泛应用于农业、工业、医药和环保等各个领域。目前，在各类有机废物原料的堆肥化研究过程中，常用的微生物菌剂主要是 EM（effective microorganisms）。

EM 由光合菌、乳酸菌、酵母菌、芽孢杆菌、醋酸菌、双歧杆菌、放线菌七大类微生物中的 10 属 80 种有益微生物复合而成。它是由应用微生物学家日本琉球大学的比嘉照夫教授发明，EM 是目前世界上应用范围最广的一项生物工程技术。和一般生物制剂相比，它具有结构复杂、性能稳定、功能齐全的优势，目前已经在 90 个国家和地区被广泛使用。例如在以鸡粪为主要原料的堆肥中，EM 的投加能够减少氮素的损失，具有较好的保氮作用；EM 的投加可以加快堆肥腐熟，常温下使鸡粪堆置 20d 即可腐熟；此外，当 EM 的投加量为 0.4% 时可使鲜牛粪的 pH 值从 9.28 降低至 8.76，为蚯蚓处理新鲜牛粪创造了一个更为适宜的环境，还可以提高堆肥中速效氮、速效钾的含量，提高种子发芽指数（指堆制 50d 后堆肥的种子发芽指数达到 85% 以上）。但有研究指出：EM 的投加不能加速鲜牛粪的腐熟。

3.10 堆肥过程的控制

① 在堆肥的生产过程中，需有效地控制影响有机废物发酵、微生物繁殖的各个因素。主要的影响因素为有机质含量、含水率、碳氮比、堆肥过程的氧浓度和温度以及 pH 值等。一方面，通过对诸因素的控制以满足各微生物菌种生长繁殖所必需的碳氮比、温度、湿度、pH 值、氧量及其他的营养元素；另一方面，不同的营养物质含量可产生不同效果的肥效，比如含碳量高有助于土壤真菌增多，氮则有助于土壤细菌增多，而钙对于作物抗病有明显的效用。

② 对堆肥产生的恶臭需加以防治与控制，避免二次污染。自然发酵有机废物一般会伴有较浓烈的异味，污染周围的环境空气，在堆料中加入发酵剂或快速分解菌可在较短时间内使臭气基本消失，且感官效果较好；或者对堆肥场产生的恶臭气体采用生物除臭技术等进行

处理。

③ 严格控制原料中的重金属含量。在生产前期对固体废物进行筛选的预处理过程中，应排除重金属的干扰，防止在后期的生产过程中出现微生物中毒，以及成品有机肥中重金属超标，污染土壤及农作物。

④ 堆肥的成品应满足国家有关生物有机肥产品的质量控制标准，成品经过分析检测，其有机质、腐殖酸、氮、磷、钾及其中的微量元素含量，活菌数等应达到国家标准。

3.11　堆肥的效用与应用前景

(1) 堆肥的效用

堆肥具有改良土壤、提高土壤肥力、减轻作物病虫害、提高农产品质量与产量等方面的效用与优点。

堆肥对土壤的作用不同于化肥，它是优良的土壤改良剂。堆肥施入土壤可以明显地降低土壤容重，增加土壤的空隙率，使固相下降，液相和气相增加，提高了土壤的保水能力、通气性和渗水性。

此外，含有木质纤维素的有机废物经微生物分解后形成腐殖酸，能够增加土壤中稳定的腐殖质，形成土壤的团粒结构，改善土壤物理的、化学的、生物的性质，使土壤环境保持适于农作物生长的良好状态。

施用堆肥后可增加土壤的有机质和无机盐含量，能补充植物所需要的养分，促进作物生长，使产品品质得以改善。

堆肥过程中产生的生物热温度可达 55℃ 以上，能杀灭垃圾、粪便中的病菌、虫卵和蝇蛆，减少化学药剂的使用量。

(2) 堆肥的前景

近年来国家不断加大对畜禽规模养殖污染的监管和治理力度，但一些养殖场（户）因小本经营、环保意识不强，粪污处理设施配套不完善，加之种养分离，循环不畅，致使粪污被随意堆放或直接排入沟渠、坑塘，给生态环境带来严重威胁，已成为畜禽养殖污染防控的难点和短板。此外，我国秸秆可收集量大，秸秆综合利用率不高，一些地区秸秆焚烧现象依然严重。因此，堆肥与农业密不可分，将这些有机废弃物进行混合堆沤处理，并将产物再归还于土壤，这既符合农业可持续发展的方向，也有利于促进农业和畜牧业的共同发展，提高人民生活质量。

另外，城市垃圾堆肥化作为垃圾处理的主要方法之一受到多数国家重视。从国内外发展形势看，卫生填埋因初期投资和运行成本较低，目前仍为许多不发达的国家和地区采用。但垃圾填埋对水环境和大气的不利影响已完全显现出来。填埋场渗滤液造成的污染地下水、地表水环境的事件和填埋场沼气爆炸事故不胜枚举。填埋垃圾释放的甲烷是一种导致全球温室效应的气体，其影响受到世界各国的重视。因此，国外正逐步减少垃圾直接填埋量，尤其是在欧盟及发达国家，已强调垃圾填埋只能是最终处理手段，而且填埋对象只能是无机垃圾，有机物含量大于 5% 的垃圾不能进入填埋场。

垃圾焚烧以其减量化最大、无害化程度最高而受到人们的推崇。但由于初期投资和运行成本过高、焚烧尾气的二次污染和二噁英问题，又让人们望而却步。此外，我国垃圾热值低、含水率高、可燃成分少也是难以采用焚烧法的一个重要原因。

我国各大城市生活垃圾中有机物含量高于50%，含水率达50%左右；因此城市生活垃圾采用堆肥技术处理符合国情，处理的费用可接受，不仅能有效地解决城市生活垃圾的出路，解决环境污染和垃圾无害化问题，同时也为农业生产提供了可使用的腐殖土，从而维持了自然界良性的物质循环。

因此，可以借鉴国外堆肥技术和设备，并通过加强对堆肥技术的基础研究和应用研究，促进我国堆肥技术、工艺和设备的发展，逐步探索出适合我国国情的、便于产业化推广的堆肥技术，提供一条合理解决我国农业和城市固体废物问题的途径。

复习思考题

1. 简述固废堆肥的定义，固体废物堆肥化的意义和作用是什么？
2. 堆肥处理的一般过程是什么？
3. 试分析堆肥技术如何实现固废减量化、资源化与综合利用的目的。
4. 影响堆肥过程的主要影响因素有哪些？

第4章
蚯蚓堆肥处理固体废物

蚯蚓是土壤中常见的一种寡毛纲的代表性动物，是土壤中重要的分解者，营腐生生活，其肠道内分泌的酶可以分解有机废物，将其转化为可供植物利用的无机物，因此蚯蚓在土壤中穿梭运动，能促进土壤中的水、气交换，改良和提高土壤肥力。此外，利用蚯蚓的生物特性与传统堆肥处理技术结合，在获得大量的蚯蚓优质蛋白的同时，还能通过蚯蚓与堆肥微生物的共同作用，极大促进固体有机物质的分解和转化，这是一条实现有机固体废物减量化和资源化的新途径，具有良好的社会效益、经济效益和环境效益。蚯蚓堆肥处理的固体废物种类繁多，包括农业废物、城市有机生活垃圾和污水厂污泥等。

20 世纪 50 年代末，国外培育出专门分解生活垃圾的杂种蚯蚓——红色（赤子）爱胜蚓（*Eisenia foetida*），之后推行"后院蚯蚓堆肥法"，并开始探索产业化运用。1978 年日本建成了月处理生活垃圾 0.3 万吨的蚯蚓养殖场。我国自 1980 年开始开展蚯蚓露天养殖和蚯蚓处理有机废物的研究工作，自 1999 年以来，每年利用蚯蚓处理的有机物可达到 1.4 万余吨，并且呈现出逐年增长的趋势。

4.1 蚯蚓的生物学特性

蚯蚓属于环节动物门，寡毛纲类的动物，包括单向蚓亚目（Haplotaxina），正蚓亚目（Lumbricina）等多个广泛分布在世界各地的不同类别。目前报道发现的蚯蚓约有 2500 多种，我国记录的有 229 种。

蚯蚓有头、尾、口腔、肠胃和肛门等部位，但它整个身体更像是由两条头部尖、内外套在一起的"管子"组成。外层是环形相连的体壁，内层是一条贯穿的消化道，内外两层之间充满体腔液，其具体的结构特征（图 4-1）如下。

(1) 外形结构特征

蚯蚓体长一般约 60～120mm，体重约 0.7～4g，个别品种体重可达 1.5kg。蚯蚓体呈细长圆柱状，头部稍尖，后端稍圆。头部由围口节（peristomium）及其前的口前叶（prostomium）组成。口前叶膨胀时，可伸缩蠕动，有掘土、摄食、触觉等功能。蚯蚓由 100 多个体节组成，各体节相似，节与节之间为节间沟（intersegmental furrow）。自第 2 体节开始具

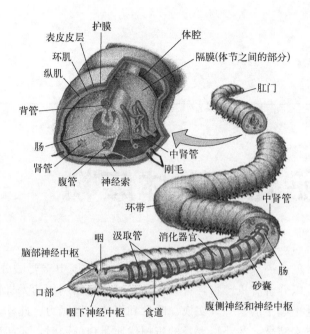

图 4-1　蚯蚓的结构

有刚毛，环绕体节排列，称环生（perichaetine）。腹面颜色较浅，大多数体节中间有刚毛，刚毛简单，略呈 S 形，大部分位于体壁内的刚毛囊中。刚毛对蚯蚓起固定、支撑和辅助肌肉完成爬行运动的作用。在第 11 体节后，各节背部背线处有背孔，可排出体腔液。体腔液可使蚯蚓体表保持湿润，有利于蚯蚓在土壤中穿行及蚯蚓完成发生在体表的呼吸过程。

(2) 体壁和次生体腔

蚯蚓的体壁由角质膜、上皮、环肌层、纵肌层和体腔上皮等构成。最外层为单层柱状上皮细胞，这些细胞的分泌物形成角质膜。柱状上皮细胞中分布着一些腺细胞，分为黏液细胞和蛋白细胞。蚯蚓遇到外界刺激，黏液细胞会大量分泌黏液，在蚯蚓体外形成黏液膜，在一定程度上起到保护作用。

蚯蚓具有肌肉组织，多为斜纹肌组成，一般可占到全身体积的 40% 左右，因此运动较灵活。肌肉的收缩波沿身体纵轴由前向后逐渐传递，配合刚毛的作用完成蚯蚓运动。

蚯蚓的次生体腔较大且内部充盈着体腔液，各种内脏器官分布其中。体腔液中富含淋巴细胞、变形细胞、黏液细胞等体腔细胞。当肌肉收缩时，因挤压而使蚯蚓体表的压力增强，蚯蚓身体会变得很饱满，硬度和抗压能力提高，从而有利于蚯蚓在土壤中运动。

(3) 消化系统

蚯蚓的消化管位于体腔中央，穿过隔膜。消化管的管壁肌层发达，有助于蚯蚓的蠕动和消化过程。消化管分化为口、口腔、咽喉、食管、砂囊、胃、肠、肛门等部分。

蚯蚓的取食入口为口腔和咽。口腔位于头部的第 1 至第 2 体节或第 2 体节，围口囊的腹侧。形态识别特征为口内侧较短的一个膨大结构，该结构的腔壁很薄，腔内无颚及牙齿，因此不能咀嚼食物，但能接受和吸吮食物。

口腔之后为咽，位于口腔后延伸到约第 6 体节处，具有摄食、贮存食物的功能。咽的上皮覆盖着一层角质层，对咽部具有保护作用。咽外部与体壁相连的地方，分布着发达的辐射状肌肉，主要完成咽腔的扩大、缩小或外翻等与蚯蚓取食相关的活动。在某些大型陆栖蚯蚓种类中，还会在咽背壁部位分布着灰白色、叶裂状的腺体，即咽腺。咽腺可分泌富含蛋白酶、淀粉酶等组分的消化液，因此在咽部还具有消化作用。如正蚓科（Lumbricidae）的环毛属（Pheretima）和异唇蚓属（Allolobophora）等种类中均存在咽腺。

咽后连接着窄长的管状食道。食道的两侧分布着一对或几对钙腺，是由食道壁内陷形成的一种腺体。钙腺分泌的钙质对维持机体内钙平衡具有重要的调控作用。同时，通过控制离子浓度而间接调控体液与血液的酸碱平衡。

嗉囊为食道之后一个膨大的薄壁囊状物。它有暂时贮存和湿润、软化食物的功能，也有一定的过滤作用，还能消化部分蛋白质。也有少数蚯蚓种类不存在嗉囊和砂囊结构。

与嗉囊紧密连接的是坚硬而呈球形或椭圆形的"胃"，因为腔内常会有吞食留在体内的砂粒，故名砂囊。大多数的陆栖蚯蚓种类均具有砂囊，腔内膜上有坚硬的角质膜，胃壁上具有腺体，能分泌淀粉酶和蛋白酶。砂囊肌肉的收缩和蠕动，伴随着腔内砂粒的研磨，使得食物逐渐变小、破碎，成为浆状食糜。在胃腺分泌的酶的作用下，食糜消化分解为简单的小分子物质。砂囊是蚯蚓重要的消化器官。

胃之后紧接一段膨大而长的消化管道是小肠，有时又称为大肠。大部分的食物消化和吸收都在肠中进行。小肠后端狭窄而薄壁的部分为直肠，直肠一般无消化作用，其功能是把已消化吸收后的食物残渣以蚓粪的形式从肛门排出体外。

（4）呼吸系统

蚯蚓没有呼吸器官，是通过体表进行气体交换。蚯蚓的上皮分泌黏液，背孔排出体腔液，需要经常保持体表湿润，蚯蚓的体表分布有大量的微血管网，在皮肤潮湿的情况下，很容易进行气体的交换。空气中的氧可溶解在体表湿润的黏液中，通过角质膜及上皮到达表皮细胞下的微血管丛。蚯蚓的血浆中溶解有丰富的血红蛋白，血红蛋白很容易与氧结合及释放出氧。在血浆中氧与血红蛋白结合，输送到体内各部分。

（5）排泄系统

蚯蚓的排泄器官为后肾管，除了两端的几个体节外，其余每个体节都有一对典型的后肾管，称为大肾管。少数种类如环毛属（Pheretima）的蚯蚓则普遍没有大肾管，而是以三类小肾管作为排泄器官，包括：体壁小肾管、隔膜小肾管和咽头小肾管。后两类肾管又称消化肾管。各类小肾管密布微血管，有的肾口开口于体腔，故可排除血液中和体腔内的代谢产物。肠外的黄色细胞可吸收代谢产物，后脱落于体腔液中，再入肾口，由肾管排出。

（6）神经系统

蚯蚓为典型的索式神经。中枢神经系统有位于第 3 体节背侧的一对咽上神经节（脑）及位于第 3 和第 4 体节间腹侧的咽下神经节，二者以围咽神经相连。此外，自咽下神经节伸向体后的一条腹神经索，在每个体节内有一神经节；外围神经系统有由咽上神经节前侧发出的 8～10 对神经，分布到口前叶、口腔等处。外周神经系统的每条神经都含有感觉纤维和运动纤维，有传导和反应机能。感觉神经细胞，能将上皮接受的刺激传递到腹神经索的调节神经元（adjustor neuron），再将冲动传导至运动神经细胞，经由神经纤维连于肌肉等反应器，引起反应，使得蚯蚓受到刺激时反应迅速。

蚯蚓的感觉器官不发达，体壁上的小突起为体表感觉乳突，有触觉功能；蚯蚓的口腔感觉器主要分布在口部，有味觉和嗅觉功能；蚯蚓的光感受器广布于体表，口前叶及体前几节较多，腹面无，可辨别光的强弱，有避强光和趋弱光的反应。

(7) 生殖系统

蚯蚓的生殖系统特殊，一般为雌雄同体，生殖器官位于体前部少数体节内，且结构复杂。其中，雌性生殖器官包括：①卵巢 1 对，很小，由许多极细的卵巢管组成，位于第 13 体节前隔膜后侧；②卵漏斗（oviduct funnel）1 对，位于第 13 体节后隔膜前侧；③两侧较短的输卵管（oviduct）在第 14 体节腹侧腹神经索下会合后在腹中线位置形成雌生殖孔。雄性生殖器官包括：①精巢 2 对，很小，位于第 10、第 11 体节内的精巢囊（seminal sac）内；②精漏斗 2 对，紧靠精巢下方，前端膨大，口端具纤毛，后端连接细的输精管。

同一亲本蚯蚓的生殖细胞（精子和卵细胞）一般不会同时成熟，因此生殖形式为异体交配受精。交配时两个个体的前端腹面相对，各自的头端位于相反的方向，借生殖带分泌的黏液紧贴在一起。各自的雄生殖孔靠近对方的纳精囊孔，以生殖孔突起将精液送入对方的纳精囊内。精液交换后，蚯蚓就完成交配，彼此分开。待卵细胞成熟后，生殖带分泌黏稠物质于生殖带外形成黏液管。当蚯蚓后退移动时，纳精囊孔移到黏液管时，即向管中排放精子。精卵细胞在黏液管内受精，最后黏液管保留在土壤中，两端封闭，形成蚓茧。蚓茧较小，如绿豆大小，色淡褐，内含 1～3 个受精卵。蚯蚓为直接发育，无幼虫期。受精卵经过完全不均等卵裂，发育成有腔囊胚，以内陷法形成原肠胚。经 2～3 周即孵化出小蚯蚓，破茧而出。

(8) 生活习性

蚯蚓喜欢在温暖、潮湿的环境中生活，但不同种蚯蚓的生活习性和生活方式有所不同。一般的，它们对以下的环境条件有相对高的要求。

① 湿度　蚯蚓一般生长在温暖、潮湿的环境下。在生活状态下，蚯蚓体内含水量约 70%～80%，对周围环境的湿度适应范围在 30%～80% 之间。如威廉环毛蚓（*Pheretima guillelmi*）生存的环境适宜湿度为 30%～45%。在正常穴居和蜗居状态，超出适宜范围的高湿度或低湿度环境均不利于它正常生存。湿度过低，蚯蚓会出现脱水反应，严重的时候会出现极度萎缩，进而引起个体半休眠状或死亡。反之，湿度高于适合范围上限，也会对蚯蚓产生不良影响。

② 温度　蚯蚓的体温会随着外界环境温度的变化而变化，个体对气温的反应比一般恒温动物更为敏感。环境温度不仅会直接影响蚯蚓的体温、新陈代谢、生长发育及繁殖等，也会通过影响其他条件间接影响蚯蚓个体。因此，温度是蚯蚓最重要的生活条件之一。

蚯蚓对环境温度的适应范围在 5～30℃ 内，最适宜的温度范围为 20～27℃，此时能较好地生长发育和繁殖。当气温下降至 10℃ 时，蚯蚓开始停食；降至 4℃ 时就进入冬眠状态；0℃ 以下就会冻结或死亡。反之，当温度超过 30℃ 时，生长也受到抑制，很快萎缩，体色变深，并钻入深土中不动；当温度高达 35℃ 以上，便完全停食进入休眠状态，蚯蚓身体完全萎缩，感觉极为迟钝，一旦气温下降到适宜范围，又能恢复正常状态。一般的，当环境温度超过 40℃ 时，蚯蚓死亡，引起蚯蚓死亡的最高温度常常低于其他无脊椎动物。一般大中型蚯蚓会深入地下穴居越冬，而小型蚯蚓多数为群体聚集，结团于暖土层越冬。待次年气温上升至 8～10℃ 时爬到地表层活动。

③ 食性　蚯蚓属杂食性动物，在自然情况下，蚯蚓通过摄食诸如树叶、草木、动物粪便以及土壤细菌等丰富的营养饵料以维持生长和繁殖。此外，蚯蚓也会吞食一定量的砂粒、煤渣和无机硬物帮助其消化。

人工养殖蚯蚓中，可作为饲料的动、植物来源极为丰富。植物性饲料如青草、水草、稻草以及树叶等；动物性饲料如畜禽粪和厩肥等；由于畜禽粪及作物秸秆等农业废弃物、养殖废弃物、城市生活垃圾、污水厂和造纸厂污泥等固体废物中富含有机质，因此也可作为蚯蚓理想的食物。

蚯蚓味觉灵敏，喜甜食和酸味，厌苦味。喜欢热化细软的饲料，对动物性食物尤为贪食，每天吃食量可达到自身重量。蚯蚓的食料以中性或微酸性为佳。蚯蚓粪便均为中性，这对改良土壤和植物生长有极大的好处。

④ 光照度　蚯蚓畏光，具有昼伏夜行的习性，喜欢在光暗、潮湿的土壤环境中生活。蚯蚓会躲避紫外线的直射，但不畏惧红色光，因此在日光下或较强的灯光下不轻易露面。只有在发生敌害、药害、淹水、高温、干燥、缺氧等应激情况下才会出现离巢暴露的行为。

4.2　常见的养殖蚯蚓

选择适当的蚓种进行固体有机物处理是至关重要的。选择前要分析待处理固体废物的组成和理化特性，在此基础上考虑选育生存能力强、成活率高和适合人工养殖的蚯蚓品种。目前可以人工养殖的品种很有限，其中具有处理固体有机废物潜力的品种则更少。品种的选择有很多依据，如果要通过养殖蚯蚓来获得富含蛋白质的饲料，一般可选择环毛蚓，如威廉环毛蚓（*P. guillelmi*）、白颈环毛蚓（*Pheretimacalifornica*）、湖北环毛蚓（*Pheretima hupeiensis*）、参环毛蚓（*Pheretima aspergillum*）、背暗异唇蚓（*Allolobophora caliginosa*）、绿色异唇蚓（*AlloloboPhora chlorotica*）和正蚓（*Lumbricus terrestris*）等。它们生长繁殖快，易养殖，动物的适口性好，常用来喂养鱼类和畜禽。有些蚓种除了可做高蛋白饲料，还可作为人类的食物。如果要将蚯蚓应用到固体废物垃圾处理的资源化过程，那么所选择的蚯蚓除了要易于人工养殖，还需要有生食固体有机物的习性。目前在蚯蚓堆肥处理固体有机物中应用最多的主要赤子爱胜蚓（*E. foetida*）和威廉环毛蚓（*P. guillelmi*），其他蚯蚓虽然也能处理固体有机物，但效果不如前两类。目前在市场上蚯蚓的命名较为混乱，如在蚯蚓养殖产业中最常见的爱胜蚓属（*Eisenia*）蚯蚓，体色一般为紫色、红色、暗红色、玫瑰色或淡红褐色，常见的选育种商品名称包括：大平二号、北星二号、北京条纹蚓等。我国本土种类多为野生黑蚯蚓，个体大，但不易养殖。图 4-2 是我国常见的几类人工养殖的蚯蚓种类。

(1) 赤子爱胜蚓 (*E. foetida*)

赤子爱胜蚓 [图 4-2 (a)]，属于正蚓科，爱胜蚓属，俗称红蚯蚓（又称红色爱胜蚓）。个体较小，一般体长 90~150mm，体腔直径 3~5mm，性成熟时平均体重 0.5g 左右，体色为紫色，尾部浅黄色。全身 80~110 个环节，环节带位于第 25~33 节。背孔自 4、5 节开始，背面及侧面橙红或栗红色，节间沟无色，外观有条纹，尾部两侧姜黄色，愈老愈深，体扁而尾略成鹰嘴钩。每个卵包内有 3~4 条小蚯蚓，少则 2 条，多则 6 条，虽小但生长期短，繁殖率高，便于管理，食性广泛，产量高，适合人工养殖。

赤子爱胜蚓属于粪蚯蚓，喜欢吞食各种畜禽粪便，适于消除厩肥、污泥、固体有机物等，是处理有机废物的优良蚓种。其繁殖率高，在一般的养殖条件下年繁殖率可达 1000 倍，以体重计也可达 100 倍以上，具有肉质肥厚和营养价值高等特点。

(2) 湖北环毛蚓 (*Pheretima hupeiensis*)

湖北环毛蚓是属于环节动物门（Annelida），寡毛纲（Oligochaeta），后孔寡毛目

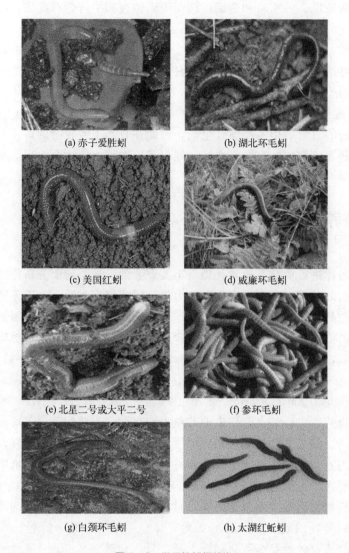

(a) 赤子爱胜蚓　　　　　　　(b) 湖北环毛蚓

(c) 美国红蚓　　　　　　　　(d) 威廉环毛蚓

(e) 北星二号或大平二号　　　　(f) 参环毛蚓

(g) 白颈环毛蚓　　　　　　　(h) 太湖红蚯蚓

图 4-2 常见的蚯蚓种类

(Opisthopora)，巨蚓科（Megascolecidae），环毛蚓属（*Pheretima*）的一种蚯蚓 [图 4-2 (b)]。

湖北环毛蚓一般体长 70～222mm，体腔直径为 3～6mm，大约有 110～138 个体节。背孔自第 11 或第 12 节间始，环带占 3 个体节。腹面分布着刚毛，每节 70～132 条，环带后刚毛较稀疏。雄孔位于第 8 节腹侧的刚毛线的一个平顶乳突上。受精囊孔 3 对。盲肠锥状。贮精囊、精巢和精漏斗所在体节被包裹在一个大的膜质囊中，背、腹两面相通。无精巢囊，前列腺发达。副性腺圆形，附于体壁上。受精囊狭长形，其管粗，盲管比本体长 2 倍以上，内弯曲，末端稍膨大。活时背部体色为草绿色，背中线为紫绿色或略带紫色，肉眼可见一红色的背血管。腹面青灰色，环带为乳黄色，尾部体腔液中常有宝蓝色荧光。该种蚯蚓繁殖率高，适应性广，较耐低温。

(3) 美国红蚓（*E. rosea*）

美国红蚓 [图 4-2 (c)] 属于正蚓科（Lumbricidae）下的爱胜蚓属（*Eisenia*），一般体长 25～150mm，体腔直径 3～5mm，性成熟时平均体重 0.5g 左右。体节约有 12～150 个，背孔自第 4、第 5 节开始。身体为圆柱形，一端稍尖。活体呈玫瑰红色或淡灰色，俗称红蚯蚓。喜欢吞食各种禽畜粪便，非常适合处理农村有机的固体废物。

(4) 威廉环毛蚓（*P. guillelmi*）

威廉环毛蚓 [图 4-2 (d)] 俗称青蚯蚓，属土蚯蚓、巨蚯蚓。个体较大，一般长 120～250mm，体腔直径 5～10mm，性成熟时平均体重能达 5g 左右。体色为青黄色、灰绿色或灰青色。体节数约为 88～156 个，环带位于第 14～第 16 节之间。卵包呈梨状，每个卵包有一条小蚯蚓，极少数有两条。这是一种抗病力强、分布广、野性强的土蚯蚓，喜欢生活在肥沃的土壤，如菜园地和饲料地等。每个卵泡只有一个小蚯蚓，繁殖率较低。

(5) 北星二号、大平二号

北星二号和大平二号 [图 4-2 (e)] 是同种异名的两个品种，都属赤子爱胜蚓改良培育的新品种。

北星二号，属于粪蚯蚓，为天津市科委 1979 年从日本北海道引进的品种。个体体长 90～150mm，成蚓平均体重 0.5g 左右，生育期 70～90d，吞食各种畜禽类粪便，繁殖率高，效益高，适合人工养殖。

大平二号，是日本研究人员前田古彦利用美国的红蚯蚓和日本的花蚯蚓杂交而成的。一般成蚓体长不超过 70mm，体腔直径 3～6mm，个体大的体长可达 90～150mm，性成熟时平均体重 0.45～1.12g。体上刚毛细而密，体色紫红，但随饲料、水分等条件改变体色（有深浅的变化）。这种蚯蚓具有多种优点，包括：体腔厚、寿命长，繁殖率高、适应能力强、易饲养等，因此是人工高密度饲养中的主要品种。

(6) 参环毛蚓（*P. aspergillum*）

参环毛蚓 [图 4-2 (f)] 体长约 115～375mm，宽 6～12mm。背孔自第 11 或第 12 节间始。环带前刚毛一般粗而硬。背部紫灰色，后部色稍浅，刚毛圈为白色。广泛分布于福建（福州和厦门）、广东、香港、海南岛、台湾、湖南、广西等地，可作为一种中药材。参环毛蚓适宜在优质泥土的草地和浇灌较好的果园和苗圃中饲养。

(7) 白颈环毛蚓（*Pheretima californica*）

白颈环毛蚓 [图 4-2 (g)] 体长 80～150mm，宽 2.5～5mm。背色中灰色或栗色，后部淡绿色。环带位于第 14～第 16 体节，腹面无刚毛。具有分布广、适应性好的特点。常分布于长江中下游一带，宜在菜地、红薯等作物地里养殖。

(8) 太湖红蚯蚓

太湖红蚯蚓 [图 4-2 (h)] 是由赤子爱胜蚓经长期培育而成，个体较小，一般体长为 50～70mm，体腔直径 3～6mm，性成熟时平均体重 0.45～1.12g。体色紫红，并随饲料、水和光照而改变深浅。优点是体腔厚、肉多、寿命长，适应性强，易饲养，营养价值高等，适合人工养殖。

4.3　蚯蚓堆肥技术

4.3.1　蚯蚓堆肥及原理

有机废物的蚯蚓堆肥技术（vermicomposting）是近年来发展起来的一项新型的固体废

物生物处理技术。蚯蚓堆肥是在有机堆肥中放养蚯蚓，在微生物和蚯蚓的共同作用下，促使有机物质转变为富含腐殖质的过程。

蚯蚓堆肥合理、充分地利用了蚯蚓自身的特点来进行固体废物的处理。蚯蚓具有惊人的吞噬能力，且其消化道可分泌蛋白酶、脂肪酶、纤维素酶、甲壳素酶、淀粉酶等多种酶类，对绝大多数有机废物有较强的分解作用。有机物质被蚯蚓摄食后，少部分被直接同化利用，有机物中存在的主要营养物，特别是 N、P、K、Ca 等，通过消化作用释放出来，变成溶解性和易被植物利用的形态。其中大部分有机废物经蚯蚓体内的磨碎和挤压作用后以颗粒状排出，这个过程类似于机械挤压造粒，可达到物理改性的目的。同时，经过蚯蚓消化道可增加蚓粪中的微生物活性，并能够有效地除去或抑制堆肥堆料产生的臭味。

蚯蚓与微生物的相互作用是一个非常复杂的过程。蚯蚓消化道里存在丰富的微生物群种，利用蚯蚓处理有机废物的一个最根本的原因就是通过蚯蚓与微生物的协同作用可以加速有机物的分解转化。研究结果表明，加入蚯蚓以后比没加蚯蚓垃圾中有机物的发酵分解速度提高了 3~4 倍，并获得稳定的低 C/N 值（10~13 左右）的产品。应该注意的是，蚯蚓与微生物的协同作用仅限于好氧细菌，厌氧发酵对蚯蚓有害无利。

堆肥是一个典型的好氧过程，通过堆肥可促使有机物发生矿化。蚯蚓在堆肥过程中，发挥了翻堆、破碎和通气三种作用。与传统堆肥技术相比，蚯蚓堆肥技术的优势包括：

① 利用蚯蚓来加速有机氮的矿化；

② 极大地促进堆肥腐熟阶段的腐殖化过程；

③ 虽然不能使堆肥中的重金属总量降低，但可降低生物可利用的重金属含量；

④ 较长时间的堆制还会进一步使堆肥中的有机物密度明显降低；

⑤ 堆体的高度适中，因此可降低部分机械设备的投资，如维持堆肥高度所需的机械设备等。

4.3.2 蚯蚓堆肥步骤

蚯蚓堆肥有四个主要步骤：有机物的收集、前期准备（堆肥式的发酵或称预处理）、放养蚯蚓、分离蚯蚓并收集蚯蚓粪（图 4-3）。

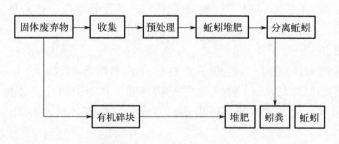

图 4-3 蚯蚓堆肥的流程

(1) 有机物的收集

蚯蚓堆肥首先是根据蚯蚓的食性收集有机废物。从前面的蚯蚓生物学特性可知，蚯蚓属杂食性动物。因此，蚯蚓堆肥中，可作为饲料的动、植物来源极为丰富。植物性饲料如青草、水草、稻草以及树叶等；动物性饲料如畜禽粪和厩肥等。但是，蚯蚓味觉灵敏，喜甜食和酸味，厌苦味，喜欢热化细软的饲料，对动物性食物尤为贪食，每天吃食量可达到自身重量。蚯蚓喜爱的常见食物有树叶、蔬菜、果皮（柑橘类除外）、茶叶、咖啡渣、蛋壳、厨余（面包、饭）、纸（报纸、餐巾纸）、豆渣（豆渣分解会产生热力，限量使用，以免伤害蚯蚓）等；蚯蚓不喜欢的常见食物有酸性食物、油腻食物、有盐分的食物、浓味的食物、坚硬的食物、腐坏的食物。此外，蚯蚓也会吞食一定量的砂粒、煤渣和无机硬物帮助其消化。

（2）前期准备（堆肥式的发酵或称预处理）

制作蚯蚓堆肥就得喂养蚯蚓，但是原料中含有很多有害病菌和有害虫卵，对蚯蚓的生长发育具有很大的不良影响，所以用来喂养蚯蚓的原料，必须先进行发酵处理。

对原料发酵的好处主要有 2 个：一是通过发酵可以杀死原料中的有害病菌和有害虫卵；二是发酵后的原料不易产生化学反应，从而避免原料发生分解而产生高温，灼伤甚至是烧死蚯蚓。

农村对于原料的发酵方式，可采用堆肥式发酵，操作简单效果明显。原料发酵一定要完全，发酵质量的好坏，会直接影响蚯蚓数量的多少，当原料完全腐熟，呈现出较为明显的松软状态后，就可以喂养蚯蚓了。

（3）放养蚯蚓

原料发酵完毕，就可以投放蚯蚓了。将发酵好的原料铺放到准备好的养殖场里，原料铺放厚度控制在 20cm 左右，确保每平方米原料能够供 10000～20000 条蚯蚓的正常采食。冬季养殖床要加高 1 倍左右，确保温度和湿度适合。这样间隔 10d 左右就可以收取一次蚯蚓粪了。

（4）分离蚯蚓并收集蚯蚓粪

蚯蚓粪的收集主要是利用蚯蚓的怕光性，成功将蚯蚓与粪便隔离开。具体可采用以下 2 种方法进行收集：

① 通光收集法　就是对欲要收集的地方引入阳光或其他光线，蚯蚓见到光线就会往土层深处钻，以躲避光线的照射，蚯蚓每下钻一层，就可收集一层了。

② 机械分离法　对于大量养殖蚯蚓的场地，利用通光法收集粪便，效率显然低下，所以可以采用机械分离的办法，即采用专门的机械设备，对养殖原料进行筛选，达到收集蚯蚓粪的目的。

收集起来的原始粪便废渣里往往含有蚯蚓茧，所以应将原始废渣在背阴处摊开自然晾晒，待废渣的含水量降到 40% 左右后，再用孔径为 2～3mm 的筛子进行过滤，筛子上的物质就是杂质和蚯蚓茧，可弃之不用；过滤后的物质就是蚯蚓粪。

蚯蚓粪收集后，下一步就是蚯蚓粪的使用前处理。

首先，刚收集起来的蚯蚓粪，里面含有很多的有害病菌和各种有害虫卵，往往不能直接使用，可以通过进一步发酵处理。将粪便与适量发酵菌均匀混合堆砌，覆盖上薄膜，利用太阳光的照射产生热能，使粪堆产生高热，提升温度，通过堆体的高温将有害病菌和各种有害虫卵杀死。一般夏天只需一周、冬天只需半个月左右，就可充分发酵、完全腐熟成为优质蚯蚓肥。

其次是收集的蚯蚓粪水分含量往往在 40% 左右，需要进行干燥处理。一般可采用发酵堆制干燥；还可以人工干燥，如可以采用红外线烘烤的方法进行干燥，一方面可以使蚯蚓粪迅速干燥，另一方面可以将有害病菌和各种有害虫卵杀死。

4.3.3 影响蚯蚓堆肥的主要因素

蚯蚓堆肥受到多种因素的影响。堆肥的结果与 C/N、温度、pH、湿度和投加密度等因素密切相关，具体如下。

(1) 碳氮比 (C/N)

有机废物中的有机质是蚯蚓生存的主要条件，但有机质的营养搭配是限制蚯蚓生长和繁殖的关键，过去认为这主要决定于蛋白质和脂肪的含量，实际上食料 C/N 才是反映蚯蚓堆肥适宜性的综合指标。C/N 通过影响蚯蚓的生长繁殖，进而会影响到堆肥的效果。

C/N 是影响蚯蚓生长发育、繁殖孵化的关键因素。C/N 过低时，蛋白质过剩，蚯蚓容易腐烂；C/N 过高，物料缺少氮素营养，蚯蚓个体增重慢，且发育迟缓。研究表明，C/N 较高时蚯蚓数量增长多，繁殖快，更有利于提高蚯蚓堆肥处理效果。C/N 为 25 时，堆肥后悬浮颗粒物 (VS) 减少量最为明显，N 的去除率和可溶性 N、P 下降最多，堆肥产物稳定性高、对环境影响少。

用蚯蚓处理不同种类组合的固体有机物，所需的最适 C/N 不尽相同，如从蚯蚓存活率、个体平均增重和增殖效率三个指标进行比较发现，蚯蚓处理猪粪＋稻草、猪粪＋玉米秸秆以及猪粪＋木屑的最适宜 C/N 分别为 7∶3、5∶5、7∶3。不同的固体有机物的 C、N 含量各不相同。因此在实际操作中，可通过选取恰当的物料组合或添加稻秆等材料来进行 C/N 调节，从而确保堆肥的最佳效果。研究结果表明，当目标 C/N＝(25～40)∶1 时蚯蚓堆肥处理效果最佳。

(2) 温度

不同种属的蚯蚓生存温度域值范围各不相同，通常蚯蚓的生活温度在 5～30℃ 之间，最适温度一般为 20℃ 左右。因此，一般的堆肥将温度控制在 20～25℃ 的范围，例如在室内和室外条件下考察三种蚯蚓的堆肥效果表明，相比较而言赤子爱胜蚓 (*E. foetida*) 适应的温度域值较广 (5～43℃)，可用于室外堆肥，而对于另外两种蚯蚓类型：*Eudrilus eugeniae* 和掘穴环爪蚓 (*Perionyx excavatus*)，夏季高温会成为其堆肥的制约因素。

(3) pH

蚯蚓能通过分泌黏液酶在一定范围内调节其生活环境的 pH 值，因此蚯蚓生活可以适应一定的 pH 范围。环境的 pH 过高或过低均会影响蚯蚓的活动能力，进而影响到堆肥的效果。一般认为，蚯蚓对 pH 的适应范围为 5～9，而最适生长的 pH 范围为 8～9。堆肥过程中，会产生二氧化碳、有机酸等酸性物质，因此需要适当调节 pH，以保证蚯蚓的正常生存和生理活动。

(4) 湿度

蚯蚓的生命活动和特殊的呼吸方式跟环境湿度密切相关。湿度过小，蚯蚓会降低新陈代谢速率，降低水分消耗，出现逃逸、脱水而极度萎缩呈半休眠状态；湿度过高则溶解氧不足，出现逃逸或窒息死亡。蚯蚓能够适应的湿度范围为 30%～80%，最适宜的湿度范围为 60%～80%。

(5) 投加密度

在大规模的工程应用中，增大蚯蚓投加密度可提高单位容积的处理效率，但投加密度过高会使种群内发生生存空间和食物的争夺，影响有机废物的处理效率。研究表明，蚯蚓投加密度为 $1.6 kg/m^2$，喂食速度为 $1.25 kg/(kg \cdot d)$ 时蚯蚓的生物转化效率最高，而同样投加密度下喂食速度为 0.75kg/(kg·d) 时堆肥产物稳定化效果最佳。

(6) 有毒有害物质

新鲜的有机废物来源广泛，成分复杂，常含有对蚯蚓生长不利的因素。因此，一般投加蚯蚓前必须对其进行预堆肥，以杀死大量病原菌和其他有害的微生物。堆肥过程中发生厌氧发酵时产生甲烷、CO 等气体，会对蚯蚓的存活率造成极大的威胁，如用蚯蚓堆肥处理制药厂污泥和菌渣，蚯蚓只能存活几十分钟，最长也只有 200min 左右。

(7) 工艺类型

用蚯蚓处理固体有机废物的工艺主要有两大类：蚯蚓生物反应器法和土地处理法。

① 蚯蚓生物反应器法　其是把蚯蚓的生物处理过程和高效的机械处理过程结合起来，通过为蚯蚓提供优化的环境条件，缩短蚯蚓转化有机废物的时间，提高处理有机废物的效率。应用此项技术，不仅可以减免固体有机废物运输过程的污染，而且每吨固体有机废物可节约 50% 的运输收集费和 70% 的填埋费。

蚯蚓生物反应器按照适用的范围和规格分类，可以分为家庭用小型蚯蚓生物反应器、中型蚯蚓生物反应器和固体有机物处理厂用的大型蚯蚓生物反应器。按照蚯蚓生物反应器的形状分类，可以分为分批式反应器、叠放盘式反应器、活动底层式反应器、大型连续型自动化蚯蚓处理有机废物系统和立体自动化薄层处理床。蚯蚓生物反应器法处理固体有机废物的一般工艺流程如图 4-4 所示。

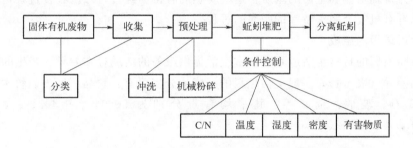

图 4-4　蚯蚓生物反应器法处理固体有机废物的一般工艺流程

② 土地处理法　这也是目前使用较多的方法，即在大田里采用简单的反应床和反应箱进行蚯蚓养殖，处理固体有机废物。此方法不仅适用于分类后的固体有机废物，也适应于现阶段的混合固体有机废物。新鲜的混合固体有机废物很难利用一般设备进行分离，如果利用土地法处理，则相对比较容易。经试验每亩土地每年可处理 100t 固体有机废物，生产 2～4t 蚯蚓和 37t 高效蚯蚓粪。农村可利用的土地远比城市要多，使用大田模式可以降低成本。但是大田模式的生产率较低，远远低于生物反应器模式。主要的原因是不能保证蚯蚓新陈代谢所需要的最佳条件。另外需要定时添加原材料，取出蚯蚓粪，定期检查含水量、通气性等，劳动力要求高。因此，相对而言，目前在经济发展还远为落后的广大中国农村地区，推广使用土地处理法比蚯蚓生物反应器法有更大的可行性。

4.3.4　蚯蚓堆肥的成分

蚯蚓堆肥的成分与所用的有机物质等原料有关。利用蚯蚓活动进行堆肥到 20～30d，堆肥中即含有 40%～50% 的腐殖质，还有许多简单的有机质。与传统堆肥相比，蚯蚓堆肥含有较多的腐殖质和有机质，更利于植物生长的性能。

蚯蚓堆肥产品中的养分包含氮、磷、钾、钙、镁、锌、铜、锰、铁等多种营养元素。虽然蚯蚓堆肥产品中某一营养元素的含量没有特定的化肥产品高，但通过堆肥，使得产品中微生物活性比土壤和有机物中高 10～20 倍，且各种植物营养成分均衡，因此某些性能比许多商业化学肥料更好、对环境更友好。

根据蚯蚓堆肥产品中成分的特性，其产物可用作：有机肥料、土壤调理剂和观赏植物的生物介质；此外，由于蚓粪无臭味，内含许多微生物，可作为除臭剂用来脱除 H_2S、CS_2 等气体；成品蚯蚓还可作禽畜的饲料、鱼的饵料等。

4.4 蚯蚓堆肥处理不同固体废物的工艺

4.4.1 蚯蚓堆肥处理城市生活垃圾

城市生活垃圾中含有较高的有机固体废物，经过垃圾分拣后，可利用蚯蚓进行堆肥处理。生活垃圾的蚯蚓处理技术是指将生活垃圾经过分选，去除垃圾中的金属、玻璃、塑料、橡胶等物质后，筛选出可降解的有机物经过前期预处理，包括初步破碎、喷湿、堆沤、发酵等处理，作为蚯蚓培养和生活的基质，这些腐熟的有机物经过蚯蚓的吞食过程，在蚯蚓体内加工制成具有有机复合肥料特性的蚓粪的过程。

(1) 生活垃圾的组成

因为不同人们的日常生活或者为日常生活提供服务的活动存在差异，产生的固体废物的成分也存在差异（表 4-1），一般生活垃圾的组成成分主要有：食品、纸类、竹木、织物、塑料、砖瓦渣石、玻璃、金属等，其平均含量分别为 56.9%、9.4%、3.0%、3.4%、12.9%、11.5%、2.5%、3.6%。

表 4-1 我国生活垃圾物理组成　　　　　　　　　　　　单位：%

城市	食品废物	纸类	竹木	织物	塑料	砖瓦渣石	玻璃	金属	含水率
乌鲁木齐	76.0	2.4	2.5	4.2	5.4	6.4	2.4	0.8	47.0
兰州	36.4	9.7	1.4	2.1	11.3	37.8	0.9	0.2	44.3
西安	38.6	9.3	7.4	1.4	10.1	23.3	6.5	3.4	46.1
哈尔滨	44.8	13.4	0.0	4.7	3.3	24.5	6.6	2.7	54.8
沈阳	60.4	7.9	2.5	3.6	12.9	5.3	5.4	2.1	61.8
大连	63.7	8.8	0.0	2.0	18.6	1.2	5.0	0.8	59.7
北京	66.2	10.9	3.3	1.2	13.1	3.9	1.0	0.4	63.3
天津	56.9	15.3	1.6	3.9	16.9	2.9	1.6	0.7	55.0
济南	58.7	11.2	1.0	3.0	9.9	14.6	1.3	0.3	56.6
合肥	61.5	1.9	0.9	2.1	11.4	21.7	0.6	—	52.5
武汉	55.3	1.5	8.3	0.0	4.5	27.3	2.0	1.1	53.5

续表

城市	食品废物	纸类	竹木	织物	塑料	砖瓦渣石	玻璃	金属	含水率
苏州	62.6	10.9	0.9	4.2	18.6	0.7	2.0	0.2	60.7
上海	65.2	10.6	2.7	2.0	16.0	0.7	2.3	0.5	59.3
杭州	64.5	6.7	0.1	1.2	10.1	15.1	2.0	0.3	56.5
重庆	59.2	10.1	4.2	6.1	16.0	—	3.4	1.1	64.1
贵阳	41.5	13.1	2.4	4.4	15.0	21.1	1.9	0.7	52.2
成都	65.7	13.0	0.9	2.5	12.0	2.1	0.8	2.9	57.3
广州	53.4	8.3	1.7	10.0	18.6	6.2	1.4	0.4	55.6
深圳	51.1	17.2	3.9	2.7	21.8	0.8	2.1	0.4	59.7
拉萨	57.0	6.0	14.0	7.0	12.0	3.0	0.0	1.0	46.7
平均	56.9	9.4	3.0	3.4	12.9	11.5	2.5	1.1	55.4

　　研究表明：目前我国生活垃圾中主要包括食品、纸类和植物残体等，含可生物降解成分较高，平均含量可接近 70%，垃圾含水率平均达到 50% 以上。经过筛选后的城市生活垃圾可作为蚯蚓堆肥的理想基质。

　　生活垃圾有机物含量高，可作为蚯蚓生长繁殖的营养源，在蚯蚓的消化道酶和微生物的作用下，蚯蚓吞食的生活垃圾中的有机物被水解成简单的糖类物质、脂肪、醇等低分子化合物，这些物质再与土壤中的矿物质结合形成高度融合的有机-无机复合体，最终以蚯蚓粪的形式排出。因此蚯蚓独特的生活方式和强大的消化能力为"生态城市垃圾处理"提供了可行性。

（2）蚯蚓处理生活垃圾的工艺流程

　　蚯蚓处理生活垃圾的工艺流程如图 4-5 所示。

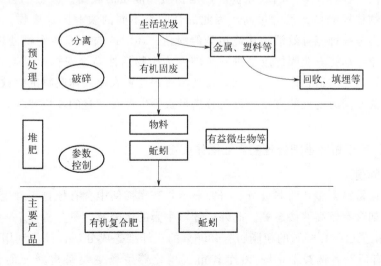

图 4-5　蚯蚓处理生活垃圾的工艺流程

该工艺流程主要包括以下几个具体的环节。

① 垃圾的预处理　主要是将其中的大体积垃圾分离和粉碎。

② 垃圾的分离　把金属、玻璃、塑料和橡胶等分离除去，再进一步粉碎，以增加蚯蚓与之的接触表面积，从而促进蚯蚓发挥降解作用。

③ 垃圾的堆放和预处理　将处理后的垃圾进行分堆，堆的大小为宽度 180～200cm，长度按需要而定，高度为 40～50cm，进行发酵预处理（发酵）。

④ 放置蚯蚓　垃圾发酵熟化后达到蚯蚓生长的最佳条件时，大约在分堆 10～20d 后，就可以放置蚯蚓，开始转化垃圾。

⑤ 检查正在转化的堆料状况　要定期检测，修正可能发生变化的所有参数，如温度、湿度和酸碱度，保证蚯蚓迅速生长繁殖，加快垃圾的转化。

⑥ 收集堆料和最终产品的处理　在垃圾完全转化后，需将堆肥表面 5～6cm 的肥料层收集起来，剩下的蚯蚓粪经过筛分、干燥、装袋，即得到有机复合肥料。

⑦ 添加有益微生物　适量的微生物将有利于堆肥快速而有效地进行，蚯蚓可以采食真菌，故在垃圾处理过程中可以选择性地添加某些真菌微生物。

(3) 蚯蚓堆肥处置城市生活垃圾的研究现状及展望

生活垃圾目前最常用的处理方法是焚烧和填埋，蚯蚓堆肥处理是一种新型、生态环保的处理方式。前期通过对城市垃圾源头分类收集，利用蚯蚓堆肥来处理其中的有机垃圾，不需要特殊设备、投资低，而且工艺简单，无二次污染。通过堆肥处理后，除了获得蚓粪和蚓泥等具有商业价值的有机肥料外，还能实现生活垃圾的处置及资源化利用。有研究报道，每天蚯蚓的耗饵量为自身重量的 0.7 倍，排粪比为 0.4。因此，蚯蚓堆肥处理生活垃圾是一种具有良好应用前景的固废生物处理技术。

4.4.2　蚯蚓堆肥处理农业固体有机废物

随着规模化、集约化的农业生产和畜禽养殖业的迅猛发展，全世界的农作物秸秆资源化问题及畜禽粪便处理问题日益突出。农作物秸秆及禽畜粪便是产业化过程中的固体废物，但同时也被认为是一种特殊形态的农业资源，是物质和能量的载体。一般的畜禽粪便中 N 元素含量高，作物秸秆中 C 元素含量高，因此混合两类不同的农业固体废物，利用蚯蚓进行综合处置被认为是一种能有效消除环境污染的绿色、环保的农业固体废物处理方式。同时，经由蚯蚓的生命活动将农业固体废物进一步转变为生物活性高、安全、卫生的生物腐殖质，也是固体废物资源化的适合途径。通常，在利用蚯蚓处置农业固体废物的时候，可采用作物秸秆混合畜禽粪便同时处理的方案，以充分满足蚯蚓生存及发育的环境要求，从而保证处理的效果。

4.4.2.1　常见的用于蚯蚓堆肥处理的农业固体废物

(1) 畜禽粪便

畜禽粪便通常富含多种营养成分。研究显示：畜禽粪便中含有植物正常生长发育所必需的营养元素，如含有较高的铵态氮。此外，针对牛粪的组分及含量分析显示：牛粪干重中含有 13.74% 的粗蛋白、1.65% 的粗脂肪、43.6% 的粗纤维等成分，合计可利用的有机物质高达 81.93%。有研究者调查了中国 20 个省市规模化养殖场主要畜禽粪便的营养成分，见表 4-2。

表 4-2 主要畜禽粪便营养成分（平均值）

种类	全氮 /(g/kg)	全磷 /(g/kg)	全钾 /(g/kg)	pH 值	Zn /(mg/kg 干基)	Cu /(mg/kg 干基)	导电率 EC /(mS/cm)
牛粪	1.56	1.49	1.96	7.8	138.6	48.5	129.6
羊粪	1.31	1.03	2.40	8.1	88.9	23.5	129.0
鸡粪	2.08	3.53	2.38	7.7	306.6	78.2	150.5
猪粪	2.28	3.97	2.09	7.6	663.3	488.1	148.9

数据显示，鸡粪和猪粪中的氮、磷、铜、锌含量高于牛粪和羊粪，而钾含量相当。

20 世纪 90 年代初，我国开始将蚯蚓用于畜禽粪便的处理。蚯蚓对各类畜禽粪处理的适宜条件有所差异，因此具有不同的畜禽粪腐熟度的评价指标。参照德国腐熟堆肥的标准，猪粪铜、锌超标率最高，分别为 62.5%、70.0%；鸡粪铜、锌超标率分别为 27.1% 和 15.3%；牛粪的偏低，分别为 3.8% 和 9.6%；羊粪的则不存在超标。粪便电导率集中在 50~150mS/cm，pH 值集中在 7.0~8.0 之间。因此，在进行堆肥的过程中，可以选用超标较低的畜禽便作为蚯蚓堆肥的基质，可有效降低对蚯蚓的伤害，从而提高堆肥的效率。

目前国内外对于畜禽粪便的处理主要有饲料化、肥料化和能源化三类。利用蚯蚓堆肥处理畜禽粪是一种结合了传统堆肥和土壤动物处理的新方法。

(2) 作物秸秆

农业生产过程中产生的作物秸秆是一类纤维性废物，也是农业固体废物的重要组成类别，是指作物籽实收获后剩下的茎叶部分，通常含有较高的纤维成分。

我国是生产粮食、油料、棉花的大国，因此秸秆资源丰富，占世界秸秆总量的 30% 左右。我国各地秸秆种类略有差异，东北地区的玉米和大豆秸秆占总量的 67.01%；华北地区以玉米秸秆和麦草秸秆为主，占总量的 77.25%；华东地区的稻草秸秆和麦草秸秆占总量 68.41%；华南地区以稻草秸秆和甘蔗秸秆为主，占总量的 75.61%；西北地区的玉米秸秆、麦秸和棉花秸秆占总量的 82.97%。

不同的农作物营养成分差异较大，具体见表 4-3 和表 4-4。

表 4-3 不同作物秸秆的主要化学成分　　　　　　　　　　　　单位：%

种类	干物质	灰分	粗蛋白	纤维成分			
				粗纤维	纤维素	半纤维素	木质素
玉米秸	96.1	7.0	9.3	29.3	32.9	32.5	4.6
稻草	95.0	19.4	3.2	35.1	39.6	34.3	6.3
小麦秸	91.0	6.4	2.6	43.6	43.2	22.4	9.5
大麦秸	89.4	6.4	2.9	41.6	40.7	23.8	8.0

表 4-4 农作物秸秆中的矿物元素和维生素含量

成分	稻草	麦秸	大麦秸	玉米芯
钙/%	0.08	0.18	0.15	0.38
磷/%	0.06	0.05	0.02	0.31

续表

成分	稻草	麦秸	大麦秸	玉米芯
钠/%	0.02	0.14	0.11	0.03
氯/%	—	0.32	0.67	—
镁/%	0.04	0.12	0.34	0.31
钾/%	—	1.42	0.31	1.54
硫/%	—	0.19	0.17	0.11
铁/(mg/kg)	300	200	300	210
铜/(mg/kg)	4.1	3.1	3.9	6.6
锌/(mg/kg)	4.7	54	60	—
锰/(mg/kg)	476	36	27	5.6

但是农作物秸秆的组分具有一些共同特点：主要的成分为结构性糖类物质这类不易消化的成分（细胞壁等）；粗蛋白质含量一般为 2%～5%；矿物质含量较低。

目前秸秆类农业固体废物的传统处理方式是饲养或焚烧。利用堆肥技术处理农业固体废物的方法，特别是在堆肥中投放蚯蚓，利用蚯蚓及微生物共同作用的方式是一种新兴的、生态环保的模式。

4.4.2.2　蚯蚓处理农业及养殖业有机固体废物的工艺

研究表明，在相同条件下，畜禽粪便＋秸秆混合物料可被充分利用。不同类别固体废物中的营养物质组合，更有利于蚯蚓的生长和繁殖。如鸡粪＋玉米秸秆混合物料中，蚯蚓的生长繁殖情况优于纯鸡粪中蚯蚓的生长繁殖。由于作物秸秆的加入，弥补了纯畜禽粪便中 C 含量低的缺点，从而达到利于蚯蚓生长和繁殖的 C/N 要求。利用蚯蚓堆肥处理畜禽粪便＋农作物秸秆，不仅能同时处理两类不同的农业固体废物，还能结合两种废弃物各自的优势，达到各类元素的平衡，特别是利于达到最适 C/N，增强处理效果，因此这种处理技术在生态农业建设中起重要作用。

蚯蚓综合处置农业及养殖业有机固体废物的一般工艺途径见图 4-6。

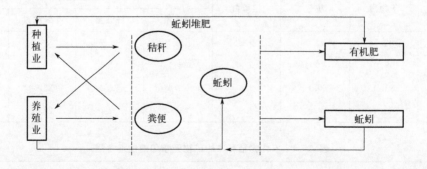

图 4-6　蚯蚓综合处置农业及养殖业有机固体废物的一般工艺途径

利用蚯蚓进行堆肥处理畜禽粪便及作物秸秆的工艺环节、控制因素与蚯蚓堆肥工艺中介绍的相似。畜禽粪便进行简单的消毒和灭菌的预处理后，搭配切碎的作物秸秆混合配置成蚯蚓物料。接着用预处理的蚯蚓物料搭建宽度为 180～200cm，高度为 40～50cm 的蚯蚓生物床，并待混合物料发酵熟化后进一步投放一定密度的蚯蚓（每平方米投放 1000～2000 条种蚓）；此后，定期检测堆料状况，并及时调整诸如温度、湿度和酸碱度等指标；堆肥后收集堆肥表面 5～6cm 的肥料层，对蚯蚓粪进行筛分、干燥、装袋，作为有机复合肥料进行利用。

4.4.2.3　蚯蚓堆肥综合处理农业及养殖业有机固体废物的控制因素

在保证蚯蚓正常生长与繁殖的前提下，还需控制 C/N 值、温度、湿度、接种密度及 pH 值等因素；此外，在综合处置不同种类有机固体废物的过程中，最重要的还需控制不同组分物料的配比问题。在各种因素都处于适宜的范围时，温度和接种密度是影响蚯蚓增长和繁殖及处理效果的最主要因素。

目前，在处理养殖及农业固体废物中，最常选用的品种为赤子爱胜蚓。赤子爱胜蚓适应能力强，易于饲养和管理，适合处理畜禽粪便等废物。

蚯蚓的接种密度对蚯蚓堆肥的影响明显。在处理环节中，要重视对种群密度的动态管理，保持适宜的接种密度，这有利于提高蚯蚓的生长率、繁殖率和对粪便的处理效率。前文提及：蚯蚓投加密度为 $1.6kg/m^2$ 物料、喂食速度为 $1.25kg/(kg \cdot d)$ 时，蚯蚓的生物转化效率最高，而在同样投加密度下喂食速度为 $0.75kg/(kg \cdot d)$ 的堆肥产物的稳定化效果最佳。实际操作中，选择不同生长阶段的蚯蚓，其投放量略有差异，一般的，种蚓投加密度为每平方米接种 1000～2000 条；种蚓所产卵茧孵出幼蚓即"繁殖蚓"的投加密度为每平方米接种 3000～5000 条；繁殖蚓所产卵茧孵出的蚯蚓，即"生产蚓"的投加密度为每平方米接种 20000～35000 条。

此外，蚯蚓种类及物料不同，蚯蚓的最佳投放量也不相同，如：安德爱胜蚓（*Eisenia andrei*）在猪粪中的最适接种密度为每 43.61g 干猪粪中接种 8 条。接种量为 $1.6kg/m^2$ 时，蚯蚓的生物转化效率最高；以鸡粪为待处理物料时，蚯蚓的最佳接种密度为每 500g 干鸡粪中接种 10～12 条，此时蚯蚓的总生物量、生长率、繁殖率和产卵茧数量均保持在较大值。利用赤子爱胜蚓处理牛粪、猪粪或鸡粪，接种密度为每 90g 物料（干重）中接种 8～12 条时效果最佳。

因此，在实际堆肥中，选择的蚯蚓种类、物料组分及前期处理等因素，对于选择适当的投放密度及种群控制都很关键。

堆肥过程中物料组成不同，所需控制的最适温度及湿度不同，如利用赤子爱胜蚓（*E. foetida*）处理牛粪时发现，蚯蚓在 24℃时其生长和繁殖情况最好。因此，蚯蚓在处理牛粪的过程中，温度在 20～30℃之间蚯蚓生长情况最好，在 8～32℃温度范围内，温度与蚯蚓处理有机物的速率呈极显著正相关，最适温度为 25.4℃。在处理鸡粪时，温度最适范围为 20～25℃之间。

在牛粪中蚯蚓最高生长率和繁殖率分别出现在 90%和 70%的湿度下；而在猪粪中，蚯蚓的最高生长率和最高繁殖率分别出现在 75%和 80%的湿度下；在鸡粪中，最适湿度为 65%～70%之间。此外，蚯蚓在新鲜的牛粪、猪粪、鸡粪与药渣的混合物中的生长状况表明：赤子爱胜蚓（*E. foetida*）在牛粪混合物中生存的最适湿度为 70%、猪粪混合物中为 75%，鸡粪混合物中为 65%。

不同蚯蚓种类在处理同种物料时，所需控制的最适温度及湿度也不一样。4 种不同的蚯蚓对牛粪的堆肥处理研究结果表明：最适于蚯蚓生长的温度范围分别是：赤子爱胜蚓（*E. foetida*）为 20～30℃；腹枝蚓（*Dendrobaena veneta*）为 23℃；*Eudrilus eugenina* 和掘穴环爪蚓（*Perionyx excavatus*）为 25℃。此外，赤子爱胜蚓（*E. foetida*）比 *Eudrilus eugenin*、掘穴环爪蚓（*P. excavatus*）在牛粪中适应生存的温度范围更宽，为 5～43℃。

畜禽粪前期腐熟处理也会引起最适湿度的小范围变动，如赤子爱胜蚓（*E. foetida*）处理未腐熟牛粪、未腐熟猪粪以及未腐熟鸡粪和药渣混合物的最佳湿度分别为 70%、75%、65%。赤子爱胜蚓（*E. foetida*）在腐熟马粪中，蚓茧的产量和孵化情况在湿度为 60%～70% 时更好。

总的看来，在处置过程中，根据蚯蚓品种、处理的基料、基料的预处理等诸多因素的不同，需要有针对性地进行温度和湿度管理，一般温度控制在 20～25℃ 的范围内，最适宜的湿度控制在 60%～70%。

除受上述主要因素的影响以外，基料厚度、抗生素等物质、通风情况，以及在处理过程中产生的氨气和硫化氢等气体都会对蚯蚓处理效果有影响，因此需要全面考虑，加以管控。

总之，畜禽粪便及作物秸秆混合的有机质是蚯蚓生长的良好基质。堆肥中有机氮易矿化，且产生的氨氮易被蚯蚓粪便中的微生物转化为易于植物吸收的形态——硝酸根。研究发现，由于在蚯蚓堆肥中的硝化作用会使 pH 值呈现出酸性变化的趋势；速效态元素中的变化由大到小分别为有机碳、全氮、全磷和速效钾。其中富里酸 C 减少，腐殖酸中的 C 增加，当蚯蚓的数量多且活性高时，富里酸 C 减少可指示堆肥过程结束，腐殖酸的含量较对照组增加 40%～60%。因此，利用蚯蚓进行堆肥处理，可以实现有效的过程管理，在堆肥结束后可以获得营养效能高的堆肥产品。

此外，在农业固体废物的处置过程中还有其他多种形式的综合处置工艺，如常见的与沼气工程相结合的综合处置工艺。它首先利用畜粪产生沼气，沼气生产后残余的沼渣再利用蚯蚓进行处理，进一步产生蚓粪和蚓体，分别用于肥田和养畜禽。也可开展蚯蚓综合处置，基料包括工业、城市及农业等不同来源的混合污染物，如综合处置纸浆+污泥+猪粪的混合物处理工艺。

4.4.3 蚯蚓堆肥处理城市污泥

城市污泥的蚯蚓堆肥处理技术是一项新兴的污泥处理技术。自 20 世纪 70 年代末，各国开始发展蚯蚓堆肥处理污泥技术。波兰、韩国等国家的研究显示，用蚯蚓处理剩余活性污泥的效果显著。近年来，我国在全国多地开展了利用蚯蚓处理市政污泥、工业污泥等的应用，取得了较好环境效益，并建立了一系列的处理示范基地，如江苏、浙江、山东等地的蚯蚓处理造纸污泥示范基地，均取得了较好的环境效益。

4.4.3.1 蚯蚓堆肥处理污泥的原理

通过蚯蚓的觅食活动及生理代谢作用，不仅能实现将污泥转化为富含营养物质（氮、磷、钾和钙）的生物有机肥，还能有效去除污泥中的重金属、病原菌等有害物质。此外，少量增殖的蚯蚓还可作为农牧业饲料。因此，通过该人工生态系统的合理设计，可较好地实现污泥的减量化及资源化。

4.4.3.2 城市污泥的主要成分及特性

城市污泥是城市污水处理后产生的污泥，是一种由菌胶团及其吸附的有机物和无机物构成的集合体，其中含有丰富的有机质、氮、磷、钾等成分：有机物含量一般能达到 $50\% \sim 70\%$ 左右；总氮含量 $1.6\% \sim 7.7\%$，磷 $0.6\% \sim 4.3\%$（以 P_2O_5 计），钾 $0.1\% \sim 0.5\%$（以 K_2O 计）。对我国 98 个城市污水厂的城市污泥营养物质（见表 4-5 和表 4-6）的调查显示，我国城市污泥的总体情况表现为：有机质、总氮、总磷及总钾的平均含量分别为 280g/kg、29.6g/kg、22.2g/kg、5.83g/kg。与其他固体废物对比，城市污泥的有机质含量低，但其他养分含量较高，因此是一种优质的有机肥的肥源。

表 4-5　我国城市污水污泥中的营养成分　　　　单位:%

营养成分	有机质	TN	TP	TK
平均值	37.18	3.03	1.52	0.69
最大值	62.00	7.03	5.13	1.78
最小值	9.20	0.78	0.13	0.23
中间值	35.58	2.90	1.30	0.49
典型农家肥	63.00	2.08	0.89	1.12

表 4-6　我国城市污水污泥中的重金属含量　　　　单位：mg/kg

重金属	Cd	Cu	Pb	Zn	Cr	Ni	Hg	As
平均值	3.03	338.98	164.09	789.82	261.15	87.80	5.11	44.52
最大值	24.10	3068.40	2400.00	4205.00	1411.80	467.60	46.00	560.00
最小值	0.10	0.20	4.13	0.95	3.70	1.10	0.12	0.19
中间值	1.67	179.00	104.12	944.00	101.70	40.85	1.90	14.60

另一方面，由于城市污泥中会含有难降解的有机物、无机物、重金属、病原体和寄生虫卵等，因此一般需要进行前期处置。重金属是污泥中最主要的污染物之一，主要种类有 Cu、Zn、Pb、Cr、Ni、Hg 和 Cd 等。由于重金属本身的特性，其已成为污泥资源化利用的最主要瓶颈。我国各地污泥所含重金属种类及含量差异较大，不同来源的污水处理后产生的污泥中的重金属含量也不相同。一般的，生活污水处理后的污泥重金属含量较低，而工业污水处理后的污泥重金属含量较高。目前我国城市污泥中重金属含量最高的是 Cu、Zn 两种元素（表 4-6）。污泥中还含有多种有机物质，包括氯酚（CPs）、氯苯（CBs）、硝基苯（NBs）、多氯联苯（PCBs）、多氯代二苯并二噁英/呋喃（PCDD/Fs）、邻苯二甲酸酯（PEs）、多环芳烃（PAHs）和有机农药及硝基苯类、胺类、卤代烃类、醚类等。此外，污泥中含有包括细菌、病毒、原生动物和寄生虫等不同类型的病原类微生物。因此，污泥的资源化利用必须有妥善的前期处理。

4.4.3.3　蚯蚓堆肥处理污泥的工艺流程

蚯蚓堆肥处理城市污泥的工艺流程包括两次发酵过程，具体见图 4-7。

(1) 第一次发酵

参考蚯蚓堆肥工艺对主要控制因素的控制范围，将发酵物料进行充分混匀后，对水分、C/N 值等因子进行调节，将物料放入发酵装置进行第一次发酵。在第一次发酵堆肥过程中，

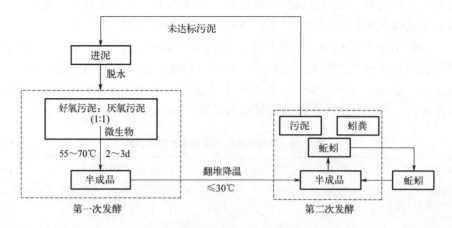

图4-7 蚯蚓堆肥处理城市污泥的工艺流程

堆肥温度在55~70℃的状态下一般维持2~3d左右，从而杀死大部分的致病微生物、寄生虫卵等，实现污泥无害化处理这一重要过程。此外，还会将发酵终产物——蚯蚓粪覆盖于污泥上，以达到保温和除臭功能，一般覆盖厚度为3~5cm。

(2) 第二次发酵

经过第一次发酵后的半成品，运出仓外进行后续翻堆降温，当堆肥温度降到30℃以下后，再次送入蚯蚓堆肥池进行第二次发酵。这一阶段相当于好氧堆肥过程的后发酵，在蚯蚓和微生物的共同作用下，完成对有机质的充分降解，促使堆肥产品稳定、成熟。与传统堆肥处理相比，投加蚯蚓的堆肥处理可极大地缩短第二次发酵的时间。研究指出，一般的二次发酵时间为20~30d，而蚯蚓堆肥只需要2~7d。

4.4.3.4 蚯蚓处理污泥技术的主要影响因素

蚯蚓堆肥处理城市污泥中，除温度、湿度等影响因素外，还需要注意以下几点。

(1) 基质含水率

在研究利用蚯蚓处理污水处理厂污泥时发现，在基质含水率为70%~85%时可获得最大的蚯蚓生物量。因此，污泥一般含水率较高，在用作堆肥物料的时候，需要做调控。

(2) 污泥组分的调整

由于城市污泥常常出现有机质含量低、可能含有重金属，因此用作蚯蚓堆肥物料时，一般会通过一些处理来改变物料的适用性：添加锯末及秸秆等物料，不仅可以弥补城市污泥中有机质含量较低的劣势，还能作为膨胀剂，有效提升城市污泥的发酵效率；针对污泥中的重金属影响，一般会在污泥中添加适当的粉煤灰、磷矿粉等钝化剂，降低堆肥中可被吸收的重金属含量。另一方面，蚯蚓对不同的重金属有着不同的耐受能力。当体内重金属元素的浓度超过蚯蚓的耐受极限时，它就会通过排粪或其他方法排出体外。研究表明，蚯蚓对污泥中的镉有明显的富集作用，富集水平随着污染程度的增加而上升；土壤中重金属元素浓度与蚯蚓体内重金属元素浓度在一定范围内呈线性关系；当土壤中重金属浓度超过这一范围，则随浓度的增加，蚯蚓对重金属的吸收明显减弱。还有研究表明，蚯蚓活动能明显降低污泥中的重金属含量，对Cu的富集作用最为明显。因此，可以通过选用一些对重金属耐受，甚至可以富集或转化重金属的蚯蚓种属，从而降低重金属对蚯蚓的不利影响，促进堆肥。

(3) 污泥的 C/N

在蚯蚓堆肥处理污泥的过程中，污泥不仅是蚯蚓的处理对象，还是蚯蚓新陈代谢和生长繁殖所需物质和能量的供应者。污泥对蚯蚓的适口性和营养性决定着蚯蚓的污泥处理效率。物料 C/N 为 25 时，蚯蚓可以获得最高的生殖率以及最高的摄食能力，而且堆制后的堆肥具有较高的肥力，对环境污染最小。一般情况下，C/N 为 25～35 时，蚯蚓堆肥处理污泥的效果较优。

(4) 其他因素

如果将蚯蚓直接放入消化池的污泥中，会导致蚯蚓死亡。因此一般将污水厂的脱水好氧污泥和脱水厌氧污泥按 1：1 的比例混合且预处理 15d 后，再投放蚯蚓。通常将污水厂好氧污泥和厌氧污泥（均脱水）每立方米投加 5kg 蚯蚓，定期往表层加污泥，控制床高不超过 80cm。新污泥层对蚯蚓来讲是新鲜食物，蚯蚓不会逃跑。最后一层污泥加好后，经过 8～10 个月，堆肥结束。在旁边放一堆新鲜物料可将堆肥中的蚯蚓引出。污泥经堆肥后体积减少 60%（床温 28～30℃，引入蚯蚓一个月），这是因为水分挥发，易迁移转化的碳物质（糖、蛋白质、氨基酸和多糖等）转化为二氧化碳。最终的堆肥是高质量的腐殖质肥料，可作为土壤改良剂。

4.4.3.5 蚯蚓堆肥处理城市污泥的展望

国内目前主要的污泥处理技术包括：回用农田、堆肥、填埋、焚烧等。这些传统技术中存在一些技术缺陷，比如：常规堆肥技术存在堆肥周期较长、有重金属残留等缺点；污泥回用于农田可能会导致土壤重金属污染；污泥填埋技术不仅需要大量的土地，而且还面临二次污染问题（渗滤液和废气等）；焚烧需高额投资且会产生二次污染（含重金属的灰烬和废气问题）。与传统污泥处理方法相比，蚯蚓堆肥处理城市污泥技术的优点体现在蚯蚓及其活动在堆肥中的促进作用，这包括：

① 蚯蚓堆肥技术成熟，操作和管理环节简单，运行成本低；

② 蚯蚓与微生物的协同作用，加强对有机物的分解，促进碳、氮循环；

③ 在有效降解有机物的同时，促进污泥的处理，包括干化、减量、除臭等多种作用，极大地降低了成本，有研究表明，经蚯蚓堆肥后的污泥含水率达到《城镇污水处理厂污染物排放标准》对于污泥稳定化、无害化处理的相关规定，即含水率<65%；

④ 对污泥中重金属的富集作用及体内转化作用等，可有效降低堆肥产品中重金属的有害作用，提高了堆肥质量；

⑤ 蚯蚓粪多孔状的结构，不仅有利于吸附某些有恶臭的化合物，还是一种高质量的有机肥。

蚯蚓堆肥后将获得高质量的堆肥产品，包括蚯蚓、蚯蚓粪以及包含微生物、酶类、无机物质的高效肥，经济效益良好。因此，蚯蚓处理污泥是一种新型、绿色环保的城市污泥资源化处理途径。

4.5 蚯蚓堆肥技术的展望

蚯蚓堆肥技术可处理的固体废物种类繁多，几乎涵盖了所有高产量的固体废物，包括：

各类农林及养殖业固体废物、城市生活有机垃圾、食品厂下脚料和污水厂污泥等。利用蚯蚓堆肥技术不仅可以实现蚯蚓养殖的良好经济效益，更重要的是可通过蚯蚓生物处理实现固体废物的减量化、无害化和资源化。蚯蚓堆肥技术克服了传统处理技术的缺点，是一种新兴的生物结合处理技术，可同时实现经济效益、社会效益和生态效益的全面提升。

蚯蚓堆肥技术最特别之处就是充分利用蚯蚓本身的生物学过程，实现固体废物处理的同时，也实现了蚯蚓生物量的增加，若条件控制得当，蚯蚓堆肥处理的总体量将会不断增加，进入一个良性循环的生物反应过程。

综上所述，蚯蚓堆肥技术处理固体废物是一种绿色、环保的综合性处置技术，今后将拥有良好市场前景和推广空间。

复习思考题

1. 试分析蚯蚓堆肥技术与传统堆肥技术有什么区别和联系。
2. 蚯蚓堆肥技术的原理是什么？影响因素有哪些？
3. 简述蚯蚓堆肥技术的适用范围、优点及局限性。
4. 简述蚯蚓堆肥处理固体废物的工艺流程，试分析该技术是如何实现固体废物减量化、资源化与综合利用的目的。

第5章
卫生填埋生物处理技术

卫生填埋法始于 20 世纪 60 年代，它是在传统的堆放基础上，从环境免受二次污染的角度出发而发展起来的一种较好的有机固体废物处理法。其优点是投资少，容量大，见效快，因此广为各国采用。在美国，每年填埋处理的废物占 80%，美国联邦环保局（USEPA）和很多州都已详细制定了关于填埋场选址、设计、施工、运行、水气监测、环境美化、封闭性监测以及 30 年内维护的有关法规。

中国自改革开放以来，随着经济发展和都市规模的扩大，城市固体废物的产出量逐年增加。面对数量庞大的固体废物，为了减少对环境的危害和利用有限的土地资源，我国大力发展了现代化的卫生填埋场。例如 2013—2017 年，我国城市生活垃圾产生量的复合增长率为 5.75%。2019 年我国大、中城市中，北京的城市生活垃圾产生量约为 960 万吨，上海的城市生活垃圾产生量为 920 万吨，广州的城市生活垃圾产生量为 876 万吨。2020 年中国城市生活垃圾无害化处理场（厂）共计 1287 座，较 2019 年增加了 104 座，同比增长 8.8%。其中，卫生填埋 644 座。城市垃圾卫生填埋法处理了大量垃圾，如北京阿苏卫垃圾卫生填埋场的垃圾消纳能力为 2000t/d，北京东小口垃圾填埋场的垃圾消纳能力为 900t/d，西安江村沟垃圾卫生填埋场的容积为 $228 \times 10^4 m^3$，上海老港垃圾填埋场消纳生活垃圾的能力为 5000t/d。可见，为了使城市固体废物达到无害化的最终归宿，发展现代化的卫生填埋是一条重要途径。

5.1 卫生填埋概述

一般所谓的填埋就是在铺设有良好防渗性能衬垫的场地上，将固体废物铺成一定厚度的薄层，加以压实，并加上覆盖层。而卫生填埋（sanitary landfill）是指对城市垃圾和废物在卫生填埋场进行的填埋处理，其中填埋场主要用来填埋城市垃圾等一般固体废物，使其对公众健康和环境安全不造成危害。一般卫生填埋的功能主要有两个方面，即贮留并隔断固体废物污染和对固体废物进行处理。因此，生活垃圾填埋场的选址非常关键，填埋场地必须具有合适的水文、地质和环境条件，并要进行专门的规划和设计，严格施工并加强管理。

此外，根据目前垃圾的填埋状况，有效合理地处理垃圾填埋后产生的气体和解决垃圾渗滤液的二次污染问题是城市卫生填埋技术的关键。据此，为防止周围环境被污染，必须设有一个渗滤液收集和处理系统，还要提供气体（主要为甲烷和二氧化碳）的排出或回收通道，并对填埋过程中产生的水、气和附近的地下水进行监测，还需能达到抵御百年一遇或以上洪水的设计标准。

因此，卫生填埋是基于环境卫生角度进行操作，为防止对环境造成污染，根据排放的环境条件，采取适当而必要的防护措施，以达到被处理废物与环境生态系统最大限度的隔绝。

5.2 卫生填埋分类

首先，根据不同填埋单元的组合并结合几何外形，一般可将填埋场的型式分成以下四类。

① 平地堆填　填埋过程只有很小的开挖或不开挖，通常适用于比较平坦且地下水埋藏较浅的地区。

② 地上和地下堆填　填埋场由同时开挖的大单元双向布置组成，一旦两个相邻单元填满了，它们之间的面积也就填满了，通常用于比较平坦但地下水埋藏较深的地区。

③ 谷地堆填　堆填的地区位于天然坡度之间，可能包括少许地下开挖。

④ 挖沟堆填　与地上和地下堆填相类似，但其填埋单元是狭窄的和平行的。通常仅用于比较小的废物沟。

其次，根据填埋废物的降解机制分类，卫生填埋主要有厌氧性填埋、好氧性填埋和准好氧性填埋三种。

(1) 厌氧性填埋

厌氧性填埋（图 5-1）是指投弃于平地坑洼或山谷的废物，处在没有空气的环境中而不断被降解的填埋方式。

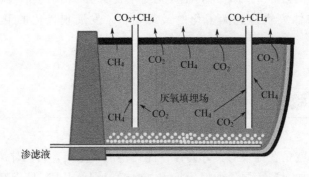

图 5-1 厌氧性填埋的结构示意

该技术具有填埋设施及作业设备简单，一次性投资相对较小的特点，因此被作为较大规模垃圾的处理手段被广泛采用，在我国占有很大比例，但其占地面积大，垃圾运输距离远，而且随着环保标准的日益严格，对填埋的设计和施工的标准越来越高，其建场投资和填埋费用也相应提高。

(2) 好氧性填埋

好氧性填埋是在垃圾堆体中埋入通风管道，强制送入空气，使垃圾层内部处于好氧状态，此种方法填埋场稳定速度快，但投资大；鉴于我国的经济条件和客观实际，此法在我国尚未被应用。

好氧性填埋的结构类似于有机垃圾的好氧堆肥结构，而比常规的卫生填埋结构多了强制通风系统和渗滤液回灌系统。图 5-2 为好氧性填埋的结构示意，空气经布气管系统较为均匀地释放到填埋层内，借助压力扩散和分子扩散作用使填埋层达到好氧状态。填埋层内的微生物利用氧气进行生物氧化还原反应，此时的电子供体不只限于含氮有机物，如蛋白质、氨基酸等，还应包括大量的烃类化合物，如淀粉、纤维素、木质素等糖类物质、酸类物质、脂类物质等和垃圾中本来已有或垃圾堆置过程中发酵产生的有机酸（如乙酸、丙酸、丁酸以及苯甲酸等）等。这些物质的生化反应方程可表示如下：

$$C_a H_b O_c N_d \cdot i H_2O（含氮有机质）+ j O_2 \longrightarrow$$
$$C_e H_f O_g N_h \cdot c H_2O + k H_2O + l H_2O + m CO_2 + n NH_3 + 能量$$
$$C_x H_y O_z \cdot a H_2O（有机质）+ (x + 1/4y - 1/2z) O_2 \longrightarrow (1/2y + a) H_2O + x CO_2 + 能量$$

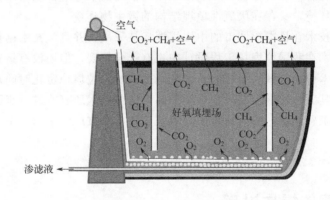

图 5-2 好氧性填埋的结构示意

垃圾好氧填埋的初始阶段，填埋层基本呈中温，其中嗜温性微生物较为活跃，其利用填埋层中可溶解性有机物生长并大量繁殖，产生热能，使填埋层温度升高。此阶段的微生物以中温需氧型微生物为主，通常是一些不产芽孢的细菌；当填埋层温度升高到 45℃ 以上时，嗜温性微生物受到抑制甚至死亡，继而被嗜热性微生物代替，主要是嗜热性的真菌和放线菌，此时复杂的有机物（如半纤维素、纤维素和蛋白质）也开始被分解；当填埋层只剩下部分难分解的有机物和新形成的腐殖质时，填埋层的温度下降，嗜温性微生物又逐步占优势，这时对氧的需求会减少。

(3) 准好氧性填埋

准好氧性填埋的设计思想是使渗滤液集水管尽量大，使渗滤液集水沟的水位低于渗滤液集水干管管顶的高程，并让开口部裸露在空气中，使大气可以通过集水管上部空间进入填埋的垃圾堆体，使填埋场具有一定程度的好氧条件，靠垃圾分解产生的发酵热来形成内外温差，继而使空气流进垃圾堆体，因而不需强制通风，这就可以节省能量，且促进垃圾的分解和稳定，并降低渗滤液的出水水质，填埋场可提前稳定，缩短土地的再利用时间。图 5-3 为准好氧性填埋的结构示意。

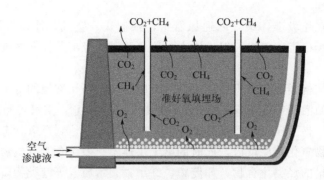

图 5-3 准好氧性填埋的构造示意

由图可见，此技术利用填埋层内部由于微生物作用和其他反应而产生的温度差，使得空气经渗滤液收集管进入填埋层，有利于好氧微生物的生长繁殖，加快填埋层中有机物的分解，并降低渗滤液中污染物浓度。但离渗滤液收集管较远的填埋层仍处于厌氧状态，部分有机物被厌氧分解。随着时间的推移，好氧区域渐渐扩大。准好氧性填埋结构中既存在好氧性填埋结构的微生物环境，又存在厌氧性填埋结构的微生物环境。

准好氧性填埋技术在日本福冈市的中田填埋场被采用，并且该技术已作为原生垃圾最终处理场准则。该技术在我国填埋场工程设计中也有部分体现，但还没有运行的工程实例。

在上述三种技术中，好氧和半好氧填埋分解速度快，垃圾稳定化时间短，也日益受到各国的重视，但由于其工艺要求较复杂，费用较高，这些技术还有待进一步研究。目前厌氧填埋因操作简单，施工费用低，同时还可回收甲烷气体，而被广泛采用。下文将以厌氧填埋为主介绍卫生填埋。

5.3 卫生填埋的操作过程

(1) 垃圾的填埋

垃圾卫生填埋方法主要有三种：沟槽法（壕沟法）、地面法和斜坡法（混合法）。

① 壕沟法　在水平地形地区，壕沟法常被采用。在地面挖掘壕沟，其长宽高视地面情形而定。一般沟深 0.9~1.8m，沟宽 4.5~7.5m，长 30~40m，但是地下水位需要比沟底低 3m 左右。操作时将垃圾倒入壕沟内压实，然后利用挖掘壕沟挖起的土壤作覆盖的土壤。壕沟的挖掘可在操作前挖好或一面操作一面挖沟。

② 地面法　此法是将垃圾倒弃在填埋区，自外地运来覆盖物（土）覆盖在垃圾上，继而再压实。此法较多地在采石场、露天矿场、峡谷、盆地或其他类型的洼地进行填埋，适合于对大量的固体废物进行处理。

③ 斜坡法　它是将垃圾直接铺撒在斜坡上压实后加上覆盖物，继而再压实。它适用于中等坡度的地区，挖出的土壤可以用作垃圾的覆盖物。

填埋作业方式主要根据填埋方式和场地的地形特点来确定。

在平坦地区采用地面法填埋时，可以采用从一端向另一端进行水平填埋，还可以采用由下向上进行垂直填埋这两种作业方式，其中垂直方式应用较多。

在斜坡或峡谷地区采用斜坡法填埋时，可以采用三种填埋作业方式：①采用从上到下的顺流填埋方法，即将垃圾直接倾倒在斜坡上，压实后可以从斜坡工作面直接挖土覆盖，这样既不会积蓄地表水，还可以减少浸出液；②采用从下据斜坡而上的逆流填埋方法；③还可以采用垂直地从下到上的垂直填埋方法。这三种填埋作业方式中，顺流方式应用较多。

此外还有混合填埋作业方式，它是沟槽法和地面法的结合，这种方式的优点是只需要少量的挖掘，即可就地取得覆盖材料。

根据垃圾卫生填埋工艺要求，垃圾填埋采用分层压实的方法进行操作，每一单元的垃圾高度均在 2～4m 的范围内，最高不超过 6m。填埋单元根据日产垃圾实际进场量确定，以每日进场量为一个单元，当日垃圾当日覆土，推土机将垃圾摊铺到厚度为 0.3～0.4m 时，即进行压实作业。压实垃圾可以延长填埋场的使用寿命，还可以减少沉降、日覆盖土量以及渗滤液和甲烷的迁移，为垃圾车运行提供更坚实的运行面。

每一单元垃圾经过压实后累积净厚度约 2.3m 时，再进行单元式覆盖（日覆盖），覆盖材料采用开挖土，覆土厚度约 0.2m，即平均每单元由垃圾压实机压实后连覆土共厚约 2.5m。日覆盖可防止垃圾中的纸张等轻质组分被风吹散。进一步进行每一单元垃圾分层碾压，当填埋层达到一定高度（4～5m）后进行中间覆盖，主要是为了减少降水进入填埋场，减少渗滤液的形成。逐步升高垃圾堆体直至高出填埋坑上的坑口，高出部分堆成斜坡面，坡度应为 1:3（高与水平之比）。

按单元填埋作业方式依次重复操作至设计填埋高程时，需进行最终覆盖，其目的在于减少雨水的渗入，控制害虫繁殖、气体的迁移和不良气味，降低火灾系数，改善填埋场的景观，恢复填埋场生态。最终覆盖层由下至上由三部分组成：下层为黏土层（渗透系数 $\leqslant$ 10^{-7} cm/s），压实厚度约为 0.6m，应从中剔除有害的石块、土团及其他碎渣，并应位于最大冰冻线以下，其主要功能为防止地表水渗入填埋场。中间层为自然土，压实厚度约为 0.3m，其主要功能为防止植物根系穿透防渗层而导致渗水；最上层为侵蚀控制层和营养土层，压实厚度约 0.6m，有助于天然植物生长并保护填埋场覆盖，免受风霜雨雪或动物的侵害。为避免在封顶后的填埋场表面出现积水，对填埋场最终覆盖的外形加以平整，以防止由于日后沉降而引起局部沉陷，利于降雨的自然排出。最终覆盖的坡度在任何地方均不应小于 4%，但也不能超过 25%。

垃圾填埋过程中所需要的覆盖土包括：单元覆盖贫瘠土、终期覆盖黏土、终期覆盖贫瘠土和终期覆盖营养土。填埋区建设过程中挖出的表层土应集中贮存堆放，用作单元覆盖土和终期覆盖贫瘠土，以减少自然取土量，从而降低填埋场运行费用。终期覆盖营养土可以根据实际情况采用填埋区内挖取耕植土或自场外运进。

(2) 垃圾填埋的封场与利用

封场是指在填埋的废物之上建造一个与下部填埋场结构相配套的顶部覆盖系统，以实现对处理废物的封隔。封场的目的是：使废物与环境隔离；调节地表排水，减少降水渗入；减少场地的表面侵蚀。顶部覆盖系统要与填埋场的底部及四周的防渗衬里配套设计建造。顶部防渗覆盖层材料的选择及设计施工要与防渗衬里相一致。

填埋区植被覆盖是卫生填埋的重要步骤，它是已关闭的垃圾填埋场重新开发利用的关键。在填埋过程中，应边填埋边绿化，尽量减轻污染。对建成封场后的填埋场，要大力搞好植被覆盖，为填埋区的重新开发利用创造良好条件。此外，垃圾上有各种微生物，为减少微生物向空气中扩散，需要对填埋场进行有效的管理，采取及时合理的缓解措施（如加强绿化、及时洒水等），以在一定程度上减少空气中微生物的浓度。

场区周围应设安全防护设施，以防止垃圾中的轻质物（如塑料、废纸等）随风飘扬到填埋场区以外。填埋场周围宜设 10～20m 宽度的绿化防护带，以与周围环境相隔离。封场后及时种上草皮和灌木。据研究表明，需选择一些浅根系且耐旱的植物，例如枸杞（*Lycium chinense*）就是一种非常好的植物，甚至可直接在填埋 1 年后的废弃地上种植，其他的还有紫穗槐（*Amorpha fruticosa*）、刺槐（*Robinia pseudoacacia*）和白蜡树（*Fraxinus chinensis*）等。同时，部分稳定化的填埋单元可以作为临时的进场垃圾预处理基地或插花培训场所等用途。

对于已封闭的填埋场是可以再利用的。城市垃圾填埋场大多建在城市近郊的山坳、荒地或海滩里，随着城市规模的不断扩大，此类垃圾填埋场也将逐渐被新兴的工业、民用建筑所包围，其土地利用价值将进一步提高，封场之后的填埋场经安全防范处理后，除可用于种植各类经济林木、改造为种植浅表作物的良田以外，也可用作兴建公园、娱乐场、高尔夫球场、休闲广场等。

5.4 填埋坑中微生物的活动

垃圾填埋场中的垃圾降解是一个复杂的生物化学反应过程，目前的垃圾填埋主要采用厌氧性填埋，其生物化学反应过程本质上是一个厌氧消化过程，此过程有赖于厌氧系统内部各种微生物之间的有效协作。因此，了解卫生填埋场内的微生物种类对理解填埋坑中微生物活动是至关重要的。

5.4.1 卫生填埋场内的微生物种类

填埋场中降解垃圾的微生物种类有：细菌、真菌和放线菌，其中细菌数量最多。按垃圾厌氧降解过程，其主要微生物类群有以下几类。

5.4.1.1 水解菌群

水解菌群的微生物能够大量产生胞外酶，继而催化大分子聚合物（如糖类、蛋白质和脂肪等）水解成单体或小分子聚合物。按底物可将此水解分为三大类：糖类水解、蛋白质水解和脂肪水解。糖类水解又包含纤维素水解、淀粉水解和果胶水解等。由此可以将水解菌分为：纤维素水解菌、淀粉降解菌、果胶降解真菌、蛋白质降解菌和脂肪水解菌。

（1）纤维素水解菌

纤维素水解菌主要有：产琥珀酸拟杆菌（*Bacteriodes succinogenes*）、溶纤维丁酸弧菌（*Butyr ibibriofibrisol vens*）、黄化瘤胃球菌（*Ruminococcus flavefaciens*）、白色瘤胃球菌（*Ruminococcus albus*）；此外还分离出细菌纤维素单胞菌属 CB2（*Cellulolomonas* sp.）、放线菌链霉菌属 CA5（*Streotomyces* sp.）、真菌毛霉属 CF4（*Mucor* sp.）等微生物。

其中，黄化瘤胃球菌（*R. flavefaciens*）和白色瘤胃球菌（*R. albus*）均为严格厌氧型革兰氏阳性球菌，直径 0.7～1.5μm。黄化瘤胃球菌（*R. flavefaciens*）细胞在革兰氏染色反应时，常发生变异而出现革兰氏阴性反应，细胞常排列成长链，产生黄色的色素。白色瘤胃球菌（*R. albus*）的革兰氏染色呈稳定的阳性反应，常以双球菌的形式存在，不产生黄色的色素，菌落常呈白色。白色瘤胃球菌（R. albus）和黄化瘤胃球菌（R. flavefaciens）还广泛存在于草食动物胃肠道中，而前者在瘤胃中的数量常大于后者。

黄化瘤胃球菌（R. flavefaciens）和白色瘤胃球菌（R. albus）是瘤胃中主要的纤维素降解菌，能产生大量的纤维素酶和半纤维素酶，其中主要为木聚糖酶。黄化瘤胃球菌（R. flavefaciens）产生的木聚糖酶属于结构极其复杂的复合酶体，该菌还能产生多簇内切葡聚糖酶和一种外切葡聚糖酶。很多黄化瘤胃球菌（R. flavefaciens）的菌株都能降解一些通常难降解的且坚韧的纤维（如棉花纤维），而白色瘤胃球菌（R. albus）中有些不是纤维降解菌。这些瘤胃球菌都能利用纤维二糖，白色瘤胃球菌（R. albus）优先利用纤维二糖，然后利用葡萄糖，但是黄化瘤胃球菌（R. flavefaciens）通常不能利用葡萄糖。

黄化瘤胃球菌（R. flavefaciens）和白色瘤胃球菌（R. albus）降解半纤维素和果胶的程度通常受生长底物的诱导。黄化瘤胃球菌（R. flavefaciens）的主要发酵产物为琥珀酸、乙酸和甲酸，还有少量的氢气、乙醇和乳酸。白色瘤胃球菌（R. albus）几乎不产生琥珀酸，但可产生大量的氢气和乙醇，有的菌株可产生乳酸。

黄化瘤胃球菌（R. flavefaciens）和白色瘤胃球菌（R. albus）的生长都需要异戊酸、异丁酸和生物素。很多白色瘤胃球菌（R. albus）还需要 2-甲基丁酸；许多瘤胃球菌需要苯丙氨酸和吡哆胺，有的需要硫胺素、核黄素和叶酸；很多菌株需要氨，氨的利用优先于氨基酸。白色瘤胃球菌（R. albus）可产生细菌素，对黄化瘤胃球菌（R. flavefaciens）具有抑制作用。瘤胃球菌属的菌产生的一些代谢物还可抑制瘤胃真菌降解纤维。但是，瘤胃球菌对离子载体抗生素（如莫能菌素）很敏感。

另外，纤维素降解能力强的细菌还有产琥珀酸丝状杆菌（Fibrobacter succinogenes），它过去被称为产琥珀酸拟杆菌（Bacteroides succinogenes），因种群发生关系上与拟杆菌相去较远，故被重新命名。在分离初期，分离到的是杆菌，继续培养变成球状和卵状，长度为 $1.0 \sim 2.0 \mu m$，直径为 $0.3 \sim 0.4 \mu m$，大多数呈单体存在，可以见成对或短链状、玫瑰花团状的排列，是严格厌氧型革兰氏阴性菌。培养时间长，则细胞容易迅速死亡。

产琥珀酸丝状杆菌（F. succinogenes）普遍存在于反刍动物的瘤胃中，具有很强的纤维素降解能力，并且能够产生大量的多糖酶，但该菌不能降解木聚糖。在其纯培养菌中，它们具有很强的降解秸秆的能力，能够降解一些不被黄化瘤胃球菌（R. flavefaciens）降解的同质异晶体纤维素，发酵产物通常为乙酸和琥珀酸。该菌的生长需要戊酸和异丁酸，通常还需要生物素和对氨基苯甲酸，其中脂肪酸主要用于合成磷脂，异丁酸主要用于合成脂肪醛和支链 16 碳及 14 碳脂肪酸，戊酸转化成脂肪醛和直链 13 碳及 15 碳脂肪酸。与其他的纤维素降解菌［如黄化瘤胃球菌（R. flavefaciens）和白色瘤胃球菌（R. albus）］相比，产琥珀酸丝状杆菌（F. succinogenes）对纤维素具有较强的耐受力，但是某些植物的次生代谢产物（如酚类物质）可能抑制其活性。

（2）淀粉降解菌

淀粉降解菌主要有巨大芽孢杆菌（Bacillus megaterium）、毛霉属（Mucor）真菌。

① 巨大芽孢杆菌（B. megaterium）属于耐热嗜冷菌，也是兼性厌氧菌，是冷藏食品中的腐败细菌之一。培养 12h 内，菌体呈粗大杆状，细胞柱状到椭圆或梨形，两端钝圆大小为 $(2.6 \sim 6.0) \mu m \times (1.5 \sim 2.0) \mu m$。有时链状，稍能游动，革兰氏染色阳性，严格好氧；24h 后菌体内逐渐形成芽孢且失去游动性。芽孢椭圆形，大小为 $(1.1 \sim 1.2) \mu m \times (0.7 \sim 1.7) \mu m$，位于杆状菌体中部；48h 后菌体开始溶化，芽孢散出，不宜着色。菌落有光泽或稍暗，

有时稍有皱纹。随着菌龄的增长，常呈黄色，长时间培养后，菌落和培养基会变为褐色或黑色。

在营养琼脂培养基上培养时，其在孢子囊内会形成抗热的芽孢，为中生到端生，形状为椭圆形或圆形不等；菌落生长丰富，不扩展，有光泽或较暗，有时微皱，生长后期一般带黄色，长时间培养的生长物和培养基可变成褐色或黑色；在马铃薯葡萄糖琼脂培养基上培养时，菌落为圆形，开始半透明，后成乳白色，扁平内凹，时间长了成浅褐色；在合成培养基上培养时，菌落透明凸起，约有臭味，属于氨化细菌一类；在液体培养基中培养时，菌液稍变混浊，液面不生成菌膜；在卵磷脂琼脂斜面上培养时，菌苔较厚，带状，边缘整齐，灰白色，表面光滑，菌落周围形成透明溶解圈。

它能利用多种糖类，水解淀粉，发酵葡萄糖、乳糖和蔗糖，产酸不产气，能够液化明胶，呈漏斗形。生长适温 37℃，25～30℃也能生长，生长 pH 范围 6.0～8.0，最适 pH 为 7.0～7.5，需氧性。

这个种的细菌也可存在于植物种子、马铃薯块茎中，但对植物无影响。工业上用于生产葡萄糖异构酶，巨大芽孢杆菌（*B.megaterium*）在回收贵重金属方面有着重要作用，还能降解土壤中难溶的含磷化合物，使之成为作物能吸收的可溶物。巨大芽孢杆菌（*B.megaterium*）与球形芽孢杆菌（*Bacillus sphaericus*）混合培养时具有固氮增效作用，非常适合制成微生物肥料。

② 毛霉属（*Mucor*）是一个包含大约十多个品种的霉菌属，普遍存在于泥土和植物的表面，在腐烂的蔬果或消化系统中都可以找到它，它还可以用于制作豆腐乳。

它们属于接合菌亚门-接合菌纲-毛霉目-毛霉科的真菌。营养体菌丝无假根和匍匐菌丝的分化，孢囊梗直接由菌丝体生出，一般单生、分枝或较少不分枝，有单轴式即总状分枝和假轴状分枝两种类型。分枝顶端生球形孢子囊，囊壁上常带有针状的草酸钙结晶。大多数种的孢子囊成熟后，其壁易消失或破裂，且留有残迹称囊领，都有囊轴，形状不一，囊轴与柄连接处无囊托。孢囊孢子球形、椭圆形或其他形状，单胞，大多无色，无线状条纹，壁薄且光滑。接合孢子着生在菌丝体上，异宗配合或同宗配合，配囊柄不弯曲、无附属物，交配时两配子囊成直线排列。某些种产厚垣孢子，顶生或间生，平滑无色。

毛霉菌丝体在基物上或基物内能广泛蔓延生长，故菌落布满整个培养皿，疏松、稠密或呈厚毡状，高度通常在 1cm 以内，初期白色后变淡黄色、灰色或浅褐灰色。

(3) 果胶降解真菌

果胶降解真菌有毛霉属（*Mucor*）真菌，具体可见上文介绍。

(4) 蛋白质降解菌

蛋白质降解菌有：细菌炭疽芽孢杆菌 PA5（*Bacillus* sp.）、缺陷短波单胞菌 PB15（*Brevundimonas diminuta* PB15）。

缺陷短波单胞菌（*B. diminuta*），以前称微小假单胞菌，为革兰氏染色阴性的短小杆菌，菌落特征为：灰白色，中心凸起，边缘不整，似草帽状。大小为（0.3～0.5）μm ×（1.1～1.3）μm；其氧化酶、接触酶和硝酸盐还原皆为阳性，能够将葡萄糖氧化产酸；不产生 H_2S 和吲哚，还能利用多种糖和有机酸。该菌一般分布于自然界的土壤及河湖中，缺陷短波单胞菌产生的有机磷酸酯水解酶可以水解有机磷酸酯类。

(5) 脂肪水解菌

脂肪水解菌中，橄榄油降解细菌有：纤维素单胞菌属 FB4（*Cellulolomonas* sp. FB4）、橄榄油降解真菌毛霉属 FF6（*Mucor* sp. FF6），橄榄油降解的放线菌有链霉菌属 FA9（*Streptomyces* sp. FA9）。

纤维单胞菌属（*Cellulomonas*）的细菌在幼龄培养物中，细胞为细长的不规则杆菌，大小为（0.5～0.6）μm×（2.0～5.0）μm，直到稍弯，有的呈 V 字状排列，偶见分支但无丝状体。其老培养物的杆通常变短，有少数球状细胞出现。革兰氏阳性，但易褪色。常以一根或少数鞭毛运动。不生孢子，不抗酸。兼性厌氧，有的菌株在厌氧条件下可生长但很差。在蛋白胨-酵母膏琼脂上的菌落通常凸起，淡黄色。化能异养菌，可呼吸代谢也可发酵代谢。可利用葡萄糖和其他糖类物质，在好氧和厌氧条件下都产酸。接触酶阳性，能分解纤维素，还原硝酸盐到亚硝酸盐。最适生长温度 30℃。广泛分布于土壤和腐败的蔬菜中。

链霉菌属（*Streptomyces*）是最高等的放线菌，有发育良好的分枝菌丝，菌丝纤细，无横隔，多核，可以分化为营养菌丝、气生菌丝、孢子丝。营养菌丝（又称基内菌丝）色浅，较细，具有吸收营养和排泄代谢废物的功能；气生菌丝是颜色较深，直径较粗的分枝菌丝；气生菌丝成熟分化成孢子丝，孢子丝再形成分生孢子。菌落小而致密、干而不透明，幼时表面光滑、边缘整齐、颜色单调、不易挑起，继而发展成绒毛状、表面起粉且色泽丰富，正反面颜色往往不同。各个种都能利用葡萄糖，有较强的淀粉和蛋白质水解能力（尤其是角蛋白），主要分布于土壤中。链霉菌主要分布于含水量较低、有机质含量丰富的中性或微碱性土壤中，多数为腐生且好气性的异养菌。由于能产生大量的孢子，故有较强的抗干燥能力。链霉菌孢子对热的抵抗力比细菌芽孢弱，但强于营养体细胞。

此外，还分离出半纤维素水解细菌——居瘤胃生拟杆菌［*Bacteroides ruminicola*，现为栖瘤胃普雷沃氏菌（*Prevotella ruminicola*）］、溶纤维丁酸弧菌（*Butyribibrio fibrisolvens*）、黄化瘤胃球菌（*R. flavefaciens*）等。

其中，溶纤维丁酸弧菌（*B. fibrisolvens*）呈弯杆状，（0.3～0.8）μm×（1.0～5.0）μm，单生、成链或丝状体，丝状体可能为螺旋状。革兰氏染色阴性，但细胞壁属革兰氏阳性类型；细胞依靠几根极生或亚极生鞭毛运动；尽管培养物中仅少数细胞运动，但运动快并颤动。厌氧生长，30℃以下生长慢，50℃时不生长（最适生长温度为 37℃）。它属于化能有机营养型微生物，进行发酵代谢；发酵葡萄糖的主要产物是丁酸，有时有乳酸。无糖类物质时不生长，但通常利用纤维素、淀粉和其他多聚糖。接触酶阴性，可能还原硝酸盐。常常分离于反刍动物的瘤胃，偶尔于哺乳动物的粪便，不致病。

溶纤维丁酸弧菌（*B. fibrisolvens*）是一种代谢极为丰富多样的细菌，可以发酵的底物范围极广，但是不同的菌株表现出很大的差异，大多数菌株可以在单糖上生长，包括戊糖（如木糖和阿拉伯糖），可以生长在其他微生物产生的可溶性降解产物上，还可以生长在淀粉、果胶多糖以及其他非纤维素多糖上。该菌在具有完整细胞壁的材料和纤维素材料上生长较差，很多菌株能够降解木聚糖，除能够合成胞外木聚糖酶外，还能够合成乙酰木聚糖酯酶。这些菌株还能够利用木聚糖的降解产物，但是利用程度与不同植物的木聚糖侧链的特性和部位有关。溶纤维丁酸弧菌（*B. fibrisolvens*）还具有淀粉降解酶活性，可能在降解具有淀粉类物质的过程中起作用。它的发酵产物主要有二氧化碳、氢气、乙醇、乙酸、丁酸和乳酸。它还具有蛋白降解酶活性，在瘤胃中是主要的蛋白质降解菌之一，在体外培养过程中，蛋白降解酶还在培养的上清液中积累。它还具有氢化作用，最初还被认为是唯一能够进行生物氢化的瘤胃细菌，它能够使未饱和脂肪酸还原，如使亚油酸还原成反-11-油酸。

黄化瘤胃球菌见前文的介绍。

5.4.1.2 产氢产乙酸菌群

在卫生填埋场中，还分离出产氢产乙酸菌，如布氏甲烷杆菌属（*Methanobacterium*）等微生物。产氢产乙酸菌群是将第一阶段发酵产物，如丙酸等三碳以上有机酸、长链脂肪酸和醇类等氧化分解形成乙酸和分子氢。

在参与厌氧消化过程的各微生物类群中，产氢产乙酸菌群在营养生态位上是位于产酸发酵菌群和产甲烷菌群之间，在功能生态位上起到承上启下的重要作用，它将产酸发酵菌群代谢产生的丙酸、丁酸等有机挥发酸和乙醇等进一步降解转化为乙酸、CO_2 和 H_2，为后续的产甲烷菌群提供了可以直接利用的底物，是有机物甲烷发酵过程中必不可少的重要环节。

产氢产乙酸菌的代谢特点是以质子作为唯一的电子受体，所进行的大多数氧化反应在标准热力学状态下是吸能的，其生长和代谢依赖于代谢产物——氢或甲酸的消耗，因此必须与诸如产甲烷菌或硫酸盐还原菌等消耗氢的微生物组成共培养体系才能够维持生长。

布氏甲烷杆菌属（*Methanobacterium*）为古细菌，杆状，大小为（0.6～1.0）μm×（1.5～3.5）μm，单生或形成链。菌落白色，表面光滑，边缘呈丝状扩散，直径 0.8～3.5mm。严格厌氧，最适 pH 值为 6.4～7.3，最适温度 35～40℃。利用 H_2/CO_2 生长产 CH_4，不利用甲酸，要求氨为氮源，维生素、半胱氨酸和沼气池污泥均能刺激其生长。

5.4.1.3 产甲烷菌群

在卫生填埋场中，产甲烷菌群可分为杆状产甲烷菌、球状产甲烷菌和八叠球状产甲烷菌三类。

(1) 杆状产甲烷菌

杆状产甲烷菌通常弯曲呈链状或丝状，此类细菌有：史密斯甲烷短杆菌属（*Methanobrevibacter*）、甲酸甲烷杆菌属（*Methanobacterium*）、史密斯甲烷杆菌属（*Methanobacterium*）的嗜热自养甲烷杆菌（*Methanobacterium thermoautotrophicum*）等微生物。其中，史密斯甲烷短杆菌的菌株细胞形态为短杆状，偶见链状细胞。在 H_2/CO_2 及甲酸基质上一般成对出现连成双杆菌。其菌落呈圆形，半透明，略微突起，浅黄色。可利用 H_2/CO_2 和甲酸作为碳源和能源，不能利用 CH_3COONa、$(CH_3)_3N$ 及 CH_3OH。发酵浸出液能刺激该菌株的生长，复合微量元素和醋酸钙能促进菌株利用甲酸盐生成甲烷。它们生长的 pH 范围为 6.5～8.5，最适的 pH 7.5，最适生长温度为 35℃，严格厌氧，G+C 的 mol% 值 [指某条 DNA 片段（单链双链都行）上的 G 和 C 这两种碱基的含量] 为 28.5。

甲酸甲烷杆菌属（*Methanobacterium*）的细菌呈长杆状，其菌体长度一般可变，宽 0.4～0.8μm，长度可变，菌落灰白色，圆形边缘丝状。它们严格厌氧，生长最适的 pH 为 6.6～7.8，最适的温度为 37～45℃，它们能够利用 H_2/CO_2、甲酸盐生长产 CH_4。

嗜热自养甲烷杆菌（*M. thermoautotrophicum*）在形态上呈微型杆状，常常形成丝状，菌宽 0.37～0.7μm，长 3～7μm，菌丝体长 10～100μm 以上，革兰氏染色呈阳性，无孢子，也不运动，最适的生长温度为 65℃，是一种专性厌氧嗜热古菌。它们的菌落呈灰白色，大小为 1～5mm，圆形、粗糙甚至形成丝状体。

(2) 球状产甲烷菌

球状产甲烷细菌的直径为 0.35μm；球形细胞呈正圆形或椭圆形，成对排列成链状。此类细菌有巴氏甲烷八叠球菌（*Methanosarcina barkeri*）、沃氏甲烷球菌（*Methanococcus vol-*

tae)、马氏产甲烷球菌（*Methanococcus mazet*）及嗜热无机营养甲烷球菌（*Methanococcus thermolithotrophicus*）等。

沃氏甲烷球菌（*M. voltae*）的细胞直径约 $3\sim4\,\mu m$，为中温菌，其 $G+C$ 的 $mol\%$ 值为 $30\sim33$。该菌能在缺乏乙酸盐的培养基中合成生长所需的乙酸盐。此外，该菌在利用 H_2/CO 和纯 CO 时，都生成中间代谢产物甲酸盐。

马氏产甲烷球菌（*M. mazet*）可以利用甲醇、醋酸和三甲胺生长，并产生甲烷。利用甲醇生长最快，利用 H_2/CO_2 生长很慢，而且菌体在 H_2/CO_2 上生长较弱。它不利用甲酸、乙醇、丙醇和丁醇，其革兰氏染色阴性到可变。

嗜热无机营养甲烷球菌（*M. thermolithotrophicus*）能够在 H_2/CO_2 上生长，能够在 $30\sim70℃$ 区间生长，最适合的生长温度为 $50℃$，适宜条件下的倍增时间为 $55min$，$G+C$ 的 $mol\%$ 值为 31.3，可以在含 $1.3\%\sim8.3\%$ 的 NaCl 浓度的培养基上生长，最合适的 NaCl 浓度为 4%。

(3) 八叠球状产甲烷菌

八叠球状产甲烷菌的细胞繁殖形成规则、大小一致的类似沙粒一样的堆积物，有巴氏甲烷八叠球菌（*M. barkeri*）、嗜热甲烷八叠球菌（*Methanosarcina thermophilia*）等。

其中，巴氏甲烷八叠球菌（*M. barkeri*）能够利用 H_2/CO_2、甲醇和三甲胺等产甲烷。直径 $1.5\sim2\,\mu m$，常常聚集成几百微米的颗粒，以甲醇为基质生长时，沉淀于培养基底部，$35℃$ 于固体培养基生长形成 $0.5\sim1\,\mu m$ 黄色不规则的菌落。

嗜热甲烷八叠球菌（*M. thermophilia*）能够利用甲醇、甲胺和醋酸生长并且产生甲烷，一些菌株不能利用 H_2/CO_2 和甲酸作为碳源和能源。最适合的生长温度为 $50℃$，最适生长 pH 为 $6.0\sim7.0$。

5.4.2　填埋坑中微生物的降解过程

厌氧性填埋中的垃圾经历了厌氧消化过程，垃圾在填埋场内的降解大致可以分为好氧降解和厌氧降解两个阶段（图 5-4），进一步还可以分为 10 个步骤。

5.4.2.1　好氧降解阶段

首先是不溶性的有机大分子物质在胞外水解酶的作用下分解形成可溶性的小分子物质（图 5-4 中的 1），如由多种厌氧或兼性厌氧的水解性或发酵性细菌把纤维素、淀粉等糖类水解成单糖；将蛋白质水解成氨基酸；将脂类水解成甘油和脂肪酸。进一步，垃圾中易降解的有机组分和上步形成的小分子物质迅速与填埋垃圾所夹带的氧气发生好氧生物降解，生成 CO_2 和 H_2O，同时释放出一定热量，垃圾堆体温度升高。这是一个非常短暂的过程，在填埋场的垃圾降解中起次要作用。

填埋坑中的有机物在好氧微生物的作用下，经过一系列复杂的生物化学过程，最终分解成稳定的产物。

5.4.2.2　厌氧降解阶段

厌氧降解阶段进一步可分为三个阶段，即不产生甲烷的厌氧降解阶段、产生甲烷的厌氧分解阶段和稳定产气阶段。

(1) 不产生甲烷的厌氧降解阶段

当好氧分解反应将废物填埋坑中存留的氧气基本耗尽时，厌氧微生物开始活动，在此阶

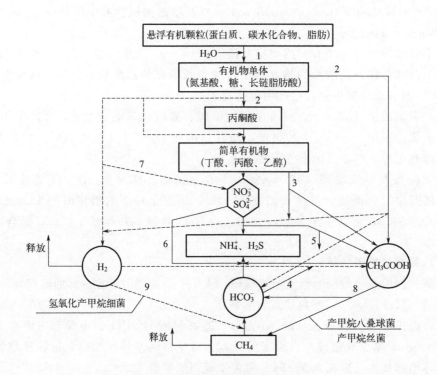

图 5-4　填埋坑中微生物的降解过程

注：图中虚线表示细菌种间氢传递；数字 1～9 表示各反应步骤。

段，微生物利用硝酸根、硫酸根作为氧源，产生硫化物、氨气和二氧化碳，硫酸盐还原菌和反硝化细菌的繁殖速度大于产甲烷菌的繁殖速度，所以在此阶段迅速产生二氧化碳而不产生甲烷，当还原状态达到一定程度以后，才能够产生甲烷，还原状态的建立与环境因素有关，潮湿且温暖的填埋坑能够迅速完成这一阶段而进入下一阶段。

此过程进一步分为以下几个步骤：

① 将有机单体转化为氢、重碳酸盐以及乙酸、丙酸、丁酸等小分子酸类（图 5-4 中的 2）。

② 专性产氢产乙酸菌将还原的有机产物氧化成氢、重碳酸盐和乙酸（图 5-4 中的 3）。产氢产乙酸细菌能够将产酸发酵菌产生的乙醇和有机挥发酸（VFAs）等降解为乙酸、CO_2 和 H_2。

③ 同型产乙酸菌将重碳酸盐还原成乙酸（图 5-4 中的 4）。同型产乙酸菌以 CO_2 或重碳酸盐作呼吸链末端氢受体而进行的一类生物氧化作用，称为碳酸盐呼吸或碳酸盐还原作用，在填埋坑中重碳酸盐被还原成乙酸。

④ 硝酸盐还原菌和硫酸盐还原菌将还原的有机产物氧化成重碳酸盐和乙酸盐（图 5-4 中的 5）。

⑤ 硝酸盐还原菌和硫酸盐还原菌将乙酸氧化成重碳酸盐（图 5-4 中的 6）。

⑥ 硝酸盐还原菌和硫酸盐还原菌进行氢气或甲酸的氧化（图 5-4 中的 7）。

(2) 产生甲烷的厌氧分解阶段

当有机物已部分转化成为有机酸时，废物层中的氧气已经耗尽，温度、湿度和 pH 值都比较合适时，甲烷菌便开始繁殖，将有机酸转化为甲烷，同时也放出二氧化碳。在这一阶段，甲烷产量逐渐增加，坑内温度可能上升到 55℃，当产气稳定时，表明此阶段结束。

甲烷的生物合成有 3 种途径，包括以乙酸为底物（图 5-4 中的 7）、以 H_2/CO_2 为底物（图 5-4 中的 7）、以甲基类化合物为底物的生物合成过程。

在填埋坑中，可以通过乙酸发酵产甲烷，主要的参与细菌可能为产甲烷八叠球菌和产甲烷丝菌（图 5-4 中的 8）；此外，还可能通过重碳酸盐还原产甲烷，主要的参与细菌可能为氢氧化产甲烷细菌（图 5-4 中的 9）。研究表明：以乙酸盐为底物产生的甲烷占甲烷量的 67%，而以 H_2/CO_2 转化形成的甲烷不足甲烷量的 33%。

（3）稳定产气阶段

此阶段稳定地产生甲烷和二氧化碳，两种气体的浓度在很长时间内都保持基本稳定，二者的体积比能达到一个常数，一般为 1.2～1.5，而在封场后的填埋场与正在填埋操作的填埋场深层这个比值会有所不同。

5.4.3　影响填埋坑中微生物降解过程的因素

影响垃圾降解的因素可以分为两大类：一类是环境因素，包括温度、pH、湿度和氧化还原电位等；另一类是基本因素，包括微生物量、有机物组成、营养比等条件。

（1）温度

温度会影响产甲烷菌的生长繁殖，继而影响垃圾的产甲烷量。根据温度分类，甲烷菌可以分为两大类：一类是中温菌，它最适宜的繁殖温度是 30～38℃；另一类是喜温菌或称高温菌，其最适宜的繁殖温度是 50～58℃。因此，40～45℃ 这一温度区间是不适宜甲烷菌繁殖的，经过大量的实验得出：45℃ 条件下的产气量不及 40℃ 和 50℃ 的产气量高。一般认为，30～40℃ 对于垃圾的产气是合适的温度。

（2）pH 值

在卫生填埋过程中，垃圾中的有机物被微生物所降解，产酸细菌最适宜 pH 值为 4.5～8.0；而产甲烷菌最适宜 pH 值为 6.8～7.5，低于 6.8 或高于 7.5 时甲烷菌的活性低，且要求绝对厌氧。因为 pH 值的变化可以影响不产甲烷菌的活动，而间接影响产甲烷菌。pH 值高时会使 CO_2 浓度下降，pH 值低时又会抑制细菌的活动。

甲烷菌要求稳定的中性 pH 条件，一般取 pH=7.5，但 pH 值不能低于 6.2。有机废物在产酸阶段，pH 值会逐渐下降，但 pH 值也不可能降得很低，因为产酸菌的繁殖条件要求 pH=5～6，如果 pH 值很低，产酸菌也会受到抑制，不再产酸。

因此，有机废物产生甲烷的过程并不是所有的物料全部完成了第一步反应再开始第二步反应。一般是当好氧分解基本结束之后，水解、产酸和产甲烷几步反应先后陆续开始，同时接续进行。

（3）湿度

水作为营养物质、酶、胞外酶和气体的溶剂，以及在不同转化时（水解过程）作为化学反应的底物物质和产物物质，水的存在是微生物活动和厌氧降解成功的基本条件。垃圾卫生填埋过程中能承受的含水率范围较宽，为 25%～70%。含水量较高时，卫生填埋过程中容易形成恶臭，导致空气污染。卫生填埋场的恶臭问题也是公众关注的焦点问题，通常填埋场的渗滤水回灌能加速填埋场的稳定。另外，有研究表明：垃圾降解的最佳含水率为 50%～60%。

（4）水分

形成甲烷的过程有水分子参加反应，尤其是微生物的生存及代谢活动也必须在有充分的水分子存在的条件下才有可能完成，所以水分是产生甲烷的重要条件。在一定范围内，废物层中水分含量越高，产气速率越大。

（5）有毒物质

重金属以及杀虫剂等有毒物质对甲烷菌是有毒的，甲烷菌对这些有毒物质极为敏感。对各种生物过程，重金属都是有毒的，不过在城市垃圾填埋坑中，一般不可能达到如此高的重金属离子浓度。

（6）厌氧

甲烷菌是严格厌氧的，氧的存在对于甲烷菌是有毒的。填埋坑中保持严格的厌氧有助于甲烷菌合成甲烷。

（7）碳氮比（C/N）

沼气产生过程是一个生物学过程，需要提供适当的营养，除了必需的碳源之外，还必须提供一定的氮源，故必须维持一定的 C/N，C/N 不能大于 20∶1。而城市垃圾的碳氮比一般在 24∶1 以上。有的垃圾 C/N 高达 40∶1，城市污水处理场产生的污泥 C/N 较低，约 16∶1。粪便中含氮量较高，所以填埋坑中混合有污泥和人蓄尿时，能提供较低的碳氮比，有利于甲烷的产生。

（8）垃圾中的有机物组成

在垃圾厌氧降解中，为满足微生物生长的需要，垃圾中要有足够的碳、氮、磷存在，一般 C/N 值在（10～20）∶1 之间，有机物去除量最大。若 C/N 值太高，则细菌生长所需的氮量不足，容易造成有机酸的积累，抑制产甲烷菌的生长。如 C/N 值太低，盐大量积累，pH 值上升到 8 以上，也会抑制产甲烷菌的生长。另外，垃圾中的糖份在厌氧条件下生成羧酸而引起 pH 下降，抑制垃圾的降解。因此，通过堆肥预先去除部分含糖量高的厨余垃圾将有助于填埋场内垃圾的降解。

5.5 填埋场的沉降

微生物的降解活动对填埋场的影响可通过填埋场的沉降表现出来。填埋场的沉降度与填埋场的初期填埋高度有一定的关系，并随压实情况和填埋年龄而变化。一般填埋场的沉降要持续 25 年以上，但是头 5 年发生的沉降大约占总沉降量的 90%。填埋场的沉降行为一般可分为以下 3 个阶段。

（1）初始阶段

初始阶段的沉降是由上层垃圾对下层垃圾的压实作用引起的。

（2）第一阶段

第一阶段的沉降一般发生在填埋完工后 1～6 个月内，主要是垃圾孔隙中的水分和气体由于上层压实作用而散逸所引起。

（3）第二阶段

第二阶段的沉降主要是由于填埋场内垃圾的降解引起的。

因此，影响填埋场沉降的因素有：①最初的压实程度；②垃圾的性质和降解情况；③压实的垃圾产生渗滤液和气体后发生的固结作用；④最终的覆埋高度对垃圾堆积和固结度的影响。

5.6 垃圾填埋过程中渗滤液的产生及收集处理

5.6.1 垃圾渗滤液

垃圾渗滤液是指超过垃圾所覆盖土层饱和蓄水量和表面蒸发潜力的雨水进入填埋场地后，沥经垃圾层和所覆盖土层继而产生的污水。

垃圾渗滤液是一种危害较大的高浓度有机废水，渗滤液中含有大量的难降解有机物、病菌、病毒、寄生虫等以及一些有毒有害的物质。不仅水质成分复杂，而且其水量及污染物的浓度随垃圾组成、填埋方式以及不同的季节和气候而有明显的变化，是一种处理难度大的废水。因此，国内外一直非常重视对垃圾渗滤液进行有效的控制和处理。但由于受到资金的限制以及渗滤液水质和水量的剧烈变化，目前我国真正对垃圾渗滤液进行达标处理的填埋场并不多。如何充分利用现有的条件，在尽可能减少渗滤液产生量的前提下，对收集后的渗滤液妥善处理，就成为我国垃圾填埋处理的当务之急。

5.6.2 垃圾渗滤液的来源

城市垃圾填埋场渗滤液主要来源于以下几条途径：

① 降水的渗入，降水包括降雨和降雪，它是渗滤液产生的主要来源；

② 外部地表水的渗入，这包括地表径流和地表灌溉；

③ 地下水的渗入，这与渗滤液数量和地下水同垃圾的接触量、时间及流动方向等有关，当填埋场内渗滤液水位低于场外地下水水位且没有设置防渗系统时，地下水就有可能渗入填埋场内；

④ 垃圾本身含有的水分，这包括垃圾本身携带的水分以及从大气和雨水中吸附的水分；

⑤ 覆盖材料中的水分，与覆盖材料的类型、来源以及季节有关；

⑥ 垃圾在降解过程中产生的水分，这与垃圾组成、pH 值、温度和菌种等有关，垃圾中的有机组分在填埋场内分解时会产生水分。

5.6.3 影响垃圾渗滤液产生量的因素

渗滤液的产生量受多种因素的影响，如降雨量、蒸发量、地面流失、地下水渗入、垃圾的特性、地下层结构、表层覆土和下层排水设施的设置情况等。

① 降雨量和蒸发量是影响渗滤液产生的重要因素。

② 填埋场表面的斜坡很重要，在平缓的斜坡上，水易于集结，因而大量渗滤，而在较陡的斜坡上，水容易流掉，从而减少了到达垃圾中的水量。垃圾填埋场的最终覆土层一般做成中心高、四周低的拱形，保持 4% 左右的坡度，这样可使部分降雨沿地表流走。但当表面斜坡大于 8% 左右时，表面径流就有可能侵蚀垃圾堆的顶部覆盖物，使填埋场暴露，因此，

表面斜坡应小得足以预防表面侵蚀，最高不超过 25%。

③ 填埋最终覆土后，表面上长有植物，可以通过根系吸收水分，并通过叶面蒸发作用减少渗滤液发生量。

④ 地下水的渗透，要根据场内渗滤液水位和场外地下水位来定，对于防渗情况良好的填埋场，可以不考虑渗滤液的渗出和外部地下水的渗入。

由于渗滤液极为难处理，因此要尽可能减少其产生。为减少渗滤液的产量，除按照场地选择标准合理选址外，还必须在设计、施工方案和填埋方式上采取必要的措施以减少垃圾渗滤液的产生。

5.6.4 垃圾渗滤液的水质特征

垃圾渗滤液主要来源于降水和垃圾本身的内含水和分解产生的水，它的主要污染成分有：有机物、氨氮和重金属等。其种类和浓度主要取决于以下几个方面：

① 垃圾的组成成分　垃圾的组成成分直接影响到渗滤液的化学特性。

② 垃圾的预加工　填埋前将垃圾破碎，能增大垃圾的表面积，增加填埋场的密度，降低垃圾对水的渗透性，增大垃圾的持水能力，从而增长了垃圾与水的接触时间，加速垃圾的降解，使渗滤液中污染物的浓度增加。

③ 填埋时间　垃圾填埋后，其填埋年龄不同，降解速率及持水能力和水的渗透性能均不相同，产生的渗滤液组成及其各组分浓度均不相同。通常填埋时间越长，渗滤液的浓度越低。

④ 填埋场的供水　填埋场供水速率的大小直接决定了填埋场内垃圾的湿度。当供水率很小时，垃圾场内垃圾的湿度小于 60%，垃圾的降解速率不能达到最大值。当供水率很大时，渗滤液就会被供水所稀释。

⑤ 填埋场的深度　当垃圾的透水性能相同时，填埋场越深，渗滤液在填埋场内滞留时间越长，渗滤液所含组分的浓度越高。

因此，垃圾渗滤液受垃圾种类和浓度以及垃圾类型、组分、填埋方式、填埋时间、填埋地点的水文地质条件、不同的季节和气候等影响，但是其水质呈现以下共有特征。

(1) COD_{Cr}浓度高

根据填埋场的年龄，垃圾渗滤液分为两类：一类是填埋时间在 5 年以下的年轻渗滤液，另一类是填埋时间在 5 年以上的年老渗滤液，前者比后者的可生化性强，且 COD 较后者高。总体而言，COD 一般在 2000～62000mg/L 的范围内。

(2) BOD_5 与 COD_{Cr} 比值变化大

BOD_5/COD_{Cr}值的高低与渗滤液处理工艺方法的选择密切相关。渗滤液 BOD_5/COD_{Cr}值与垃圾填埋场的使用年限有关，对"年轻"的填埋场而言，其渗滤液多具有良好的生化处理可行性，可采用生物方法加以处理。而对于"老龄"填埋场的渗滤液处理而言，必须考虑其可生化性随时间的变化。

(3) 金属含量高

垃圾渗滤液中含有 10 多种金属（重金属）离子，由于物理、化学和生物等的作用，垃圾中的高价不溶性金属被转化为低价的可溶性金属离子而溶于渗滤液中，在处理过程中必须考虑对它们的去除。

（4）营养元素比例失调，氨氮的含量高

随着填埋场使用年限的增加，当进入产甲烷阶段后，渗滤液中的 NH_4^+ 浓度不断上升。另外，渗滤液中还存在溶解性磷酸盐相对不足、碱度较高、无机盐含量高的问题。

5.6.5　渗滤液收集系统

渗滤液收集系统通常由导流层、收集沟、多孔收集管、集水池、提升多孔管、潜水泵和调节池等组成，如果渗滤液收集管直接穿过垃圾主坝接入调节池，则集水池、提升多孔管和潜水泵可省略。

（1）导流层

为了防止渗滤液在填埋库区场底积蓄，填埋场底应形成一系列坡度的阶地，填埋场底的轮廓边界必须能使重力水流始终流向垃圾主坝前的最低点。导流层的目的就是将全场的渗滤液顺利地导入收集沟内的渗滤液收集管内（包括主管和支管）。

根据《城市生活垃圾卫生填埋处理工程项目建设标准》（建标［2001］101 号）的要求，渗滤液在垂直方向上进入导流层的最小底面坡降应不小于 2%，以利于渗滤液的排放和防止在水平衬垫层上的积蓄。在导流层工程建设之前，需要对填埋库区范围内进行场底的清理。导流层铺设在经过清理后的场基上，厚度不小于 300mm，由粒径 40～60mm 的卵石铺设而成，在卵石来源困难的地区，可考虑用碎石代替，但碎石因表面较粗糙，易使渗滤液中的细颗粒物沉积下来，长时间情况下有可能堵塞碎石之间的空隙，对渗滤液的下渗有不利影响。

（2）收集沟和多孔收集管

收集沟设置于导流层的最低标高处，并贯穿整个场底，断面通常采用等腰梯形或菱形，铺设于场底中轴线上的为主沟，在主沟上依间距 30～50m 设置支沟，支沟与主沟的夹角通常宜采用 60°，以利于渗滤液收集管的弯头加工与安装，同时应当尽量把收集管道设置成直管段，中间不要出现反弯折点。收集沟中填充卵石或碎石，粒径按照上大下小形成反滤，一般上部卵石粒径采用 40～60mm，下部采用 25～40mm。

多孔收集管按照埋设位置分为主管和支管，分别埋设在收集主沟和支沟中，管道需要进行水力和静力作用测定或计算以确定管径和材质，其直径应不小于 100mm，最小坡度应不小于 2%。选择材质时，考虑到垃圾渗滤液有可能对混凝土产生的侵蚀作用，通常采用高密度聚乙烯，预先制孔，孔径通常为 15～20mm，孔距 50～100mm，开孔率 2%～5% 左右，为了使垃圾体内的渗滤液水头尽可能低，管道安装时要使开孔的管道部分朝下，但孔口不能靠近起拱线，否则会降低管身的纵向刚度和强度。

渗滤液收集系统的各个部分都必须具备足够的强度和刚度来支承其上方的垃圾体荷载、后期终场覆盖物荷载以及来自填埋作业设备的荷载，其中最容易受到挤压损坏的是多孔收集管，收集管可能因荷载过大，导致翘曲失稳而无法使用，为了防止发生破坏，第一次铺放垃圾时，不允许在集水管位置上面直接停放机械设备。

渗滤液收集系统中的收集管部分不仅指场底水平铺设的部分，同时还包括收集管的垂直收集部分。

在填埋区按一定间距设立贯穿垃圾体的垂直立管，管底部通入导流层或通过短横管与水平收集管相接，以形成垂直-水平立体收集系统，通常这种立管同时也用于导出填埋气体，称为排渗导气管。管材采用高密度聚乙烯穿孔花管，在外围利用土工网格形成套管，并在套管上与多孔管之间填入建筑垃圾、卵石或碎石滤料，随着垃圾层的升高，这种设施也逐级加高，直至最终封场高度，底部的垂直多孔管与导流层中的渗滤液收集管网相通，这样垃圾堆体中的渗滤液可通过滤料和垂直多孔管流入底部的排渗管网，提高了整个填埋场的排污能力。此外，排渗导气管的间距还要考虑不影响填埋作业和有效导气半径的要求。

(3) 调节池

渗滤液收集系统中的最后部分是调节池，其主要作用是对渗滤液进行水质和水量的调节，平衡丰水期和枯水期的水质和水量差异，为渗滤液处理系统提供恒定水量，还可以作为渗滤液的储存池，对渗滤液的水质起到一定预处理的作用。

根据填埋场的地质条件，调节池通常采用地下式或半地下式的形式构建，且调节池的池壁和池底通常进行防渗处理，膜上还采用预制混凝土板进行保护。为了检测渗滤液深度，通常还设置渗滤液监测井，确保防渗层的渗滤液深度不大于 30cm。

5.6.6 渗滤液的处理方法

作为填埋场的副产品，垃圾渗滤液是高浓度的有机污水，受季节影响变化大，处理难度大，是目前我国垃圾卫生填埋场运行管理中的一个很大的难题。

而随着垃圾填埋年数的增加，垃圾渗滤液中腐殖质类物质的比例增加，BOD_5/COD_{Cr} 值下降，而 NH_4^+-N 的浓度增高，成分比初期要复杂得多，可生化性降低，生化处理难以达到较好的效果。因此，若要渗滤液处理效果在垃圾填埋场的使用期间和封场后一直能够满足环境的要求，采用常规的生物处理技术是难以达标排放的，而单独采用物理化学方法则费用较高。

国外渗滤液的处理一般有以下几种形式：回喷填埋场、输送至城市污水处理厂统一处理、现场处理。

渗滤液回喷是最早被采用的污水处理法，即将渗滤液收集起来，通过喷灌使之回流到填埋场，利用土地吸附，土壤生物降解及垃圾填埋层的厌氧滤床作用使渗滤液降解，循环填埋场的渗滤液由于增加了垃圾湿度，从而提高了生物活性，加速了甲烷生产和废物分解；其次由于喷灌中的蒸发作用，渗滤液体积减小，有利于废水处理系统的运转，具有投资省、效果好，无需专门处理设施投资等特点，且可使垃圾保持湿润，加速填埋场的稳定，但同时也会导致土层和垃圾层中 NH_4^+-N 浓度不断升高。此方法主要用于降雨量较少的干旱地区（年降雨量小于 700mm）。

渗滤液经过适当预处理运输至城市污水处理厂是目前比较好的处理方式之一，由于渗滤液水质水量变化大，且污染物浓度高，现场处理并达标排放所需的处理工艺较复杂，投资和运行成本较高。因此，要求从填埋场管理和填埋工艺等方面尽可能减少污水的产生量，并优先考虑渗滤液处理与城市污水处理相结合。目前，在填埋场已建成的渗滤液处理系统中以生物法处理为主，但运行状况良好的少之又少。

垃圾渗滤液的预处理方法主要包括生物法、物理化学法等。由于处理费用相对较低，生物法在垃圾渗滤液的处理领域应用较广。生物法分为好氧生物处理、厌氧生物处理以及二者的结合。好氧处理包括常规活性污泥法、氧化沟、好氧稳定塘、生物转盘和滴滤池等。厌氧处理包括上流式厌氧污泥床、厌氧固定化生物反应器、混合反应器及厌氧稳定塘等。一般来说，生物法处理设备和运行管理都简单，但受水质和水量变化的影响较大，尤其当氨氮浓度较高、重金属离子浓度较高时，生物法将受到抑制，对难降解的有机物则无能为力，尤其是对"老龄"填埋场的渗滤液处理。

物理化学法主要有活性炭吸附法、化学沉淀法、化学氧化法、化学还原法、离子交换法、膜处理法、催化氧化及湿式氧化法、辐照法、超声波法等多种方法。与生物处理相比，物化处理受水质水量变化的影响较小，出水水质比较稳定，尤其是对 BOD_5/COD_{Cr} 比值较低（$0.07\sim0.20$）的难以生物处理的垃圾渗滤液，有较好的处理效果。但物化方法处理成本极高，不适用于大水量垃圾渗滤液的处理。

对于"老龄"填埋场的渗滤液可以采用生物方法进行处理，这就是白腐真菌废水处理技术。1982 年，有研究报道了一类能够分泌木质素降解酶系使木质素彻底矿化为 CO_2 和 H_2O 的真菌——白腐真菌，能够合成由木质素过氧化物酶（lignin peroxidase，LiP）、锰过氧化物酶（manganese peroxidase，MnP）、漆酶（laccase，Lac）等组成的木质素酶降解系统，这种特殊的酶降解系统能够降解环境中的多种难降解有机污染物，在难降解有机废水处理中具有潜在的应用价值。作者课题组基于脉管载体和蒸笼反应器研发白腐真菌废水处理技术首次在开放条件下成功实现了白腐真菌反应器对运行 14 年的垃圾填埋场产生的垃圾渗滤液的长期连续处理，此技术目前完成小试和放大实验。因此，白腐真菌废水处理技术是非常有希望用于"老龄"填埋场渗滤液处理的新技术。

5.7　卫生填埋中填埋气体的产生及收集处理

5.7.1　填埋场气体的产生机理

用重型建筑机械和碾压机压紧的垃圾，在填埋场隔绝空气的状态下，由微生物的生化降解作用而产生填埋气体。垃圾的分解产气过程经过 5 个阶段：好氧分解阶段、液化产酸阶段、甲烷增长阶段、稳定产甲烷阶段、填埋场的稳定阶段。

① 好氧分解阶段　填埋初期，垃圾中的有机物进行好氧分解，时间可持续数天至几个月。该阶段主要是好氧微生物作用，产生的气体主要有 CO_2、H_2O、NH_3。

② 液化产酸阶段　随着好氧分解的进行，填埋区内氧气逐渐减少，转入厌氧消化、水解产酸阶段。该阶段主要是厌氧菌作用，产生的气体有 CO_2、H_2 及少量 CH_4。

③ 甲烷增长阶段　随着甲烷菌增长，CH_4 含量增加，挥发性有机酸积累下降，pH 值增加为碱性。该阶段可持续 $1\sim2$ 年。

④ 稳定产甲烷阶段　此阶段为动态平衡阶段，挥发性有机酸积累很少，主要产生 CH_4、CO_2，气体组成稳定，是填埋场气体利用的主要阶段。大型垃圾填埋场此阶段可持续 10 年以上。

⑤ 填埋场的稳定阶段　此阶段的特点是可降解有机物基本耗尽，产生的气体和渗滤液量减少，填埋场出现不均匀沉降，空气重新进入填埋场，封场后的土地利用在此阶段进行。

5.7.2　填埋气体的特性

填埋气为 CH_4、CO_2 以及其他一些微量成分，如 N_2、H_2S、H_2 和挥发性有机物等，其中 CH_4 的含量达到 $40\%\sim60\%$。

CH_4 和 CO_2 是主要的温室气体，CH_4 对 O_3 的破坏是 CO_2 的 40 倍，产生的温室效应比 CO_2 高 20 倍以上。甲烷易燃易爆，当其与空气混合比达到 5%～15% 时，极易引发爆炸和火灾事故。

CO_2 的密度较大，是空气的 1.5 倍、CH_4 的 2.8 倍，会向填埋下部迁移，在填埋场地势较低处富集，有可能通过填埋场基础薄弱处渗出，沿地层下移并与地下水接触。由于 CO_2 易溶于水，不仅会使水的 pH 值降低，而且会使地下水中的矿物质含量增高，使地下水硬化。

此外，填埋气的恶臭气味会引起人的不适，其中含有多种致癌、致畸的有机挥发物。这些气体如不采取适当措施加以回收处理，而直接向场外排放，会对周围环境和人员造成潜在伤害。

5.7.3 填埋气体的控制

填埋气体控制主要采用可渗透性排气、不可渗透阻挡层排气两种方式：

① 可渗透性排气　在填埋场内利用比周围土壤更容易透气的砾石等材料为填料来建造排气孔道。

② 不可渗透阻挡层排气　阻挡层排气是在不透气的顶部覆盖层中安装排气管。排气管与设置在浅层砾石中的排气通道或设置在填埋废物顶部的多孔集气支管相连通，还可用竖管燃烧甲烷气体。

另外，控制填埋气体自由转移或扩散，通常采用的方法有：①通过石笼等形式排空；②通过石笼和收集管进行燃烧排空；③通过收集管网系统抽取收集，后经净化处理后作为能源回收利用。

5.7.4 填埋气体的收集和利用

(1) 填埋气体的收集

目前，我国填埋气体普遍采用被动自然排放，对环境存在着许多隐患，因此对于新建的卫生填埋场的填埋气体应"主动抽气、集中点燃排放"，填埋气体的导排、处理和利用措施应根据填埋场的规模、生活垃圾成分、产气速率、产气量和用途等来确定，填埋气体不利用时，应主动导出，可以采取集中燃烧处理。

根据填埋场的运行经验，填埋气体总是在填埋场的边缘溢出。因此，必须对各个边缘地带的排气问题给予充分重视，在填埋场区和周围都应布置排气井管。利用填埋气体的压力使其自然排出的方式称为被动式排气，利用抽气系统抽低压力使填埋气体排出的方式称为主动式排气。主动式排气可以使大部分填埋气体经过气体收集器和管道系统被抽吸出来。

由于部分甲烷在填埋场填埋过程中就已形成，所以填埋气采集应在填埋过程中就开始实施。对于分层堆放的填埋场，可采用水平采气系统，但要注意采气管道的铺设不要影响垃圾的填埋。对已建成封场的填埋场，可采用表面收集或竖井收集技术。但填埋深度大于 20m 采用主动导气时，应采用水平收集与竖井收集相结合的方式。

对于填埋气体收集井的设置，一般有两种方式：一种是在垃圾刚填埋时就设置收集井；另一种是待填埋场堆体达到设计高度后，进行最终覆盖，然后通过钻井取气方式收集气体。由于我国填埋垃圾产气速度较快，一般采用第一种气体收集方式。收集管的设置有水平收集和垂直收集两种形式，垂直收集系统是在垃圾场的填埋过程中逐步建造成的。水平收集系统需在填埋开始时或过程中进行设置，收集效率较垂直收集高，受堆体沉降影响很大。实际应用中多采用垂直收集的形式。

(2) 提高产气的方法

采用适当的工程技术手段改善或调整垃圾组成及特性、堆体温度、含水率、pH 值等参数，达到加速垃圾降解与稳定化，使传统的自然降解变为人工控制的生物降解过程，这样可缩短降解时间，增大填埋场库容，提高产气量，提高填埋气的可利用性。

① 调节含水率　当填埋场某个区域的含水率低于恰当含水率范围时，加入适量的水后，CH_4 含量会明显提高。

② 增加营养物和微生物的数量　通过加入污泥和粪便的方法来增加营养成分和产甲烷菌的数量，从而提高产气量。将城市垃圾与城市污水处理厂污泥共同填埋也有助于产气，污泥中含有大量的微生物，能加速垃圾的生物降解。

③ 加强垃圾填埋前的预处理　通过垃圾的预处理，对垃圾中的有用物质加以回收，同时对垃圾进行适当的粉碎和混合，增大垃圾表面积，可提高垃圾分布的均匀性，加快降解速率。

④ 控制 pH 值　产甲烷菌生长的适宜 pH 值范围是 6.8～7.2。在实际操作中，可在填埋垃圾时加入生石灰粉或在填埋场的地表喷洒生石灰水。此外，根据产气和渗滤液日常监测结果采用渗滤液中和回灌技术调整 pH 值。

⑤ 提高填埋场作业水平　在填埋作业过程中，要提高垃圾的压实密度，增大垃圾的填埋深度，封场填埋的深度至少应保持 10m，封场的顶层覆土厚度至少 65cm，增加厌氧效果。另外，在填埋场外围边坡还要用防透气膜覆盖严实，并加盖一定厚度土层，以阻止空气进入，增加厌氧效果。

⑥ 温度的控制　低温会使微生物的活性降低，不利于填埋气的产生。可通过加厚顶部的覆盖层隔绝垃圾和大气的接触来解决。

此外，采取填埋场分区作业，控制或避免有毒物质及重金属对微生物的抑制作用等措施，也可促进填埋垃圾产气。

(3) 填埋气的利用

填埋气体的能源化利用最直接的体现是纯化利用，填埋气体的比例会随填埋场的不同而发生改变，其原因主要有两个：

① 填埋气体可在填埋场垃圾降解过程中产生，虽然填埋场垃圾一经填埋，就会产生填埋气，直至封场后很长一段时间（10～15 年），但从经济价值考虑，一般从封场到稳定期这段时间的填埋气具有一定的经济效益；

② 填埋气体可在渗滤液厌氧发酵时产生，厌氧反应时的严格厌氧不仅保证能得到大量的高纯度甲烷气体，而且能够保证厌氧温度，加速渗滤液的处理。

填埋气在利用或燃烧前一般需要预处理，包括脱水，去除气体 CO_2、H_2S、N_2 和 O_2 等操作。对填埋气的净化收集技术主要包括变压吸附法、膜分离法和溶剂吸收法，而溶剂吸收法是目前较为成熟的净化方法，采用甲基二醇胺（MDEA）作为吸收剂，分离填埋气中的 CH_4，净化后 CO_2 的脱除率可达 95% 以上，CH_4 含量达 90% 以上。

填埋气的利用在实际应用中主要有以下三种形式：

① 粗加工后直接供给工业以及暖房或温室，用于供暖或工业生产，这种方式甲烷的热

效率最高;

② 甲烷经脱水后用于燃气发动机驱动发电机发电;

③ 深加工处理升级,使甲烷达到天然气质量,用途更为广泛。

目前在生活垃圾处理和处置方式中,垃圾卫生填埋无疑占据着举足轻重的位置,它具有处理和最终处置生活垃圾的双重功能。填埋场虽然具有一个与生俱来的缺点——占地面积大,但是它具有处理速度快,方法简单,技术比较成熟,且在较大范围内能适应垃圾产量的变化,建设费用和管理费用相对较低等优点。

此外,除了日益增加的垃圾,世界上其他资源(能源)都日渐稀少,根据生活垃圾填埋场生物降解理论,人们提出可持续的生活垃圾处理技术,认为:生活垃圾填埋场是一座巨大的生物反应器,矿化垃圾是反应器的产物,可以综合利用;而作为反应器本身,填埋场可以不断地进行循环使用。因此,通过填埋场的填埋—开采与利用—再填埋的过程,不仅实现了生活垃圾的综合利用,而且充分利用了土地填埋特有的低投资、低处理成本、易管理的优势,解决了传统填埋法占地大、资源无法回收利用、潜在污染时间长的缺点。据此,垃圾填埋场也将从一个单纯的"藏污纳垢"场所变为一种资源的矿场,从而真正体现填埋场的可持续发展。

 复习思考题

1. 什么是卫生填埋? 它可以分为哪几类,各有什么特点?

2. 简述厌氧填埋时,填埋坑中微生物的活动过程。

3. 试分析哪些因素会影响填埋坑中的垃圾降解。

4. 垃圾填埋过程中渗滤液是如何产生的?

5. 垃圾渗滤液具有哪些水质特征?

6. 卫生填埋中填埋气体的产生机理是什么?

第6章
沼气化技术

在日常生活中，特别是在气温较高的夏、秋季节，人们经常可以看到，从死水塘、污水沟、储粪池中，咕嘟咕嘟地向表面冒出许多小气泡，如果把这些小气泡收集起来，用火去点，便可产生蓝色的火苗，这种可以燃烧的气体就是沼气。由于它最初是从沼泽中发现的，所以叫做沼气（marsh gas）。沼气又是有机物质在厌氧条件而产生出来的气体，因此又称为生物气（biogas）。

沼气发酵是自然界中普遍而典型的物质循环过程，按其来源不同，可分为天然沼气和人工沼气两大类。天然沼气是在没有人工干预的情况下，由于特殊的自然环境条件而形成的。除广泛存在于粪坑、阴沟、池塘等自然的厌氧生态系统外，地层深处的古代有机体在逐渐形成石油的过程中，也产生一种性质近似于沼气的可燃性气体，叫做"天然气"。人类在分析掌握了自然界产生沼气的规律后，便有意识地模仿自然环境建造沼气池，将各种有机物质作为原料，用人工的方法制取沼气，这就是"人工沼气"。

不管是作物秸秆、树干茎叶、人畜粪便、城市垃圾，还是污水处理厂的污泥，都是厌氧发酵的原料。在发酵过程中，废物得到处理，同时获得能源。在我国农村，沼气发酵不仅作为农业生态系统中的一个重要环节，处理各类废物来制成农家肥，而且还获得生物质能，用来照明或作为燃料。城市污水处理厂的污泥厌氧消化，使污泥体积减少，产生的甲烷用来发电，降低处理厂的运行费用。

6.1 沼气发酵与沼气

6.1.1 沼气发酵

沼气发酵又称为厌氧消化或厌氧发酵，是指有机物质（如人畜家禽粪便、秸秆、杂草等）在一定的水分、温度和厌氧条件下，通过各类微生物的分解代谢，最终形成甲烷和二氧化碳等可燃性混合气体（沼气）的过程。所产生的沼气是一种气体燃料，可以直接用于炊事和照明，也可以供热、发电。沼气发酵剩余物是一种高效有机肥料和养殖辅助营养料，与农业主导产业相结合，进行综合利用，可产生显著的综合效益。

6.1.2 沼气的组成与特性

无论是天然产生的，还是人工制取的沼气，都是以甲烷为主要成分的混合气体，其成分不仅随发酵原料的种类及相对含量不同而有变化，而且因发酵条件及发酵阶段而各有差异。

一般情况下，沼气中的主要成分是甲烷（CH_4）、二氧化碳（CO_2）和少量的硫化氢（H_2S）、氢（H_2）、一氧化碳（CO）、氮（N_2）等气体。其中甲烷约占 $50\%\sim70\%$、二氧化碳约占 $30\%\sim40\%$，其他成分含量极少。

沼气中的甲烷、氢气、一氧化碳等是可以燃烧的气体，人类主要利用这一部分气体的燃烧来获得能量。

6.1.3 沼气的性质

沼气是一种无色气体，由于它常含有微量的硫化氢（H_2S）气体，所以脱除硫化氢前，有轻微的臭鸡蛋味，燃烧后，臭鸡蛋味消除。沼气的主要成分是甲烷，它的理化性质也近似于甲烷，主要具有以下几点特性。

(1) 热值

甲烷是一种发热值相当高的优质气体燃料。$1m^3$ 纯甲烷，在标准状况下完全燃烧，可放出 35822kJ 的热量，最高温度可达 1400℃。沼气中因含有其他气体，发热量稍低一点，约为 $20000\sim29000$kJ，最高温度可达 1200℃。因此，在人工制取沼气中，应创造适宜的发酵条件，以提高沼气中甲烷的含量。

(2) 相对密度

与空气相比，甲烷的相对密度为 0.55，标准沼气的相对密度为 0.94。所以，在沼气池的气室中，沼气较轻，分布在上层；二氧化碳较重，分布于下层。沼气比空气轻，在空气中容易扩散，扩散速度比空气快 3 倍。当空气中甲烷的含量达 $25\%\sim30\%$ 时，对人畜有一定的麻醉作用。

(3) 溶解度

甲烷在水中的溶解度很小，在 20℃、一个大气压下，100 单位体积的水只能溶解 3 个单位体积的甲烷，这就是沼气不但可以在淹水条件下生成，还可用排水法收集的原因。

(4) 临界温度和压力

气体从气态变成液态时，所需要的温度和压力称为临界温度和临界压力。标准沼气的平均临界温度为 37℃，平均临界压力为 56.64×10^5Pa（即 56.64 个大气压力）。这说明沼气液化的条件是相当苛刻的，这也是沼气只能以管道输气，不能液化装罐作为商品能源交易的原因。

(5) 分子结构与尺寸

甲烷的分子结构是一个碳原子和四个氢原子构成的等边三角四面体，分子量为 16.04Da。其分子直径为 3.76×10^{-10}m，约为水泥砂浆孔隙的 1/4，这是研制复合涂料、提高沼气池密封性的重要依据。

(6) 燃烧特性

甲烷是一种优质气体燃料，一个体积的甲烷需要两个体积的氧气才能完全燃烧。氧气约占空气的 1/5，而沼气中甲烷含量为 $50\%\sim70\%$，所以，一个体积的沼气需要 $5\sim7$ 个体积的空气才能充分燃烧。这是研制沼气用具和正确使用用具的重要依据。

　　(7)　爆炸极限

　　在常压下，标准沼气与空气混合的爆炸极限是 8.80％～24.4％；沼气与空气按 1∶10 的比例混合，在封闭条件下，遇到火会迅速燃烧、膨胀，产生很大的推动力，因此沼气除了可以用于炊事、照明外，还可以用作动力燃料。

6.2　沼气发酵技术原理

6.2.1　沼气发酵的过程

　　这是一个由多种沼气发酵微生物参加且非常复杂的生物学过程，这些微生物按照各自的营养需要，起着不同的物质转化作用。从复杂有机物的降解，到甲烷的生成，就是由它们分工合作和相互作用来完成的。在沼气池中，发酵原料生成沼气，是通过一系列复杂的生物化学反应来实现的，一般认为这个过程大体上分为三个阶段，即水解发酵、产酸和产甲烷阶段，如图 6-1 所示。

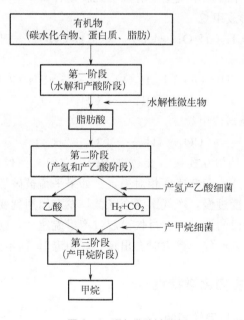

图 6-1　沼气发酵过程

6.2.1.1　水解发酵阶段

　　固体有机物通常不能直接进入微生物体内被微生物利用，只有将固体有机质水解成分子量较小的可溶性物质，且借助于水介质才可以进入微生物细胞内被进一步分解利用。这个将不溶于水的大分子有机物质变成能溶于水的小分子物质的过程，就叫做水解过程。它是由一些好氧和厌氧微生物完成的，由微生物的胞外酶，如纤维素酶、淀粉酶、蛋白酶和脂肪酸酶等对有机物进行胞外酶解，将多糖水解成单糖和二糖、蛋白质分解成多肽和氨基酸、脂肪分解成甘油和脂肪酸。这些水解产物可以进入微生物细胞内，并参与细胞内的生化反应。

6.2.1.2 产酸阶段

各种上述水解产物进入微生物细胞后，在胞内酶的作用下，进一步将它们分解成小分子有机物，如低级的挥发性脂肪酸、醇、醛、酮、酯、中性化合物、氢气、二氧化碳、游离态氨等，其中主要是挥发性酸和乙酸比例最大，约占80%，所以称为产酸阶段。参与这一阶段的细菌，统称为产酸菌。

上述两个阶段是一个连续的过程，通常称为不产甲烷阶段，这个阶段是在厌氧条件下，经过多种微生物的协同作战，将原料中的糖类物质（主要是纤维素和半纤维素）、蛋白质、脂肪等分解成小分子化合物，同时产生二氧化碳和氢气，这些都是合成甲烷的基质。因此，可以把水解阶段和产酸阶段看成是原料加工阶段，将复杂的有机物转化成可供产甲烷细菌利用的基质，如甲酸、乙酸、丙酸等。其中乙酸就是脂肪、淀粉和蛋白质发酵后生成的一种副产物。甲烷大部分是在发酵过程中由乙酸形成的，所以这个阶段是复杂的有机物转化成沼气的先决条件。

6.2.1.3 产甲烷阶段

这一阶段中，产氨细菌大量繁殖和活动，氨态氮浓度增高，挥发性酸浓度下降，为甲烷菌创造了适宜的生活条件，产甲烷菌大量繁殖。产甲烷菌利用简单的有机物、二氧化碳和氢等合成甲烷。在这个阶段中合成甲烷主要有以下几种途径。

① 由醇和二氧化碳形成甲烷

$$2CH_3CH_2OH + CO_2 \longrightarrow 2CH_3COOH + CH_4$$

② 由挥发酸形成甲烷

$$2CH_3CH_2CH_2COOH + 2H_2O + CO_2 \longrightarrow 4CH_3COOH + CH_4$$
$$CH_3COOH \longrightarrow CH_4 + CO_2$$

③ 二氧化碳被氢还原形成甲烷

$$CO_2 + 4H_2 \longrightarrow CH_4 + 2H_2O$$

沼气发酵的3个阶段是相互连接、交替进行的，它们之间保持动态平衡。在正常情况下，有机物的分解消化速度和产气速度相对稳定。如果平衡被破坏，就会影响产气。若液化阶段和产酸阶段的发酵速度过慢，产气率就会降低，发酵周期就变长，原料分解不完全，料渣增多。但如果前两个阶段的发酵速度过快而超过产甲烷速度，则会有大量的有机酸积累起来，出现酸阻抑，也会影响产气，严重时会出现"酸中毒"，而不能产生沼气。

6.2.2 产甲烷细菌的生物化学特性

6.2.2.1 产甲烷细菌代谢中特异性辅酶

产甲烷细菌具有其他任何微生物所少有的独特辅酶F420、F430、辅酶M、因子B、CDR因子（CO_2还原因子）等生物化学成分。它们在甲烷形成中具有极为重要的作用。

(1) 辅酶F420（又称辅酶420、Co420、Factor420、420因子）

辅酶F420是Chessman在1972年最先发现的，1975年Tzeng研究后确定，它以一种低电位电子载体的形式存在，并由此正式命名。辅酶F420为一种分子量仅为630Da的荧光化合物，化学结构为7,8-二脱甲基-8-羟基-5′脱氮核黄素-5′-磷酸盐（7,8-didemethyl-8-hydroxy-5′deahydroriboflavin-5′-phosphate）。氧化态时在420nm处呈现蓝绿色荧光，并出现一个明显的吸收峰，还原态时则在420nm失去其吸收峰和荧光，因此产甲烷细菌在420nm

紫外光激发下可自发荧光，长时间照射时荧光可消失，但在黑暗情况下又得以恢复。

辅酶 F420 是一种产甲烷过程中的低电位的最初电子载体，电位可能接近 $-300mV$ 或更低。辅酶 F420 被氢化酶分解产生的电子所还原，然后把电子交给电子转移链。因此，各种产甲烷细菌中均含有辅酶 F420，并且产甲烷细菌具有需要低氧化还原电位（$-330mV$）的特性。据此有人提出，辅酶 F420 也可以作为一个衡量厌氧污泥活性的测定指标，可以反映污泥的产甲烷活性。有氧条件下，在 $95\sim100℃$ 的水浴中，辅酶 F420 能从厌氧污泥和产甲烷细菌中释放出来，并且溶于乙醇和异丙醇，利用这些特性可以提取辅酶 F420。此外，通过测定污泥中的辅酶 F420 含量，可以测出污泥潜在的产甲烷活性。

(2) 辅酶 M（又称 CoM、CoM-SH）

辅酶 M，即 2-巯基乙烷磺酸（2-mercaptoethanesulfonic acid），于 1971 年被发现，是已知辅酶中分子量最小者，酸性强，在 260nm 处有吸收峰，但不发荧光，是产甲烷菌特有的一种辅酶，在甲烷形成的最终反应步骤中充当甲基的载体。CoM 的化学结构虽然很简单，但在甲基还原酶的反应中却有高度的专一性，它的许多结构类似物均无生物活性，其中的溴乙烷磺酸（$Br\text{-}CH_2\text{-}CH_2\text{-}SO_3H$）是产甲烷作用的抑制剂，即使在 $10^{-6}mol/L$ 时，也可抑制该酶 50% 的活性，从而抑制产甲烷菌的生长。

CoM 是具有渗透性、含量最高、对酸和热稳定的辅助因子。在空气中很容易被氧化为 $(ScoM)_2$，极为耐热，低于 $425℃$ 时分解非常缓慢。CoM 在产甲烷细菌的细胞内含量很高，平均浓度可达 $0.2\sim2mmol/L$，是一种甲基转移酶的辅酶，即为活性甲基的载体，在产甲烷过程中起着极为重要的作用，反应如下：

$$CH_2+HS\text{-}CoM \Longrightarrow \underset{H_2O}{HOOC\cdot CoM} \xrightarrow{2e\ 2e\ 2e} CH_3\cdot S\cdot CoM \xrightarrow[\text{甲基还原酶}]{2eMg^{2+},ATP} HS\cdot CoM+CH_4$$

另外，产甲烷细菌的辅酶还有参与 C1 的还原反应的甲基蝶呤（Methanopterin，MPT），其结构与叶酸相似，作用功能也与其相同。

CDR 因子（CO_2 还原因子）是另一种产甲烷细菌的辅酶，它是在产甲烷和产乙酸过程中起甲基载体作用的 CO_2 还原因子（carbon dioxide reducing factor，CDR）也即甲烷呋喃（Methanofuran，MF）。

F430 同样是一种产甲烷细菌的辅酶，是存在于嗜热自养甲烷杆菌中含 Ni 的四吡咯结构，是甲基辅酶 M 还原酶组分 C 的弥补基，参与甲烷形成的末端反应。

6.2.2.2　不同基质形成甲烷的生物化学反应

产甲烷细菌能利用的基质范围很窄，就单个种来说就更少，有些种仅能利用 1 种基质。产甲烷细菌所能利用的基质大多为最简单的一碳或二碳化合物，如 CO_2、CH_3OH、$HCOOH$、CH_3COOH、甲胺类等，极个别种可利用三碳异丙醇。

大量的研究指出，在自然界中，乙酸是形成甲烷的关键性底物，约有 70% 的甲烷来源于乙酸。但是不管何种基质，形成甲烷的最后一步反应总是如下：

$$CH_3\cdot S\cdot CoM+H_2 \xrightarrow{B,\ F_{430},\ FAD,\ Mg,\ ATP,\ B_{12}} CH_4+HS\cdot CoM$$

这一反应由包括多种组分的 $CH_3\text{-}S\text{-}CoM$ 还原酶系统催化，各种组分具有不同功能。

6.2.2.3 产甲烷菌的生长

产甲烷菌是严格厌氧菌，要求环境中绝对无氧。绝大部分产甲烷菌能利用氢和二氧化碳作基质，从氢的氧化反应中获得能量去还原二氧化碳，供其生长，其中部分产甲烷菌能利用甲酸。甲烷八叠球菌既能以二氧化碳和氢为生长基质，也能利用乙酸、甲酸、甲胺、二甲胺、乙酰二甲胺进行生长，少数产甲烷菌甚至能以一氧化碳为生长基质。铵盐是产甲烷菌适宜的氮源。某些种甚至需要生长因子，如甲烷短杆菌 (*Methanobrevibacter* sp.) 的生长需要加入瘤胃动物的瘤胃液。产甲烷菌的最适生长温度为 30℃左右，嗜热产甲烷菌的最适温度达 65～70℃。

另外，产甲烷菌还具有以下特性：

① 它的 DNA 很小，分子量可能为大肠杆菌的 1/3（约为 1.1×10^9）；

② 有独特的 16S rRNA 寡聚核苷酸序列谱，且 tRNA 中缺乏其他生物所共有 GTψCG 核苷酸序列；

③ 细胞壁中没有其他细菌细胞壁中所共有的胞壁酸和 D 型氨基酸；

④ 所含类酯大部分不可皂化为含植烷醚键、鲨烯和氢沙烯。

6.3 有机质厌氧消化过程

沼气发酵过程实质上是微生物的物质代谢和能量转换过程，在分解代谢过程中产沼气微生物获得能量和物质，以满足自身生长繁殖，同时大部分物质转化为甲烷（CH_4）和二氧化碳（CO_2）。沼气发酵一般是从大分子有机聚合物的分解开始，这些大分子有机聚合物主要有糖类（纤维素、淀粉等）、蛋白质类、脂类等，这样各种各样的有机物质不断地被分解代谢，就构成了自然界物质和能量循环的重要环节。所以说，发酵原料生成沼气是通过一系列复杂的生物化学反应来实现的。测定分析表明，有机物约有 90％被转化为沼气，10％被沼气微生物用于自身的消耗。有机质按照其水解产物的不同大致可分为以下几类。

6.3.1 糖类物质的代谢

一般把除去粗蛋白质、粗脂肪、粗灰分和水分以外的有机物统称为糖类物质，它包括纤维素、淀粉、糖类、半纤维素、木质素、果胶质、酸类、聚戊糖等。除粗纤维（纤维素、半纤维素、木质素）外的糖类物质又称为可溶性无氮物。

（1）小分子糖类的分解代谢

糖类物质必须水解为单糖或者双糖才能透过微生物的胞壁。多糖物质的水解产物很容易被微生物转化为葡萄糖后再进一步降解。

葡萄糖厌氧降解的最终产物为丙酮酸，这一反应有 3 种途径即糖酵解途径（EMP 途径）、磷酸戊糖途径和 2-酮-3-脱氧-6-P-葡萄糖酸盐（KDPG）途径，其中 EPM 途径是厌氧和好氧葡萄糖代谢的共同途径，也是葡萄糖厌氧降解的主要途径。丙酮酸进一步代谢有 4 条途径，即：①还原成乳酸；②脱羧形成二碳中间体，随后形成乙酸、乙酰乙酸、乙醇、丁醇及丙醇或丙酮等；③脱羧形成乙醛，再转变成乙醇；④产生乙酸和甲酸。

(2) 纤维素的分解代谢

沼气发酵原料中大部分是纤维素和半纤维素，它们在农作物秸秆和牲畜粪便中含量十分丰富。它们可厌氧分解为葡萄糖、纤维二糖、木糖、木二糖，这些大部分是产甲烷菌的主要能源来源，有学者指出纤维素分解的快慢直接影响沼气发酵的速率，Kotze 等则进一步指出复杂有机物分子与酶活性表面接触机会的多少是限制速率的关键，即纤维素的水解阶段。水解速率的快慢必然影响到后两个阶段的速率。所以说，纤维素的厌氧分解过程是产生可燃物气体的基本途径之一，这也是自然界碳元素循环中重要的环节之一。

纤维素的代谢分解有三种理论：协同理论、原初反应假说和碎片理论。协同机理是目前较为普遍接受的降解机理，其过程可描述为：纤维素在内切葡萄糖酶的作用下暴露出末端，然后外切酶连续切割纤维素链为纤维二糖，再在 β-葡聚糖苷酶的水解作用下，将纤维二糖分解为葡萄糖。

半纤维素在沼气发酵原料中的数量低于纤维素，它包括许多高分子的多缩戊糖，比纤维素容易水解，水解后形成木糖、阿拉伯糖及少量的甘露糖、半乳糖等（可以参见第 3 章的相关内容）。沼气发酵能够有效地消化半纤维素，已有人从厌氧消化的猪圈废物中分离到数量与纤维素分解菌相近的半纤维素分解菌。

木质素是一种无定型的环状化合物的聚合物，很难降解，其化学成分及结构尚未确定。一般认为它在厌氧消化中难降解或只能部分降解。有人提出，在沼气发酵液中富含的腐殖酸可能是木质素形成的，它们都是环状化合物的聚合物。在对木质素衍生物的芳香环化合物（香草醛、香草酸、苯甲酸等）的厌氧发酵研究中发现，这些芳香化合物中的有机碳一半以上可能转化为甲烷，可见简单芳香化合物经沼气发酵生成甲烷的过程也许在自然界中普遍地发生。

6.3.2　脂类化合物的代谢

脂类化合物包括脂肪、磷脂、油类和游离的脂肪酸等，它们在沼气发酵原液中的含量很低，很容易厌氧消化生成甲烷。脂类化合物水解的主要产物是脂肪酸和甘油。甘油先转化为磷酸甘油醛，再形成丙酮酸，然后进入丙酮酸的代谢途径。脂肪酸主要通过 β-氧化降解，这样直链脂肪酸能逐级降解，最终形成 1-碳脂肪酸、2-碳脂肪酸或 3-碳脂肪酸。显然 2-碳的乙酸是脂肪酸 β-氧化降解的主要产物，而产生的氢是形成甲烷的重要原料，可先形成 $NADH_2$ 和 $NADPH_2$，再用于还原 CO_2 生成甲烷。

6.3.3　含氮化合物的代谢

主要是指蛋白质类化合物，它在沼气发酵原料中占一定的比例，在沼气池中已经测得蛋白质分解酶，并且分离出了能够分解和脱氨的细菌。因此含氮化合物的降解途径可以像瘤胃中的厌氧降解一样，蛋白质首先水解成多肽与氨基酸，其中一部分氨基酸可按存在的微生物在厌氧条件下经几条路径进行水解脱氨，形成硫醇、胺、苯酚、硫化氢及氨。此外氨基酸分解可获得有机酸、醇等其他物质，然后再经过前述类似的途径产生甲烷和二氧化碳。沼气发酵液中的小量支链有机酸主要来自氨基酸脱氨，而不是糖类物质的发酵。各种氨基酸都是按照同一方式降解，氨基酸反应的最终产物类似于糖类和脂肪液化的终产物，都可以进一步形成甲烷和二氧化碳。另外，多肽、氨基酸和氨还可以重新转变成蛋白质。因此，在正常运行中的沼气池内氨浓度仅会在一定的范围内波动，沼气中的氨含量也极少。这表明在正常的沼气发酵过程中，与糖类和脂肪相比，用于生成甲烷的蛋白质类物质更少。

非蛋白质类含氮化合物在沼气发酵中也能降解和代谢。在瘤胃的研究中表明许多厌氧细菌可以降解嘌呤和嘧啶来形成氢、二氧化碳、氨、丙酸、乙酸、甲酸和乳酸等。嘌呤和嘧啶还可以用于合成菌体的核酸。还有硝酸盐和亚硝酸盐也可被还原成氨，硝酸盐又可以成为沼气发酵微生物的氮源。

糖类、脂类和蛋白质的厌氧消化代谢过程可用图 6-2 表示。

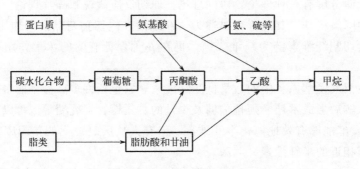

图 6-2 有机物的厌氧消化过程

6.4 沼气发酵微生物

沼气发酵微生物是人工制取沼气中最重要的因素，只有有了大量的沼气微生物，并使各种类群的微生物得到基本的生长条件，沼气发酵原料才能在微生物的作用下转化为沼气。

6.4.1 沼气发酵微生物的种类

沼气发酵是一个极其复杂的多种微生物共同代谢的过程，这一过程的发生和发展主要是五大类群微生物生命活动的结果。它们是：发酵性细菌、产氢产乙酸菌、耗氢产乙酸菌、食氢产甲烷菌和食乙酸产甲烷菌。这些微生物按照各自的营养需要，起着不同的物质转化作用。从复杂有机物的降解，到甲烷的形成，就是由它们分工合作和相互作用而完成的。

在沼气发酵过程中，五大类群细菌构成一条食物链，这些微生物按其在沼气发酵中的作用可分为不产甲烷菌和产甲烷菌，其具体微生物种类如下。

6.4.1.1 不产甲烷菌

在沼气发酵过程中，发酵性细菌将复杂的大分子有机聚合物变成简单的小分子有机物。继而产氢产乙酸菌和耗氢产乙酸菌的活动可使这些小分子有机物形成各种有机酸。因此，将这些微生物统称为不产甲烷菌。它们参与沼气发酵过程但不能直接产生甲烷，它们的种类繁多，以细菌种类最多，目前已知的有 19 个属 51 个种，随着研究的深入和分离方法的改进，还在不断发现新的种。进一步根据微生物的呼吸类型可将其分为好氧菌、厌氧菌、兼性厌氧菌三种类型，其中厌氧菌数量最大，比兼性厌氧菌、好氧菌多 100～200 倍，是不产甲烷阶段起主要作用的菌类。还可以根据作用基质来分，分为发酵性细菌（纤维分解菌、半纤维分解菌、淀粉分解菌、蛋白质分解菌、脂肪分解菌）、产氢产乙酸菌、耗氢产乙酸菌和其他一些特殊的细菌，如脱硫弧菌，它是一种严格的厌氧菌，可以还原硫酸盐。

（1）发酵性细菌

发酵性细菌包括各种有机物分解菌，主要作用是将复杂的有机物分解成较为简单的物质，参与的微生物主要是兼性厌氧菌和专性厌氧菌，主要包括梭状芽孢杆菌（*Clostridium* sp.）、拟杆菌（*Bacteroides*）、双歧杆菌（*Bifidobacterium*）、棒状杆菌（*Corynebacterium*）、乳酸菌（*Lactobacillus*）以及大肠杆菌（*Escerichia coli*）等，此外还包括一些真菌以及原生动物。

（2）产氢产乙酸菌

发酵性细菌的分解产物除甲酸、乙酸和甲醇外，均不能被产甲烷菌利用，必须由产氢产乙酸菌将其分解转化为乙酸、氢和二氧化碳。但是，在标准状态下，乙醇、丙酸、丁酸转化成乙酸和氢的吉布斯自由能（Gibbs free energy）大于零，反应不能自发进行，产氢产乙酸细菌只有在与耗氢微生物共存的条件下才能生长，才能将底物降解为较短链的乙酸。这种产氢微生物与耗氢微生物间生理代谢的联合称为互营联合（syntrophic association）。发现的产氢产乙酸菌有沃林氏互营杆菌（*Syntrophobacter wolinii*）、沃尔夫互营单胞菌（*Syntrophomonas wolfei*）等。

① 沃林氏互营杆菌（*S. wolinii*） 沃林氏互营杆菌是一种革兰氏染色阴性的无芽孢杆菌，单生、成对、短链或长链，有时为不规则的丝状，只有在硫酸盐的情况下，与利用 H_2 的硫酸盐还原菌共养生长，仅氧化丙酸，不氧化乙酸、丁酸、己酸。在无硫酸盐的情况下，其与其他微生物［脱硫弧菌和亨氏甲烷螺菌（*Methanospirllum hungatei*）］共培养时的倍增时间会增加约 1 倍。

② 沃尔夫互营单胞菌（*S. wolfei*） 它是一种革兰氏染色阴性的无芽孢杆菌，菌体 $(0.5\sim1)\mu m \times (2.0\sim7.0)\mu m$，稍微弯曲，端部稍尖，单生或成对，有时短链，在菌体的凹陷处有 $2\sim8$ 根鞭毛，能够缓慢运动。

（3）耗氢产乙酸菌

耗氢产乙酸菌是一类既能自养生活又能异养生活的混合营养型细菌，不但能利用氢气与二氧化碳生成乙酸，也能代谢糖类产生乙酸。已经分离到的耗氢产乙酸细菌包括乙酸梭菌（*Clostridium aceticum*）和基维产乙酸菌（*Acetogenium kivui*）等。

① 乙酸梭菌（*C. aceticum*） 乙酸梭菌是一种好气性细菌，在空气流通和保持一定温度的条件下，能够迅速生长繁殖，进行好氧呼吸，使酒精氧化，但是此菌有个很大特点，就是对酒精的氧化不够彻底，往往只氧化到生成有机酸的阶段，所以有机酸便积累起来。人们利用它的这个特点，不仅用来生产乙酸，而且还广泛用于丙酸、丁酸和葡萄糖酸的生产。

乙酸梭菌还能将山梨中含有的山梨醇转化成山梨糖，这是自然界少有，然而却是合成维生素 C 的主要原料。另外，乙酸梭菌还可以用于生产淀粉酶和果胶酶。

② 基维产乙酸菌（*A. kivui*） 此菌最初是从中部非洲最高的湖泊——基伍湖（Lake Kivu）中分离出来的。它是一种革兰氏阴性细菌、是化学需氧且嗜热的厌氧菌，它氧化氢气并将二氧化碳还原为乙酸。

它呈一种无运动、无孢子形成的杆状体，宽约 0.7μm，长约 $2\sim7.5\mu m$，通常成对或成链出现。细胞壁呈带状，表层有规则的粒子阵列，具有六倍的旋转对称性，没有外膜。生长的最适温度为 66℃，最适 pH 为 6.4。有机生长底物包括葡萄糖、甘露糖、果糖、丙酮酸和甲酸盐；乙酸是主要的产物。在氢气和二氧化碳的作用下，倍增时间约为 2h。半胱氨酸或硫化物是其生长所必需的，不能被巯基乙酸盐或二硫苏糖醇取代。

6.4.1.2 产甲烷菌

在沼气发酵过程中，后两群细菌（食氢产甲烷菌和食乙酸产甲烷菌）的活动可使各种有机酸转化成甲烷，统称为产甲烷菌。如果说微生物是沼气发酵的核心，那么产甲烷菌又是沼气发酵微生物的核心，产甲烷菌是一群非常特殊的微生物。它们严格厌氧，对氧和氧化剂非常敏感，适宜在中性或微碱性环境中生存繁殖。它们只能代谢少数几种简单的底物，以代谢物的方式生成甲烷，底物包括 H_2、CO_2、甲酸、甲醇、甲胺、二甲胺、乙酸等，近年来发现个别产甲烷菌株可以代谢乙醇、丙酸、异丙酸、异丁酸来产生甲烷。在沼气池中约有 2/3 的甲烷是由乙酸裂解形成的，其余部分是由 CO_2 还原而来的，有学者利用纯培养的方法研究了产甲烷菌的代谢，发现几乎所有的产甲烷菌都可以利用氢和 CO_2 代谢来产生甲烷，是要求生长物质最简单的微生物之一。

产甲烷菌的种类很多，从系统发育来看，到目前为止，产甲烷菌分成 5 个目，根据它们的特征，分别为甲烷杆菌目（Methanohacteriales）、甲烷球菌目（Methanococcales）、甲烷八叠球菌目（Methanosarcinales）、甲烷微菌目（Methanomicrobiales）和甲烷超高温菌目（Methanopyrales），分离鉴定的产甲烷菌已有 79 种。根据它们的细胞形态、大小、有无鞭毛、有无孢子等特征，可分为甲烷杆菌类、甲烷球菌类、甲烷八叠球菌类、甲烷螺旋形菌类（图 6-3）。产甲烷菌生长缓慢，繁殖倍增时间一般都比较长，长者达 4～6d，短者 3h 左右，大约为产酸菌繁殖倍增时间的 15 倍。由于产甲烷菌繁殖较慢，在发酵启动时，需加入大量甲烷菌种。

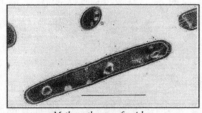

Methanothermus fervidus
(a) 甲烷杆菌类

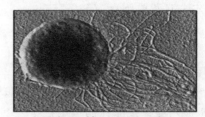

Methanocaldococcus jannaschii
(b) 甲烷球菌类

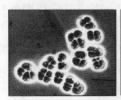

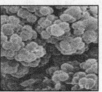

Methanosarcina barkeri　*Methanosarcina mazei*
(c) 甲烷八叠球菌类

Methanospirillum hungatei
(d) 甲烷螺旋形菌类

图 6-3　产甲烷菌的形态

产甲烷菌在自然界中广泛分布，如土壤中，湖泊、沼泽中，反刍动物（牛羊等）的肠胃道中，淡水或碱水池塘污泥中，下水道污泥中，腐烂秸秆堆中，牛马粪以及城乡垃圾堆中都有大量的产甲烷菌存在。由于产甲烷菌的分离、培养和保存都有较大的困难，迄今为止，所获得的产甲烷菌的纯种不多，且产甲烷菌的纯种还不能应用于生产，这些直接影响到沼气发酵研究的进展，也是影响沼气池产气率提高的重要原因。

6.4.2　沼气发酵微生物的特点

理论和实践证明，沼气发酵过程实质上是多种类群微生物的物质代谢和能量代谢过程，在此过程中，沼气发酵微生物是沼气发酵的核心，其发酵工艺过程及工艺条件的控制都以沼气发酵微生物学为理论指导，其具有以下特点。

(1) 沼气微生物分布广，种类多

沼气微生物在自然界中分布也很广，特别是在沼泽、粪池、污水池以及阴沟污泥中存在有各种各样的沼气发酵微生物，种类达 200～300 种，它们是可利用的沼气发酵菌种的源泉。

(2) 产酸菌繁殖快且代谢强，而产甲烷菌繁殖速度较慢

产酸菌在生长旺盛时，20min 或更短的时间内就可以繁殖一代。产甲烷菌的生长繁殖相当缓慢，其繁殖倍增时间一般都比较长，一般达 4～6d。

(3) 适应性强，容易培养

沼气池里的微生物（主要是厌氧和兼性厌氧两大菌群）在 10～60℃ 条件下，都可以利用多种多样的复杂有机物进行沼气发酵。有时经过驯化培养后的微生物可以加快这种反应，从而更有效地达到生产能源和保护环境的目的。

沼气微生物对环境有较强的适应能力。因此，环境因素的变化只要不超过一定的范围，即使平衡被打乱，也只是暂时的，经过一段时期的自我调节又可以达到新的平衡。在这种情况下，不需要人为调节。但如果环境因素的变化超过了微生物的承受能力，则破坏的平衡不能自行恢复，必须采取相应的调节措施。

(4) 菌群间存在协同关系

存在不产甲烷菌和产甲烷菌协调的联合作用，任何一个类群的细菌数量上过多或者过少，功能活性上不活跃或过于活跃，都会引起动态平衡的破坏，从而导致沼气发酵不正常，甚至失败。

6.4.3　沼气发酵微生物之间的作用

沼气发酵是一个极其复杂的生物化学过程，包括各种不同类型微生物所完成的各种代谢途径。这些微生物及其所进行的代谢都不是在孤立的环境中单独进行，而是在一个混杂的环境中相互影响完成的。它们之间的具体作用如下。

6.4.3.1　联合作用

从有机物到甲烷形成，是由很多细菌联合作用的结果（图 6-4）。

① 产甲烷细菌在合成的最后阶段起作用。它利用伴生菌所提供的代谢产物乙酸、H_2、CO_2 等合成甲烷，整个过程可分为水解阶段、产氢产乙酸阶段及产甲烷阶段，以上几个阶段不是截然分开的，没有明显的界线，也不是孤立进行的，而是密切联系在一起互相交叉进行的。

② 种间 H_2 的转移（interspecies hydrogen transfer，IHT）作用。在沼气发酵过程中，产酸菌、伴生菌发酵有机物产 H_2，H_2 又被产甲烷细菌用于还原 CO_2 合成 CH_4，伴生菌和产甲烷细菌在发酵过程中形成了共生关系，产氢产乙酸菌系分解乙醇产 H_2，H_2 对它继续分

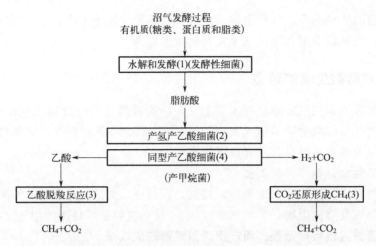

图 6-4 甲烷形成过程中各微生物类群之间的作用关系

解乙醇有阻抑作用，而产甲烷菌系可利用 H_2，这样又为产氢产乙酸菌系清除了阻抑，两者在一起生活互惠互利，单独都不能够生存。

③ 乙酸是有机物在厌氧发酵过程中主要的中间代谢产物，也是形成甲烷的重要中间产物。McCarty 实验证明，有机物发酵分解产生乙酸继而形成甲烷，约占甲烷总生成量的72%，由其他产物形成甲烷约占 28%。由乙酸形成甲烷的过程也是很复杂的，用 ^{14}C 示踪原子试验表明，由乙酸形成甲烷有两种途径：由乙酸的甲基形成甲烷；由乙酸转化为 CO_2 和 H_2 再形成甲烷。

④ 互营联合（syntrophic association）。产甲烷过程是由发酵菌和产甲烷菌两大类微生物在协同合作的机制下完成的。这种合作并不仅仅是在食物链上的简单依附关系，而且在热力学上有其更重要的意义：由于发酵菌介导的有机物降解过程中的中间产物——短链脂肪酸的进一步分解在标准状态下是吸热过程而不能自发进行，而产甲烷菌的存在，可以消耗其降解产物 H_2 而拉动其化学平衡向产物方向进行；而另一方面，脂肪酸降解产物作为产甲烷的前体，也可在热力学上推动产甲烷过程更加高效地进行。这种合作关系称为"互营"。在互营氧化产甲烷过程中，种间电子传递（interspecies electron transfer，IET）是关键环节，它决定了有机物降解和产甲烷过程能否高效有序地进行，同时也是互营细菌和产甲烷菌相互依赖共同突破热力学能垒继而维持生长的重要手段。多年来，人们所认识的互营氧化产甲烷过程主要涉及种间 H_2 转移（interspecies hydrogen transfer，IHT）和种间甲酸转移（interspecies formate transfer，IFT），但最近研究表明：互营氧化产甲烷过程中存在种间直接电子传递（direct interspecies electron transfer，DIET）过程。

6.4.3.2 相互作用

在沼气发酵过程中，不产甲烷细菌和产甲烷细菌之间相互依赖，互为对方创造并维持生命活动所需要的良好环境条件，但它们之间又互相制约，在发酵过程中总处于平衡状态。这些互相作用包括不产甲烷细菌和产甲烷细菌之间的作用、不产甲烷细菌之间的作用和产甲烷细菌之间的作用。它们之间的相互作用表现在下列几方面。

(1) 提供所需要的基质

不产甲烷细菌为产甲烷细菌提供生长和产甲烷所需要的基质。不产甲烷细菌可把各种复杂的有机物（如糖类物质、脂肪、蛋白质等）厌氧分解生成 H_2、CO_2、NH_3、VFA、甲醇、丙酸、丁酸等，丙酸和丁酸还可被氢细菌和乙酸细菌分解转化成 H_2、CO_2 和乙酸，为产甲烷细菌提供了合成细胞质和形成甲烷的碳前体、电子供体——氢供体和氮源，使产甲烷细菌利用这些物质最终形成甲烷。

(2) 创造氧化还原电位条件

不产甲烷细菌为产甲烷细菌创造了适宜的氧化还原电位条件。在沼气发酵初期，由于加料过程中将空气带入发酵装置，液体原料里也有溶解氧，这显然对产甲烷细菌是很有害的。氧的去除需要依赖不产甲烷细菌的氧化能力把氧用掉，降低了氧化还原电位。在发酵装置中，各种厌氧性微生物如纤维素分解菌、硫酸盐还原细菌、硝酸盐还原细菌、产氨细菌和产乙酸细菌等，对氧化还原电位的适应性也各不相同，通过这些细菌有顺序地交替生长活动，使发酵液料中氧化还原电位不断下降，逐步为产甲烷细菌的生长创造了适宜的氧化还原电位条件，使甲烷细菌能很好地生长。

(3) 清除了有害物质

不产甲烷细菌为产甲烷细菌清除了有害物质。以工业废水或废弃物为发酵原料时，原料里可能含酚类、氰化物、苯甲酸、长链脂肪酸和一些重金属离子等，这些物质对产甲烷细菌是有毒害作用的，但不产甲烷细菌中有许多种能裂解苯环的细菌，有些细菌还能以氰化物为碳源和能源，还有的细菌能分解长链脂肪酸生成乙酸。这些作用不仅解除了对甲烷细菌的毒害，而且又给产甲烷细菌提供了养料。此外，有些不产甲烷细菌的代谢产物硫化氢可以和一些重金属离子作用，生成不溶性的金属硫化物，从而解除了一些重金属离子的毒害作用。其反应式如下：

$$H_2S + Cu^{2+} \longrightarrow CuS\downarrow + 2H^+$$
$$H_2S + Pb^{2+} \longrightarrow PbS\downarrow + 2H^+$$

但 H_2S 浓度也不能过高，当 H_2S 大于 $150 \times 10^{-6} mol/L$，对产甲烷细菌也有毒害。

(4) 解除了反馈抑制

产甲烷细菌又为不产甲烷细菌的生化反应解除了反馈抑制。不产甲烷细菌的发酵产物可以抑制产氢细菌的继续产氢，酸的积累可以抑制产酸细菌的继续产酸。当厌氧消化器中乙酸浓度超过 0.3% 时，就会产生酸化，使厌氧消化不能很好地进行下去，会使沼气发酵失败。要维持良好的厌氧消化效果，乙酸浓度在 0.3% 左右较好。在正常沼气发酵工程系统中，产甲烷细菌能连续不断地利用不产甲烷细菌产生的氢、乙酸、CO_2 等合成甲烷，不致有氢和酸的积累，解除它们对不产甲烷细菌的反馈抑制，使不产甲烷细菌能继续正常生活，又为产甲烷细菌提供了合成甲烷的碳前体。

(5) 维持环境中适宜的 pH 值

不产甲烷细菌和产甲烷细菌共同维持环境中适宜的 pH 值。在沼气发酵初期，不产甲烷细菌首先降解原料中的糖类、淀粉等产生大量的有机酸、CO_2，其中 CO_2 又能部分溶于水形成碳酸，使发酵液料中 pH 值明显下降。但是不产甲烷细菌类群中还有一类细菌叫氨化细菌，能迅速分解蛋白质产生氨，氨可中和部分酸。

6.5　沼气发酵的条件

沼气发酵微生物在沼气池中是一个"活"的生态群体，是它们在沼气池中进行新陈代谢和生长繁殖的过程，需要一定的生存条件，只有使它们得到最佳的生存条件，各种原料才会最大程度地被分解转化为沼气，沼气池才能实现理想的产气效果。人工制取沼气的基本条件如下。

(1) 沼气发酵原料

沼气发酵原料是沼气微生物赖以生存的物质基础，也是沼气微生物进行生命活动和产生沼气的营养物质。沼气微生物的生长代谢需要从发酵原料中吸取主要的营养物质——碳、氮、氢、硫、磷等元素，其中主要是碳素和氮素，碳提供给微生物营养，氮则用来合成细胞含氮物质，二者都用于生长和繁殖。作物秸秆等纤维类物质含有大量碳素营养，而人畜粪便中则含有大量氮素营养，但是作物秸秆的纤维类物质的发酵周期为 90d 左右，粪便原料只需要 60d，不同发酵原料的碳氮比也有所差异，根据不同发酵原料的碳氮比可以计算出混合原料的碳氮比，两种原料配比发酵能够获得比单一原料较佳的产气效果。研究结果表明，营养搭配以 C/N 为 25～30 为最合适。沼气发酵原料的不同，所产沼气的量亦有所差别，作物秸秆的纤维类物质的产气量比人畜粪便的产气量高，但沼气中的甲烷含量则低于人畜粪便的，从实践来看，牲畜粪便作沼气发酵原料最好。

(2) 沼气发酵微生物

沼气发酵微生物是产沼气的内因条件。沼气发酵是一个多种微生物种群代谢的过程，从产生甲烷的角度可以将沼气发酵微生物分为两类，即产甲烷菌和不产甲烷菌。二者的作用见前文。

另外，在沼气发酵的启动和运行中，通常以活性污泥形式加入沼气发酵微生物，在沼气发酵活性污泥中，微生物以菌胶团的形式存在。微生物菌胶团中部分微生物表面具有黏液，使微生物之间充满由脂多糖构成的胞外聚合物，将产酸菌固定于菌胶团内或分散于胶团外，甲烷丝状菌分布于污泥内外，甲烷八叠球菌则被网罗在胶团中，初形成的污泥悬浮物质较多，微生物较少，产甲烷菌活性较低。而发育良好的活性污泥中微生物多，特别是甲烷丝状菌分布较多，悬浮物质少，产甲烷菌的活性较高。

新建的沼气池要想尽快启动产气，就要接入含有大量沼气发酵微生物的接种物（菌种）。接种物通常要做富集驯化，其基本方法是选择活性较强的污泥，逐步增加投料量，使其逐渐适应发酵的基质和温度，经过一段时间的富集驯化才能作为沼气发酵的接种物，发酵正常的沼气池中、积水粪坑中、屠宰厂、豆制品加工厂等的废水中，都有大量沼气发酵菌种。新沼气池一般加入接种物的量为总投料量的 10%～30%，就能保证正常启动。其他条件相同的情况下，加大接种量，产气快，沼气质量好，启动不会出现偏差。

(3) 严格的厌氧环境

沼气发酵微生物主要由严格厌氧菌和兼性厌氧微生物组成，沼气发酵主要的微生物产氢产乙酸细菌和产甲烷细菌都是严格厌氧的，空气中的氧气会使其生命活动受到抑制，甚至死亡。因此沼气池不漏水、不漏气是人工制取沼气的关键。

氧化还原电位是衡量沼气发酵系统中厌氧程度的指标，根据温度的不同，适宜的氧化还原电位有所差别，在高温沼气发酵条件下，适宜的氧化还原电位为 $-600～560mV$；中温条件下 $-350～300mV$ 最为适宜；自然发酵条件下的适宜氧化还原电位与中温条件相同。因此使用还原剂有利于沼气的启动和运行。

在沼气进料时，会带入空气，此时好氧微生物大量活动，消耗进入沼气池中的氧气，使得发酵液中的氧化还原电位保持适宜。因此，沼气池中的好氧微生物对沼气发酵起到积极作用。

(4) 适宜的温度条件

温度是沼气发酵重要的外因条件，通常温度越高，沼气微生物的代谢繁殖越旺盛，厌氧分解和生成甲烷的速度就快，产气就多。因此，可以说温度是产气多少的关键。一般而言，沼气发酵在 $10 \sim 60$℃ 均能进行，发酵料液温度低于 10℃ 或高于 60℃ 都严重影响微生物的生存和繁殖，影响产气。沼气发酵分为高温（$46 \sim 60$℃）、中温（$28 \sim 38$℃）、常温（$10 \sim 26$℃）三个发酵区。农村沼气池靠自然温度发酵，属常温发酵，且在 $10 \sim 26$℃ 范围内，温度越高产气越好，这就是北方沼气池夏天产气多冬天产气少的原因。所以气温较低的地区，可以通过增加沼气池的建造深度来实现发酵温度的稳定，从发酵的周期来看，温度越低，发酵所需时间周期就越长，温度越高，发酵周期越短，所以建发酵池的时候一定要按照"三位一体"（畜禽舍-沼气池-厕所）或"四位一体"（畜禽舍-沼气池-厕所-温室大棚）的要求设计建造。

(5) 适当的发酵料液浓度

沼气发酵料液浓度通常是指沼气发酵料液的总固体浓度（TS），农村沼气池发酵料液的浓度以 $6\% \sim 12\%$ 为宜。一般夏季为 $6\% \sim 8\%$，在温度较低的冬季，料液浓度可适当提高至 $10\% \sim 12\%$。料液浓度太高或者太低都不利于产气，当发酵料液的浓度提高时，沼气池的处理效率和沼气产气率也会随之提高，但发酵液中的有机酸积累趋势上升，造成产酸和产甲烷迅速失调，沼气池的效率反而下降；料液浓度太低时，由于营养不足，微生物处于饥饿状态，污泥菌群的增长速度慢，导致污泥活性较低。

当沼气池处于启动阶段时，主要目的为污泥菌群的驯化，一般负荷较低，控制在 $0.5 \sim 1.0 \mathrm{kg}\ \mathrm{COD}/(\mathrm{m}^3 \cdot \mathrm{d})$，使接种微生物可以尽快适应所处理的有机物，然后则以积累污泥为主，给污泥较高的料液浓度，使其迅速生长，直至污泥的生长和死亡与流出处于平衡状态，标志着启动阶段结束，进入正常运行阶段，这时在中温条件下负荷可达 $5 \sim 8.0 \mathrm{kg}\ \mathrm{COD}/(\mathrm{m}^3 \cdot \mathrm{d})$（视工艺类型和原料性质而定）。

(6) 适合的氧化还原电位

沼气微生物生长和繁殖要求发酵原料的酸碱度保持在中性或微碱性（pH$=6.5 \sim 7.5$）。超出这一范围，沼气微生物的代谢将减慢甚至被杀死。因此，维持沼气池中适宜的 pH 是保证产气率的又一关键性外因，在完整的沼气发酵过程中，pH 值并非固定不变，在发酵初期，酸化和氨化未达到平衡，大量的有机酸产生，pH 值呈下降趋势；随后氨化作用增强，消耗掉多余的有机酸，pH 值上升。

在沼气发酵启动阶段，酸化与氨化未达到平衡之前，温度对 pH 也有一定影响。发酵的速率越快，pH 变化周期越短；发酵时间越长，pH 变化周期越长。我国农村沼气发酵温度较低，发酵的速率较慢，pH 的变化不太明显，其变化速率不会超过其适宜的范围。在正常情况下，沼气发酵过程中的 pH 变化是一个自然平衡的过程，不需要调节。当管理不当造成有机酸大量积累时，可通过适当加入草木灰、石灰水等调节 pH 或者稀释发酵液中的有机酸来维持适宜的 pH。

(7) 适当搅拌

适当的搅拌有利于微生物和原料充分接触，达到原料的充分利用，在相同料液浓度的情况下，达到提高产气量的目的。

（8）有毒物质控制

产甲烷菌对有毒有害物质的抵抗力差，有毒有害的物质，如剧毒农药、杀虫剂、杀菌剂、强氧化剂、重金属物质以及有毒的植物等，可能会直接导致产甲烷菌的死亡，导致沼气发酵系统运行失败，所以有毒物质都不得进入沼气池中。

保证以上条件才能使沼气池顺利启动，正常运行以达到产气的目的。

6.6 厌氧发酵过程的影响因素

固体废物的厌氧发酵（消化）过程影响因素如下。

（1）有机物的投加量

在厌氧发酵罐（或称为消化罐）中，从搅拌时液体的流动性和搅拌动力的关系考虑，发酵原料液的固形物浓度的极限约为 $10\%\sim12\%$，污水处理厂污泥浓度是 $2\%\sim5\%$，家畜粪尿是 $2\%\sim8\%$，其他有机废水中的固形物浓度极限是 8%。适宜的有机物投入量根据菌体的性质和发酵温度等决定。如对于单槽方式的发酵法，猪粪作为基质时，中温发酵的有机负荷是 $2\sim3kg\ VS/m^3\cdot d$，高温发酵的有机负荷是 $5\sim6kg\ VS/m^3\cdot d$，固形物中有机物含量通常是 $60\%\sim80\%$，甲烷发酵后是 $35\%\sim45\%$。

（2）营养

参与沼气发酵的微生物不仅要从料液中吸收营养物质以取得能源，而且还要利用这些营养物质合成新的细胞。微生物细胞的主要化学元素为碳、氢、氮、硫、磷等，碳是细胞物质的主要骨架元素，氮和磷的需求量包括两个方面：合成细胞物质的需求量，维持溶液中必要浓度的需求量。沼气发酵的合适 C/N 一般认为是 $25\sim30$，通常认为 N/P 为 5 时能满足微生物的生长，磷不足时，可适当投加磷肥；微生物生长需要的 C/S 大约为 600，对大多数沼气发酵原料而言，硫不是限制元素。

（3）粒度

希望沼气发酵原料的粒度小，因为发酵过程是在可溶性有机物中进行的。粒度越小，发酵性微生物与料液的接触面积就越大，发酵阶段的速率也会有所提高，从而缩短沼气发酵时间。

（4）发酵温度

厌氧发酵分为常温发酵、中温发酵和高温发酵，常温发酵一般也称为自然发酵，温度一般在 $10\sim26℃$，中温发酵控制在 $28\sim38℃$，高温发酵控制在 $46\sim60℃$。

（5）发酵槽的搅拌

为了使发酵槽内充分混合并使浮渣充分破碎，在发酵罐内必须进行适当的搅拌。搅拌方式有泵循环、机械搅拌、浮渣破碎机和气体搅拌等。

（6）厌氧状态

由于沼气发酵微生物大多为兼性厌氧或者严格厌氧微生物，对氧很敏感，因此除去进出料时刻，发酵槽完全密闭为宜。

（7）加温

由于厌氧发酵需要适宜温度，因此常常需要加温。虽然中温和高温发酵对有机物处理能力的比是 1∶(2.5～3) 左右，但是发酵温度要根据原料的特性、发酵装置所在地区的气温、发酵槽的运行费用来决定。

(8) 平均滞留时间

厌氧发酵的基质需要一定的平均滞留时间。如果平均滞留时间小于菌体的最小世代时间，则从发酵槽流出的菌体大于其繁殖速率，发酵就难于维持。

(9) pH 的影响

在产酸阶段是兼性厌氧菌起作用，pH 值的容许范围是 4.0～4.5。在兼性厌氧菌群和专性厌氧菌群共栖的系统，pH 值在 6.4～7.2 范围之内。对于两相式发酵的甲烷发酵槽，pH 值在 6.5～7.5 之间最适宜。

厌氧微生物的生命活动、物质代谢与 pH 值有密切关系，pH 值的变化直接影响着消化过程和消化产物，不同的微生物要求不同的 pH 值。颗粒污泥利用不同底物时适应生长的 pH 范围不同，一般认为，反应器内的 pH 值应保持为 7.12～7.16。对于以糖类物质为主的废水，进水碱度与 COD 之比大于 1∶3 是必要的，但对于有机氮和硫酸盐含量较高的废水，碱度的控制方式有所不同。在链霉素废水的启动过程中发现，控制出水的碱度在 1000mg/L 以上，能成功地培养出厌氧颗粒污泥，颗粒污泥成熟以后，对进水的碱度要求并不高，可以不投或少投纯碱。适量惰性物如 Ca^{2+}、Mg^{2+} 和 CO_3^{2-}、SO_4^{2-} 等离子的存在，能够促进颗粒污泥初成体的聚集和黏结。

6.7　沼气发酵工艺

6.7.1　沼气发酵原料及处理

6.7.1.1　沼气发酵的原料

日常生活中的农作物秸秆、杂草、树叶等，猪、牛、羊、鸡等家禽的粪便，农业、工业产品的废水废物（如豆制品的废水、酒糟、屠宰行业废水等），污泥（污泥中富含各种有机物，如木质素、纤维素、腐殖质等），还有水生植物都可以用作沼气发酵的原料，还有各种有机物同样可用作沼气发酵的原料。沼气发酵原料是沼气微生物进行正常生命活动所需的营养和能量的物质来源，是生产沼气的物质基础。为了保证沼气发酵过程中有充足而稳定的发酵原料，同时使池内发酵既不结壳，又容易进料和出料，达到管理方便、高效产气的目的，须对沼气发酵原料进行认真选择。为了准确地表示固体或液体中有机质的含量，一般采用如下几种方法来测定原料的有机质含量。

(1) 总固体 (total solid, TS)

总固体，又称干物质，是指发酵原料除去水分以后剩余的物质。测定方法为：把样品放在 105℃ 的烘箱中烘干至恒重，此时物质的质量就是该样品的总固体质量。

$$TS = \frac{样品中\ TS\ 质量\ W_{干}}{样品质量\ W_s} \times 100\%$$

挥发性固体 (volatile solid, VS)，是指原料总固体中除去灰分以后剩下的物质。其测定方法为：把样品放在 500～550℃ 温度下灼烧 1h，其减轻的重量就是该样品中的挥发性固体质量，余下的物质是样品的灰分，其质量是该样品中的灰分的质量。

$$VS = \frac{样品\ TS\ 质量\ W_干 - 样品灰分质量\ W_灰}{样品\ TS\ 质量\ W_干} \times 100\%$$

总固体（TS）、挥发性固体（VS）、水分和灰分之间的组成关系如图 6-5 所示。

原料 $\begin{cases} 水分 \\ 总固体（TS） \begin{cases} 灰分 \\ 挥发性固体（VS） \end{cases} \end{cases}$

图 6-5 TS、VS、水分、灰分之间的关系

在沼气发酵中，沼气微生物只能利用原料的挥发性固体，而灰分是不能利用的。因此就应该用挥发性固体的质量来表示原料的质量。但考虑到测定挥发性固体含量要比测定固体含量的要求更高，在大多数农村不具备这个条件，而农村常用的沼气发酵原料（粪便和秸秆）在风干状态下的总固体质量分数又比较稳定，测定几次后的平均值基本就可以作为常数通用。一般就使用总固体质量表示农村原料质量，农村常用的发酵原料总固体含量见表 6-1。

表 6-1 农村常用发酵原料的总固体含量（近似值） 单位：%

发酵原料	总固体质量	水分含量	发酵原料	总固体质量	水分含量
风干稻草	83	17	猪粪	18	82
风干麦草	82	18	牛粪	17	83
玉米秆	80	20	人尿	0.4	99.6
青草	24	76	猪尿	0.4	99.6
人粪	20	80	牛尿	0.6	99.4

(2) 生化需氧量（BOD）

微生物将溶液中的有机质分解所消耗氧的量称为生化需氧量（biochemical oxygen demand，BOD）。测定生化需氧量要保持一定的温度和一定的时间，通常指在 20℃下，经 5d 培养后所消耗的溶解氧量，用 BOD_5 表示，单位为 kg/m^3。

(3) 化学需氧量（COD）

在一定条件下，溶液中的有机质与强氧化剂重铬酸钾作用所消耗氧的量，称为化学需氧量（chemical oxygen demand，COD），单位为 kg/m^3 或 kg/L。1kg 的 COD 约可以产生甲烷 $0.35m^3$。

BOD 和 COD 被普遍用来表示原料中有机质的量，BOD 基本上反映了能被微生物分解的有机质的量。若原料含不易被微生物分解的物质，其 COD 可能比 BOD 大得多。

6.7.1.2 沼气发酵原料的产气特性

不同的发酵原料进行沼气发酵时具有不同的产气特性，即使同一种原料，当其处在不同地区或所处的发酵条件不相同时，其产气特性也不同。一般采用如下几种方法来表示原料的产气特性。

(1) 原料产气率

它是指单位质量原料在整个发酵过程中的产气量。其可以说明在一定的发酵条件下（配

料、温度、时间、浓度和酸碱度等），原料被利用的水平。原料产气率的表示方法如下：

$$原料产气率 = \frac{沼气（m^2）}{TS（kg）}$$

$$原料产气率 = \frac{沼气（m^2）}{VS（kg）}$$

$$原料产气率 = \frac{沼气（m^2）}{COD（kg）}$$

料液产气率是指单位体积的发酵料液每天产生沼气的数量。其表示单位为 $m^3/(m^3 \cdot d)$。当料液中所含原料的种类和质量（料液度）不同时，其产气率也不同。故料液产气率不能说明发酵原料被利用水平的高低，也不能说明沼气池容积被利用的程度，实际应用中一般很少采用料液产气率这一指标。

池容产气率是指沼气池单位容积每天产生沼气量的多少。其表示单位为：生产中使用 $m^3/(m^3 \cdot d)$；小型实验中使用 $L/(L \cdot d)$。池容产气率说明装置被利用水平的高低。

原料产气率和池容产气率说明了原料和装置被利用的水平，这两个指标是衡量沼气生产水平的重要参数。使用它们来评价沼气池时，要考虑二者的发酵条件和生产状况。

(2) 发酵原料产气量的估算

农村各种发酵原料能够转化变成沼气的最大数量称为理论产气量，理论产气量的大小取决于该发酵原料中的糖类物质、蛋白质和类脂化合物等有机物的含量，这类有机物的含量越大，发酵料液的产气量越大；反之发酵料液中的灰分和木质素的含量越大，则产气量越小。

不同发酵原料的产气量不同，同一类发酵原料，由于来源、存放条件等的不同，其有机物含量会有所变化，产气量也会有所变化；日常发酵原料的产气量在 $0.38 \sim 0.62 m^3/kg$（以干重计），产甲烷量为 $0.2 \sim 0.32 m^3/kg$（以干重计）。

在日常的沼气发酵中原料不可能完全被分解，即使分解的原料也会有一部分转化为污泥和菌体以及其他的产物而不能变成沼气。所以实际的原料产气量比理论产气量要低。

(3) 产气速度

产气速度是指发酵料液投入沼气池后产生沼气快慢的程度。知道了产气速度，便于掌握沼气池产气规律，从而可以确定沼气池进料、出料的时间。经过对人畜粪便、秸秆等沼气原料的产气特性进行测定，结果表明秸秆类原料木质纤维含量高，C/N 高，分解速度慢，产气速度慢；粪便类原料 C/N 低，分解较快，产气速率高。在 30℃ 条件下，粪便经 60d 就可以发酵完全，秸秆类则需要 90d 才能发酵完全。

6.7.1.3 沼气发酵原料的预处理

农作物秸秆碳素含量高，其 C/N＞30。秸秆由木质素、纤维素、半纤维素、果胶和蜡质等化合物组成，进行沼气发酵时秸秆难于消化，其中的木质素是一种很难被细菌分解利用的物质，而纤维素的分解也较慢。所以农业废物沼气发酵的分解率一般只有 50% 左右，而可溶性原料容易消化，进行沼气发酵时，废水中的可溶性有机质往往可去除 90% 以上。秸秆表面有一层蜡质，不容易被沼气微生物所破坏，如果秸秆直接下池会产生大量漂浮结壳，不被分解利用，所以必须进行预处理。常用的预处理方法有以下几种。

(1) 物理预处理

物理预处理主要是利用物理方法缩小生物质原料的粒度，降低结晶度，破坏半纤维素和木质素的结合层，增大物料的比表面积，同时软化生物质，将部分半纤维素从生物质原料中分离、降解，从而增加酶和纤维素的接触率，提高纤维素的酶解转化率，常用的物理预处理方法有机械粉碎、热水解和堆沤处理等。

① 机械粉碎　用铡刀将秸秆切成 60mm 左右长短，或进行粗粉碎。这样不仅可以破坏秸秆表面的蜡质层，而且增加了发酵原料与细菌的接触面，可以加快原料的分解利用。同时，也便于进出料和施肥时的操作。经过切碎或粗粉碎的秸秆再进行发酵，一般可以将产气量提高 20% 左右。

② 热水解　又称高温液相热水分解，主要在高温高压条件下将生物质原料分解为小分子物质的过程，料液冷却后用于沼气发酵，其中含水量较低的原料在进行热水解前还要补给水分，大量热水的作用会引起生物质的膨胀，并使生物质中连接结晶纤维素和结构化合物的氢键断裂。半纤维素也在高温液相热水中得到分解，从而加速了生物质的膨胀。

热水解仅仅在达到某一特定的温度时才能提高沼气产量，而低于这一温度时，产气量则会下降。利用高温热水解技术对农作物秸秆进行预处理，最高温度可达 220℃。最高温度取决于原料的组分和预处理的停留时间。

当农户产气自家用时，由于条件限制，可用堆沤处理。堆沤处理是先将秸秆进行好氧发酵，然后再将堆沤过的秸秆下沼气池进行厌氧发酵，秸秆经过堆沤后，纤维束变得松散，这样扩大了纤维素与细菌的接触面，可以加快纤维素的分解，进而加快沼气发酵进程；通过堆沤还可以破坏秸秆表面的蜡质层，下池后不易结壳漂浮。堆沤的方法有两种：一种方法是池外堆沤，另一种方法是池内堆沤。池外堆沤是先将作物秸秆铡碎，起堆时分层加入石灰或草木灰（占干料的 1%～2%），用以破坏秸秆表面的蜡质层，并中和堆沤时产生的有机酸。然后再每层泼一些人畜粪尿或沼气液肥、污水，加水（以料堆下部不流水为准）使秸秆充分湿润。料堆上覆盖塑料薄膜，堆沤时间夏季 2～3d，冬季 5～7d。当堆内发热烫手时（50～60℃），要立即翻堆，把堆外的翻入堆内，并补充水分，待大部分秸秆颜色呈棕色或褐色时，便可投入沼气池内发酵。

物理预处理方法具有反应速度快、处理时间短、处理效果好及环境友好等优点，处理后原料的产气效果有明显提高。但此法所涉及的处理设备复杂、投资费用较高，并且需要高温、高压、高能耗，处理成本相对较高，限制了其工程应用。

(2) 化学预处理

化学预处理主要有酸处理、碱处理、氧化处理及有机溶剂处理等方法。这些方法可使纤维素、半纤维素和木质素等膨胀并破坏其结晶性，使天然纤维素溶解，从而增加原料的可消化性。目前在沼气技术研究和工程应用中，运用较多的是酸处理和碱处理。

① 酸处理　强酸具有很强的腐蚀性和氧化性，可以有效地水解木质纤维原料，提高木聚糖转化为木糖的效率。但对反应设备的抗腐蚀性要求高，产生的废液也可能造成二次污染，实际应用中多采用稀酸处理，并且已经成功应用于木质纤维原料的预处理中。

② 碱处理　其原理是碱提供的氢氧根与木质素分子的化学键发生皂化反应，将木质素去除；但碱对半纤维素和纤维素的破坏较小，因而原料的利用率较高。常用的碱主要有氢氧化钠、氢氧化钾、氢氧化钙等。与酸处理不同的是，碱处理可直接通过生化反应将木质素去除，从而打开纤维素的晶体结构，增加水解酶对底物的可水解度，使纤维素与半纤维素更容

易被沼气发酵微生物所利用。碱处理能够提高厌氧消化效率和产气率。在常温条件下，采用6％的氢氧化钠溶液对水稻秸秆进行预处理（处理时间为 3 周），可使沼气产量提高27.3％～64.5％。需要特别注意的是，在连续的沼气发酵过程中，碱预处理会导致料液 pH 的增加和盐的积累。pH 的增加会影响发酵液中的铵离子和游离氨之间的平衡，从而抑制产甲烷过程。而且高浓度的阳离子也会因为渗透压过高而抑制整个厌氧消化过程。

化学预处理具有工艺简单、效率高、处理成本低等优点，在处理过程中存在无机酸碱需要量大，试剂中和、回收较困难，环境友好性差，易造成二次污染等问题。

（3）生物预处理

生物预处理主要有微生物处理、酶处理、复合菌剂处理等方法，主要利用预酸化（多级发酵）、外加生物质降解酶的复合菌剂等，将秸秆类物质中的木质纤维素分解，更有利于沼气发酵菌群的利用和分解，生物预处理主要有以下几种方法。

① 微生物处理　也称为预酸化或多级发酵，其原理是将沼气发酵的第一、二阶段（水解和酸化）与产甲烷阶段分离。这类预处理技术通常在两极厌氧消化系统中进行，第一级消化系统（预酸化）的 pH 介于 4～6，抑制甲烷的产生，引起挥发性脂肪酸的积累。在预酸化阶段产生的气体主要是 CO_2 和 H_2，其中 H_2 的产生与脂肪酸的产生密切相关，是预酸化阶段评价的重要指标，实际操作过程中，pH 在很大程度上影响 H_2 的产量。在连续发酵的试验中，氢气占预酸化阶段气体总量的 35％～40％。一般而言，纤维素、半纤维素以及淀粉降解酶的最佳工作条件是 pH 介于 4～6，温度为 30～50℃，因此预酸化处理可为水解酶提供理想的工作环境，从而提高厌氧消化过程的底物降解率。

② 酶处理　添加酶的目的是降解高分子聚合物，特别是木质纤维素。通常使用降解酶的混合物，包括纤维素酶、木聚糖酶、果胶酶、淀粉酶等。实际操作中，酶的添加有以下三种方式：直接添加到单级厌氧消化器中；添加到两极厌氧消化系统的水解和酸化容器中；添加到专用的酶预处理容器中。酶预处理能提高物料的溶解性，有利于厌氧微生物的分解利用。但也有研究证明：酶的添加会使料液中挥发性脂肪酸的产量提高，从而抑制后续的产甲烷过程。

③ 复合菌剂处理　复合菌剂一般包括多种纤维素、木质素分解菌以及由霉菌、细菌和放线菌等多种微生物菌种组成的一些辅助功能菌。研究发现，很多复合菌剂对秸秆有着很好的预处理效果，能明显提高沼气发酵消化率和产气率。

与物理和化学预处理相比，生物预处理具有反应条件温和、能耗低、处理成本低、设备简单、专一性强、不会带来环境污染等诸多优点。但是，在实际应用中，仍存在着能够降解木质素的微生物种类少、木质纤维降解酶活性低、作用周期长等问题。

（4）组合预处理

将上述的两种或三种方法结合起来，弥补单一预处理方法的缺陷，提高预处理的效率。常用的组合预处理方法主要有：蒸汽爆破、挤压和热化学处理。

① 蒸汽爆破　其原理与热水解相似，是将需要处理的原料放入密闭的蒸汽反应器中，处理温度设置为 160～220℃，反应器内压力上升，持续一段时间后（5～6min），突然释放压力，由于压力的急剧下降，原料细胞的水分蒸发，原料的体积迅速膨胀，使得细胞壁和木质素坚固的结晶被破坏，因而更易被沼气发酵微生物所分解。研究证明：蒸汽爆破有利于提高沼气发酵原料（尤其是木质纤维素原料，如农作物秸秆等）的产沼气量。表 6-2 列出了不同沼气发酵原料使用蒸汽爆破预处理前后的沼气产量。

表 6-2 使用蒸汽爆破预处理前后的沼气产量对比

预处理情况	产沼气量/(m³ CH₄/t)			
	屠宰场废弃物	玉米青贮	稻草	芦苇
蒸汽爆破预处理前	450	200	280	210
蒸汽爆破预处理后	500	250	400	350

②挤压 挤压是从金属、塑料加工行业衍生而来的一种原料预处理方法。其原理是将原料送入挤压机中，螺杆随即转动推进加压，原料在高压条件下从特殊形状的小孔（模头）中挤压出，在这一过程中，粗纤维的结晶结构被破坏。另外，随着原料被挤压出，压力会突然下降并引起原料细胞内的水分蒸发，原料的体积迅速膨胀，使得细胞壁的结构被破坏，这同蒸汽爆破方法类似。

③热化学处理 热化学处理实际上是利用热处理和化学处理方法相结合而产生的共同效应。在热化学处理技术中，除了广泛应用的不同种类的酸碱之外，氨和各种溶剂（有机溶剂法）等也有应用。大多数研究在 $60\sim220℃$ 的条件下进行，也有研究指出：当预处理温度超过 $160\sim200℃$ 时，会明显增加料液中化学需氧量的溶解性（100%）以及后续沼气发酵的产气量。采用 5% 的氢氧化钙溶液在 $25\sim150℃$ 条件下对猪粪进行预处理的结果表明：当热处理温度为 70℃ 时，产气量能得到最大程度地提高，此时沼气产量能提高 78%，甲烷产量能提高 60%。

动物粪便属于富氮性原料，C/N<25。粪便类原料的颗粒较细，含有较多低分子化合物，原料分解产气速度快，不必进行预处理。

6.7.2 沼气发酵装置

现有的沼气发酵装置形式多样，结构各异。选用时，应结合当地条件因地制宜。总的要求为：①效率高，可以减少基建投资；②管理方便，有利于用户接受；③运行费用省，无需复杂的预处理和后处理，以免去不必要的开支；④制造和安装容易。

此外，需要说明的是，以下介绍的某些沼气发酵装置并不适合直接投加秸秆，仅仅适合粉碎的秸秆或动物粪便或动物粪便预处理形成液体的原料进行沼气发酵。

6.7.2.1 常规消化装置

常规消化装置的结构简单，应用广泛。消化器内无搅拌装置，原料在消化器内成自然沉淀状态，一般分为 4 层，从上到下依次为浮渣层、上清液层、活性层和沉渣层。其中厌氧消化活动旺盛的场所只限于活性层，因而效率较低。发酵温度为常温，有机负荷为 $1\sim2kg/(m^3 \cdot d)$，产气率为 $0.2\sim0.5m^3/(m^3 \cdot d)$。我国农村最常用的水压式沼气池属常规消化装置。

6.7.2.2 完全混合式消化装置

完全混合式消化装置是世界上使用最多、应用范围最广的一种沼气发酵装置（图 6-6）。由于完全混合式沼气发酵装置内设有搅拌装置，使发酵原料与微生物处于完全混合状态，活性区遍布整个装置，装置的消化效率比常规消化装置有明显提高，故又名高速消化器。其多采用恒温连续进料或者半连续进料工艺，适用于高浓度及含有大量悬浮固体原料的处理。在该消化装置内，新进入的原料由于搅拌作用很快与发酵器内原有的发酵液混合，使发酵底物浓度始终保持在相对较低的状态。而其排出的料液又与发酵液的底物浓度相等，且在出料时微生物也一起被排出，所以出料浓度一般较高。该消化装置具有完全混合的流态，其水力停留时间、污泥停留时间、微生物停留时间完全相等。为了使生长缓慢的产甲烷菌的增值和排出速度保持平衡，要求水力停留时间较长，一般要 10～15d。发酵温度为中温或高温，有机负荷在中温是 3～4kg/(m³·d)，高温是 5～6kg/(m³·d)。

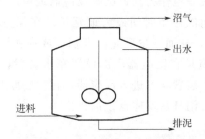

图 6-6 完全混合式厌氧反应器示意图

完全混合式消化装置的优点：①可以投加高悬浮固体含量的发酵原料；②消化装置内物料均匀分布，避免了分层状态，增加了底物和微生物接触的机会；③消化装置内温度分布均匀；④进入消化装置的抑制物质能够迅速分散，保持较低的浓度水平；⑤避免了浮渣、结壳、堵塞、气体逸出不畅和短流现象。

完全混合式消化装置的缺点：①由于该消化装置无法做到使污泥停留时间和微生物停留时间在大于水力停留时间的情况下运行，所以需要消化装置体积较大；②要有足够的搅拌，所以能量消耗较高；③生产用的大型消化装置难以做到完全混合；④底物流出该系统时未完全消化，微生物随出料而流失。

6.7.2.3 厌氧接触消化装置

厌氧接触消化装置具有污泥沉淀区，活性污泥可回流到消化装置中，厌氧接触系统基于发酵反应与污泥沉淀两个单元过程的分离，大多数情况下，在厌氧消化装置与污泥沉淀氮源之间还设置有脱气单元。厌氧消化装置排出的混合液经过脱气后，首先在沉淀池中进行泥水分离，上清液由沉淀池上部排出。沉淀和浓缩的污泥大部分回流至厌氧消化装置，少部分作为剩余污泥排出，可用作其他沼气工程接种或者再进行处理。在实际应用中，发酵温度在52～54℃时，消化装置的有机负荷在 9～11kg COD/(m³·d)，固体停留时间（SRT）为4～5d，COD 的去除率可以高达 82.2%～83%。

厌氧接触消化装置的优点：①通过污泥回流，滞留更多的微生物，并将固体停留时间（SRT）与水力停留时间（HRT）区分开；②可以在不增加水力停留时间的情况下，增加了固体物质在消化装置中的停留时间，使该工艺具有较高的有机负荷和处理效率，产气多且稳定。

厌氧接触消化装置的缺点：①沉淀池的固液分离困难，从厌氧消化装置排出的混合液含有大量厌氧活性污泥，污泥的絮体吸附着微小的气泡，一部分污泥漂至水面，随水外流；②污泥上浮使得出水有机物和悬浮物浓度增大。

6.7.2.4 厌氧滤池消化装置

厌氧滤池（anaerobic filter，AF）是 20 世纪 60 年代末由美国 Young 与 McCarty（1969）在

Coulter（1957）等研究的基础上发展确立的第一个高速厌氧反应器（图 6-7）。在此之前，厌氧反应器的容积负荷一般低于 4～5kg COD/(m³·d)，厌氧滤池在处理溶解性废水时负荷可高达 10～15kg COD/(m³·d)。厌氧滤池的发展大大提高了厌氧反应器的处理速率，使反应器容积大大减少。厌氧滤池主要通过内部填充惰性材料附着和拦截微生物。部分厌氧微生物附着生长在填料上，形成厌氧生物膜；部分微生物被拦截在填料空隙，处于悬浮状态。反应器中的生物膜也不断进行新陈代谢，脱落的生物膜随出水带出，因此厌氧滤池单元后一般需要设置沉淀分离装置。厌氧滤池作为高速厌氧反应器地位的确立，关键在于采用了生物固定化技术，使污泥在反应器内的停留时间极大地延长。在保持同样处理效果时，SRT 的提高可以大大缩短废水的 HRT，从而减少反应器容积，或在相同反应器容积时增加处理的水量。厌氧滤池的另一技术措施是在反应器底部设置布水装置，提高微生物与底物的传质效果。发酵料液从底部通过布水装置均匀进入反应器，在生物膜与悬浮污泥的作用下，将料液中的有机物降解转化成沼气，沼气从反应器顶部排出。

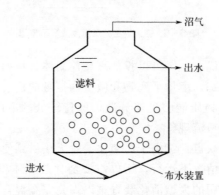

图 6-7 厌氧滤池消化装置示意图

　　影响厌氧生物滤池运行的重要因素是填料，其主要作用是提供微生物附着生长的表面和悬浮生长的空间，填料的形态、性质及其填装方式对厌氧滤池的处理效果及其运行有着重要的影响。填装方式有随机堆放和定向设置两种。典型的随机堆放填料有石头、拉西环等，随机堆放填料能防止悬浮固体垂直穿过，可减少液相返混，主要用于低悬浮固体废水的处理。定向设置填料沿着填料长度方向的垂直通道，允许悬浮固体通过，可用于含高悬浮固体废水的处理。常用的填料材质有聚四氟乙烯（PTFE）、聚丙烯（PP）、聚乙烯（PE）等，理想的填料应具备下列条件：①高的比表面积，以利于增加厌氧滤池中生物固体的总量；②粗糙的表面结构，利于微生物附着生长；③合适的形状、空隙度和颗粒直径，以截留并保持大量悬浮生长的微生物，并防止厌氧滤池被堵塞；④足够的机械强度，不易被破坏或流失；⑤化学和生物稳定性好，不易受料液中化学物质的侵失和微生物的分解破坏，也无有害物质溶出，使用寿命长；⑥质轻，使厌氧滤池的结构荷载较小；⑦价格低廉，以利于降低厌氧滤池的基建投资。

　　厌氧滤池的优点：①特别适合处理溶解性有机废液，与其他沼气发酵工艺相比，厌氧滤池更适合处理浓度较低的废液；②微生物固体停留时间长，一般超过 100d，厌氧污泥浓度高；③耐冲击负荷能力强；④启动时间短，停止运行后再启动比较容易；⑤有机负荷高，一般为 2～3kg COD/(m³·d)，当水温为 25～35℃时，使用块状填料，容积负荷可达 3～6kg COD/(m³·d)，使用塑料填料，负荷可提高至 5～10kg COD/(m³·d)。一般情况下，COD

去除率可达 80% 以上。一般认为在相同的温度条件下，厌氧滤池的负荷可高出厌氧接触工艺 2～3 倍，同时会有较高的 COD 去除率。

厌氧滤池的缺点：①容易发生堵塞，特别是底部，由于堵塞问题难以解决，所以厌氧滤池以处理可溶性的有机废液占主导，一般进液的悬浮物应控制在大约 200mg/L 以下；②当厌氧滤池中的污泥浓度过高时，易发生短流现象，减少水力停留时间，影响处理效果；③使用大量填料，增加成本。

6.7.2.5　上流式厌氧污泥床

上流式厌氧污泥床（up flow anaerobic sludge bed，UASB）的特点是自下而上流动的废液流过膨胀的颗粒状的污泥床。它分为三个区，即污泥床、污泥层和上部安装气液固三相分离器（如图 6-8）。有机废液从装置底部进入反应器并与活性污泥充分混合，污泥中的微生物代谢产生沼气，沼气以小气泡的形式不断释放并在上升过程中气泡体积不断增加。由于气泡在上升过程中的搅拌作用，使消化装置中的活性污泥处于悬浮状态，有机废液自下而上经过三相分离器后从上部溢出。在消化装置中，所产生的沼气在分离器下方被收集起来，污泥和废液一起升流到沉淀区，然后污泥经过沉淀沿着分离器斜壁重新回到消化装置中，在消化装置下方形成具有良好沉淀性能的颗粒污泥，叫做污泥流化床。

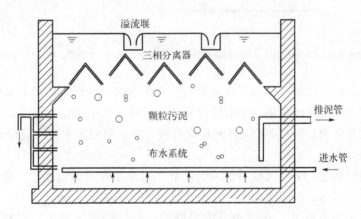

图 6-8　上流式厌氧污泥床示意

在上流式厌氧污泥床中，具有良好沉淀性能的颗粒污泥的形成是消化装置可以成功启动运行的关键，它实际上是沼气发酵过程中微生物的自然固化，颗粒污泥可提高消化装置的有机负荷并增加系统运行的稳定性，但颗粒污泥的形成时间较长，一般需要 3 个月左右，装置启动时间长。

UASB 的优点：①除三相分离器外，其他结构简单，没有搅拌装置及填料；②较长的污泥停留时间和微生物停留时间使其实现了高负荷率；③颗粒污泥的形成是微生物天然固定化的结果，增加了工艺的稳定性；④出水悬浮固体含量低。

缺点：①需要有效的布水器，使进料能均匀分布于消化装置底部；②要求进水悬浮固体含量低；③在水力负荷较高或者悬浮固体负荷较高时易流失固体和微生物，运行技术要求较高。

6.7.2.6　厌氧颗粒污泥膨胀床

UASB 的混合主要依赖于进水和产生沼气的扰动，但是在低温条件下，无法采用较高的水力负荷和有机负荷，进水和沼气扰动带来的污泥床混合强度太小，厌氧颗粒污泥膨胀床（expanded granular sludge bed，EGSB）实际上是改进的 UASB，该工艺为了获得较高的上升流速，采用 20～30m/h 的反应器出水回流（如图 6-9），其水力上升流速一般可达到 5～10m/h，使厌氧颗粒污泥在反应器内呈膨胀状态。高的水力上升流速还允许大流量（相对于原水而言）出水回流，以稀释和调节水质。特别是对有毒污水，回流水对原污水的稀释可减轻化学物质对微生物的毒害作用。

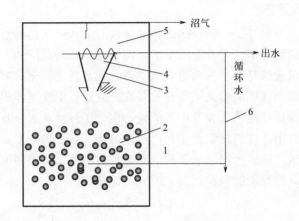

图 6-9 EGSB 示意

1—配水系统；2—反应区；3—三相分离器；4—沉淀区；5—出水系统；6—出水循环系统

在污泥床中，悬浮固体会挤占活性微生物的有效空间，从而造成污泥床中活性污泥成分降低，高的水力上升流速能将进水中的惰性悬浮固体自下而上带出污泥床，避免了惰性悬浮物在污泥床中过分沉积。因此，EGSB 允许含有较多悬浮物的污水进入反应器，可简化原料液的预处理过程。

三相分离器仍然是 EGSB 反应器的关键部分，与 UASB 反应器相比，EGSB 反应器内的液体上升流速要大得多，因此必须对三相分离器进行特殊改进。改进可以有以下几种方法：①增加一个可以旋转的叶片，在三相分离器底部产生一股向下水流，有利于污泥的回流；②采用筛鼓或细格栅，可以截留细小颗粒污泥；③在反应器内设置搅拌器，使气泡与颗粒污泥分离；④在出水堰处设置挡板，以截留颗粒污泥，防止流出。

EGSB 的特点：①液体上升流速大，使颗粒污泥处于悬浮状态，从而保持了进水与颗粒污泥的充分接触，有效解决了 UASB 容易短流、堵塞的问题；②具有较高的 COD 负荷率，一般为 15～20kg COD/(m³·d)，最高可达 30kg COD/(m³·d)；③在低温条件下处理低浓度污水时，可以得到比其他工艺更好的效果；④可处理有毒污水。

6.7.2.7　内循环厌氧反应器

内循环厌氧反应器（internal circulation anaerobic reactor，IC）于 20 世纪 80 年代中期由荷兰 PAQUES 公司研发成功，并逐步推入国际废水处理工程市场，可用于淀粉、啤酒、柠檬酸、食品加工等废水的厌氧消化。

IC 厌氧反应器是基于污泥颗粒化和 UASB 反应器三相分离器概念而开发的新型厌氧处理工艺。IC 厌氧反应器呈细高型，高径比一般为 4～8，内有上下两个 UASB 反应室，下部为高负荷区，上部为低负荷区（图 6-10），前处理区（第一反应区）是一个膨胀的颗粒污泥床，由于进水向上的流动、气体的搅动以及内循环作用，污泥床呈膨胀和悬浮状态。在前处理区，COD 负荷和转化率都很高，大部分 COD 在此处被转化为沼气，然后由一级沉降分离器收集。沼气产生的上升力使泥水向上流动，通过上升管，进入顶部气体收集室，沼气排出，水和污泥经过泥水下降管直接滑落到反应室底部，这就形成内部循环流。一级分离器分离后的混合液进入后处理区（第二反应区），后处理区消化前处理区未完全消化的少量有机物，沼气产气量不大。同时由于前处理区产生的沼气是沿着上升管外逸，并未进入后处理区，故后处理区产气负荷较低。此外，循环是发生在前处理区，对后处理区影响甚微，后处理区的水力负荷仅取决于进水时的水力负荷，故后处理区的水力负荷较低，较低的水力负荷和较低的产气负荷有利于污泥的沉降和滞留。

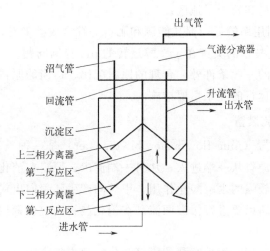

图 6-10 IC 厌氧反应器示意

IC 厌氧反应器的优点：①有机负荷高，内循环提高了第一反应区的液相上升流速，强化了废液中有机物和颗粒污泥间的传质作用，使得其有机负荷升高；②抗冲击负荷能力强，运行稳定性好；③容积负荷高，省基建投资；④节约能源，IC 反应器的内循环是在沼气自身提升的作用下实现的，不需要额外的动力；⑤占地面积小，尤其适合土地紧张的地区。

6.7.2.8 干发酵

干发酵（dry fermentation）工艺是指发酵原料的浓度在 20%～30%的沼气发酵工艺，通常采用批量的进料方式。该工艺要求接种量大，一般在 1/3～1/2，一次进料可以保持较高的产气率，时间约为 2～3 个月。在农村实际应用的干发酵装置有以下几种。

(1) 干稀配套池

修建一个水压式沼气池和一个干发酵沼气池，水压式沼气池用来处理粪便并提供干发酵池中的启动接种物，干发酵池用来处理秸秆。

(2) "大开口" 干发酵池

这类沼气池的特点是开口很大，便于进出料。开口采用红泥塑料（又称赤泥塑料，用制铝工业废渣赤泥作填料的聚氯乙烯树脂加工成的塑料，一种农用沼气池建池材料）来密封并解决贮存沼气的问题，不再另设贮气装置，此类发酵池的优点在于可以利用太阳能来提高池温。在北方的春、冬季节可以改作他用，如加塑料大棚后种植蔬菜等。

(3) 工厂化薄铁皮干发酵池

这一类沼气池用薄铁皮铁罐做沼气池。容积很小，一般为 $1.5\sim2.0m^3$，采用高压贮气，不需另设贮气池，其承受压力可达到 1.5 个大气压。具有便于移动和运输的优点。

(4) 利用水压式沼气池进行干发酵

其主要方法是根据发酵时间来控制加水或出水量。可以先干发酵再转为一般湿发酵，或者先进行湿发酵再转为干发酵。

干发酵的特点如下：

① 干发酵的池容产气率较高，目前在我国农村是解决沼气发酵产气率低的有效途径之一。此外，采用干发酵工艺可以缩小沼气池的容积，方便进出料。该工艺尤其适合我国北方习惯施用固体废料的农村和较干旱地区。

② 干发酵的原料利用率较低，但从能源和肥料等综合效益来看，是可行的。

③ 沼气干发酵工艺技术的关键在于发酵运转的 pH 控制问题。

除了保证沼气发酵的一般条件外，合理的原料配比、适当的原料预处理和较大的接种量是保证干发酵正常启动运行的三条主要措施。

6.7.2.9 塞流式厌氧消化装置

塞流式厌氧消化装置（plug-flow anaerobic digester）是一种长方形的非完全混合消化装置。高浓度悬浮固体原料从一端进入，从另一端流出，原料在消化器内的流动呈活塞式推移状态。在进料端呈现较强的水解酸化作用，甲烷的产生随着向出料方向的流动而增加。由于进料端缺乏接种物，所以要进行污泥回流。在消化装置内应设置挡板，有利于装置的稳定运行。

塞流式消化装置最早用于酒精废醪的厌氧消化，河南省南阳酒精厂于 20 世纪 60 年代初期修建了隧道式塞流消化装置，用来高温处理酒精废醪。发酵温度为 55℃ 左右，投配率为 12.5%，滞留期为 8d，产气率为 $2.25\sim2.3m^3/(m^3\cdot d)$，负荷为 $4\sim5kg\ COD/(m^3\cdot d)$，每立方米酒醪可产气 $23\sim25m^3$（表 6-3）。

表 6-3 酒精废醪厌氧消化结果

项目		SS		COD		BOD	
	原料 pH 值	浓度/(mg/L)	去除率/%	浓度/(mg/L)	去除率/%	浓度/(mg/L)	去除率/%
出料	4.3	17000		45500		28000	
进料	7.6	1900	88.8	7000	84.6	2300	91.8

塞流式消化器在牛粪厌氧消化上也广泛应用，因牛粪质轻、浓度高、长草多、本身含有较多产甲烷菌、不易酸化，所以用塞流式消化器处理牛粪较为适宜（表 6-4）。该消化器要求进料粗放，不用去除长草，不用泵或管道输送，使用绞龙或斗车直接将牛粪投入池内。这类沼气池结构简单，投资少，对各类粪便都有较好的产气效果，投料浓度可以高达 10%~13%；若增加搅拌装置，产气率可以增加 15%~20%。生产实践证明，这类消化器不适用于鸡粪的发酵处理，因鸡粪沉渣多，易生成沉淀而形成大量死区，严重影响消化器的效率。

表 6-4　塞流式消化器与常规沼气发酵池比较

池型及体积	温度/℃	负荷/[kg VS/(m³·d)]	进料(TS 含量)/%	HRT/d	产气量/(L/kg VS)	CH₄/%
塞流式 38.4m³	25	3.5	12.9	30	364	57
	35	7	12.9	25	337	55
常规式 35.4m³	25	3.6	12.9	30	310	58
	35	7.6	12.9	15	281	55

塞流式消化装置的优点：①不需搅拌装置，结构简单，能耗低；②除适用于高悬浮固体废物的处理外，尤其适用于牛粪的消化；③运转方便，故障少，稳定性高。

缺点：①固体物可能沉淀于底部，影响消化装置的有效体积，使得水力停留时间和污泥水力停留时间降低；②需要固体和微生物的回流作为接种物；③因该消化装置面积/体积的比值较大，难以保持一致的温度，效率较低；④易产生结壳。

6.7.2.10　管道厌氧消化装置

管道厌氧消化装置（pipeline-type anaerobic digester）能够在同一厌氧消化系统中保留较高浓度的活性污泥，同时保持两相厌氧消化和塞流式运行等性能（图 6-11），因此具有消化效率较高、节省运行的动力和简便操作管理等优点。

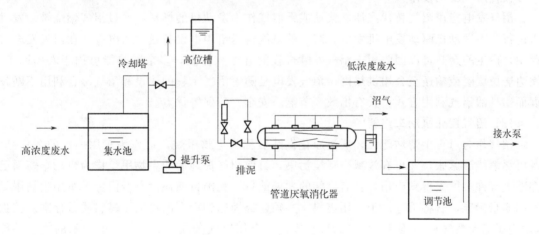

图 6-11　管道厌氧消化装置示意

该装置的设计思路为：管道形式的装置符合化工反应设备的发展趋势，且便于设置于地下，既可以为应用单位在建立废液处理设施时提供一条解决土地紧缺的途径，又可以降低外界气温对反应的影响程度；因其铺设方式为横向水平铺设，有利于节省水力运行的动力和便于管理人员观测和操作；管道内填充供微生物附着生长的介质，可以保持活性污泥的较高浓度。管道系统分管节填充介质和横向串联，不仅便于加工制作及安装维修，还可以削弱消化液纵向返混，有利于呈塞流状态运行和形成两步厌氧消化；而且当受到高负荷冲击时，可以将厌氧消化不平衡的状况局限于局部，便于及时控制调整，管理方便。

随着厌氧消化工艺研究的深入，有关的工程技术正向高效、稳态、低投资、低能耗的方向发展。

6.7.3 沼气发酵的应用

沼气发酵主要有两种应用方式。一种方式的目标在于沼气发酵的产物——沼气，另一种方式的目标在于沼气发酵的过程——废弃有机物的转化。

6.7.3.1 沼气

随着沼气发酵原料的拓展、工艺技术水平和工程建设质量的不断提高，沼气工程数量和沼气产量不断增加，加上传统化石能源的紧缺以及人们环保意识的增强，沼气的应用领域在不断扩大，利用方式也越来越多样化，其中包括沼气热利用技术、发电技术、车用燃料、燃料电池等多种利用方式。

（1）沼气热利用技术

沼气热利用技术主要包括居民生活用气和公共建筑用气。

居民生活用气包括沼气灶、沼气灯、沼气热水器、沼气饭煲等，这些设备都是使用低压沼气，设备进气端的沼气压力控制在 0.75～1.5Pn（Pn 为燃具的额定压力）。我国对居民生活用燃具的选用和安装都有相应的规定，居民生活用燃具的选用应符合现行国家标准《燃气燃烧器具安全技术条件》（GB 16914）的规定。

公共建筑用气和居民生活用气有较大区别，公共建筑中沼气的使用主要集中在餐厅的炉灶和宾馆的常压燃气热水锅炉、直燃型冷热水机组等设备。

（2）沼气发电技术

沼气发电指用沼气替代汽油、柴油或天然气作为发动机的燃料，通过沼气燃烧带动发动机运行，由发动机驱动发电机发电，产生的电能输送给用电设备或并入电网。在沼气发电过程中，产生的余热可以回收用于沼气发酵过程的升温和保温，多余的热能可用于农场职工、周边居民取暖或输送至公用供热网。沼气发电是随着沼气工程的建设和沼气综合利用不断发展而出现的沼气利用方式，具有增效、节能、安全、环保等优点。

（3）沼气用作机动车燃料

沼气作为可再生清洁能源，通过净化提纯后称为生物甲烷，可作为车用燃料的替代品，既可缓解能源紧张，又可有效减少环境污染，目前沼气提纯后的生物甲烷作为机动车燃料已在欧美等许多国家得到应用，具有广阔的发展前景。我国目前还没有专门针对车用生物甲烷气的质量标准，若将沼气用于车用燃料，必须先提纯达到现有的机动车燃料质量标准。依据《车用压缩天然气》（GB 18047—2017）规定，车用燃气必须达到表 6-5 中所示的主要性能指标。

表 6-5 车用燃气主要性能参数

特性参数	技术指标
高位发热量[①]/（MJ/m³）	≥31.4
总硫（以硫计）[①]/（mg/m³）	≤100
硫化氢[①]/（mg/m³）	≤15
二氧化碳体积分数/%	≤3.0
氧气摩尔分数/%	≤0.5

续表

特性参数	技术指标
水①/(mg/m³)	在汽车驾驶的特定地理区域内，在压力不大于 25MPa 和环境温度不低于－13℃的条件下，水的质量浓度应不大于 30mg/m³
水露点/℃	在汽车驾驶的特定地理区域内，在压力不大于 25MPa 和环境温度不低于－13℃的条件下，水露点应比最低环境温度低 5℃

① 本标准中气体体积的标准参比条件是 101.325kPa，20℃。

(4) 沼气燃料电池

燃料电池是近年来技术发展进步最快的产业之一，它是把燃料中的化学能直接转化为电能的能量转化装置，具有燃料利用率可达 80%、不排放有害气体、容量可根据需要而定等优点。

燃料电池的工作原理与普通电池一样，是将物质的化学键能直接转化为电能的一种装置。在普通的电池中，用来提供化学键能的物质在使用一定时期以后，要么需要进行充电才能继续使用，要么则完全换新的。但是，只要向燃料电池的电机供给"燃料"和氧化剂，燃料电池就可以连续地进行由化学键能向电能的直接转化。同样，沼气燃料电池是将经严格净化后的沼气，在一定条件下进行烃裂解反应，产生出以氢气为主的混合气体（氢气含量达77%），然后将此混合气体以电化学方式进行能量转换，实现沼气发电。

6.7.3.2 废弃有机物的转化

在日常生活、农业生产、工业生产中产生的废弃物大多是有机废物，且随着人们生活质量的提高，各类废弃有机物的量也越来越大，如果处理不当，会对人们的日常生活环境造成不利影响。沼气发酵因为既可处理固体有机废物，也可处理液体有机废物，处理效果彻底，根据不同的有机物可选用不同的发酵工艺和适用范围广等优点，越来越受到关注和应用。

(1) 农业类有机废物

① 畜禽粪便　随着养殖规模的扩大和数量的增加，养殖污染日益严重。为了解决畜禽污染问题，世界各国相继颁布了系列法律法规，并开发了不同的处理技术，沼气发酵是最有应用前景的技术。近年来，为应对气候变化，减少温室气体——甲烷的排放，采用沼气发酵的方法处理利用畜禽污染受到广泛的重视，不同种类的畜禽粪便，具有不同的理化性质，会影响沼气工程的效率和稳定性，在以转化畜禽粪便为目的的沼气工程设计时，特别需要注意。

② 农作物秸秆　我国农作物秸秆产量大、种类多、分布广。长期以来，农作物秸秆一直作为农村地区的主要生活燃料以及牲畜的饲料，少部分作为工业原料使用。随着农村劳动力向城镇转移以及各类商品能源的普及，出现了地区性、季节性的农作物秸秆过剩，秸秆焚烧现象屡禁不止的现象，不仅浪费了资源也污染了环境。近年来，农作物秸秆的综合利用已经取得了显著成效，其中农作物秸秆用作发酵原料生产沼气和有机肥料是一种重要的利用方式。几乎所有种类的农作物秸秆都可以作为沼气发酵的原料，相对于畜禽粪便，农作物秸秆干物质含量高，单位鲜重的产气率高，对原料和沼渣的运输也较为容易。但是纯秸秆沼气工程的启动时间较长，并且由于长纤维和木质素的存在，在沼气发酵过程中难以降解，容易产生浮渣，出料和进料比较困难。

（2）工业类有机废物

相对于农业废物，工业废物的产量较大，大多数的有机工业废物均可通过沼气发酵来降解处理。这些废物主要有食品和饮料生产废物、饲料加工废物、制糖废物、淀粉加工废物、造纸废水、果蔬加工废物等。大部分工业类有机废物中的悬浮物都较低、性质比较均一，脂类、蛋白质和糖类等物质的含量都比较高，易于降解。但工业有机废物来源十分复杂，加之量巨大，所以经沼气发酵后产生的沼液还田利用困难，通常在沼气发酵单元的后端还需建设后处理设施。

（3）市政有机废物

有机垃圾指城市生活垃圾的有机部分。目前我国的生活垃圾主要采用填埋、堆肥和焚烧三种方式来处理，将生活垃圾中的有机部分分离出来，用沼气发酵的方式来处理，不仅可以大大减少焚烧和填埋的垃圾处理量，还可以生产清洁能源，沼渣、沼液还可以作为有机肥料使用。此外，有机垃圾通常还可以与畜禽粪便进行联合发酵处理。人类生活垃圾种类复杂，不同的原料有不同的物理、化学和生物降解特性，为了保证沼气发酵过程持续、稳定运行，必须保证生活垃圾在源头进行有效地分离，使各种有机垃圾相对单一，杂质含量应尽可能低。

沼气发酵处理有机垃圾主要有两大限制因素：第一，原料收集和分离的成本高；第二，垃圾分离的纯度问题。人们对于垃圾分类收集的意识和操作，对源头分离有机废物的纯度有很大的影响。如果其纯度低，废物中的物质（如金属、塑料和砂石）就会严重影响沼气发酵的正常运行。一般的措施是，在沼气工程的预处理阶段将这些物质去除。

① 餐厨垃圾　餐厨垃圾又称泔水，是食品加工、餐饮服务等行业产生的废弃物。餐厨垃圾的主要成分包括谷物、蔬菜、动植物油、肉、骨等，具有高水分、高油脂、高盐分以及易腐发臭、易生物降解等特点。餐厨垃圾的传统处理方法以堆肥和填埋为主，但是餐厨垃圾含水量和含盐量比较高，堆肥过程中的通风条件和微生物生长易受到影响，堆肥效果差；采用填埋的方法，其渗滤液产生量较普通生活垃圾多，增加了环境风险。故餐厨垃圾的处理方法逐渐转向资源化利用的途径，其中沼气发酵技术以其有机物降解率高、能够回收能源的特点，越来越多地应用到餐厨垃圾的处理中。

针对餐厨垃圾的特性，在沼气工程的设计和运行阶段还需要注意以下几点：

a. 由于餐厨垃圾中含有骨头、刀、叉、筷子、碗等坚硬的物质，这些物质易损坏泵、管道等工艺设施，所以在预处理阶段应该设置分离装置，将这些物质去除；

b. 餐厨垃圾中的蛋白质含量比较高，所以在发酵过程中容易造成氨的积累，在沼气工程的运行中要注意原料性质和进料量的监测，防止氨抑制现象的产生；

c. 餐厨垃圾中容易降解的有机物比例高，易酸化。

② 市政污泥　市政污泥指市政污水处理厂在进行废水处理的过程中产生的各种污泥，主要包括格栅渣、沉砂池残渣、初沉池和二沉池污泥等。城市污泥含水率高、体积庞大、性质不稳定。其中初沉池污泥和二沉池污泥富含有机物、易降解，可以用作沼气发酵的原料。全世界范围内，将污泥通过厌氧发酵的方式处理是公认的污泥无害化处置方法。将市政污泥用作沼气发酵原料的最大限制因素就是污泥中含有一些有害物质，特别是初沉池污泥中含有病原体和一些重金属化合物，这会影响沼渣、沼液的还田利用。由于市政污泥中微生物含量高，在收集沼气发酵菌种困难的情况下，可以将市政污泥作为沼气发酵的启动菌种。

复习思考题

1. 沼气发酵的原理是什么？
2. 试分析沼气发酵五大类群微生物的生命活动在沼气发酵中的作用。
3. 沼气发酵的条件和影响因素有哪些？它们对沼气发酵有什么影响？
4. 农作物秸秆用于沼气发酵时为什么要做预处理？
5. 什么是上流式厌氧污泥床（UASB）？简述其特点。

第7章
木质纤维素废物的生物炼制

能源问题在任何时候都是经济发展中的重要问题，是实施可持续发展战略的关键，在许多国家和地区制定的长远发展规划中，能源都被列为核心问题之一。美国对能源问题做了长期系统的研究，并在 2005 年通过了《能源政策法案》，其中确定了要走可再生资源的道路，催生了重新利用可再生生物质资源的研究热潮。各国研究者普遍认为：当前世界经济正处于由主要依赖石油等化石资源的化石经济时代向依赖多种资源的多样化经济时代的历史转折期，这一新经济时代可能将以利用可持续再生的生物质资源生产生物能源和生物基化学品为主要特点。通过利用广泛的生物质资源将有效地避免化石资源的短缺对世界经济的制约，以及化石资源的工业化利用所造成的严重污染，从而实现世界经济的可持续发展。针对以上问题，逐渐形成了和石油炼制相对应的生物炼制概念。

7.1 生物炼制的概念

1982 年，生物炼制的概念被首次提出。1997 年，第一届国际绿色生物炼制会议提出了绿色生物炼制的概念并将其定义为：绿色炼制代表了一种环境和资源友好的复杂技术体系，它以探索和开发可持续利用土地资源所产生的绿色生物质原料的全面利用为目的。美国能源部将生物炼制定义为：它是依据化学炼制所提出的过程工厂的概念，在这里生物质原料（图 7-1）被转化成一系列有价值的产品。美国国家再生能源实验室（National Renewable Energy Laboratory，NREL）将其定义为：生物炼制整合了生物质转化过程来生产燃料、能源和生物基化学品。虽然各种定义的侧重点不同，但其描述的本质是相同的，即利用多种生物质原料（图 7-1），通过不同技术过程的整合，来生产多样的系列产品。关于生物炼制过程及其主要研究内容见图 7-2。

生物质原料 {
淀粉糖类作物：玉米、甘蔗、小麦、甜高粱等。
油类作物：油菜、棕榈树等。
木质纤维素类：秸秆等农业废物、林业及木材加工废物等。
有机废物：餐厨垃圾、动物粪便、工业有机废物等。
微生物资源：藻类、菌丝体等。
}

图 7-1 生物质资源种类

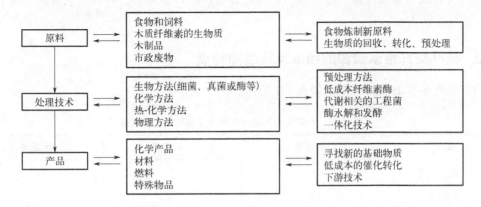

图 7-2 生物炼制过程及其主要研究内容

目前生物炼制根据所使用的原料（图 7-1）以及过程的不同（图 7-2），可以分为 4 类复杂的炼制系统：

① 木质纤维素原料炼制，是指以含木质纤维素的干生物质或废料为原料的炼制过程；

② 全作物炼制，是指以玉米以及谷物类作物等为原料的炼制过程；

③ 绿色炼制，是指利用天然湿生物质原料（如青草和苜蓿等）的炼制过程；

④ 热化学炼制过程，是指采用热化学方法将生物质资源转化为成分均一的中间化合物，如合成气以及生物油等，然后再通过生物的方法将其转化成各种生物基产品的过程。

就原料而言，我国是农作物秸秆的生产大国，因此我国发展农业秸秆废物的木质纤维素原料炼制是有原料优势的。

7.2 基于农业秸秆废物的木质纤维素原料的生物炼制

农业秸秆废物的木质纤维素原料炼制的本质是将所使用的农业秸秆废物原料，根据其不同的化学组成分解为糖、蛋白质以及脂肪等不同的成分，再采用发酵等生物方法转化为各种化学品。

7.2.1 秸秆类纤维素资源情况

纤维素是植物材料的主要成分，也是地球上最丰富的可再生资源。植物通过光合作用使光能以生物能的形式固定下来，其生成量每年高达 2000 亿吨，这些能量相当于全球人类每年能源消耗量的 20 倍，食物中所含能量的 200 倍，是永远不会枯竭的可再生资源。全世界每年由植物合成的纤维素、半纤维素的总量达 850 亿吨，但被利用的仅有 2% 左右，其余的大多以农业废物的形式残留于环境，通过微生物将以纤维素、半纤维素为主要成分的农业废物直接转化生产乙醇已成为研究热点之一。

我国每年仅农作物秸秆、皮壳就达 7 亿多吨，其中玉米秸秆占 35%，小麦秸秆占 21%，稻草占 19%，大麦秸秆占 10%，高粱秸秆占 5%，谷草占 5%，再加上数量巨大的林业木质纤维废料和工业纤维废渣，每年可利用的木质纤维原料总量可达 20 亿吨以上。采用适宜技术将它们水解成可发酵性糖，进一步转化为乙醇等产品，就可以为我国的能源供应作出重要贡献。

7.2.2 秸秆类纤维素资源的组成及其结构特点

秸秆含有丰富的糖类物质，如表 7-1 所示。

表 7-1 几种常见的秸秆类纤维素原料的主要成分 单位:%

原料	纤维素	半纤维素	木质素
玉米芯	45	30	15
甘蔗渣	39	25	22
玉米秸秆	38	24	18
小麦秸秆	37	25	23
稻草秸秆	35	25	21

纤维原料主要由纤维素、半纤维素和木质素三大部分组成，构成了植物的细胞壁，对细胞起保护作用。纤维素分子排列规则、聚集成束，由此决定了植物细胞壁的构架。在纤丝构架之间充满了半纤维素和木质素。植物细胞壁的结构非常紧密，在纤维素、半纤维素和木质素分子间存在着不同的结合力。纤维素和半纤维素或木质素分子之间的结合主要依赖于氢键，半纤维素和木质素之间除氢键外，还存在着化学键的结合。纤维原料的结构如图 7-3 所示。

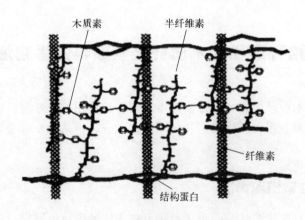

图 7-3 纤维原料结构示意图

纤维素是由 D-吡喃葡萄糖基以 β-1,4-糖苷键连接而成的天然链状高分子化合物，大约由 500～10000 个葡萄糖单元组成。纤维素分子中的羟基易于和分子内或相邻的纤维素分子上的含氧基团之间形成氢键，这些氢键使很多纤维素分子共同组成结晶结构，进而组成复杂的微纤维、结晶区和无定形区等纤维素聚合物。X 射线衍射结果显示，纤维素大分子的聚集，一部分排列比较整齐、有规则，呈现清晰的 X 射线衍射图，这部分称之为结晶区；另一部分的分子链排列不整齐、较松弛，但其取向大致与纤维主轴平行，这部分称之为无定形区。结晶结构使纤维素聚合物显示出刚性和高度水不溶性。因此高效利用纤维素的关键在于破坏纤维素的结晶结构，使纤维素结构松散，使得酶水解或化学水解更容易进行。

半纤维素是一大类结构不同的多聚糖的总称，主要是由木糖、葡萄糖、甘露糖、半乳糖和阿拉伯糖等连接而成的高分枝非均一聚糖。各种糖所占比例随原料不同而变化，一般木糖占一半以上。半纤维素排列松散，无晶体结构，故比较容易被水解成单糖，具体可参见第 3 章的相关内容。

木质素是以苯基丙烷为基本结构单元连接的高分枝多分散性高聚物，具体可参见第 3 章的相关内容。木质素有一定的塑性，不溶于水，一定浓度的酸或碱可使其部分溶解。木质素不能水解为单糖，且对纤维素酶和半纤维素酶降解纤维原料中的糖类物质有空间阻碍作用，从而降低反应速率。表 7-2 总结了植物细胞壁中纤维素、半纤维素和木质素的结构和化学组成。

表 7-2 植物细胞壁中纤维素、半纤维素、木质素的结构和化学组成

比较项	纤维素	半纤维素	木质素
结构单元	D-吡喃葡萄糖	木糖、葡萄糖、甘露糖、半乳糖和阿拉伯糖等	愈创木基结构、紫丁香基结构和对羟苯基结构
连接键	β-1,4-糖苷键	β-1,4-糖苷键；β-1,3-糖苷键；β-1,2,4-糖苷键	醚键和碳碳键
聚合度	500～10000	200 以下	4000 左右
聚合物	β-1,4-葡聚糖	由木糖、葡萄糖、甘露糖、半乳糖和阿拉伯糖等连接而成多聚糖	聚酚类三维网状高分子化合物
结构	由结晶区和无定形区组成的立体线型大分子	高分枝非均一聚糖	不溶于水、无光学活性、不规则、非晶形、高度分支的三维网状高分子化合物

7.2.3 木质纤维素废物生物炼制的原理

木质纤维素废物的主要有机成分包括半纤维素、纤维素和木质素三部分。前二者都能被水解为单糖，单糖再经发酵生成乙醇，而木质素不能被水解，且与半纤维素一起在纤维素周围形成保护层，影响纤维素水解（图 7-4）。

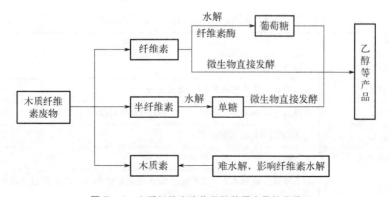

图 7-4 木质纤维素废物发酵获得产品的路线

半纤维素是由不同多聚糖构成的混合物，聚合度较低，也无晶体结构，故较易水解。半纤维素水解产物主要是木糖，还包括少量的阿拉伯糖、葡萄糖、半乳糖和甘露糖，含量因原料不同而不同。普通酵母不能将木糖发酵成乙醇，因此五碳糖的发酵成为此研究方向的热点之一。

纤维素的性质很稳定，只有在催化剂存在下，纤维素的水解反应才能显著地进行。常用的催化剂是无机酸和纤维素酶，由此分别形成了酸水解和酶水解工艺，其中的酸水解又可分为浓酸水解工艺和稀酸水解工艺。纤维素经水解可生成葡萄糖，易于发酵生成乙醇。

木质素含有丰富的酚羟基、醇羟基、甲氧基和羰基等活性基团，可以发生氧化、还原、磺甲基化、烷氧化和烷基化等改性反应。通过木质素改性和综合利用，可提取许多高附加值的化学产品，为提高木质纤维素生产燃料乙醇的经济性开辟了新的途径，日益受到研究者的重视。

针对木质纤维素废物的生物炼制主要包括以下步骤。

首先是木质纤维素原料被预处理。预处理后进一步通过以下途径进行炼制。

途径 1：纤维素水解产生葡萄糖，葡萄糖发酵产生乙醇。

途径 2：纤维素直接微生物发酵产生乙醇。

途径 3：同时糖化发酵。

途径 4：半纤维素水解产生单糖，单糖发酵产生乙醇。

7.3　木质纤维素废物的生物炼制——生物预处理

主要炼制过程包括生物质预处理过程、酶解过程、微生物发酵过程以及产品回收分离等。通过酶解等预处理过程将纤维素物质转化为微生物可利用的糖类物质，再通过发酵过程将糖类转化为其他类的化学品。

由于纤维素被难以降解的木质素所包裹，未经预处理的植物纤维原料的天然结构存在许多物理和化学的屏障作用，阻碍了纤维素酶接近纤维素表面，使纤维素酶难以发挥作用，纤维素酶水解得率低，仅为 $10\%\sim20\%$，所以纤维素直接酶水解的效率很低。因此，需要采取预处理措施（表7-3），除去木质素、溶解半纤维素或破坏纤维素的晶体结构，达到细胞壁结构破坏（包括破坏纤维素-木质素-半纤维素之间的连接、降低纤维素的结晶度和除去木质素或半纤维素）、增加纤维素比表面积的目的，以便适合于纤维素酶的作用。

表 7-3　木质纤维素原料的几种预处理方法

方法	例证
热机械法	碾磨、粉碎、抽提等
自动水解法	蒸汽爆破法、超临界 CO_2 爆破法等
酸处理法	稀酸（H_2SO_4 和 HCl）、浓酸（H_2SO_4 和 HCl）、乙酸等
碱处理法	NaOH、H_2O_2、氨水等
有机溶剂处理法	甲醇、乙醇、丁醇、苯等
生物法	木质素降解酶系统，主要是木质素过氧化物酶（LiP）、锰过氧化物酶（MnP）、漆酶（Lac）以及产 H_2O_2 的酶

预处理必须满足以下要求：

① 促进糖的形成，或者提高后续酶水解形成糖的能力；

② 避免糖类物质的降解或损失；

③ 避免副产物形成，阻碍后续水解和发酵过程；

④ 具有成本效益。

目前，纤维素原料的预处理方法很多，包括物理法、化学法、生物化学法以及以上几种方法的联合作用。

许多白腐真菌具有分解木质素的能力，利用这类真菌可以降解木质纤维原料中的木质素，从而提高纤维素的酶解效率。由白腐真菌木质素分解是通过产生的酶类完成，主要有木质素过氧化物酶、锰过氧化物酶和漆酶，因此生物法预处理条件温和，能耗低，无污染，但通常处理的时间较长，而且许多白腐真菌在分解木质素的同时也消耗部分纤维素和半纤维素。

7.3.1　白腐真菌对木质纤维素原料的预处理

7.3.1.1　白腐真菌的生物学特性

白腐真菌这一概念由 Falck 在 1926 提出，它不是分类学中的名称，而是指一群能侵入植物的细胞腔内，释放降解性酶，降解植物细胞壁中木质素等物质，导致木材腐烂成为白色海绵状团块（纤维素）的真菌。

黄孢原毛平革菌（*Phanerochaete chrysosporium*）是所有白腐真菌中研究得最为清楚的菌种，有很强的木质素降解能力，是白腐真菌研究的主要模式菌种之一，目前已经完成其全基因组的测序。基于此，选用 *P.chrysosporium* 介绍白腐真菌的生物学特性。

P.chrysosporium 的正式命名由 Burdsall 和 Eslyn 在 1974 年提出。它在分类学上属于担子菌门（Basidiomycota），担子菌纲（Basidiomycetes），多孔菌目（Pol-yporales），原毛平革菌科（Phanerochaetaceae），原毛平革菌属（*Phanerochaete*），黄孢原毛平革菌（*Phan-erochaete chrysosporium*）。*P.chrysosporium* 的生活史如图 7-5 所示。

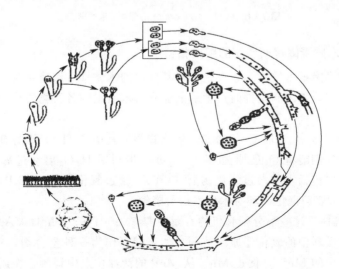

图 7 - 5　*P. chrysosporium* 的生活史

在适合的培养条件下，*P. chrysosporium* 的菌丝生长旺盛，菌丝多核，可多达 15 个；菌丝少有隔膜；虽然是担子菌，但未观察到锁状联合。在固体培养基上生长时，菌丝可分为气生菌丝和基内菌丝 [如图 7-6（a）和（b）所示]；孢子在固体基质上萌发并不断生长，向基质中扩展形成基内菌丝，同时菌丝向上在基质上方生长，形成气生菌丝，随气生菌丝的生长和分化最终形成大量的分生孢子；分生孢子呈卵形，约 5～7mm。除能产生分生孢子外，*P. chrysosporium* 在固体培养条件下还能产生另外三种孢子，分别是担孢子（有性孢子）、节孢子、厚垣孢子。四种孢子的形态与结构如图 7-6（c）～（f）所示。其中常见的是分生孢子和厚垣孢子。繁殖或扩大培养常用分生孢子或菌丝进行。

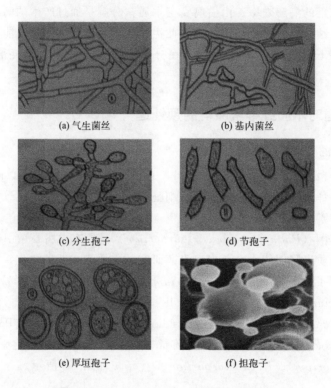

(a) 气生菌丝　　　　(b) 基内菌丝

(c) 分生孢子　　　　(d) 节孢子

(e) 厚垣孢子　　　　(f) 担孢子

图 7-6 *P. chrysosporium* 的菌丝和孢子形态

7.3.1.2　白腐真菌木质素降解酶系统的组成和特点

白腐真菌能彻底降解木质素，主要是依靠其分泌的木质素降解酶系统。木质素降解酶系统是指白腐真菌应答营养限制条件时产生的能够降解木质素的各种物质成分，这些物质可分为以下两个部分。

① 酶组分　主要包括产 H_2O_2 的酶和过氧化物酶。其中产 H_2O_2 的酶有葡萄糖氧化酶和乙二醛氧化酶等，它们能将 O_2 还原为 H_2O_2，进一步利用 H_2O_2 启动过氧化物酶的催化循环。过氧化物酶主要包括木质素过氧化物酶（LiP）、锰过氧化物酶（MnP）和漆酶（Lac），它们主要利用 H_2O_2 启动催化循环对木质素进行降解。

② 小分子有机物　这些小分子有机物有藜芦醇（veratryl alcohol，VA）、草酸等。它们是过氧化物酶催化循环中的氧化还原调节剂。如草酸可作为一种螯合剂，在 MnP 的催化循环过程中，固定产生的 Mn^{3+}，促进 Mn^{3+} 从 MnP 的活性位点中释放，作用于底物。

已有的研究表明，木质素降解酶系统有以下几个特点。

① 木质素降解酶系统的起始合成一般与底物浓度无关，它依靠营养限制来启动，主要是碳、硫或氮的限制。而细菌处理系统一般是通过底物的诱导产生所需的降解酶系统，当底物浓度降低至一定水平时，则难以诱导细菌产生降解酶。

P. chrysosporium 的木质素降解酶系统是由氮源的缺乏所引起的一系列生理反应。Kirk 等研究了在木质素降解条件下，培养 *P. chrysosporium* 的一系列生理反应与培养时间的关系，发现木质素降解发生在次级代谢阶段。Jeffries 等的研究表明，*P. chrysosporium* 的次生代谢可通过限制碳源、氮源和硫而实现，限磷不能触发 *P. chrysosporium* 的次生代谢。Kirk 和 Schultz 在对 *P. chrysosporium* 的培养中也发现，对营养氮的限制能触发木质素降解酶的合成，其他一些研究也有同样的发现。

② 木质素降解酶系统是分泌到细胞外起作用，是胞外酶，这就减少了可能的底物和代谢产物对白腐真菌自身的毒害或抑制。

③ 木质素降解酶系统对降解底物无特异性。木质素是一种非常复杂的物质，它通过不同的 C—C 键或醚键等将其类苯丙烷的基本结构单位连接在一起，这决定了木质素结构的异质性和不规则性，同时决定了木质素降解酶系统的复杂性和非特异性。木质素降解酶系统是通过以自由基为基础的链反应过程对底物进行降解。一般的蛋白质、纤维素、淀粉、脂肪等大分子物质的生物降解都是通过水解酶催化的水解反应进行。木质素降解酶系统与其他生物对物质的降解机理不同，它先通过过氧化物酶来启动反应，形成具有高活性的自由基中间产物，继而以链反应的形式产生许多不同的自由基，通过具有高度非特异性和无立体选择性的自由基反应最终导致底物的降解。

④ 木质素降解酶系统的合成受到溶解氧浓度、pH 条件的影响。大量研究表明，纯培养中，提高溶解氧的浓度水平可促进木质素的降解。Kirk 等的研究表明，在 5% 的氧气条件下培养 *P. chrysosporium* 时，木质素的降解受到抑制。当增加氧气量时，降解的速率和程度大幅度提高。Reid 和 Seifert 开展了不同种类白腐真菌（包括 *Coriolus versicolor*，*Polyporus brumali*，*Merulius tremellosus*，*Pyncoporus cinnabarinus*，*Lentinus edodes*，*Grifola frondosa*，*Gloeoporus dichrous* 和 *P. chrysosporium*）的试验，发现对 ^{14}C 标记的木质素降解速率在纯氧条件下比在空气条件下快。

已有的研究还表明：*P. chrysosporium* 的生长所需的适宜 pH 值为 5.5 左右，而木质素降解所需的最佳 pH 值为 4.5 左右。当 pH 值低于 3.5 和高于 4.5 时，木质素降解酶活性受到显著抑制。Assad 等的研究结果同样表明，木质素降解酶活性在 pH 值为 4～5 左右时达到最大，当 pH 值低于 4 和高于 5 时，木质素降解酶活性会急剧下降。

⑤ 木质素降解酶系统的合成可被氨基酸、硫脲、叠氮化合物（4′-O-甲基异丁子香醇）所抑制。

Kirk 和 Keyser 首次发现氮源对木质素降解的抑制作用。他们利用 *P. chrysosporium* 为实验菌，对 ^{14}C 标记的木质素进行降解，发现氮化合物（如硝酸铵等）对木质素的降解有抑制作用。Fonn 等报道了谷氨酸、谷氨酰胺、组氨酸等氨基酸对木质素降解的强烈抑制。随后，许多研究者报道了相似的研究结果。

7.3.1.3 白腐真菌木质素降解酶系统对底物的降解机理

已有的研究表明，在 *P. chrysosporium* 的木质素过氧化物酶系统中，主要起降解作用的酶是锰过氧化物酶 [MnP，图 7-7（a）]、木质素过氧化物酶 [LiP，图 7-7（b）] 和漆酶 [Lac，图 7-7（c）]，它们的特性和降解机理如下。

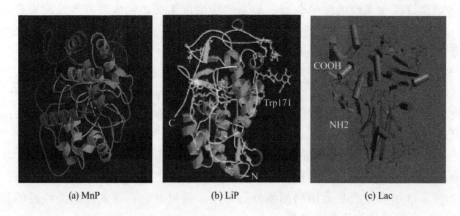

(a) MnP   (b) LiP   (c) Lac

图7-7 木质素过氧化物酶系 LiP、MnP 和 Lac 三维结构示意图

(1) 锰过氧化物酶 （MnP）

锰过氧化物酶（MnPs，EC1.11.1.13）由 Kuwahara 等首次发现。已有的研究表明，几乎所有的白腐真菌都能产 MnP。

MnP 的分子量在 $38\sim62.5kDa$，但大多数纯酶的分子量约为 45kDa。MnP 常常以多种形式被合成，如 *C.subvermispora* 可合成大约 11 种同工酶。

MnP 是一种糖蛋白，其活性中心由一个红血素辅基和一个 Mn^{2+} 构成。Mn^{2+} 在催化氧化中作为必需的电子供给者，使缺一个电子的酶中间体恢复到原来状态，产生 Mn^{3+}。在此反应中需要有机酸螯合剂（如草酸盐和乙醇酸盐）的存在，这些螯合剂固定产生的 Mn^{3+}，促进 Mn^{3+} 从酶的活性位点中释放出来。与螯合剂结合的 Mn^{3+} 是可传播的氧化剂，在离 MnP 活性位点一定距离的地方起作用。

MnP 的催化循环是从结合 H_2O_2 或有机过氧化物开始的。图7-8为 MnP 的氧化机理。MnP 的催化循环的具体过程如下：

$$MnP+H_2O_2 \longrightarrow MnP\text{ 复合物（Ⅰ）}+H_2O$$
$$MnP\text{ 复合物（Ⅰ）}+Mn^{2+} \longrightarrow MnP\text{ 复合物（Ⅱ）}+Mn^{3+}$$
$$MnP\text{ 复合物（Ⅱ）}+Mn^{2+} \longrightarrow MnP\text{ 复合物（Ⅲ）}+Mn^{2+}+H_2O$$
$$Mn^{3+}+RH \longrightarrow Mn^{2+}+R+H^+$$

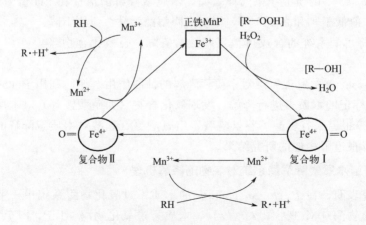

图7-8 MnP 的氧化机理

目前的研究发现，在所有已知的木质素降解真菌的胞外酶液中，几乎都可以检测到 MnP。有些白腐真菌虽然仅合成 MnP，但仍能有效降解木质素。因此，MnP 可能是木质素降解中最常见的酶。

(2) 木质素过氧化物酶 （LiP）

木质素过氧化物酶 （LiP；EC 1.11.1.14） 是最早发现的木质素降解酶，存在于大多数白腐真菌中，是由一组结构相类似的基因编码的血红素过氧化物酶；它是一系列含有 Fe^{3+}-环（原卟啉）血红素辅基的同工酶。LiP 的催化循环从结合 H_2O_2 或有机过氧化物开始，它能通过 H_2O_2 的氧化形成缺电子中间体，这种中间体能在催化底物发生失电子的氧化反应后恢复为原状态，并通过此单电子氧化最终引起一系列自由基反应。

图 7-9 为 LiP 的催化循环简图。其催化循环（降解木质素模式化合物）的具体过程如下：

$$LiP（Fe^{3+}）P+H_2O_2 \longrightarrow LiP 复合物 I（Fe^{4+}=O）P\cdot+H_2O$$

$$LiP 复合物 I（Fe^{4+}=O）P\cdot+R \longrightarrow LiP 复合物 II（Fe^{4+}=O）P\cdot+R\cdot$$

$$LiP 复合物 II（Fe^{4+}=O）P\cdot+R+2H^+ \longrightarrow LiP（Fe^{3+}）P+R\cdot+H_2O$$

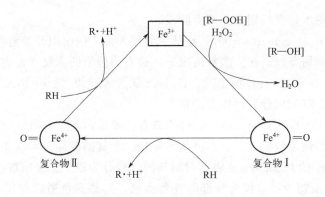

图 7-9 LiP 的催化循环

(3) 漆酶 （Lac）

漆酶 （Lac，EC 1.10.3.2） 于 1883 年由日本的吉田首次在漆树的漆液（生漆）中发现。它广泛存在于植物、昆虫和高等真菌中。真菌漆酶主要来源于担子菌纲中的白腐菌类，它能催化多酚、氨基酚等化合物的降解，是一种多酚氧化酶，也是一种典型的含 Cu^{2+} 糖蛋白。漆酶的分子量在 59~80kDa 之间，含糖量 3%~5% 不等，大多为单体酶，等电点 pI 为 3~6。漆酶分子中一般都含有 4 个铜原子。漆酶主要攻击木质素中的苯酚结构单元。在反应中，苯酚的核失去一个电子而被氧化，产生含苯氧基的自由活性基团，可导致 C_α 氧化、C_α-C_β 裂解以及烷基芳香基裂解，其催化机理如图 7-10 所示。

可见，白腐真菌的木质素降解酶系统对底物的降解机理非常复杂。它以 H_2O_2 为最初的底物（LiP 和 MnP），先将化学物质 RH 氧化成高度活性的自由基中间体 $R\cdot$，继而以链式反应的方式产生许多不同的自由基，然后通过自由基将底物氧化。

7.3.1.4 白腐真菌对木质素的降解

(1) 木材腐朽

Hubert 认为木材腐朽是一种开始于木材腐朽真菌在木材中生长发育，导致被某种程度

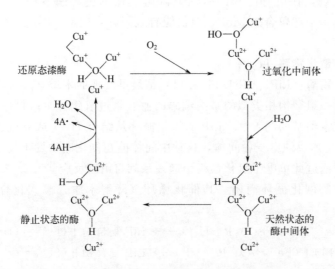

图 7 - 10 漆酶的催化机理

的分解的过程。他将木材腐朽划分为两个阶段：

① 初始阶段（the incipient stage） 指从菌丝侵入宿主的组织开始对宿主细胞进行攻击。在此阶段，菌丝向四周蔓延。在大多数情况下，被真菌侵染的木材常常表现出颜色的改变并且常常伴有区域线（zone lines）的出现。Hubert 认为区域线（zone lines）是真菌分泌的酶作用于宿主细胞壁和细胞成分而形成的产物。

② 典型阶段（the typical stage） 木材的细胞被破坏，表现出明显的毁坏。常常伴随有明显的被侵染木材的强度特性改变、木材颜色变化、木材的破坏、木材质地的改变。

另外，苏联学者 С. И. Ванин 还将木材腐朽的过程分为以下三个阶段。

① 木材腐朽的最初阶段 仅为外部的变色而已，这些颜色通常较正常的木材颜色要暗一些。在这一时期木材发生显微的改变，但在木材中能发现菌丝出现在导管或管胞的腔中或髓射线中。菌丝借助于其分泌的酶在木材的细胞壁上钻出一些孔，孔的直径与菌丝的直径几乎相等（3～5μm）。

② 木材腐朽的第二阶段 开始出现浅色的、稍微有些破坏的斑点，有时还出现曲折的黑色线条，即所谓的黑线。这些淡色斑点和黑线的存在，使腐朽木材从花纹上看起来好像大理石，故称为大理石状腐朽。

③ 木材腐朽的最后阶段 木材发生了极其重大的变化。首先是颜色的变化，一般其颜色变得较正常木材要浅或深。其中变浅的称为白色腐朽，变深的为褐色腐朽，通常为深褐色、褐色或红色。

另外，法尔克（Фальк）根据发现木材的最后阶段的外貌和显微镜下的形态将腐朽分为：侵蚀性腐朽和毁减性腐朽。

① 侵蚀性腐朽 菌丝在细胞壁上钻出一些孔后，逐渐扩大出现较大的不规则形状的腔孔，然后细胞壁开始降解，最后留下一些细胞壁的残片，木材上出现可见的蜂窝状及其他形状的空腔。

② 毁减性腐朽 细胞壁被均匀降解，壁上不出现较大的孔，但细胞壁上出现无数的裂缝，然后木材分解成为小块，容易用手指捏成粉末。木材常常变成烧焦的黑褐色。

(2) 白腐真菌的腐朽

Robot Hartig 是最早对白腐真菌的腐朽进行描述的学者之一。在 1878 年，他就对腐朽木材中的白腐的不同宏观和微观特征进行了描述。白腐的宏观（图 7-11）和微观特征的差异表明了木材受到腐朽方式的多样性。白腐真菌能够有效地对植物细胞壁的木质素进行降解，同时它们也能够对纤维素和半纤维素进行有效的降解。但是它们对木质素、纤维素和半纤维素降解的次序和比例随不同的白腐真菌而不同。

图 7-11　白腐真菌降解木质素后剩下白色的纤维素

Hubert 根据木材腐朽真菌在木材中的特殊化学或酶的反应导致木材的颜色变化，对木材腐朽进行分类，即褐腐和白腐。

白腐是由木质素分解的真菌引起，在木材腐朽的典型阶段，腐朽的区域呈现白色，此白色区域主要含白色的纤维素化合物。白腐又可以分为四大类。

① 白色蜂窝腐朽（white pocket rots）　在木材的纵切面上形成许多纺锤形或长条的白斑，形如蜂窝。

② 白色杂斑腐朽（white mottled rots）　腐朽的木材变为白色，但其中散生有较为深色的斑块。

③ 白色环状腐朽（white ring rots）　木材的春材部分先被腐朽或腐朽得较为厉害，而秋材部分仍然有残余，在木材的横切面上可见到腐朽部分呈同心轮纹状。

④ 白色海绵腐朽（white spongy rots）　腐朽部分变得轻软如海绵，呈白色，且大片连在一起。

白腐真菌对木材的降解是呈多样性的，根据木材和真菌以及降解所处的条件的不同而呈现出不同的降解速率。但尽管白腐真菌对木材降解是多样性的，我们仍然可以将其降解区分为两种基本的白腐类型：选择性腐朽和同时腐朽。

① 选择性腐朽　对选择性腐朽而言，人们很早就描述过，Phillipi 在 1893 年报道了一种木材的腐朽被称为 "palo podrido"。它是植物的茎被选择性腐朽而被智利南部的人们作为一种动物饲料。化学分析表明：一些木材的选择性腐朽的成分中，97% 为纤维素，0.9% 为木质素。

选择性腐朽在最初阶段，木质素的降解比纤维素和半纤维素的降解要快。许多种选择性腐朽被描述，Buswell 对能进行选择性腐朽的白腐真菌进行不完全的统计，其结果显示有 41 种白腐真菌进行选择性腐朽，如白色蜂窝腐朽，这种腐朽的典型例子是由松木层孔菌（*Phellinus pini*）引起的。

不同的细胞壁降解方式在选择性腐朽中可以观察到，其典型的过程为：生长在细胞腔（lumen）的菌丝分泌酶渗透到次生壁中，引起次生壁中的木质素降解。另外，伴随着次生壁的强烈降解，中胶层（middle lamella，又称胞间层）被降解。在最后阶段，每个细胞与基体物质（matrix）分离。根据 Hartig 和 Peek 等的描述，次生壁的薄层（lamella）被降解成为亚显微结构的层是可能的。另外，在 S2 层的强烈降解导致一些径向的结构（radical structures）集中。

与褐腐和软腐相比，白腐的纤维素降解要慢得多，所以木材强度的减少要慢。其原因可能为纤维素或半纤维素的降解可能是从纤维素的分子链的末端开始降解的，导致长链的纤维素分子未被降解；另一个原因可能是一些径向的结构的长时间存在，保持细胞的强度。

由于选择性腐朽，木材的腐朽呈现出纤维状（fibrous）和细带状（stringy），木材表面的腐朽常常出现瓶底状（bottle butt）的典型形状。引起此腐朽形状的白腐真菌常见的为 *Heterobasidion annosum* 和 *Ganoderma* spp.。

虽然此类木材的腐朽被称为选择性腐朽，但我们必须认识到，即使是典型的选择性腐朽，其最终阶段都要发生完全的纤维素降解。

② 同时腐朽　在同时腐朽的过程中，木质素、纤维素和半纤维素几乎以相同的速度被降解。这种情况常常发生在阔叶树中。其典型的特征为：真菌释放的酶能够降解所有木质化细胞壁的主要结构成分。

同时腐朽可以描述为以下 4 个阶段。在木材腐朽的早期，细胞壁的降解发生在菌丝的周围，导致腐蚀槽的形成。接着从细胞腔（lumen）处向外，细胞壁逐步被降解，单个的菌丝以垂直的方向向细胞里面延伸，这类似于在河床上前进的河水。细胞壁变得越来越薄，许多钻孔（bore-hole）样的结构出现在细胞之间。在最后阶段，位于胞间层和细胞边角处的化合物被降解。

白腐真菌能引起局部区域的腐朽而在木材上形成一些白色的区域。这些白色区域可在木材上呈现小纺锤形的口袋、狭长的口袋，或者大面积的白色区域。

木材中的菌丝周围常常有各种物质沉积，形成斑点。在 1984 年，Blanchette 利用 X 射线微量分析和原子发射光谱测定对黑色斑（black sports）和斑点（fleck）进行研究，结果表明：黑斑和斑点主要是锰的二氧化物沉积物。其中在某些区域检测到的锰的含量是正常木材猛含量的 100 多倍。另外，其他元素如：磷、钙、钾也在黑斑中发现。因为菌丝在代谢的过程中常常分泌大量的有机酸（如草酸），这些物质的结晶体常常呈现许多独特的形状。

白腐真菌对木材腐朽的方式受到各种因素的影响。这些因素包括：木材的种类、木材的细胞类型、木材腐朽所处的阶段、营养物的获取、降解时的外部条件等。巨大多孔菌（*Polyporus giganteus*）在白杨木材中对木质素的降解快于其他糖类物质，而在桦木的木材中却相反。*Inonotus dryophilus* 对橡树的初材纤维和厚皮细胞进行降解，而对晚材和髓射线很少降解。

7.3.2　其他预处理方法

（1）物理方法

一般是通过切、碾和磨等工艺，使纤维原料的粒度变小，增加底物和酶接触的表面积，降低纤维素的结晶度。机械粉碎包括干法粉碎、湿法粉碎、振动球磨碾磨以及压缩碾磨粉碎。此类方法还包括高温处理、微波辐射和超声波预处理等。

（2）物理化学法

如蒸汽爆破是将木质纤维原料用 160～260℃ 水蒸气处理，使原料爆破，使纤维结构发生一定的机械断裂，同时高温高压加剧了纤维素内部氢键的破坏和有序结构的变化，促进了半纤维素的水解和木质素的转化。其不足之处是对设备的要求较高，能耗较大，在高温条件下部分木糖会进一步降解生成糠醛等有害物质。氨纤维爆破法和蒸汽爆破预处理类似，即将木质纤维原料在高温和高压下用液氨处理，然后突然减压使原料爆破。

（3）化学法

一般采用酸、碱、臭氧、双氧水、有机溶剂等对木质纤维原料进行处理，从而促进酶水解的进行。

7.4　生物炼制——纤维素水解

纤维素水解产生葡萄糖，葡萄糖发酵产生乙醇等生物基产品。此过程分两步：第一步是纤维素酶对纤维素的水解；第二步是葡萄糖发酵。

7.4.1　纤维素的水解

木质纤维素原料预处理后，需对其进行水解，使其转化成可发酵性糖。水解是破坏纤维素和半纤维素中的氢键，将其降解成可发酵性糖——戊糖和己糖。纤维素水解只有在催化剂存在下才能显著地进行。常用的催化剂是无机酸和纤维素酶，由此分别形成了酸水解工艺和酶水解工艺，水解的结果主要是获得葡萄糖液。

$$(C_6H_{12}O_6)_n \xrightarrow{\text{酸解或酶解}} n(C_6H_{12}O_6)$$

7.4.1.1　酸水解

纤维素分子中的化学键在酸性条件下是不稳定的。在酸性水溶液中，纤维素的化学键断裂，聚合度下降，其完全水解产物是葡萄糖。纤维素酸水解的发展已经历了较长时间，水解中常用无机酸（硫酸或盐酸），可分为浓酸水解和稀酸水解。

稀酸水解要求在高温和高压下进行，反应时间几秒或几分钟，在连续生产中应用较多；浓酸水解相应地要在较低的温度和压力下进行，反应时间比稀酸水解长得多。由于浓酸水解中的酸难以回收，目前主要用的是稀酸水解。此法的缺点在于：在酸水解过程中，使用了大量的酸、氧化剂和催化剂等化学试剂，水解条件较为苛刻，后续处理困难，且生成许多副产品。

7.4.1.2　酶水解

酶水解是生化反应，使用的是微生物产生的纤维素酶，生产工艺包括酶生产、原料预处理和纤维素水解等步骤。酶水解选择性强，可在常压下进行（温度为 45～55℃），反应条件温和（pH 为 4～8），微生物的培养与维持仅需少量原料，能量消耗小，可生成单一产物，糖转化率高（＞95％），无腐蚀，不形成抑制产物和污染，是一种清洁生产工艺。因此，酶水解受到极大的关注。

(1) 纤维素酶

自然界中存在许多细菌、霉菌和放线菌是以纤维素作为碳和能量的来源，它们能产生纤维素酶，将纤维素分解为单糖。纤维素酶分子呈楔形，是由催化结构域（catalytic domain，CD）、纤维素结合结构域（cellulose binding domain，CBD）以及链接桥（linker）这三部分组成的（图 7-12）。

图 7-12 纤维素酶（包含内切-β-葡聚糖酶、外切-β-葡聚糖酶和 β-葡聚糖苷酶）

催化结构域位于球状核区，包含催化位点和底物结合位点。纤维素结合结构域位于肽链的 N 末端或 C 末端，对酶的催化活力是非必需的，但它们执行着调节酶对可溶性和非可溶性底物专一性的作用，其主要功能是将酶分子连接到纤维素上。连接桥富含脯氨酸（Pro）和羟基氨基酸（Ser，Thr），其作用可能是保持 CD 和 CBD 之间的距离。

纤维素酶是糖蛋白，酶分子都被糖基化，属于糖苷酶。糖基化不是纤维素酶水解纤维素活力所必需的，其作用应该是防止蛋白酶的降解，这种作用对于纤维素酶的共固定化可能是很重要的。纤维素酶各个组分中的糖和蛋白质之间的结合方式不同，有的是通过共价连结，有的是可解离的络合物。

组成糖的成分主要包括甘露糖、半乳糖、葡萄糖及氨基葡萄糖等，但纤维素酶各个组分含糖的比例很不相同。蛋白质部分的氨基酸组成也随酶的来源不同而有所区别。

纤维素酶的分子量范围很广，其中内切型-β-葡聚糖酶的分子量为 $2.3\times10^4\sim1.46\times10^5$ Da，外切型-β-葡聚糖酶的分子量为 $3.8\times10^4\sim1.18\times10^5$ Da，纤维二糖酶的分子量为 $9.0\times10^4\sim1.0\times10^5$ Da（胞内酶）和 $4.7\times10^4\sim7.6\times10^4$ Da（胞外酶）。不同真菌所产纤维素酶的分子大小亦有所不同，其中一些真菌纤维素酶的分子量见表 7-4。

表 7-4 真菌纤维素酶的分子量

真菌	分子量	
	外切型-β-葡聚糖酶	内切型-β-葡聚糖酶
绿色木霉（*Trichoderoa virjde*）	57000	13000；48000
	53000	44000
	46000	—
	—	52000；76000
康氏木霉（*Trichoderma koningii*）	57000	—
	45000	37000

（2）纤维素酶降解纤维素的机理

纤维素酶根据其催化反应功能的不同可分为：内切葡聚糖酶（1,4-β-D-glucan glucano-hydrolase 或 endo-1,4-β-D-glucanase，EC.3.2.1.4）、外切葡聚糖酶（1,4-β-D-glucan cello-bilhydrolase 或 exo-1,4-β-D-glucannase，EC.3.2.1.91）和 β-葡聚糖苷酶（β-1,4-glucosidase，EC.3.2.1.21）（图 7-13）。纤维素酶可以看作是以上三种酶的总称。

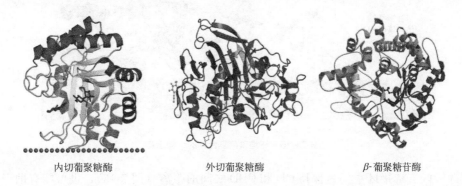

内切葡聚糖酶　　　　　外切葡聚糖酶　　　　　β-葡聚糖苷酶

图 7-13　三种纤维素降解酶的结构示意

① 葡聚糖内切酶　能在纤维素酶分子内部任意断裂 β-1,4 糖苷键（图 7-14）。

② 葡聚糖外切酶或纤维二糖酶　能从纤维分子的非还原端依次裂解 β-1,4 糖苷键，释放出纤维二糖分子（图 7-14）。

③ β-葡聚糖苷酶　能将纤维二糖及其他低分子纤维糊精分解为葡萄糖（图 7-14）。

纤维素酶复合物的反应和一般酶反应不一样，其最主要的区别在于纤维素酶复合物是多组分的酶系（至少包括以上三种酶，图 7-14），且底物结构极其复杂。

纤维素酶复合物大致可以分为三个部分，即催化部位（catalytic domain，catalytic dom，CD）、链接区（链接桥）和结合糖类的结构域（carbohydrate-binding domain，CBD）（图 7-14）。

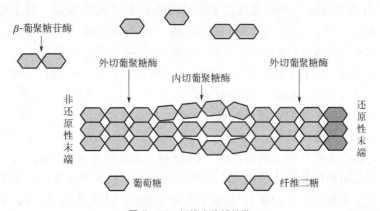

图 7-14　纤维素降解的酶

① 催化部位　对催化部位（CD）的了解主要来自对里氏木霉（*T. reesei*）的研究，其催化部位是由 α 螺旋/β 折叠组成的筒状结构：由 5 个 α 螺旋和 7 条 β 链组成，活性部位由两个延伸至表面的环（loop）形成一个隧道状（tunnel）结构，长度大约 2nm，包含 4 个结

合位点，水解糖苷键发生在第 2 和第 3 结合位点之间，正是由于 CD 拥有这样一个环结构形成的"隧道"，它能连续地催化几个糖苷键的断裂（图 7-15）。

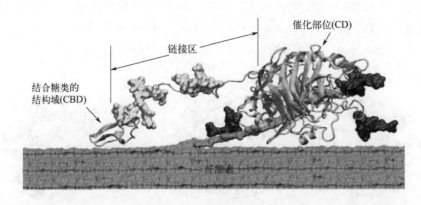

图 7-15 纤维素酶复合物的结构示意

② 链接区 链接区主要是保持 CD 和 CBD 之间的距离（图 7-15），也可能有助于不同酶分子间形成较为稳定的聚集体。大多数链接区是将纤维素酶的催化区连接到 CBD 上的富含丝氨酸或脯氨酸与苏氨酸残基联合体的糖基化肽链上。研究发现：里氏木霉（T.reesie）的 CBD 和 CD 两个区域功能的有效发挥是需要二者有足够的空间距离的，这表明链接区在某种程度上控制了两个结构域之间的几何构象。在催化的过程中，长的链接区具有一定的柔性，能够保证两个结构域在纤维表面的运动一致，从而使酶作用表现出高效的活力。肽链对蛋白酶非常敏感，因为它易暴露于水相，因此为了防止被蛋白酶水解，这一段肽链常常被 O-糖基化（O-glycosilated）。

真菌纤维素酶的链接区富含甘氨酸、丝氨酸和苏氨酸，大概由 30～40 个氨基酸残基所组成，纤维素酶的 CBD 与 CD 夹角为 180°；真菌纤维素酶一般只有一个酶切位点，可将 CBD 与链接区一同切去。由于纤维素酶的全酶分子呈蝌蚪状，其链接区高度糖基化且具有较强的柔韧性，因此很难得到其结晶。

③ 结合糖类的结构域 CBD 通常位于酶蛋白的 C-末端或 N-末端，其主要功能是将酶分子连接到纤维素上（图 7-15）。真菌的 CBD 由 33～36 个氨基酸残基所组成，具有高度的同源性。真菌外切酶的 CBD 结构形状为一个"楔型"，且一面亲水，另一面疏水，平坦的亲水面上有 3 个 Tyr 残基，执行吸附纤维素的功能；吸附区折叠成一种楔行结构，它含有 6 个半胱氨酸残基，但只有两对二硫键。对真菌吸附区不同的 β-片层拓扑学结构分析表明：吸附区是由三段不规则的反平行的片层所组成，β_1 通过氢键与其他两个片层相连。吸附区的这种一面亲水、一面疏水的楔形结构，使它能插入和分开纤维素的结晶区，在其吸附于纤维素分子链的表面后，具有疏解纤维素链的作用。CBD 的作用机理还未完全清楚，一种观点认为：它有助于增加催化结构域在固体纤维素表面的浓度；另一种观点认为：它能促使单链纤维素分子从结晶纤维素中释放，以便催化结构域能接近于它；还有人认为：CBD 是通过氢键稳定地与结晶底物结合。

由于底物的水不溶性，纤维素酶复合物的吸附作用代替了常规的酶与底物形成 ES 复合物的过程。纤维素酶复合物先特异性地吸附在底物纤维素上，然后在几种酶组分的协同作用下，将纤维素分解成葡萄糖，具体细节如图 7-16 所示。

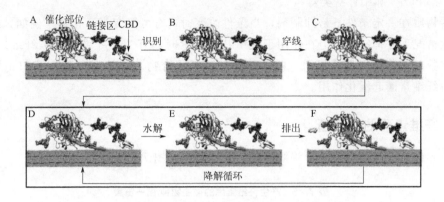

图 7-16　纤维素酶复合物的催化示意图

A—葡聚糖外切酶（Cel 7A）与纤维素酶结合；B—纤维素链还原性末端的识别；

C—纤维素链进入催化隧道；D—穿线并形成具有催化活性的复合体；E—水解；

F—排出产物并进行下一次降解循环；CBD—carbohydrate-binding domain（结合糖类的结构域）

7.4.2　影响纤维素酶水解的因素

（1）底物因素

纤维素底物结构上的特征在一定程度上决定了酶解的速度，这些结构特征包括纤维素酶可接触的底物表面积、纤维素的结晶度、纤维素的聚合度、木质素含量与分布情况、底物浓度等，其中纤维素酶可接触的底物表面积被认为是对酶解具有最大影响的因子之一。

（2）纤维素酶因素

除上述与底物有关的影响因素外，与纤维素酶相关的一些因素也会影响到酶解过程，包括纤维素酶用量、纤维素酶系组成、酶解产物（纤维二糖和葡萄糖）对纤维素酶的反馈抑制、水解过程中由于温度或机械力造成的酶失活、酶的吸附性等。

（3）温度和 pH

大部分纤维素酶的活性受其环境温度和 pH 的影响。在最适 pH 下，酶反应具有最大速度，高于或低于此值，反应速度下降。温度也是影响纤维素酶解的重要因素，一般纤维素酶的最适温度范围是 40～60℃。

由真菌产生的纤维素酶，其最适 pH 大多偏酸性（pH 4.0～5.0），最适温度范围在45～50℃。由细菌产生的纤维素酶，其最适 pH 通常为中性到碱性，最适温度为 40～70℃。

最适 pH 与反应温度有关，如拟康氏木霉（*Trichoderma pseadokoningi*）的内切型-β-葡聚糖酶在 30℃时，最适 pH 为 5.0；40℃时，最适 pH 为 4.8；50℃时，最适 pH 为 4.4；60～75℃时，最适 pH 为 4.0～4.4。

（4）抑制剂和激活剂

纤维素酶可由酶促反应的产物和类似底物的某些物质引起竞争性抑制。常见的竞争性抑制剂有：纤维二糖、葡萄糖和甲基纤维素。一些蛋白质试剂如卤素化合物、重金属（Ag^+、Cu^{2+}、Mn^{2+} 和 Hg^{2+} 等）、去垢剂和燃料等能使纤维素酶失活。亦有报道，琉基试剂能抑制纤维素酶。植物体内的某些酚、单宁和花色素是纤维素酶的天然抑制剂。

与抑制剂相反，某些试剂能使纤维素酶活化，称为激活剂，如 NaF、Mg^{2+}、$CoCl_2$、

Cd^{2+}、$Ca_3(PO_4)_2$和中性盐类等。

有些物质在一定条件下是抑制剂，当条件改变时，有可能变为活化剂。例如，纤维二糖在大多数情况下是抑制剂，但在作用于羧甲基纤维素时，有 7 种纤维素酶被纤维二糖活化。又如大多数羟基化合物是抑制剂，但少数几种羟基化合物（如甘油、赤藓糖和 α-甲基葡聚糖苷）对纤维素酶起活化作用。

7.4.3　纤维素酶的生产菌

自然界中有许多微生物能分泌酶将纤维素降解，如图 7-5 所示。

表 7-5　产生纤维素酶的微生物种/属一览表

细菌	真菌	放线菌
① 兼性厌氧微生物：食纤维梭菌（Clostridium cellulovorans）、生孢食纤维菌（Sporocytophaga）、多囊纤维菌（Polyangium cellulosum）、白色瘤胃球菌（Ruminococcus albus）、产琥珀酸丝状杆菌（Fibrobacter succinogenes）、溶纤维丁酸弧菌（Butyrivibrio fibrisolvens）、热纤梭菌（Clostridium thermocellum）、解纤维梭菌（Clostridium cellulolyticum）、球形芽孢杆菌（Bacillus sphaericus）、双酶梭菌（Clostridium bifermentans）等 ② 好氧微生物：粪碱纤维单胞菌（Cellulomonas fimi）、纤维单胞菌属（Cellulomonas）、纤维弧菌属（Cellvibrio）、运动发酵单胞菌（Zymomonas mobilis）、混合纤维弧菌（Cellvibrio mixtus）、噬胞菌属（Cytophaga）等	里氏木霉（Trichoderma Reesei）、绿色木霉（Trichoderma viride）、米根霉（Rhizopus oryzae）、米曲霉（A.oryzae）黑曲霉（A.niger）、镰刀霉（Fusarium spp.）拟青霉（Paecilomyces Bainier）斜卧青霉（Penicillium decumbens）等	分枝杆菌（Mycobacterium）、诺卡氏菌（Nocardia）、小单孢菌（Micromonospora）、唐德链霉菌（Streptomyces tendae）及该属中的部分菌等

纤维素酶来源非常广泛，昆虫、微生物（细菌、放线菌、真菌等）都能产生纤维素酶，通过微生物发酵的方法是大规模制备纤维素酶的有效途径。不同微生物合成的纤维素酶在组成上有显著的差异，对纤维素的酶解能力也不大相同。由于放线菌的纤维素酶产量极低，研究很少。细菌的产量也不高，主要是葡聚糖内切酶，且大多数对结晶纤维素没有活性，所产生的酶是胞内酶或吸附在菌壁上，很少能分泌到细胞外，增加了提取纯化难度，在工业上很少应用。

而丝状真菌产的纤维素酶具有诸多优点：①产生的纤维素酶为胞外酶，便于酶的分离和提取；②产酶效率高，且产生纤维素酶的酶系结构较为合理；③同时可产生许多半纤维素酶、果胶酶、淀粉酶等。从纤维素酶工业化制备及其应用角度看，研究和采用丝状真菌产纤维素酶具有更大的意义。

目前，用于生产纤维素酶的微生物菌种较多的是丝状真菌，其中酶活力较强的菌种为木霉属（Trichoderma）、曲霉属（Aspergillus）和青霉属（Penicillium），特别是绿色木霉（T. virde）及其近缘菌株等较为典型，是目前公认较好的纤维素酶生产菌。

最近，人们才认识到其他的微生物，例如嗜热需氧型真菌（Sporotrichum thermophile，Chaetomium thermophile，Humicola insolens），也可以产生有活性的纤维素酶。在上面提到的微生物当中，嗜热的纤维素降解菌尤其值得关注，因为它们可以生成对热稳定的纤维素酶，在高酸、高碱及高达 90℃ 的极端条件下，这类酶一般可保持稳定，这些微生物也可以利用很多原料进行发酵，并且感染病原菌的风险很小。由于这些优点，嗜热的纤维素降解微生物的研究近年来已引起了研究者的兴趣。

现已制成制剂的有里氏木霉（*T. reesei*）、绿色木霉（*T. viride*）、黑曲霉（*A. niger*）等纤维素酶。从目前研究进展来看，它们同时具有较为稳定性状、优质高产纤维素酶的能力和较好"抗代谢阻遏"能力，被认为是最具有工业应用价值的菌株。

（1）里氏木霉（*T. reesei*）

该霉菌（图 7-17）为好气丝状真菌，其菌落在 PDA 平板上生长快，菌丝层较厚，致密丛束状，初期为白色，平坦，后期因产生分生孢子而呈深绿色。产孢区常排列成同心轮纹状。菌落背面无色，有时呈浅黄色。菌丝透明，有隔，细胞壁光滑，分生孢子梗由菌丝直立生出，无色，分枝多，对生或互生二至三级分枝，整体像树枝；分枝与分生孢子梗近似直角，末端为小梗。小梗瓶形，分生孢子球形或长椭圆形，表面粗糙，布满小刺；单胞，靠黏液在小梗上聚集成球状、绿色的分生孢子头。

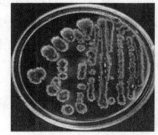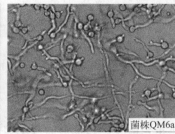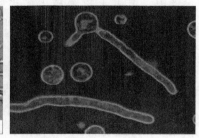

图 7-17　里氏木霉（文后彩图 7-17）

注：红色为泡囊，蓝色是几丁质。

里氏木霉（*T. reesei*）发酵生产的纤维素酶是胞外酶，经过粗提和分离纯化后，就得到纯化的纤维素酶制剂。

从 20 世纪 60 年代末开始，由里氏木霉野生型菌株（*T. reesei* QM6a）出发，进行了一系列诱变育种工作，先后获得了不少优良的突变株，其中 QM9414、RutC30 和 MCG77 是至今研究得最多、应用最广的三个里氏木霉菌株。尤其是 RutC30 和 MCG77，由于即使在可溶性碳源（乳糖）条件下也能产生纤维素酶复合体系，所以受到了高度的重视。

里氏木霉菌株的不足之处在于，尽管它们能产生高活力的内切型-β-葡聚糖酶和外切型-β-葡聚糖酶，但形成纤维二糖酶的能力较低。而许多曲霉属菌种，如黑曲霉（*A. niger*）、海藻曲霉（*A. phoenicis*）等，能产生高活力的纤维二糖酶。

（2）绿色木霉（*T. viride*）

绿色木霉（图 7-18）为腐生菌，主要存在于朽木、枯枝、落叶、土壤、有机肥、植物残体和空气中，其分生孢子通过空气传播。

此菌的基本特征为：菌丝纤细无色，具分隔，多分枝。分生孢子梗从菌丝的侧枝上生出，对生或互生，一般有 2～3 次分枝，着生分生孢子的小梗瓶形或锥形。菌株在 PDA 培养基上广铺，最初为白色致密的基质菌丝，而后出现棉絮状的气生菌丝，并形成密实产孢丛束区，常排成同心轮纹。深黄绿色至深蓝绿色的产孢区，菌落反面无色，老的培养基散发一股椰子气味，菌丝透明，壁光滑，有隔，分枝繁复，直径 1.5～12μm，透明。厚垣孢子间生

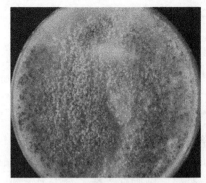

菌落形态

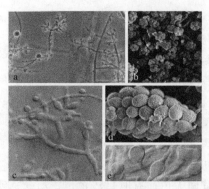

分生孢子梗和分生孢子

图 7-18 绿色木霉（*T. viride*）

a—×512；b—×1000；c—×1600；d—×4400；e—厚垣孢子，×1600

于菌丝中，顶生于短侧枝上，多数为球形，极少为椭圆形，透明，壁光滑，直径可达14μm，通常在基底菌丝中产生分生孢子梗。小梗瓶形或锥形，基部稍窄，中部较宽，从中部以上变窄成长颈，近于直或中部弯曲，分生孢子大多为球形，直径 2.5～4.5μm，少数孢子为短倒卵形，3.5～5μm，孢壁具明显的小疣状突起，在显微镜下单个孢子淡绿色。在分生孢子梗分枝上聚成的孢子头 8～9μm。

此菌在自然界分布广泛，常腐生于木材、种子及植物残体上，能产生多种具有生物活性的酶系，如纤维素酶、几丁质酶、木聚糖酶等。在植物病理生物防治中具有重要的作用。

绿色木霉（*T. viride*）生产纤维素酶产量比较高，可以通过物理或化学诱变获得高产菌株且能够稳定地用于生产；要求的生长环境粗放，适应性较强，易于控制，便于管理；产生的纤维素酶稳定性比较好，培养和控制比较容易；分泌的纤维素酶是胞外酶，易于分离纯化。另外，该霉菌及其代谢物安全无毒，不会对操作人员和环境造成不良的影响。因此，绿色木霉（*T. viride*）是目前用于纤维素酶生产的最普遍的菌种之一。

(3) 黑曲霉（*A. niger*）

黑曲霉在分类学上属于半知菌亚门（Deuteromycotina），<u>丝孢纲</u>（Hyphomycetes），<u>丝孢目</u>（Hyphomycetales），<u>丛梗孢科</u>（Moniliaceae），曲霉属（*Aspergillus*）真菌中的一个常见种。分生孢子梗自基质中伸出，直径 15～20μm，长约 1～3mm，壁厚而光滑。顶部形成球形顶囊，其上全面覆盖一层梗基和一层小梗，小梗上长有成串黑褐色的球状分生孢子。孢子直径 2.5～4.0μm。分生孢子头球状，直径 700～800μm，黑褐色。菌落蔓延迅速，初为白色，后变成鲜黄色直至黑色厚绒状。背面无色或中央略带黄褐色。有时在新分离的菌株中能找到白色、圆形、直径约 1mm 的菌核。分生孢子头为黑褐色放射状，分生孢子梗长短不一。顶囊球形，双层小梗。分生孢子为褐色球形（图 7-19）。

(4) 产酶菌株选育及诱变育种

菌种选育是纤维素酶生产的基础性工作，为了生产高质量的纤维素酶产品，国内外许多研究者进行了大量研究，他们利用物理、化学诱变剂单独或复合处理孢子或细胞来选育纤维素酶高产菌种。此外，为了得到纤维素酶，还开展了纤维素酶基因克隆研究，这在 20 世纪 80 年代十分活跃，在国外已有约 80 个组分的基因被克隆，但表达、分泌均很弱。因此，目前已逐渐转向应用基因工程方法组建有新特性的纤维素酶分子。

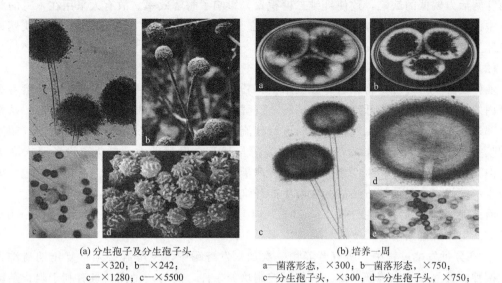

(a) 分生孢子及分生孢子头
a—×320；b—×242；
c—×1280；c—×5500

(b) 培养一周
a—菌落形态，×300；b—菌落形态，×750；
c—分生孢子头，×300；d—分生孢子头，×750；
e—分生孢子，×1200

图 7-19　黑曲霉 FMR 2249

7.4.4　纤维素酶的生产

纤维素酶的生产主要有两种，即固体发酵和液体发酵。

(1) 固体发酵

一切使用不溶性固体基质来培养微生物的工艺过程，都称之为固体发酵（solid substrates fermentation）。按照这样的理解，它既包括将固体悬浮在液体中的深层发酵，也包括在没有（或几乎没有）游离水的湿固体材料上培养微生物的工艺过程。而对于固体发酵来讲，是指在没有或几乎没有自由水存在时，在有一定湿度的水不溶性固态基质中，采用一种或多种微生物完成发酵的一个生物反应过程。

固体发酵是气体作为生物反应过程中的 O_2、CO_2、热量、营养和产物的传递介质，表现为 O_2、CO_2 扩散比较容易，热量传递困难，存在明显的营养梯度，并且无大量有机废水产生。固体发酵与液体发酵本质区别是以气相还是以液相为连续相的差异，具体表现是固体发酵基质中游离水的多少。在固态发酵系统中，微生物生长在缺乏或几乎缺乏不可见液体水的颗粒之间，其可以从湿的基质颗粒中获得所需的水分。固体发酵基质的含水量可以有效控制在 12%～80% 之间，大多含水量在 60% 左右。

与固体发酵相反，典型的深层液体发酵的发酵液中含有 5% 左右的溶质，至少有 95% 的水。当前发酵工业所使用的主要是深层液体发酵，尽管这种技术已经经过了较长期的使用和研究，但是它仍然存在着许多难以克服的缺点，需要采用新的技术加以解决。

固体发酵法具有投资少、工艺简单、产品价格低廉等优点。但也存在着根本缺陷——其生产的纤维素酶很难提取、精制。目前国内绝大部分纤维素酶生产厂家采用该技术生产纤维素酶时，只能通过直接干燥粉碎得到固体配制剂或用水浸泡后压滤得到液体配制剂，这样所得产品外观粗糙，质量不稳定，杂质含量高。国内外生产厂家采用固体发酵法时，对木霉纤维素酶的研究较多，而木霉一方面毒性嫌疑大，应用受到限制；另一方面普遍存在着 β-葡聚糖苷酶活力偏低的缺陷，致使纤维二糖积累，影响了酶解效率。故有人采用在木霉的纤维素酶中添加曲霉的 β-葡聚糖苷酶，提高了纤维素酶的降解能力。鉴于固体发酵的缺憾，随着液体发酵配制剂工艺的发展及菌种性能提高，采用液体发酵法生产纤维素酶势在必行。

（2）液体发酵

液体发酵生产过程是将原料（如玉米秸秆粉碎至 20 目以下）进行灭菌处理，然后送发酵罐内发酵，同时接入产纤维素酶的菌种，发酵时间约为 70h，温度控制低于 60℃。从发酵罐底部通入净化后的无菌空气，对物料进行气流搅拌，物料发酵完后经压滤机压滤、超滤浓缩和喷雾干燥后得到纤维素酶产品。液体发酵虽然存在发酵动力消耗大、设备要求高等缺点，但其原料利用率高、生产条件易控制、产量高、工人劳动强度小、产品质量稳定、可大规模生产等优点，又使该方法成为发酵生产纤维素酶的必然趋势。

液体深层发酵通常采用分批（batch）、连续（continuance）或添料分批（fed-batch）培养的方式生产纤维素酶。

① 在分批发酵过程中，所有营养物一次加入发酵罐中，发酵罐必须重复定期清洗、灭菌、接种、发酵和收取酶液，该工艺便于控制培养条件，酶的产量高，且有利于阻止杂菌的污染，是目前最为常用的一种方法。其缺点是周期长、生产效率低。

② 在连续发酵工艺中，培养液既有流出，也有流入，发酵罐中的培养液体积和营养物的浓度保持恒定。采用该工艺能够获得更高的产酶效率，减少设备投资，降低产酶成本，但是不足之处是酶的浓度较低。尽管产酶成本明显降低，但用单位体积所含活力很低的稀酶液去水解纤维素材料，这将得到葡萄糖浓度很低的水解液，在经济上不合算。

③ 添料分批发酵（也叫半连续发酵）是在发酵过程中补加一种或数种营养物到反应器中，但运转过程中培养液并不流出。这一产酶方式，在一定程度上综合了分批和连续发酵工艺的优点，采用分批添料技术，可以克服因发酵液中底物浓度过高或过低所带来的不良后果，有利于减少氧气和营养物质的扩散阻力，增加底物的总用量，可促进酶活力和提高产率。

目前用于纤维素酶生产的培养基大多是在 Mandels 营养液的基础上改进来的。碳源的性质和类型是决定纤维素酶生产成败的关键因素之一。通常认为最好的诱导物是纯纤维素，当以纯纤维素作为碳源时，纤维素酶的产量和质量都比其碳源要高。然而，从经济角度考虑，使用纯纤维素大规模生产纤维素酶是不适宜的。

（3）固体发酵和液体发酵装置

固体发酵和液体发酵通常在发酵罐内完成。一般情况下，物料的灭菌、冷却、接种、发酵在同一工位完成，发酵罐通常还配有多个发酵罐专用标准接口，如温度口、温控接口、接种口等，以便对各种发酵参数进行检测及控制，基本控制参数包括：温度、湿度、转速、pH、压力等。此外，固体发酵罐通常配置有搅拌装置，使料液混合均匀，利于发酵。

（4）影响产酶量和活力的因素

影响纤维素酶产量和活力的因素很多，除菌种外，还有培养温度、pH、水分、基质、培养时间等。这些因素不是孤立的，而是相互联系的。

目前纤维素酶主要依赖真菌中的霉菌生产，其活力仍很低，与淀粉酶生产相比，通常要相差 2 个数量级以上，致使纤维素的水解速率和效率都极其低下，生产成本过高，这也是酶法降解纤维素的技术瓶颈。获得高产纤维素酶且高活力的菌株，优化酶组分，并在此基础上采用固定化酶等进一步提高酶的稳定性和使用寿命，是解决这一问题的根本所在。不足之处是反应速率慢、生产周期长、酶成本高，而且由于构成生物质的纤维素、半纤维素和木质素互相缠绕，形成晶体结构，会阻止酶接近纤维素表面，故生物质直接酶水解的效率更低。

目前，酶生产成本过高是酶水解技术难以应用的主要障碍。很多研究者正在从事这方面的改进工作，包括增加酶的产率和提高酶的活性，用廉价的工农业废物作为微生物培养基质，通过重组 DNA 技术，提高微生物的产酶量，以及采用固定化酶技术提高酶活性和维持酶的稳定等，这都为低成本生产纤维素酶开辟了新的途径。

7.5　生物炼制——葡萄糖发酵

7.5.1　葡萄糖发酵的工艺流程

该方法首先是用纤维素酶水解纤维素，酶解后的糖液作为发酵碳源进行葡萄糖发酵。

从葡萄糖转化成乙醇的生化过程非常简单，通过在 30℃ 条件下，利用传统的酒精酵母发酵即可，但是乙醇产量受到末端产物抑制以及底物基质抑制等。为克服乙醇产物的抑制，可采取的方法有减压发酵法和阿尔法-拉伐公司的 Biotile 法。另外，筛选在高糖浓度下存活并能利用高糖的微生物突变菌株，可以克服基质抑制。

在生产中，主要用的糖化菌是曲霉和根霉。曲霉有黑曲霉（*A. niger*）、白曲霉（*A. candidus*）和米曲霉（*A. oryzae*）等；根霉则以东京根霉（*Rhizopus tonkinenses*）、黑根霉（*R. nigricans*）等应用最广。

酵母菌在厌氧条件下利用糖化后的葡萄糖时，先形成丙酮酸，丙酮酸脱羧形成乙醛，乙醛再在乙醇脱氢酶作用下形成酒精。其反应过程如下：

$$C_6H_{12}O_6 + 2NAD^- \longrightarrow 2CH_3COCOOH + 2NADH + 2H^+$$

$$2CH_3COCOOH \xrightarrow{\text{丙酮酸脱羧酶}} 2CH_3CHO + CO_2$$

$$2CH_3CHO + NADH^+ + H^+ \xrightarrow{\text{乙醇脱氢酶}} CH_3CH_2OH + NADH^+$$

$$\text{总反应式：} C_6H_{12}O_6 \longrightarrow 2CH_3CH_2OH + CO_2 + Q$$

7.5.2　葡萄糖发酵的微生物

乙醇发酵能力最强的酵母菌是子囊菌纲酵母菌属的啤酒酵母（*Saccharomyces cerevisiae*）。细菌中能进行乙醇发酵的菌种不多，仅有发酵单胞菌（*Zymomonas*）、胃八叠球菌（*Sarcina ventriculi*）和解淀粉欧文氏菌（*Erwinia amylovora*）等少数种。它们在形成乙醇时的途径与酵母菌不同。运动发酵单胞菌（*Z. mobilis*）可以通过 ED 途径（Enine Doudoroff pathway）发酵葡萄糖产生酒精。

（1）啤酒酵母（*S. cerevisiae*）

啤酒酵母（*S. cerevisiae*，图 7-20）属于真菌门，子囊菌纲，内孢霉目，内孢霉科，酵母属，多数为单细胞微生物，细胞呈圆形或卵圆形，大小为（3～7）μm×（5～10）μm。啤酒酵母细胞由细胞壁、细胞膜、细胞核、液泡、核糖体和线粒体等部分组成。细胞年幼时，细胞壁很薄，所以不明显；细胞衰老时细胞壁变厚，可达 1.2μm 左右，占细胞质量的 20%～25%。

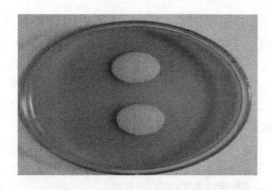

图 7-20　啤酒酵母（*S. cerevisiae*）

啤酒酵母在麦芽汁琼脂培养基上的菌落为乳白色，有光泽，平坦，边缘整齐。无性繁殖以芽殖为主。能发酵葡萄糖、麦芽糖、半乳糖和蔗糖，不能发酵乳糖和蜜二糖。

它具有以下优良特性：①在厌氧条件下可以良好地生长发酵；②发酵葡萄糖有较高的乙醇得率；③对一些生长抑制因子（如乙酸、糠醛等）具有较高的抗性，而这些生长抑制因子往往存在于木质纤维原料的水解产物中；④较高的乙醇耐受性；⑤被公认为是安全（generally regarded as safe，GRAS）的微生物。

（2）运动发酵单胞菌（*Zymomonas mobilis*）

假单胞菌属（*Pseudomonasmigula*）的一些细菌通过 ED 途径代谢葡萄糖生成乙醇，其中运动发酵单胞菌（*Z. mobilis*）已成为除酿酒酵母以外发酵生产乙醇的第二大菌种，具有耐高糖、耐乙醇、生物产量低、乙醇得率高、比生产速率和发酵速度快等优点，是目前乙醇发酵能力最强的细菌。

有关运动发酵单胞菌（*Z. mobilis*）的记载，其最早是 1928 年 Lindner 从墨西哥的龙舌兰酒中分离的一种微生物。后来人们从苹果酒、棕榈树榨取液、甘蔗汁以及啤酒中均发现有运动发酵单胞菌（*Z. mobilis*）的存在。它是唯一的一种通过 ED 代谢途径将葡萄糖和果糖转化为乙醇的细菌。因其丙酮酸脱羧酶和乙醇脱氢酶基因能够高效表达，乙醇发酵能力非常突出，同时它生长的营养需求相对简单。这些优点使得运动发酵单胞菌（*Z. mobilis*）在工业化生产领域具有广阔的应用前景。

运动发酵单胞菌（*Z. mobilis*）是一种革兰氏阴性菌，大多呈直杆状，尾端呈圆形或卵圆形，有 1～4 根鞭毛，宽 1～1.5μm，长 2～6μm，常成对存在，但很少集结成短链状。能够在兼性厌氧条件下生长，适宜温度在 25～31℃，在无氧条件下生长最佳，有氧条件下也可生存，在 60℃下 5min 可灭活。它高度耐酸，能在 pH 3.5～7.5 之间生长；高度耐受酒精，在乙醇浓度 5.5% 条件下可以无影响地生长，浓度达到 7.7% 时则无法生长；高度耐受葡萄糖，在含有 20% 浓度的葡萄糖环境中可以正常生长，当浓度达到 40% 时只有 11%～89% 的菌株可以存在。只要含有 D-葡萄糖或果糖，就很容易在液体培养基中生长。但是生长的必需条件就是含有维生素 H 和泛酸盐，且在培养基中混入氨基酸就可以使其生长良好，但却没有一种氨基酸是其生长所必需的。在微需氧条件下，其菌落直径在 2d 时可以长到 0.3mm，7～8d 时长到 3～5mm，呈圆形，规则，有完整边界，凸起状，不透明，灰白色。

在代谢方面，它只能发酵葡萄糖、果糖和蔗糖。在 1950 年代早期，Gibbs 和 DeMoss 就发现，发酵单胞菌在厌氧条件下以 ED 途径代谢糖而在生物化学界扬名。这让人们非常惊讶，因为发酵单胞菌是第一个（至今仍为数不多）在厌氧条件下应用严格需氧菌代谢糖途径的细菌。Seo 等报道了运动发酵单胞菌（*Z. mobilis* ZM4）的全基因组序列后，提出造成这种现象的原因是因为细菌中缺少 Embden-Meyerhof-Parnas 代谢途径的关键酶——6-磷酸果糖激酶和三磷酸循环中的两个关键酶——2-酮戊二酸脱氢酶和苹果酸脱氢酶，所以只能够采用 ED 途径代谢葡萄糖，产生乙醇，这一过程中的关键酶是丙酮酸脱羧酶和乙醇脱氢酶。

发酵单胞菌只把很少量的一部分葡萄糖同化作为构造细胞用。约 98% 的葡萄糖发酵生成乙醇，只有 2% 作为碳源。有氧呼吸时，会把酒精变成醋酸。

它最大的不足之处是，其所能利用的碳源受到限制，无法充分利用木质纤维素水解糖类。因此，从 20 世纪 80 年代开始，人们便开始利用基因工程的方法改造运动发酵单胞菌（*Z. mobilis*），扩大其碳源范围，经过 20 多年的努力，取得了很大的成功。同时，人们还尝试利用它强大的 ED 代谢途径来生产其他产品，如丙氨酸、*β*-胡萝卜素等。

7.6　生物炼制——纤维素直接微生物发酵生产乙醇

将预处理后的纤维素原料直接进行水解同样可以获得乙醇等生物基产品。该方法的特点是基于纤维分解细菌直接发酵纤维素生产乙醇，不需要经过酸水解或酶水解等前处理过程。该方法一般利用混合菌直接发酵，如热纤梭菌（*Clostridium thermocellum*）可以分解纤维素，但乙醇产率较低（50%），热硫化氢梭菌（*Colstridium thermohydz*）不能利用纤维素，但乙醇产率相当高，二者进行混合发酵时产率可达 70%。

能分解纤维素的细菌可以分为以下三大类群：

① 厌氧发酵型　包括芽孢梭菌属（*Clostridium*）、牛黄瘤胃球菌属（*Ruminococcus*）、白色瘤胃球菌（*Ruminococcusalbus*）、产琥珀酸拟杆菌（*Bacteroides succinogenes*）、溶纤维菌（*Butyrivibrio fibrisolvens*）、产琥珀酸丝状杆菌（*Fibrobactersuccinogenes*）、热纤梭菌（*Clostridium thermocellum*）、解纤维梭菌（*Clostridiumcellulolyticum*）。

② 好氧型　包括粪碱纤维单胞菌（*Cellulomonasfimi*）、纤维单胞菌属（*Cellulomonas*）、纤维弧菌属（*Cellvibrio*）、发酵单胞菌（*Zymomonas*）、混合纤维弧菌（*Cellvibrimixtus*）。

③ 好氧滑动菌　如噬胞菌属（*Cytophaga*）。

下面以热纤梭菌（*C. thermocellum*）为例，介绍纤维素直接发酵的微生物。热纤梭菌（图 7-21）呈杆状，0.6μm×(2.0～3.5)μm，运动，它是一种嗜热、产芽孢的严格厌氧菌，

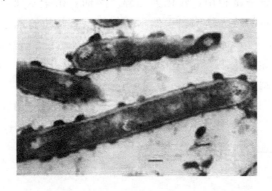

图 7-21　热纤梭菌（*Clostridium thermocellum*）

革兰氏染色呈阳性，表面菌落湿润，低突，能发酵纤维素和纤维糊精产生乙醇、乙酸、乳酸、氢和二氧化碳（图7-22），但不能发酵戊糖。只有当培养基中含有纤维素、纤维二糖、木糖或半纤维素才生长。

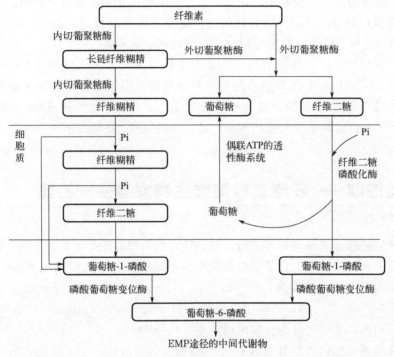

图7-22 热纤梭菌（*C. thermocellum*）对纤维素、纤维糊精、纤维二糖和葡萄糖的代谢模式

由于热纤梭菌（*C. thermocellum*）具有降解纤维素和产乙醇的能力，可直接将纤维素转化为乙醇。因此在生物能源领域具有重要的价值。在热纤梭菌中，纤维素的降解是通过一个大的胞外纤维素降解复合体实现的，这个纤维素降解复合体称为纤维小体（cellulosome），由接近20个亚基组成。纤维小体降解体系与真菌来源的纤维素降解体系相比，具有更高的对结晶纤维素的降解活性。

热纤梭菌（*C. thermocellum*）细胞壁表面分布有不连续的包含有纤维素酶系的纤维小体（cellulosome）。这些纤维小体与纤维素相黏附，然后纤维素酶系逐步将纤维素分解为可溶性糖类，吸收入细胞进一步利用，转化为乙醇。然而，由于木质素、半纤维素对纤维素的保护作用以及纤维素本身的结晶结构，天然木质纤维素直接进行酶水解时，其纤维素水解成糖的比率一般仅有10%～20%。因此，由热纤梭菌（*C. thermocellum*）直接转化为乙醇的效率较低。这表明尽管在理论上是可行的，但在实际工业化过程中如何提高乙醇的转化效率，仍有许多问题有待解决。

7.7 生物炼制——同步糖化发酵

为了降低乙醇的生产成本，在20世纪70年代开发了同步糖化发酵工艺（simultaneous

saccharification and fermentation，SSF），即把经预处理的生物质、纤维素酶和发酵用微生物加入一个发酵罐内，使酶水解和发酵在同一装置内完成，实际上 SSF 流程也可采用几个发酵罐串联。目前，它已经成为最有前途的生物质制取乙醇的工艺。

SSF 工艺尝试将纤维素酶的生产、纤维素酶解糖化、葡萄糖乙醇发酵三个过程合成一步，这样减少了反应容器，降低了设备费用，但该工艺菌种耐乙醇浓度低，并且有数种副产物产生，乙醇浓度和乙醇得率低，在此方面研究较多的微生物包括热纤维端胞菌（*Terminosporus thermocellus*）、热硫化氢梭菌（*Colstridium thermohydz*）和嗜热厌氧杆菌（*T. ethanolicus*）等。

嗜热厌氧杆菌（*T. ethanolicus*）具有代谢速度快、水解纤维素能力强、戊糖转化率高等特点。利用嗜热厌氧杆菌进行纤维素乙醇的高温发酵，有望实现木质纤维的降解和乙醇的发酵、蒸馏的同步进行，从而最大限度地降低纤维素乙醇的生产成本。

嗜热厌氧杆菌（*T. ethanolicus*）的生物学特性为：杆菌，生长早期细胞形态为（0.3～0.8）μm×（4～8）μm，晚期呈拟球状细胞串联（0.8～1.5μm），或长丝状（可长达100μm），单生或串联成短链生长，不产内生芽孢，产周生鞭毛，菌落白色到棕色。温度生长范围是37～78℃，最适生长温度是69℃；pH 生长范围是 4.4～9.9，基因组 G-C 含量为52%（摩尔比）。可以利用各类己糖、核糖、木糖、纤维二糖、果糖、淀粉，发酵己糖和淀粉，主要产物是乙醇和 CO_2，还有少量的乙酸和丙酸，氯霉素和青霉素 B 可以抑制其生长。

7.8　半纤维素的水解及五碳糖的发酵

7.8.1　半纤维素的水解

半纤维素（hemicellulose）是指在植物细胞壁中与纤维素共生，可溶于碱溶液，遇酸后远较纤维素易于水解的那部分植物多糖。半纤维素广泛存在于植物中，针叶材含15%～20%，阔叶材和禾本科草类含 15%～35%，但其分布因植物种属、成熟程度、早晚材、细胞类型及其形态学部位的不同而有很大差异。因此，半纤维素是一类物质的名称。

构成半纤维素的糖基主要有 D-木糖基、D-甘露糖基、D-葡萄糖基、D-半乳糖基、L-阿拉伯糖基、4-O-甲基-D-葡萄糖醛酸基，D-半乳糖醛酸基和 D-葡萄糖醛酸基等，还有少量的 L-鼠李糖、L-岩藻糖等。半纤维素主要分为三类，即聚木糖类、聚葡萄甘露糖类和聚半乳糖葡萄甘露糖类。木聚糖的水解可参见第 2 章的相关内容。

半纤维素一般比较容易水解，产物是以木糖为主的五碳糖。所以，五碳糖的发酵效率是影响纤维素原料发酵的重要因素。一般地，酵母菌除了可以发酵葡萄糖外，还可发酵半乳糖和甘露糖。

7.8.2　木糖的发酵过程

木糖是木质纤维原料水解产物中含量仅次于葡萄糖的一种单糖，由半纤维素水解生成，含量可达植物纤维水解糖类的 35% 以上。研究表明，若充分利用木质纤维原料中的木糖发酵生成乙醇（图 7-23），能使木质纤维原料乙醇发酵的产量在原有基础上增加 25%。因此，木糖的乙醇发酵一直被人们视为木质纤维原料生物转化生产乙醇是否经济可行的关键环节。

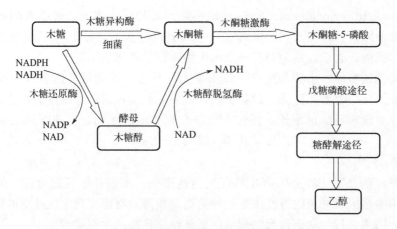

图 7-23 酵母属微生物对木糖的代谢途径

自然界存在着某些天然利用木糖的微生物，包括细菌、酵母菌和丝状真菌。细菌与真菌的木糖代谢途径不尽相同。在酵母的和丝状真菌的木糖代谢途径（图 7-23）中，首先在依赖 NADPH 的木糖还原酶作用下还原木糖为木糖醇，随后在依赖 NAD$^+$ 的木糖醇脱氢酶的作用下氧化形成木酮糖，再经木酮糖激酶磷酸化形成 5-磷酸木酮糖，由此进入磷酸戊糖途径（pentose phosphate pathwav，PPP），PPP 途径的中间产物 6-磷酸果糖及 3-磷酸甘油醛通过酵解途径形成丙酮酸，再经丙酮酸脱羧酶、乙醇脱氢酶作用生成乙醇；细菌的木糖代谢途径是通过木糖异构酶直接转化木糖形成木酮糖，随后同样经木酮糖激酶磷酸化形成 5-磷酸木酮糖进入 PPP 途径，但与 PPP 途径偶联的是 ED 途径，通过 ED 途径产生乙醇。

7.8.3 五碳糖发酵的微生物

自然界中存在能够发酵木糖产生乙醇的微生物，包括细菌、丝状真菌和酵母菌。

7.8.3.1 酵母菌发酵木糖

酵母菌利用木糖转化为乙醇的能力较强，主要有管囊酵母（*Pachysolen tannophilus*）、树干毕赤酵母（*Pichia stipites*）和休哈塔假丝酵母（*Candida shehatae*）3 种类型（图 7-24），其中目前研究得最多且最具有工业应用前景的是休哈塔假丝酵母和树干毕赤酵母。但它们对乙醇的耐受能力较差，发酵速率低，对水解液中抑制物敏感，而且要求限制性供氧，调控难度大，不适合乙醇的工业化生产。

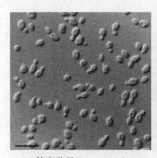
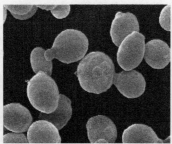
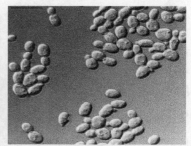

(a) 管囊酵母(*P. tannophilus*)　　(b) 树干毕赤酵母(*P. stipites*)　　(c) 休哈塔假丝酵母(*C. shehatae*)

图 7-24 三种酵母菌

7.8.3.2　细菌发酵木糖

能利用木糖产乙醇的细菌主要有嗜热细菌（*Clostridium thermohydrosulfuricum*）、多黏芽孢杆菌［*Bacillus polymyxa*，图 7-25（a）］、大肠杆菌［*Escherichia coli*，图 7-25（b）］、嗜水气单胞菌（*Aeromonas hydrophila*）等。尽管可以代谢木糖产生乙醇的细菌种类较多，但细菌发酵具有副产物多、乙醇得率低、易染杂菌等缺点，难以工业化应用。

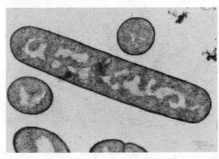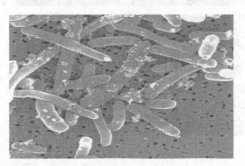

(a) 多黏芽孢杆菌(*Bacillus polymyxa*)　　　　　(b) 大肠杆菌(*Escherichia coli*)

图 7-25　两种能发酵木糖的细菌

7.8.3.3　丝状真菌发酵木糖

丝状真菌发酵木糖的研究主要集中在尖廉孢菌（*Fusarium oxysporum*）和粗糙脉孢菌（*Neurospora crassa*）上。真菌产生的酶系较丰富，包括纤维素酶和半纤维素酶等，不仅能发酵单糖，而且还能发酵二糖和多糖，适合于植物纤维素的同步糖化发酵，但这类菌的生长及发酵较慢。

对粗糙脉孢菌（*Neurospora crassa*，图 7-26）而言，它是子囊菌门（Ascomycoya），子囊菌纲（Ascomycetes），粪壳目（Sordariales），粪壳菌科（Sordariaceae），脉孢菌属（*Neurospora*）的真菌。其气生菌丝有隔膜、多核、无性繁殖，可产生大量的分生孢子，分生孢子大多为球形或者卵圆形，直径 6～8 μm，孢子团呈黄色或者淡橙色。粗糙脉孢菌作为此属的模式生物在国内外主要用于基础研究，涉及微循环产孢机制和生物钟机制等，也有利用其进行发酵产纤维素酶、乙醇、黑色素、漆酶、谷氨酸脱羧酶等产物的研究。

该菌所分泌的纤维素酶的最适催化反应 pH 为 4.8～5.3，最适催化反应温度为 45～50℃，在 50℃及 pH 为 4.8 时，该酶稳定。它可分泌较高活性的纤维素酶。该菌所产纤维素酶系健全，包括外切葡聚糖酶、内切葡聚糖酶和葡聚糖苷酶等，并且该菌在高纤维含量的培养基上能够旺盛生长，可完成培养基中的纤维素的降解过程。目前研究集中在利用该菌液态发酵以及对其所产生的纤维素酶进行了分离纯化并测定了相关酶的分子量。也有通过对该菌进行诱变育种，筛选高产菌株并鉴定了其生理生化性质。利用该菌降解纤维素的能力，在优化培养基和发酵条件后，达到了降解农副产品提升其循环利用价值。

7.8.3.4　木糖代谢工程菌

近年来国内外许多研究者致力于构建可以高效代谢五碳糖（主要是木糖）和六碳糖产乙醇的基因重组菌。木糖代谢工程菌的构建思路包括两方面：一是将戊糖代谢途径引入只能代谢己糖产乙醇的优良菌株中；二是将高效产乙醇的关键酶引入能代谢混合糖但乙醇产量较低的菌种中。

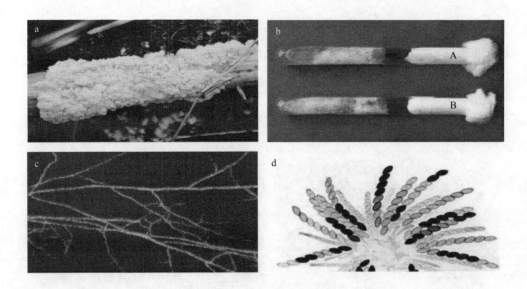

图 7-26 粗糙脉孢霉（N.crassa）

a—甘蔗中野生型营养生长的粗糙脉孢霉（N.crassa）；

b—粗糙脉孢霉（N.crassa）在实验室中的斜面上的营养生长；

c—用 4,6-二脒基-2-苯基吲哚（DAPI）染色的粗糙脉孢霉（N.crassa）菌丝，显示出丰富的核；

d—圆花饰的成熟子囊呈现子囊孢子的模式

目前，用于本领域研究的宿主菌株主要集中在运动发酵单胞菌（Z.mobilis）、酿酒酵母（S.cerevisiae）和大肠杆菌（E.coli）等，并获得了一些典型的重组菌株。

(1) 利用酿酒酵母构建木糖代谢工程菌

酿酒酵母（S.cerevisiae）虽不能利用木糖，却能利用木酮糖，根据这一特点构建利用木糖的酿酒酵母工程菌，可采取两种策略：

① 在酿酒酵母菌中克隆并表达细菌的木糖异构酶基因（xylA），xylA 曾先后从大肠杆菌（E.coli）、枯草芽孢杆菌（Bacillus subfilis）等克隆得到后转化至酿酒酵母细胞中，但均未得到活性表达。

② 在酿酒酵母菌中克隆并表达天然利用木糖的真菌木糖还原酶基因（xyl1）和木糖醇脱氢酶基因（xylZ），目的均是在酿酒酵母菌中引入转化木糖形成木酮糖的代谢途径，然后进一步代谢木酮糖生成乙醇。同时，代谢途径下游的木酮糖激酶（xylulokinase）催化木酮糖磷酸化，形成 5-磷酸木酮糖，也是木糖代谢的限速步骤之一。

(2) 利用运动发酵单胞菌（Z.mobilis）构建木糖代谢工程菌

运动发酵单胞菌在厌氧条件下通过其独特的 ED 途径发酵葡萄糖产生乙醇，具有高效的丙酮酸脱羧酶和乙醇脱氢酶系统，是目前乙醇发酵能力最强的细菌，但其最大的不足之处是不能利用五碳糖。

(3) 利用大肠杆菌构建木糖代谢工程菌

大肠杆菌（E.coli）含有利用木糖的所有必需酶，但对糖厌氧发酵形成的产物很复杂，包括乳酸、乙酸和甲酸等，而乙醇只是产物中很少的一部分。乙醇生成的最后阶段是由丙酮酸脱羧酶和乙醇脱氢酶催化完成，E.coli 缺乏丙酮酸脱羧酶，而且乙醇脱氢酶的水平较低，不能很好地发酵木糖产乙醇。

7.9　固定化细胞发酵

固定化细胞是指固定在水不溶性载体上，在一定的空间范围进行生命活动（生长、发育、繁殖、遗传和新陈代谢等）的细胞。固定化细胞技术是用于获得细胞的酶和代谢产物的一种方法，起源于 20 世纪 70 年代，是在固定化酶的基础上发展起来的新技术。由于固定化细胞能进行正常的生长、繁殖和新陈代谢，所以又称固定化活细胞或固定化增殖细胞。通过各种方法将细胞和水不溶性载体结合，制备固定化细胞的过程称为细胞固定化。

固定化细胞发酵能使发酵罐内细胞浓度提高，细胞可连续使用并使最终发酵液乙醇浓度得以提高。常用的载体有海藻酸钠、卡拉胶和多孔玻璃等。固定化细胞的新动向是混合固定细胞发酵，如酵母与纤维二糖酶一起固定化；将纤维二糖基质转化成乙醇，此法被认为是秸秆生产乙醇的重要方法。

7.10　木质纤维素废物的生物炼制前景

以生物质废物作为原料生产燃料乙醇，可以弥补化石燃料的不足，缓解大量进口石油的被动局面，实现我国能源安全战略。而且由生物质转化而来的燃料是清洁能源，对实现可持续发展战略很有意义。

受世界石油资源、价格、环保和全球气候变化的影响，许多国家日益重视生物燃料的发展，并取得了显著的成效。在微生物作用下，将糖类、谷物淀粉和纤维素等物质通过"乙醇发酵"生产出燃料级乙醇，从而替代石油，这也是微生物在能源领域的又一应用。由于具有燃烧完全、无污染、成本低等优点，很多国家都在开发这一工艺。

我国纤维素资源充足，若年产植物秸秆以 6×10^9 t 计，如果其中的 10% 经微生物发酵转化，就可生产出乙醇燃料近 8×10^6 t，其残渣还可用作饲料和肥料，因此发展纤维素乙醇前景广阔。从 1980 年首次提出木糖可以被一些微生物发酵生成酒精至今，科学家们已发现 100 多种微生物可以代谢木糖生产酒精，包括细菌、丝状真菌和酵母，如曲霉（*Aspergillus*）、酵母菌（*S. Charomyces*）、裂殖酵母菌（*Schizosaccharomyces pombe*）、假丝酵母（*Candida*）、球拟酵母（*Torulopsis*）、酒香酵母（*Brettanomyces*）、汉逊氏酵母（*Hansenula*）、克鲁弗氏酵母（*Kluyveromyces*）、毕赤氏酵母（*Pichia*）、隐球酵母（*Cryptococcus*）、德巴利氏酵母（*Debaryomyces*）、卵孢酵母（*Oosporidium*）等。

实际应用中也暴露了一些问题，有的对乙醇耐受力低，有的需要在有氧条件下发酵，还有的需将木糖转化为其他可利用的物质后才能进行乙醇发酵，因此生产率普遍较低。随着生物技术的发展，开始出现了大量可高效转化的基因工程菌研究。

除纤维素外，微生物还可分解有机垃圾获得燃料酒精，不仅能为工农业生产提供能源，而且比焚烧、填埋更有利于环境卫生和城市生态的改善。因此，利用微生物的作用将地球上贮量巨大的生物资源转化为燃料乙醇前景广阔，但水解酶成本过高是限制其产量提高的一个重要因素。

此外，现有菌种大多乙醇耐受力差，副产物多，对发酵条件要求苛刻，今后研究应致力于继续筛选优良性状的菌株，或利用基因工程手段选育高产纤维素酶、木质素酶的菌种，以及能克服上述问题的菌种，对其酶学特性、功能基因进行研究，优化发酵条件，辅以工艺措施的改进，提高燃料乙醇生产效率并降低成本。

复习思考题

1. 什么是生物炼制？
2. 基于农业秸秆废物的木质纤维素原料生物炼制的原理是什么？
3. 在纤维素资源生物炼制时，为什么要进行预处理？
4. 试分析纤维素废物生物炼制前景。

第8章
有机固体废物的微生物饲料化处理

　　我国作为农业大国，每年可生成大量的秸秆，例如根据 2020 年发布的《第二次全国污染源普查公报》中公布的数据显示：2017 年全国种植业秸秆产生量为 8.05 亿吨，秸秆可收集资源量 6.74 亿吨，秸秆利用量 5.85 亿吨。但是农作物收割后，大量的农作物秸秆被废弃或焚烧，这种做法既浪费资源，又污染环境，一定程度上影响了我国经济和社会的可持续发展。如何有效利用农业秸秆是农业持续发展必须解决的难题。

　　从国外情况看，特别是在发达国家，依靠科技研究为农作物秸秆的综合开发利用找到了多种用途，除传统的将秸秆粉碎还田作有机肥料外，还走出了秸秆饲料、秸秆汽化、秸秆发电、秸秆乙醇、秸秆建材等新途径，大大提高了秸秆的利用值和利用率，值得我们借鉴。例如北美以耕种玉米、小麦为主，每年产生大量的秸秆，在加拿大的农业区，当玉米成熟时，人们就用玉米收割机一边收割一边把玉米秆切碎，切碎的玉米秆作为肥料返回到田里。欧洲则开创了秸秆发电的新途径，丹麦是世界上首先用秸秆发电的国家，农民将秸秆卖给电厂发电，满足上万户居民的用电和供热需求，电厂降低了原料成本，居民获得了实惠的电价，而秸秆燃烧后的草木灰又无偿地还给农民作了肥料，从而形成了一个工业与农业相衔接的循环经济圈。在日本，部分秸秆被翻入土层中还田，用作肥料，也把秸秆用作粗饲料喂养家畜，此外日本还在积极研究秸秆的燃料转化。

　　从国内看，农作物秸秆的利用情况不容乐观。每年夏收和秋冬之际，总有大量的小麦、玉米等秸秆等待处理。秸秆还田因秸秆的难降解而影响作物生长，秸秆焚烧污染大气环境，综合开发利用又面临着技术不成熟、投资比较大、效果比较差的窘境。2008 年，国务院办公厅印发《关于加快推进农作物秸秆综合利用的意见》，要求各地区、各部门积极采取有效措施加快推进农作物秸秆综合利用，禁止露天焚烧。2015 年 11 月，国家发展改革委联合四部委印发《关于进一步加快推进农作物秸秆综合利用和禁烧工作的通知》，要求完善秸秆收储体系，进一步推进秸秆肥料化、饲料化、燃料化、基料化和原料化利用，加快推进秸秆综合利用产业化，改善环境和促进农业可持续发展。

　　农作物秸秆属于农业生态系统中一种十分宝贵的生物质能资源，可以通过将秸秆粉碎进行青贮、氨化后饲养牲畜。另外，我国北方农作物多是一季一熟，因此秋冬季就会出现饲草料缺乏的现象，特别是鲜青草饲料。农民多数以干草饲喂，这种饲喂方式，极大地降低了饲草的营养成分和适口性。此问题可以考虑采用青贮技术加以解决。

　　青贮饲料在世界各地有着悠久的发展历史。据考证，元代《王祯农书》和清代《豳(bīn) 风广义》中记载着苜蓿、马齿苋等青饲料的发酵方法。在 18 世纪初期，德国人库英(G. Kuin) 等报道了青贮饲料技术方面的文章。近代，我国同样开展了关于青贮饲料的试验研究，如 1944 年发表于《西北农林》的文章，报道了"玉米窖贮藏青贮料调制试验"；1943年西北农学院教授王栋、助教卢得仁进行带棒玉米窖贮藏青饲料，并向陕西及全国推广。基于青贮技术，将农作物秸秆青贮，既可以得到饲养牲畜的饲料，节省饲料成本，还可以使秸秆通过牲畜消化获得粪便实现过腹还田，促进农业良性循环，是一种效益较高的利用方式。另外，通过青贮加工，做成的青贮饲料不仅青鲜、适口，而且解决了北方秋冬饲草匮乏的困扰。

8.1　青贮

8.1.1　青贮和青贮饲料

8.1.1.1　青贮和青贮饲料的概念

　　青贮饲料（silage）是把新鲜的青饲料如玉米秸秆、根茎类饲料、栽培牧草等经切碎并压紧在青贮窖或青贮塔中，密封后，经过微生物的发酵作用而调制成的一种多汁、耐贮藏、能供家畜全年食用的饲料。这种调制饲料的方法称为青贮（图 8-1），它实际上是利用青贮原料上存在的乳酸菌等微生物，通过厌氧呼吸将青贮原料中的糖类物质转化成有机酸，使 pH 值降到 3.8～4.2，抑制了有害菌的生长，从而实现长期保存饲料及其营养物质的目的。同时，微生物的活动使青贮饲料带有芳香酸甜的味道，提高了家畜的适口性。

图 8-1　农作物秸秆的青贮

　　青贮饲料基本上保留了青绿饲料原有的青绿、多汁、营养丰富等特点。它可以充分利用当地丰富的饲草资源，特别是利用大量的玉米秸秆青贮饲喂牛，可以大大减少玉米秸秆的浪费。它能保存作物秸秆中大部分（85%以上）的养分，粗蛋白质及胡萝卜素的损失量也较小（一般青饲料晒干后养分损失 30%～40%，维生素几乎全部损失）。由于青贮饲料柔软多汁、气味酸甜芳香，适口性好，十分适于饲喂牛，牛也很喜欢采食，并能促进消化腺分泌消化液，对于提高饲料的消化率有良好作用。随着收获机械化程度的不断提高，青贮饲料已成为一项农业生产中的常规技术。

总之，青贮主要是利用自然界中的乳酸菌等微生物的生长繁殖，通过对青饲料密闭缺氧发酵，产生乳酸，从而抑制霉菌的活动，使青饲料得以长期保存的方法，是微生物发酵法的一种。青贮能有效地保存秸秆青绿饲料中的维生素和蛋白质等营养成分，同时还增加了一定数量的能为畜禽所利用的乳酸和菌体蛋白，以及一定的芳香味道，增加了秸秆饲料的适口性和营养性。

8.1.1.2　青贮种类

(1) 按发酵原理分类

① 一般青贮　它是将原料切碎、压实、密封，在厌氧环境下使乳酸菌大量繁殖，从而将饲料中的淀粉和可溶性糖变成乳酸。当乳酸积累到一定浓度后，便抑制腐败菌的生长，将青绿饲料中的养分保存下来。其贮制的关键有：原料糖分充足（1%～1.5%以上）、原料水分适度（70%左右）、原料中的空气要被排净并被压实。

② 半干青贮（低水分青贮）　其原料水分含量低，使微生物处于生理干燥状态，生长繁殖受到抑制，饲料中微生物发酵弱，养分不被分解，从而达到保存养分的目的。该类青贮由于水分含量低，其他条件要求不严格，故较一般青贮扩大了原料的范围。其优点是干物质较多，营养物质高，采食量大，兼有干草和青贮的长处，味道芳香、酸味不浓；其缺点是需要密封窖、成本高。其制作关键是切得更细，压得更实，封埋更加严密、更加及时；豆科牧草收割不迟于现蕾期、禾本科牧草收割不迟于抽穗期。

③ 高水分青贮　青贮原料含水率在 70%以上，一般是直接收割贮存，其优点是作业简单、效率高，作物不晾晒，减少了坏天气的影响以及田间损失。其缺点是饲料易变质，运输工作量大。

④ 凋萎青贮　青贮原料含水率在 60%～70%之间，它是将割下的牧草或饲料作物在田间经适当晾晒（数小时至 10h）后，再捡拾、切碎、入窖青贮。

⑤ 高水分谷实青贮　大多数风干谷实的含水量在 10%～15%之间，但风干谷实与高水分谷实青贮相比，其收获和贮存时间均不同，高水分谷实青贮时要收获早，在水分大时进行收获，否则还要加水，使其水分达 30%左右，通常用气密良好的垂直式青贮塔来调制，有时也用于青贮壕、窖或真空青贮堆，其原料主要是玉米、大麦、高粱等谷物，以及玉米穗轴粉，将原料粉碎或压扁以破坏谷物种皮，然后入窖贮存。高水分谷实青贮的优点是收获早、免受坏天气影响，收获、贮藏损失小，成本低，便于机械化饲喂，其缺点是水分大，如在饲喂奶牛时需增加 20%的饲喂量。当添加丙酸时可大大减少变质损坏，并提高适口性。

⑥ 混合青贮　它是指两种或两种以上青贮原料混合在一起制作的青贮，其优点是营养丰富、青贮质量提高，通常分为四类：第一是禾本科与豆科牧草混合青贮；第二是难贮原料（如紫云英）与干饲料（稻草、麸皮、米糠）按不同比例混贮；第三是高水分原料与干饲料混贮，如蔬菜叶、水生饲料、秧蔓、大头菜等与稻草、糠麸、秸秆粉混贮；最后是糟渣饲料

与干饲料混贮，如甜菜渣、啤酒糟、淀粉渣、豆腐渣、酱油渣、甘蔗渣、笋壳等水分大、容积大、易腐烂原料与糠麸、草粉、稻草混贮。

⑦ 添加剂青贮　它是在青贮时投加一些添加剂来影响青贮的发酵作用。如添加各种可溶性糖类、接种乳酸菌、加入酶制剂等，可促进乳酸发酵，迅速产生大量的乳酸，使 pH 很快达到要求（3.8～4.2）；或加入各种酸类、抑菌剂等可抑制腐败菌等不利于青贮的微生物的生长，例如黑麦草青贮可按 10g/kg 比例加入甲醛/甲酸（3:1）的混合物；或加入尿素、氨化物等可提高青贮饲料的养分含量。这样可提高青贮效果，扩大青贮原料的范围。

(2) 按青贮设备分类

① 塑料袋青贮　它又称袋式青贮，只需把青贮原料切短、装袋，使湿度适中，抽尽空气、压紧即可。如无抽气设备则必须保证装填紧密。该方法适于所有青贮原料，通常用厚度 0.91mm 的双幅塑料薄膜制袋，它又分为四类：

a. 小型塑料袋青贮，常规的青贮袋为长 0.82m，宽 0.51m，高 2.5m；

b. 大型草捆塑料袋青贮，利用捡拾压捆机压制成紧实的大草捆、装入黑色塑料袋中；

c. 堆式无袋大草捆青贮，将大草捆堆成垛后用双层大块塑料布盖严、压实，适用于大牧场，开启后需要在短时间内（如一周内）喂完；

d. 缠裹式草捆青贮，利用草捆包卷机将大的草捆包卷在高弹力塑料膜中，适合长途运输。

该方法的优点是投资低、省力、不受贮放地点的限制。

② 塔式青贮　适用于青贮机械化水平较高且饲料规模大的农场，一般高 8～16m，直径 3～6m，优点是气密性好，青贮的质量好，但是投资较大。

③ 堆式青贮　将切短的青贮料堆置在平整坚硬的地面，继而压盖上塑料薄膜并封严，其优点是青贮不受原料多少的影响，投资少，但是占地和损耗大。

④ 窖形永久性青贮　这是常规的青贮，在长形或圆形的窖或壕沟中进行。一般长形窖宽 4～6m，深 2～5m；圆形窖直径 2～4m，深 3～5m；壕沟宽 4～6m，深 2～5m，长 20～40m。其优点是投资较小，青贮的质量好；缺点是气密性较差。

此外，还可以通过青贮的原料进行分类，分为全株玉米青贮、玉米秸秆青贮、玉米籽实青贮、高粱青贮和苜蓿青贮等。

8.1.2　青贮的原料及青贮操作

8.1.2.1　制作青贮饲料的原料

实际上只要是无毒的新鲜植物均可以制作青贮饲料，尤其是在饲料不足的情况下，诸如野草野菜、作物秸秆、农副产物等。

(1) 禾本科作物

玉米（*Zea mays*）是高产作物，每公顷可产 50～100t 以上的青绿植株，富含糖分，被公认是最适合青贮的饲料原料。玉米有 4 种青贮形式，即全植株青贮、果穗青贮、去穗秸秆青贮、玉米粒青贮。

甜高粱（*Sorghum dochna*）其茎内糖分含量高，乳熟期（禾本科作物籽粒灌浆充实的第一阶段）糖分可达 17% 以上，能调制成优良的青贮料，适口性好；冬黑麦（*Secale cereale*）是我国北方地区优良的春季青贮饲料作物。冬黑麦返青早，是麦类饲料中最早提供青饲料的作物，抽穗后即可刈割青贮。

大麦（*Hordeum vulgare*）是优质的饲料作物，茎叶繁茂，柔软多汁、适口性好，营养价值高，同样适合青贮。

（2）禾本科牧草

禾本科牧草如无芒雀麦（*Bromus inermis*）、草芦（*Phalaris arundinacea*）、鸭茅（*Dactylis glomerata*）、黑麦草（*Lolium perenne*）、苏丹草（*Sorghum sudanense*）等均可调制成优质青贮饲料。栽培多年生豆科牧草及一年生豆科作物，如紫花苜蓿（*Medicago sativa*）、草木犀（*Melilotus officinalis*）、百脉根（*Lotus corniculatus*）、紫云英（*Astragalus sinicus*）、沙打旺（*Astragalus adsurgens*）、剪舌豌豆（*Vicia gigantea*）、田菁（*Sesbania cannabina*）、大豆（*Glycine max*）、豌豆（*Pisum sativum*）、蚕豆（*Vicia faba*）、羽扇豆（*Lupinus micranthus*）等，因含蛋白质高，含糖分少，青贮时应和含可溶性糖及淀粉多的饲料混合青贮。近年来，采用低水分青贮的方法加工贮存苜蓿等含蛋白质高的饲草均获得成功。

（3）其他植物

还有很多作物可作为青贮原料：

① 野草、野菜类如稗草（*Echinochloa crusgalli*）、苋菜（*Amaranthus tricolor*）、灰菜（*Chenopodium album*）等；

② 水生植物，如凤眼蓝（*Eichhornia crassipes*，又名水葫芦）、水花生（*Alternanthera philoxeroides*）、满江红（*Azolla imbricata*）等；

③ 被雨水淋而未调制成饲料的干草（未发霉的干草），可以用青贮的方法加以抢救，但一定要严格地按青贮技术的要求来做；

④ 受霜冻、旱灾而不能成熟的农作物；

⑤ 其他农副产品，如秕谷、糠麸、向日葵盘、啤酒糟、制罐头的废物等。

8.1.2.2　对青贮原料的要求

① 青贮原料含水量应在 65%～75%，粗老秸秆青贮或微贮时须加水，使水分含量增加至 78%～82%。

② 青贮原料的含糖量不少于 1.0%～1.5%，否则影响乳酸菌的正常繁殖，影响青贮饲料的品质。若青贮原料糖类物质含量低，需添加 5%～10% 的富含糖类物质的饲料（如玉米面等）进行贮制。

③ 窖内贮存温度必须保持在 38℃ 左右，以利于微生物的繁殖和青贮饲料的发酵。

如果是全株玉米青贮，在籽实体蜡熟期（又称黄熟期，是禾谷类作物种子成熟过程中继乳熟期后的一个时期）收割，即收即贮。因其收割时含水量在 80% 以上，糖类物质含量较低，收割后应晾晒 2d 使含水量降至 75% 以下，贮制时需添加 5%～10% 的富含糖类物质的饲料。若用籽实收获后的玉米秸制作青贮时，其水分含量在 50% 左右，含糖量也较低，贮制时应加水调至 75%，并添加 5%～10% 的富含碳水化合物的饲料，有条件的可使用一定量的青贮菌剂。

8.1.2.3　青贮操作步骤

青贮制作（主要以玉米秸秆为例子）的常规步骤如下：

（1）不同青贮方式的选择

① 永久性青贮池　选择地势高且干燥、向阳、土质坚实、排水良好的地方。一般建成

长方体，如上口宽 2.5m，下底宽 2.3m，高 2m（露出地面 20cm），长度依青贮数量而定，一般每立方米约贮玉米秸秆 450～500kg。采用混凝土预制青贮池时，四周及池底要用 10cm 厚的混凝土预制，并用水泥砂浆压光；土坑衬塑膜青贮，土池按要求挖成后，池底挖成锅底形，四周及池底用塑膜铺垫。

② 地面堆贮　选择高且干燥、平坦的地方，屋内亦可，地面用塑料膜铺地，将铡碎的秸秆逐层压实，堆成直径为 3～5m，高 1.5～2m 的馒头状圆锥体，用塑料膜盖严，再从上而下堆压 40～50cm 的湿土。该方法贮量有限，保存时间不宜过长，适于小规模养殖户。

③ 塑料袋贮　塑料青贮袋的制作选用厚度为 0.8～1.0mm 的黑色或白色聚乙烯双幅塑料薄膜，根据需要大小剪成筒式袋，一般长 6～8m，双幅宽 3～4m 左右。塑料袋一端用绳扎紧、扎牢，以不漏气为准，把扎头置于塑料袋内部。填装完成后，扎紧另一端，上面覆土，压实。

（2）收获

整株玉米青贮应在蜡熟早期，即干物质含量为 25%～35% 时收割最好；收获果穗后的玉米秸青贮，宜在玉米果穗成熟，玉米茎叶仅有下部 1～2 片叶黄时，收割玉米秸秆青贮。

（3）调制

秸秆收割后立即运至青贮地点，用揉丝机或铡草机铡短（小于 2cm），秸秆含水量应在 65%～75% 之间，用手握紧铡短的玉米秸秆，指缝有液体渗出而不滴下为宜；含水量不足时，可均匀喷洒水或菌液，菌液由秸秆调制剂加水组成，每 1000g 调制剂可调制玉米秸秆 2t，半干秸秆 3t，青贮玉米 6t。

（4）装填

边收边运、边铡边装，分层（20cm 厚）装池，逐层踩实，四周用木棒捣实，原料装至高出池口 30～40cm 时，堆压成中高边低的馒头状，或弧形屋脊状，进行密封。

（5）密封

密封前，在原料上面盖一张塑料膜，大小以能完全盖严并落地 10～20cm，周围和上面压 40～50cm 湿土，打实拍光。经常检查，发现下沉或有裂缝及时修整，同时作好防水、防鼠工作。

（6）取用

青贮饲草经过 45d 的发酵后便可使用。开池使用时，先将池面的覆土及草除掉，如果最上层的青贮饲料变成黑色，则弃之不用，然后分段分层取用，取后封严层面，防止二次发酵。

品质好的青贮料呈黄绿色，质地柔软，有苹果香味；呈黑褐色且带有腐臭味或干燥发霉则不宜用来喂食。取出的青贮饲料应当天用完，不要留置过夜，以免变质。

8.1.3　青贮的原理

青贮是利用微生物的乳酸发酵作用，达到长期保存青绿多汁饲料营养的方法。青贮过程的实质是将新鲜植物紧实地堆积在不透气的容器中，形成厌氧环境，通过微生物（主要是乳酸菌）的厌氧发酵，使原料中所含的糖分转化为有机酸——乳酸（图 8-2）。当乳酸在青贮原料中积累到一定浓度时，能够降低原料的 pH 值，这能抑制其他微生物的活动，并减少原料中的养分被微生物分解破坏，从而将原料中的养分很好地保存下来。乳酸发酵过程中产生大量热能，当青贮原料温度上升到 50℃ 时，乳酸菌也就停止了活动，发酵结束。由于青贮原料是在密闭并停止微生物活动的条件下贮存的，因此可以长期保存而不变质。

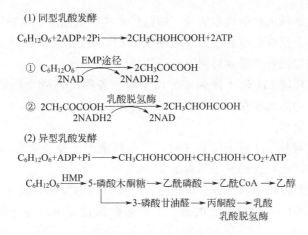

(1) 同型乳酸发酵

$$C_6H_{12}O_6+2ADP+2Pi \longrightarrow 2CH_3CHOHCOOH+2ATP$$

① $C_6H_{12}O_6 \xrightarrow[2NAD]{EMP途径} 2CH_3COCOOH \quad 2NADH_2$

② $2CH_3COCOOH \xrightarrow[2NADH_2]{乳酸脱氢酶} 2CH_3CHOHCOOH \quad 2NAD$

(2) 异型乳酸发酵

$$C_6H_{12}O_6+ADP+Pi \longrightarrow CH_3CHOHCOOH+CH_3CHOH+CO_2+ATP$$

$C_6H_{12}O_6 \xrightarrow{HMP}$ 5-磷酸木酮糖 $\longrightarrow$ 乙酰磷酸 $\longrightarrow$ 乙酰CoA $\longrightarrow$ 乙醇

$\longrightarrow$ 3-磷酸甘油醛 $\longrightarrow$ 丙酮酸 $\longrightarrow$ 乳酸
乳酸脱氢酶

图 8-2 乳酸发酵的机理

青贮中，微生物的发酵过程可以分为三个阶段，即好氧性微生物活动阶段、乳酸发酵阶段和青贮稳定阶段。此外，在青贮启窖使用阶段，有时还会出现二次发酵。

(1) 好氧性微生物活动阶段

新鲜的青贮原料在青贮容器中被压实密封后，氧气的含量极大减少，由于新鲜的青贮原料中的植物细胞并未死亡，在随后的1~3d时间内这些植物活细胞仍然能够进行呼吸，分解细胞内的有机物，直至青贮原料内的氧气被消耗殆尽，在呈现厌氧状态时才停止细胞呼吸。

另一方面，在青贮开始时，附着在青贮原料上的微生物，如酵母菌、腐败细菌、霉菌以及醋酸菌等好氧性微生物能够利用青贮原料在破碎过程和压实过程中排出的富含可溶性糖类物质等营养物的液汁进行生长繁殖，其中以大肠杆菌和产气杆菌群的细菌占优势。这些微生物的生长繁殖可以将大分子的物质如蛋白质、糖类等水解为小分子物质，并与植物细胞一起消耗掉青贮原料中残存的氧气，迅速形成厌氧的环境。

此外，植物活细胞的呼吸作用和微生物的生长繁殖过程会释放出热量，最终在青贮原料内形成厌氧和温暖的环境，这为乳酸菌的发酵创造了条件。该阶段是青贮原料环境从有氧转化为厌氧所必需的。

如果青贮原料中的氧气过多，植物细胞的呼吸时间过长，好氧性微生物的生长繁殖过旺盛，则会使青贮原料内的温度上升且高达60℃左右，这会削弱乳酸菌与其他微生物竞争的能力，使青贮原料中的营养成分损失过多，青贮饲料的品质会下降。

这一阶段的时间长短与青贮原料的化学组成、青贮原料的装填密度和装填速度等有关。蛋白质含量高的青贮原料，完成此阶段所需的时间相对较长，而富含糖类物质的青贮原料，完成此阶段所需要的时间相对较短；青贮原料装填得相对松软，则完成此阶段所需的时间相对较长，反之则较短。因此，青贮技术的关键之一是尽可能缩短此阶段的时间，通过及时青贮和切短-压实-密封等操作来减少植物细胞的呼吸和其他好氧微生物的生长繁殖，以减少营养的损失，提高青贮饲料的品质。

(2) 乳酸发酵阶段

厌氧条件和青贮原料中的其他条件形成后，乳酸菌会迅速生长繁殖，首先是乳酸链球菌占优势，其后是更耐酸的乳酸杆菌占优势，它们会形成大量的乳酸，增加青贮原料中的乳酸含量。

此外，各种有益的微生物的代谢活动，如糖代谢产生的醋酸、琥珀酸和乳酸等，使饲料逐步呈酸性，这些都会使青贮原料中的环境酸度增加，pH 值下降，这导致一些厌氧或兼性厌氧的腐败微生物的生长繁殖受到抑制，甚至死亡。

当青贮原料中的环境 pH 值下降到 4.2 以下时，各种有害微生物的生长繁殖被极大抑制，就连乳酸链球菌的活动都在一定程度上受到抑制，但是乳酸杆菌的生长繁殖却不会受到抑制，能够继续生长繁殖。

当青贮原料中的环境 pH 值下降到 3 时，乳酸杆菌的生长繁殖在一定程度上受到抑制，乳酸杆菌的活性基本停止，乳酸发酵基本结束。

一般情况下，青贮原料中的糖分含量适宜时，此阶段的发酵时间在 5～7d，这时微生物的总数达到高峰，其中的优势菌是乳酸菌。玉米青贮的过程中，各种微生物的变化情况如表 8-1 所示。

表 8-1　玉米秸秆青贮过程中各微生物数量变化的情况

青贮时间/d	每克饲料中的微生物数量/(10^4MPN/g)			pH 值
	乳酸菌	大肠好氧性细菌	酪酸菌	
开始	甚少	0.03	0.01	5.9
0.5	160000.0	0.025	0.01	
4	80000.0	0	0	4.5
8	17000.0	0	0	4.0
20	380.0	0	0	4.0

此过程主要是乳酸菌（有益菌）和梭菌（有害菌）二者的竞争，结果决定着青贮发酵的成败。如果梭菌成为优势菌群，则青贮将形成丁酸发酵，不仅产生强酸还会形成恶臭。

(3) 青贮稳定阶段

经过乳酸发酵，pH 值下降到 3.0 后，乳酸菌也受到抑制，各种微生物停止活动，主要有少量的乳酸菌存在，青贮饲料中的营养损失降低，青贮饲料进入稳定阶段。在一般情况下，糖分含量高的青贮原料，如玉米和高粱等，青贮 20～30d 左右就可以进入稳定阶段，豆科的牧草一般需要 30d 左右，若密封条件好，青贮饲料可以较长时间保存。

(4) 青贮饲料的二次发酵——开窖有氧阶段

青贮开窖后，空气进入青贮饲料中，青贮饲料中残留和侵入青贮中的霉菌、腐败菌和酵母菌会进行生长繁殖，这些好氧微生物的活动，使青贮饲料温度上升，造成青贮二次发酵，导致青贮饲料中的干物质、蛋白质和能量损失，某些霉菌的生长繁殖还可能产生霉菌毒素。

8.1.4　乳酸菌及其在青贮过程中的作用

早在 20 世纪，国内外就出现了大量关于玉米青贮中乳酸菌的研究，最初的研究重点集中在青贮饲料中乳酸菌的发酵机理，青贮各个阶段乳酸菌数量的变化和营养物质的损失，但具体是哪一种乳酸菌起到何种作用，乳酸菌与其他微生物之间的关系以及青贮发酵过程中各种微生物产生的抑制或促进其他微生物生长的物质，还了解甚少。

现在了解到，青贮饲料是一个复杂的微生物共生体系，主要包括乳酸菌、酵母菌、芽孢杆菌、乙酸菌、梭状芽孢杆菌等，其中以乳酸菌的数量和种类最多，也是在青贮饲料发酵中起主要作用的微生物。

8.1.4.1　乳酸菌（lactic acid bacteria，LAB）

它是指发酵糖类主要产物为乳酸的一类无芽孢、革兰氏染色阳性细菌的总称。凡是能从葡萄糖或乳糖的发酵过程中产生乳酸的细菌统称为乳酸菌。乳酸菌不具备分解蛋白质的酶，因此它不能使蛋白质分解，但需多种氨基酸作为自身的氮素营养，在温度 20～30℃，湿度 65%～75%，pH 在 4.0～6.0 的条件下最适生长和繁殖。一般乳酸菌在固体培养基上菌落较小，生长缓慢。在液体发酵培养基内可以快速生长，离心洗涤后可以获得纯度较高的菌体，且兼具需氧和厌氧的性能。

按照 Berry 细菌学手册中的生化分类法，乳酸菌可分为乳杆菌属（*Lactobacillus*）、链球菌属（*Streptococcus*）、明串珠菌属（*Leuconostoc*）、双歧杆菌属（*Bifidobacterium*）和片球菌属（*Pediococcus*），共 5 个属。

（1）乳杆菌属（*Lactobacillus*）

乳杆菌细胞形态多样，(0.5～1.2)μm×(1.0～10.0)μm。长或细长杆状弯曲形成短杆状及棒形球杆状，通常成短链。革兰氏阳性，不生芽孢。细胞罕见以周生鞭毛运动。在营养琼脂上的菌落凸起、全缘无色，直径 2～5mm。最适生长温度 30～40℃。化能异养菌，需要营养丰富的培养基；发酵分解糖代谢，终产物中 50% 以上是乳酸。不还原硝酸盐，不液化明胶，接触酶和氧化酶皆阴性。通常 5% 的 CO_2 促进生长。乳杆菌对酸的忍耐性很强，适宜在酸性条件（pH 在 5.5～6.2）下启动生长，且常常降低基质的 pH 到 4.0 以下。当以纯培养物接种到乳基质中时，乳杆菌生长缓慢。鉴于此，为了快速启动乳的发酵过程，乳杆菌通常是与嗜热链球菌联合使用。

（2）链球菌属（*Streptococcus*）

链球菌的菌体球成卵圆形，直径不超过 2μm，呈链状排列。无芽孢，大多数无鞭毛，幼龄菌（2～3h 培养物）常有荚膜。在液体培养基中常呈沉淀生长，但也有的呈均匀混浊生长（如肺炎链球菌）；在固体培养基上形成细小、表面光滑、圆形、灰白色、半透明或不透明的菌落。在血平板上生长的菌落周围，可出现性质不同的溶血圈。

（3）明串珠菌属（*Leuconostoc*）

明串珠菌指的是一类不产生孢子，G+C 的 mol% 值低于 50 的细菌，可以在厌氧或有氧条件下生长，通常表现为过氧化氢酶阴性，不水解精氨酸；在自然生长环境中，明串珠菌细胞呈球状，其大小为 (0.5～0.7)μm×(0.7～1.2)μm，细胞呈对或短链状排列；在某些竞争性生长的环境中，细胞排列成较长的链。革兰氏染色阳性，菌落小，灰白，隆起。明串珠菌大多数菌株的最适生长温度在 20～30℃ 之间，异型乳酸发酵，可以进行柠檬酸代谢。

在蔗糖溶液中，常有一厚厚的、胶纸的无色葡聚糖荚膜，即代血浆（右旋糖酐）。不液化明胶，发酵多种糖产酸产气，不还原硝酸盐，不产吲哚。此菌是制糖工业的一种危害菌，常使糖液发生黏稠而无法加工。其常存在于水果、蔬菜中，能在含高浓度糖的食品中生长。

新的明串珠菌属由肠膜明串珠菌（*Leuconostoc mesenteroides*）和其他 7 个种组成，包括冷明串珠菌（*Leuconostoc gelidum*）、肉明串珠菌（*Leuconostoc carnosum*）、欺诈明串珠菌（*Leuconostoc fallax*）、嗜柠檬酸明串珠菌（*Leuconostoc citreum*）、阿根廷明串珠菌（*Leuconostoc argentinum*）、假肠膜明串珠菌（*Leuconostoc pseudomesenteroides*）和乳酸明串珠菌（*Leuconostoc lactis*）。其中肠膜明串珠菌又包括三个亚种：肠膜明串珠菌肠膜亚种（*L. mesenteroides* subsp. *mesenteroides*）、肠膜明串珠菌右旋葡聚糖亚种（*L. mesenteroides* subsp. *Dextranicum*）和肠膜明串珠菌乳脂亚种（*L. mesenteroides* subsp. *Cremoris*）。

(4) 双歧杆菌属（*Bifidobacterium*）

1900 年，法国巴斯德研究所的 Tissier 从母乳喂养的婴儿粪便中首次分离到了双歧杆菌。它属于细菌界、厚壁菌门、放线细菌纲、放线细菌亚纲、双歧杆菌目、双歧杆菌科中的厌氧革兰氏阳性杆菌。栖居于人和各种动物的肠道、阴道和龋齿，反刍动物的瘤胃以及污水等处。

它的细胞形态多样，包括短杆状、近球状、长弯杆状、分叉杆状、棍棒状或匙状。细胞单个或排列成 V 形、栅栏状、星状。不抗酸、无芽孢，不运动，专性厌氧。菌落较小、光滑、凸圆、边缘完整，呈乳脂色至白色。最适生长温度为 $37\sim41℃$，最低生长温度为 $25\sim28℃$，最高为 $43\sim45℃$。初始生长最适 pH 为 $6.5\sim7.0$，生长 pH 范围一般为 $4.5\sim8.5$。

它的糖代谢是按照独特异型乳酸发酵的双歧杆菌途径进行，特点是 2mol 葡萄糖产 3mol 乙酸、2mol 乳酸和 5mol ATP，不产生 CO_2。本途径中的果糖-6-磷酸盐磷酸转酮酶（Fructose-6-phosphate phosphoketolase，F6PPK）是关键酶，在分类鉴定中，可用来区分与它近似的几个属。过氧化氢酶阴性（少数例外），不还原硝酸盐，氮源通常为铵盐，少数为有机氮。对氯霉素、林肯霉素、四环素、青霉素、万古霉素、红霉素和杆菌肽等抗生素敏感，对多黏菌素 B、卡那霉素、庆大霉素、链霉素和新霉素不敏感。G+C 的 mol% 值为 $55\sim67$。

此属微生物已知种有 33 个，其中模式种是两歧双歧杆菌（*Bifidobacterium bifidum*）。在目前已知的 33 个种中，来自人体的有 12 种，其中 9 种自肠道和粪便中分离，另 3 种来自牙齿。两歧双歧杆菌（*B. bifidum*）、青春双歧杆菌（*Bifidobacterium adolescentis*）、儿童双歧杆菌（*Bifidobacterium infantis*）、长双歧杆菌（*Bifidobacterium longum*）和短双歧杆菌（*Bifidobacterium breve*）是人体肠道中含量最高的正常菌群之一，对维持肠道微生态平衡具有重要作用，因此已被用于制造益生菌剂等多种微生态制剂以及保健食品和功能性食品（或饲料）。

(5) 片球菌属（*Pediococcus*）

片球菌属的细菌属于细菌界、厚壁菌门、芽孢杆菌纲、乳杆菌目、链球菌科中的细菌。细胞球形永不延长，直径 $1.2\sim2.0\mu m$。在适宜条件下，分裂以垂直两个方向形成四联体，有时也可出现成对排列，单个细胞罕见，不形成链状，革兰氏阳性，不运动，不产芽孢。菌落大小可变，直径约 $1.0\sim2.5mm$。兼性厌氧，有的菌株在有氧时会抑制生长。化能异养，需氨基酸和维生素，所有种都需烟碱酸、泛酸和生物素，细胞需要丰富营养的培养基，发酵糖类（主要是单糖和双糖类），葡萄糖产酸不产气。通常不酸化、不凝固牛奶，不分解蛋白质，不产吲哚，不还原硝酸盐，不水解马尿酸钠，触酶阴性，氧化酶也阴性，过氧化氢酶阴性，无细胞色素，不还原硝酸盐。最适生长温度 $25\sim40℃$，最适为 $30℃$。G+C 的 mol% 值为 $34\sim42$。

此属的细菌已记载的有 8 种，其中的戊糖片球菌（*Pediococcus pentosaceus*）和乳酸片球菌（*Pediococcus acidilactici*）已应用于肉类（腊肠等）和植物性食品的加工、保存中。

8.1.4.2　乳酸菌的乳酸发酵

植物体上也附着有一些天然乳酸菌，但绝大部分在青贮过程中不发挥作用，发挥作用的不到 0.1%。根据乳酸菌所能耐受较大范围渗透压、氧气含量和温度的特性，采取一定措施，迅速创造厌氧环境，造成乳酸菌的生长优势，产生抑菌素（bacteriocins），防止其他不良菌种生长繁殖是青贮的根本。

乳酸菌因是厌氧或微需氧菌，在饲料青贮、发酵开始时就繁殖，到饲料因密封缺氧后仍然能生长增殖。乳酸菌能分解饲料原料中的糖类物质形成乳酸，形成乳酸发酵。乳酸本身既是营养物质，又有抑制饲料中其他微生物（如腐败微生物）生长的作用，使饲料能较长时期保存。

乳酸菌是一群相当庞杂的细菌，共有 200 多种。根据发酵生成终产物的不同，乳酸菌厌氧发酵产乳酸可以分为两类，即同型乳酸发酵（homolactic fermentation）和异型乳酸发酵（heterolactic fermentation）。完成同型乳酸发酵的是同型发酵乳酸菌，主要包括耐热性杆菌、链形杆菌和链球菌，此类乳酸菌的发酵终产物主要是乳酸；完成异型乳酸发酵的是异型发酵乳酸菌，包括球菌和杆菌，此类乳酸菌发酵产生乳酸、乙酸、乙醇和 CO_2。不同发酵型乳酸菌对青贮效果产生不同影响。

同型发酵乳酸菌和异型发酵乳酸菌在饲料青贮过程中所起的作用及产生的物质均不同。早期的研究认为：同型乳酸菌发酵养分损失较少，效果优于异型乳酸菌。但后来研究发现：异型发酵乳酸菌能有效防止二次发酵，有助于提高青贮饲料开封后的有氧稳定性。

同型乳酸发酵是乳酸菌以葡萄糖为底物通过糖酵解途径（Embden-Meyerhof-Parnas pathway，EMP 途径）被降解为丙酮酸，丙酮酸在乳酸脱氢酶的催化下还原为乳酸，在同型乳酸发酵过程中，乳酸菌利用 1mol 葡萄糖可以生成 2mol 乳酸，理论转化率为 100%。但由于发酵过程中乳酸菌有其他生理活动存在，实际转化率不可能达到 100%，一般认为转化率在 80% 以上者，即视为同型发酵。这类乳酸菌主要包括德氏乳杆菌（*Lactobacillus delbrueckii*）、植物乳杆菌（*Lactobacillus plantarum*）和干酪乳杆菌（*Lactobacillus casei*）等。

同型乳酸发酵反应式为：

$$C_6H_{12}O_6 + 2ADP \longrightarrow 2CH_3CHOHCOOH + 2ATP$$

异型乳酸发酵时，葡萄糖经磷酸戊糖途径（HMP 途径）发酵后，除产生乳酸外，还伴生乙醇、乙酸或 CO_2 等其他产物。有些乳酸菌因缺乏 EMP 途径中的醛缩酶和异构酶等若干重要酶，故其葡萄糖降解须完全依赖 HMP 途径。能进行异型乳酸发酵的乳酸菌有肠膜明串珠菌（*L. mesenteroides*）、乳脂明串珠菌（*Leuconostoc cremoris*）、短乳杆菌（*Lactobacillus brevis*）、发酵乳杆菌（*Lactobacillus fermentum*）和两歧双歧杆菌（*B. bifidum*）等，它们虽然都进行异型乳酸发酵，但其途径和产物仍稍有差异，因此又被进一步细分为以下两条发酵途径。

① 异型乳酸发酵的"经典"途径（图 8-3）　常以肠膜明串珠菌为代表，它在利用葡萄糖（1 份）时，发酵产物为乳酸、乙醇和 CO_2，并产生 1 份 H_2O 和 1 份 ATP；利用核糖（1份）时的产物为乳酸、乙酸、2 份 H_2O 和 2 份 ATP；而利用果糖时则为乳酸、乙酸、CO_2

和甘露醇（3 果糖 → 乳酸＋乙酸＋CO_2＋2 甘露醇）。

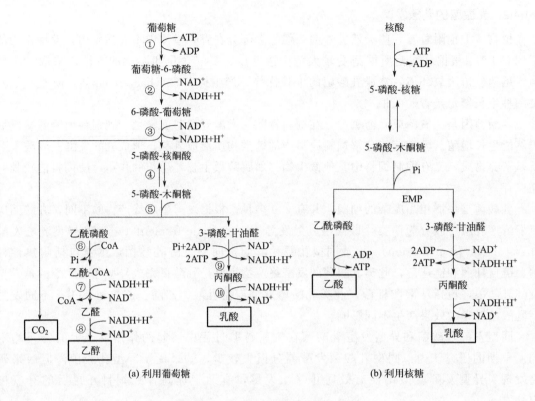

(a) 利用葡萄糖　　　　　　　　　　　　　(b) 利用核糖

图 8-3　异型乳酸发酵的"经典"途径

①—己糖激酶；②—葡萄糖-6-磷酸脱氢酶；③—6-磷酸葡糖酸脱氢酶；④—核酮糖-5-磷酸-3-表异构酶；
⑤—磷酸转酮酶；⑥—磷酸转乙酰酶；⑦—乙醛脱氢酶；⑧—醇脱氢酶；⑨—同 EMP 途径相应酶；⑩—乳酸脱氢酶

② 异型乳酸发酵的双歧杆菌途径（图 8-4）　这是一条在 1960 年代中后期才发现的双歧杆菌通过 HMP 发酵葡萄糖的新途径。特点是 2 分子葡萄糖可产 3 分子乙酸、2 分子乳酸和 5 分子 ATP。

异型乳酸发酵反应式为：

$$C_6H_{12}O_2 + ADP \longrightarrow CH_3CHOHCOOH + C_2H_5OH + CO_2 + ATP$$

同型乳酸发酵是将 1 分子葡萄糖转化为 2 分子乳酸，消耗能量少；而异型乳酸发酵是将 1 分子葡萄糖转化为乳酸、乙醇及二氧化碳各 1 分子，因而消耗能量较多。在青贮饲料时，从保存能量的角度考虑，应以同型乳酸发酵为好。

此外，五碳糖在乳酸发酵时，一方面形成乳酸、琥珀酸和丙酸等。麦芽糖和果糖也都可以转化为乳酸，但在青贮的发酵过程中不占主要地位。乳酸菌没有蛋白质分解酶，不分解破坏原料中的蛋白质，所以优质青贮饲料中蛋白质损失很少。乳酸菌发酵时，需要一定的含糖量。玉米和禾本科牧草含糖量较多。原料中含水量在 $60\%\sim70\%$，很适宜乳酸菌的生长。乳酸菌是微需氧性的，所以应创造厌氧条件。乳酸菌最适生长的酸度 pH 值为 6.0，最低为 4.0。

8.1.4.3　乳酸菌在青贮过程中的作用

(1) 产酸及其他物质

同型乳酸发酵和异型乳酸发酵过程产酸及其他物质的内容可参见上文。

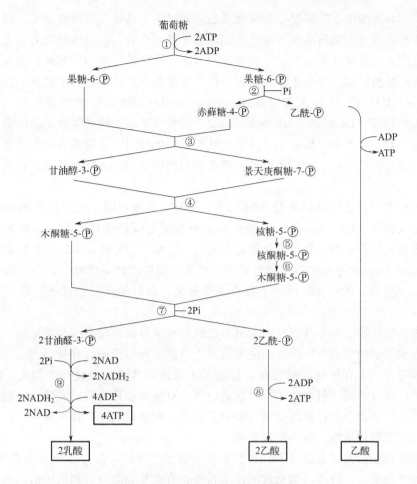

图 8-4　异型乳酸发酵的双歧杆菌途径
①—己糖激酶和葡萄糖-6-磷酸异构酶；②—果糖-6-磷酸转酮酶；③—转醛醇酶；
④—转羟乙醛酶（转酮醇酶）；⑤—核糖-5-磷酸异构酶；⑥—核酮糖-5-磷酸-3-表异构酶；
⑦—木酮糖-5-磷酸转酮酶；⑧—乙酸激酶；⑨—同 EMP 途径相应酶

　　此外，通过添加乳酸菌，可以促进乳酸形成，保证青贮成功。如果在发酵过程中乳酸菌不能迅速成为优势菌群，则大量腐败的微生物迅速生长，影响青贮饲料的品质。因此，向青贮原料中添加乳酸菌，可增加青贮原料中乳酸菌的数量，使得乳酸菌迅速成为优势菌群，从而提高饲料的营养价值和品质。

　　但近年来的很多研究表明：单独添加单一的乳酸菌，如植物乳杆菌（*L. plantarum*）等同型发酵乳酸菌，增加了乳酸产生的浓度，增加了霉菌和酵母菌生长的底物，缩短了青贮饲料在空气中的败坏时间而影响青贮品质。然而研究者用产酸能力较强的玉米乳杆菌（*Lactobacillus zeae*）和坚强肠球菌（*Enterococcus durans*）制备全株玉米青贮，不但缩短了玉米青贮的时间，而且还显著提高了玉米青贮的品质，且在添加植物乳杆菌（*L. plantarum*）和乳酸片球菌（*Pediococcus acidilactici*）的混合菌于玉米青贮饲料中，青贮饲料发酵品质较好。

　　另外，青贮饲料中的异型乳酸菌发酵 1 分子葡萄糖产生 1 分子家畜不易代谢的 D-型乳酸，转化为乳酸的效率是同型发酵的 17%～50%，并产气，可造成饲料中营养物质的浪费，而且使青贮饲料的酸度下降缓慢，为腐败菌的增殖提供了条件。有研究表明，同型发酵乳酸菌在产乳酸和改善青贮饲料品质方面比异型乳酸发酵更有效，而一些研究者认为，乳酸菌中异型发酵乳酸菌的效果优于同型发酵乳酸菌。但是，同型乳杆菌与异型乳杆菌混合使用可极大地提高青贮品质，其品质好于单独添加一种乳酸菌的青贮。而在青贮过程中添加含有黑曲霉（A. niger）UV-11、绿色木霉（Trichoderma viride）、枯草芽孢杆菌（Bacillus subtilis）MC7、德氏乳杆菌（Lactobacillus delbrueckii）和酒精酵母5种微生物的固体菌剂作为青贮复合菌种添加剂，青贮的效果好于单独添加乳酸菌的处理组。这说明在青贮过程中添加微生物菌剂不仅要考虑乳酸菌，更应考虑各种微生物的拮抗作用，才能最终达到提高青贮品质的目的。

许多乳酸菌都能进行异型乳酸发酵，由于利用的碳源不同，其发酵产物和途径也有差异。如瑞士乳杆菌（Lactobacillus helveticus）可发酵葡萄糖生成乳酸、乙醇和 CO_2，发酵核糖的产物为乳酸和乙酸，也可转化果糖为乳酸、乙酸、CO_2 和甘露醇。有些乳酸菌如戊糖乳杆菌（Lactobacillus pentosus）能发酵半纤维素，酸解产物为戊糖，产生乳酸和少量的乙酸，而无 CO_2 生成，所以青贮饲料干物质不会损失，并且生成的乙酸还有利于抑制腐败菌生长。

农作物在生长过程中本身会分泌大量有机酸，最常见的是柠檬酸和苹果酸，在青贮过程中，柠檬酸和苹果酸可被肠杆菌、内生细菌或乳酸菌的好氧代谢转化成乳酸、乙酸、2,3-丁二醇、乙醇等小分子有机酸，同时有大量的 CO_2 生成，造成了干物质的损失。乳酸菌还能发酵柠檬酸形成双乙酰，但在青贮饲料制备中并没有发现这种现象。乳酸菌一般没有蛋白质水解能力，青贮过程中蛋白质的分解主要由其他微生物如梭状芽孢杆菌所致。

(2) 促进有氧稳定性，防止二次发酵

有氧稳定性是指在特定条件下，青贮饲料暴露于空气后，保持稳定且不会变质的时间。如果青贮的有氧稳定性较高，那么就能使干物质、有机物和能量得到最大的回收和利用。青贮打开取用时，青贮饲料暴露在空气中，之后温度会升高，有氧稳定性较高的可以维持几天，稳定性较差时则只能维持几个小时。

同型发酵乳酸菌能利用少量的糖类物质产生大量乳酸，对饲料有很好的保鲜作用。而Weinberg 等用含有植物乳杆菌（L. plantarum）、粪肠球菌（Enterococcus faecalis）和乳酸片球菌（Pediococcus acidilactici）的菌剂接种青贮，结果由于大量的酵母菌滋生破坏了青贮饲料的有氧稳定性。

而异型乳酸菌可促进有氧稳定性，防止二次发酵。当青贮饲料暴露于空气中时，同型发酵乳酸菌——植物乳杆菌（L. plantarum）发酵产生大量乳酸，而产生的能够抑制酵母菌、霉菌等生长繁殖的短链脂肪酸却非常少，由于乳酸的产生为乳酸同化型酵母菌提供了生长繁殖所需的底物，从而引起饲料的腐败和霉变。

有研究表明，微生物接种剂接种青贮饲料的效果好于添加糖蜜组，接种微生物接种剂的青贮玉米较对照组和添加糖蜜组更加稳定，更能促进有氧稳定性，而添加糖蜜处理的玉米青贮可增加乙醇和乳酸的浓度，但不能促进有氧稳定性。玉米青贮饲料中添加布氏乳杆菌（Lactobacillus buchneri）可显著促进青贮饲料的有氧稳定性，有效地防止二次发酵，延长青贮饲料暴露在空气中败坏的时间，为动物饲喂带来了方便。研究也表明：在高湿玉米青贮中添加布氏乳杆菌（L. buchneri）40788，使得青贮中乙酸的含量升高，抑制了酵母菌的生长，从而促进了青贮饲料的有氧稳定性。说明布氏乳杆菌（L. buchneri）可使青贮饲料中乙酸含量增高从而促进有氧稳定性。布氏乳杆菌（*L.buchneri*）异型发酵代谢产物中除了乳酸和乙酸外，还有少量的 1，2-丙二醇及丙醇二酸，但在青贮发酵中真正起作用的主要是乙酸，乙酸对腐败微生物显示出很强的抑制作用。添加布氏乳杆菌（*L.buchneri*）和戊糖片球菌（*P.pentosaceus*）R1094，调制玉米青贮的结果表明：酵母菌的抑制因子是多方面的，其他菌如乙酸菌可能对有氧稳定性起作用。

也有报道表明，布氏乳杆菌（*L.buchneri*）菌株与酶制剂（如 β-葡聚糖苷酶、α-淀粉酶、β-木聚糖酶）、同型发酵菌株植物乳杆菌（*L.plantarum*）、戊糖片球菌（*P.pentosaceus*）混合使用，有氧条件下青贮饲料表面的酵母菌和霉菌数量明显降低。异型发酵中报道较多且青贮效果最好的是布氏乳杆菌。

(3) 产生抗菌物质，抑制有害微生物的生长繁殖

乳酸菌产生的抗菌物质有乳酸、乙酸、甲酸、丁酸和其他挥发性短链脂肪酸，对酵母和霉菌均有很强的抑制作用，其中乙酸对酵母菌的生长有抑制作用，对霉菌则无效，而霉菌生长能被山梨酸所抑制。短链脂肪酸中，丙酸抑制真菌的能力最强，对腐败的酵母和霉菌生长均有抑制作用，且随着 pH 值的降低，抑菌能力增强。

然而研究发现，乳酸菌产生的其他代谢产物也有抗菌作用，包括 2,3-丁二酮、3-羟基丙醛、乙醛、过氧化氢、羟自由基以及肽或蛋白质类的细菌素。植物乳杆菌（*L.plantarum*）产生 3-苯基乳酸、一些 3-羟基脂肪酸和一系列的哌嗪二酮衍生物，其中 3-羟基脂肪酸是最有效的抗真菌物质，虽然 3-羟基脂肪酸以及哌嗪二酮衍生物的活性较小，但这些物质可以有效地抑制有害微生物如洛克福青霉（*Penicillium roqueforti*）和烟曲霉（*Aspergillus fumigatus*）的生长。试验表明，青贮饲料中产生的乳酸菌代谢物质有 3-羟基癸酸、2-羟基-4-甲基戊酸、苯甲酸、邻苯二酚、氢化肉桂酸、水杨酸、3-苯基乳酸、4-羟基苯甲酸、（反式）-3,4-二羟基环己烷-1-羧酸、P-氢化香豆酸、香草酸、壬二酸、氢化阿魏酸、香豆酸、氢化咖啡酸、阿魏酸和咖啡酸。其中，抗真菌物质是 3-苯基乳酸和 3-羟基癸酸，其他的代谢产物如 P-氢化香豆酸、氢化阿魏酸和香豆酸从添加了乳酸菌的青贮饲料中释放出来。这同时证明了植物乳杆菌（*L.plantarum*）在培养基和青贮饲料中产生的抗真菌物质相同，但在青贮中还产生其他物质。玉米青贮中的乳酸菌可以产生一些具有抑菌或杀菌作用的细菌素，该物质对梭状芽孢杆菌（*Clostridium Prazmowski*）、葡萄球菌、链球菌、李斯特菌等病原菌均有很强的抑制作用。目前，对青贮饲料中乳酸菌产生细菌素的研究和应用较少。

8.1.5 青贮中的其他常见微生物及作用

在青贮过程中，除了要促进有利于青贮发酵的乳酸菌的迅速增殖外，同时也要抑制其他不利于青贮发酵的微生物（包括梭菌、肠杆菌、酵母菌、霉菌和腐败菌）的生长繁殖，它们会危害青贮过程和青贮饲料的保存，从而影响青贮饲料的品质。

8.1.5.1 青贮中的有害微生物

(1) 酵母菌

酵母菌是一些兼性厌氧的真核生物，在青贮初始或开窖有氧阶段，参与青贮有氧腐败，是青贮饲料中不良微生物最主要的群体。此外，酵母菌可在青贮发酵过程中耐酸，当开窖有氧时，青贮中的琥珀酸、柠檬酸、乳酸等有机酸进行有氧代谢，使 pH 升高，减缓了耐酸微生物的生长。青贮原料附生酵母菌能使可溶性糖类物质（WSC）转化为二氧化碳和醇类，

影响青贮饲料品质，损伤动物的肝脏，导致采食量下降。

(2) 霉菌

霉菌是一类真菌微生物，其特点是菌丝体较发达，无较大的子实体。同其他真菌一样，也有细胞壁，主要以腐生方式生存（霉菌的特征可参见第9章相关的内容）。霉菌有的使食品转变为有毒物质，有的可能在食品中产生毒素，即霉菌毒素。自从发现黄曲霉毒素以来，霉菌与霉菌毒素对食品的污染日益引起重视，它对人体健康造成的危害极大，主要表现为慢性中毒、致癌、致畸、致突变作用。

霉菌是严格的好氧微生物，只有在青贮刚开始或开窖的有氧环境中才能被发现。例如从巴西玉米青贮中抽取了195份样本，检测和分析了霉菌的种类：镰刀菌属（*Fusarium* sp.）是最常见的，其他依次为青霉属（*Penicillium* sp.）、曲霉属（*Asperquillus* sp.）、毛孢子菌属（*Trichosporum* sp.）和分子孢子菌属（*Cladosporium* sp.）的霉菌。霉菌在青贮过程中可以产生许多次生代谢产物，包括霉菌毒素，即使在青贮发酵过程中霉菌消失，但其分泌的霉菌毒素在青贮饲料中依然保持着毒性，不会消失。玉米青贮饲料中最常见的霉菌毒素有青霉菌素、镰刀菌素和曲霉菌素。镰刀菌属真菌能产生20多种霉菌毒素，主要是二噁英、玉米赤霉烯酮和伏马菌素。例如研究者观察到玉米青贮7d有氧暴露黄曲霉毒素的积累，且通过添加布氏乳酸杆菌（*L. buchneri*）或覆盖塑料薄膜阻止氧气进入，抑制了黄曲霉毒素的产生。青贮饲料开窖后，对动物进行长时间饲喂的过程中或多或少会暴露于空气中，可能会产生低剂量的霉菌毒素。摄食含低剂量霉菌毒素的青贮饲料后，就会导致动物免疫系统功能下降、荷尔蒙失调等非特异性症状。

(3) 丁酸细菌

青贮饲料中发现的丁酸菌是来自青贮原料收集时带入青贮窖的土壤细菌，可在相对较低的pH环境中将乳酸转化为丁酸、氢和CO_2。因此，丁酸菌的生长可以诱导pH的增加，促使不耐酸的腐败微生物生长。牧草和玉米青贮饲料是丁酸菌感染动物最重要的传播媒介。青贮饲料主要的丁酸菌是梭菌属（*Clostridium*）细菌和芽孢杆菌（*Bacillus*）等，尤其是蜡样芽孢杆菌（*Bacillus cereus*），这些菌种是青贮饲料中主要的腐败微生物。

① 酪丁酸梭菌（*Clostridium tyrobutyricum*）　此菌在MRS琼脂（按照de Man，Rogos和Sharpe方法的乳酸菌琼脂培养基，用于乳酸菌的分离、计数和培养）上菌落较小，呈白色，圆形，湿润，边缘光滑。细胞杆状，长短不一，单个或链状排列，芽孢柱状、近端生，属于革兰氏阳性菌，无鞭毛，无荚膜。厌氧环境下生长，可发酵葡萄糖产生丁酸。此外，它可以利用木糖、纤维二糖、阿拉伯糖等多种底物进行产酸发酵，主要发酵产物为丁酸和乙酸，是一种适合木质纤维素同步糖化发酵生产丁酸的菌种。

② 丁酸梭菌（*Clostridium butyricum*）　此菌有芽孢，孢子卵圆，偏心或次端生，可抵抗不良环境，它是一种专性厌氧的芽孢杆菌，其直径为（0.6~1.2）μm×（3.0~7.0）μm，两端钝圆，中间部分轻度膨胀，细菌呈直杆状或稍有弯曲，单个或成对，短链，偶见有丝状菌体，周身鞭毛，能运动。革兰氏染色初培养的菌为阳性，菌稍长可变为阴性。在琼脂平板上形成白色或奶油色的不规则圆形菌落，稍突，直径为1~3mm。不水解明胶，不消化血清蛋白，能够发酵葡萄糖、蔗糖、果糖、乳糖等糖类物质产酸，一个显著的特征是产生淀粉酶水解淀粉但不水解纤维素，水解淀粉和糖类的最终代谢产物为丁酸、醋酸和乳酸，还发现有少量的丙酸、甲酸，硝酸盐还原实验均为阴性。丁酸梭菌DNA的G+C的mol%值为27~28。

它能够分泌低聚糖酶把多糖降解为低聚糖，继而被双歧杆菌、乳酸菌、粪肠球菌等微生物所利用，从而促进它们的生长；它还能使糖类发酵形成大量丁酸、醋酸和乳酸等短链脂肪酸，这些短链脂肪酸能维持酸性环境，防止病原菌及腐败菌的增殖。然而，丁酸梭菌对霍乱弧菌、大肠埃希菌、伤寒杆菌、痢疾杆菌、鸡大肠杆菌、猪大肠杆菌、猪肠炎沙门氏菌、金黄色葡萄球菌、鸡白痢沙门氏菌、产气荚膜梭菌、肠出血性大肠杆菌、痢疾志贺菌、霍乱沙门氏菌等有害菌具有明显的拮抗抑制作用。此外，它产生的果胶酶、纤维素酶、葡聚糖酶等能有效地降解饲料中的抗营养因子，提高饲料利用率。

③ 蜡样芽孢杆菌（*B. cereus*）　其菌体细胞杆状，末端方，成短或长链，（1.0～1.2）μm×（3.0～5.0）μm。产芽孢，芽孢圆形或柱形，中生或近中生，1.0～1.5μm，孢囊无明显膨大，革兰氏阳性，无荚膜，运动。菌落大，表面粗糙，扁平，不规则。在普通琼脂平板培养基上，37℃下培养24h，可形成圆形或近似圆形、质地软、无色素、稍有光泽的白色菌落（似蜡烛样颜色），直径5～7mm。

在甘露醇卵黄多黏菌素琼脂（MYP）培养基上生长更旺盛，菌落直径达8～10mm，质地更软，挑起来呈丝状，培养时间稍长，菌落表面呈毛玻璃状，并产生红色色素。在蛋白胨酵母膏平板上菌落为灰白色，不透明，表面较粗糙，似毛玻璃状或融蜡状，菌落较大。蜡状芽孢杆菌对外界有害因子的抵抗力强，分布广，有部分菌株能产生肠毒素，呈杆状（约1.5μm），有色，孢子呈椭圆形，有致呕吐型和腹泻型胃肠炎肠毒素两类。

它兼性好氧，生长温度范围20～45℃，10℃以下生长缓慢或不生长。存在于土壤、水、空气以及动物肠道等处。在葡萄糖肉汤中厌氧培养产酸，利用阿拉伯糖、甘露醇、木糖不产酸，分解糖类物质不产气。大多数菌株还原硝酸盐，50℃时不生长。在100℃下加热20min可破坏这类菌。

(4) 肉毒杆菌（*Clostridium botulinum*）

它是肉毒梭状芽孢杆菌的简称，也称肉毒梭菌（图8-5），广泛分布于土壤、海洋湖泊沉积物和家畜粪便中。它是一种革兰氏阳性的粗短杆菌，严格厌氧，有A、B、C、D、E、F、G七个亚型，每个亚型都可产生一种剧毒的大分子外毒素，即肉毒毒素（botulinumtoxin）。肉毒杆菌有鞭毛、无荚膜、产芽孢，芽孢呈椭圆形，比繁殖体宽，位于次极端，使细胞呈网球拍状。在普通固体培养基上，形成类圆形菌落，表面呈半透明、颗粒状、边缘不整齐、向外扩散、呈绒毛网状，且常常扩散成菌苔。在血平板上，出现与菌落几乎等大或者较大的溶血环。在卵黄琼脂培养基上，可产生脂酶，在菌落表面形成彩虹薄层。

图 8-5　肉毒杆菌（*Clostridium botulinum*）

肉毒毒素可引起人和动物发生以松弛性麻痹为主症的肉毒中毒（botulism），虽然并不常见，但却是一种致命的中毒性疾病。投喂含有肉毒杆菌及毒素的不良青贮饲料，奶牛肠胃中会出现肉毒杆菌的繁殖生长并产生毒素。

(5) 李斯特菌（*Listeria monocytogenes*）

又称单核球增多性李斯特菌、李氏菌（图 8-6），是一种兼性厌氧细菌，为李斯特菌症的病原体。它是革兰氏阳性菌，属厚壁菌门，取名自约瑟夫·李斯特。它主要以食物为传染媒介，是最致命的食源性病原体之一。

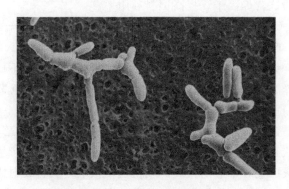

图 8-6 李斯特菌（*L. monocytogenes*）

它呈短小杆菌，大小为 $(1\sim2)\mu m\times0.5\mu m$，通常成双排列，不产生芽孢，一般不形成荚膜，但在含血清的葡萄糖蛋白胨水中能形成黏多糖荚膜，鞭毛染色可见。本菌对营养要求不高，在普通培养基上能生长，在 $3\sim45℃$ 均能生长，但最适温度为 $30\sim37℃$。在血琼脂平板上于 $35℃$ 经 $18\sim24h$，菌落为灰白色，直径 $1\sim2mm$，能产生狭窄的 β-溶血环。在营养琼脂平板上于 $35℃$ 培养 $18\sim24h$，可形成圆形、光滑、透明，大小为 $1\sim2mm$ 的菌落，有溶血环。能对多种糖发酵，不液化明胶。

李斯特菌（*L. monocytogenes*）在水、牧草、青贮饲料、有机质、土壤、粪便等环境中广泛存在。反刍动物感染该菌的主要来源是变质的青贮饲料，在青贮饲料或粪便中存在的李斯特菌，会增加其在牛奶中存在的风险，继而传播给人类。在牧草和玉米青贮饲料中发现过李斯特菌（*L. monocytogenes*），当 pH 超过 4.5 时，会进一步增加李斯特菌存在的风险，全年饲喂青贮饲料的农场比不饲喂青贮饲料的农场，感染单核细胞增生李斯特菌的概率高 $3\sim7$ 倍。

(6) 大肠杆菌（*Escherichia coli*）

又称大肠埃希氏菌，是由 Escherich 在 1885 年发现的 [图 7-25 (a)]。大肠杆菌是条件致病菌，在一定条件下可以引起人和多种动物发生胃肠道感染或尿道等多种局部组织器官感染。

大肠杆菌（*E. coli*）是短杆菌，两端呈钝圆形，革兰氏阴性。有时因环境不同，个别菌体出现近似球杆状或长丝状；大肠杆菌多是单一或两个存在，但不会排列呈长链形状。大多数的大肠杆菌菌株具有荚膜或微荚膜结构，但是不能形成芽孢；多数大肠杆菌菌株生长有菌毛，其中一些菌毛是针对宿主及其他的一些组织或细胞具有黏附作用的宿主特异性菌毛。

大肠杆菌（*E. coli*）的生化代谢非常活跃，它可以发酵葡萄糖产酸、产气，个别菌株不产气，大肠杆菌还能发酵多种糖类物质，也可以利用多种有机酸盐。它主要有以下种类：能够致使胃肠道感染的肠道致病性的大肠杆菌（EPEC）、肠道产毒素性的大肠杆菌（ETEC）、肠道侵袭性的大肠杆菌（EIEC）、肠道出血性的大肠杆菌（EHEC）、肠集聚性的大肠杆菌（EAEC）以及近年来发现的肠产志贺毒素同时具有一定侵袭力的大肠杆菌（ESIES），另外还有能够致使尿道感染的尿道致病性的大肠杆菌（UPEC），以及最新命名的肠道集聚性的黏附大肠杆菌（EAggEC）。

在腐败的青贮饲料中检测出大量大肠杆菌，青贮厌氧时间不足可推迟乳酸发酵，延缓pH的降低，增加致病性大肠杆菌的存活。青贮饲料是反刍动物传播致病性大肠杆菌的载体。反刍动物被认为是产志贺毒素大肠杆菌的主要携带者，是公认为食源性致病菌，人类通过摄入受污染的食物或水，或通过直接接触受污染的动物或环境而感染。此外，青贮开窖时还易受到产志贺毒素大肠杆菌的污染。

(7) 其他有害菌

研究表明：在发酵超过20个月的青贮饲料中检测到耶尔森氏菌（*Yersinia enterocolitica*）；青贮饲料中偶尔会出现弯曲杆菌（*Campylobacter* sp.）等。此外，生物胺产生菌在青贮中同样存在。青贮饲料中的主要生物胺是腐胺、尸胺、酪胺，分别来自精氨酸、赖氨酸、酪氨酸，还含有少量的色胺、组胺、亚精胺和精胺。生物胺是游离氨基酸或小肽等在微生物产生的氨基酸脱羧酶作用下形成的，氨基酸脱羧酶可由一些乳杆菌属（*Lactobacillus*）、明串珠菌属（*Leuconostoc*）、肠球菌属（*Enterococcus*）和片球菌属（*Pediococcus*）、梭菌属（*Clostridium*）、芽孢杆菌属（*Bacillus*）、克雷伯氏菌（*Klebsiella*）和铜绿假单胞菌（*Pseudomonas aeruginosa*）的细菌所产生。由于细菌蛋白水解的作用，青贮饲料生物胺与青贮饲料蛋白质的降解和营养价值的降低相关联。另外，生物胺还可导致反刍动物瘤胃代谢障碍、瘤胃酸中毒等问题。

8.1.5.2 抑制青贮有害微生物的策略

至今，国内外没有办法处理和改善变质后的青贮饲料，只能丢弃和停止饲喂。青贮饲料发酵过程中存在的主要问题是使用质量差或不成熟的青绿饲料为原料，不能快速建立厌氧环境使青贮酸化，同时携带污染病原菌和腐败微生物。但是在整个青贮过程从准备到开窖的有氧阶段，不同时期采取不同的预防性策略、防止病原体产生和青贮变质，可以延长青贮饲料保质期，改善其营养价值和品质。

(1) 减少收获时青贮原料中的病原体

为了避免青贮降解，应尽可能地防止病原体进入青贮饲料生态系统。尤其是收获牧草时，收割高度适宜以避免土壤混入，可减少青贮饲料中的有害微生物。

青贮原料的生长条件和收获期的选择也很重要，选择收获较晚、较高营养物含量（大于50%）的原料进行青贮，更易受自身产热的影响和真菌毒素的感染。另外，还应避免所使用的原料收割、青贮窖和工具机械等携带的病原体掺入青贮饲料。

(2) 快速建立青贮的厌氧环境

快速建立厌氧环境，防止青贮产生污水，促进乳酸菌的迅速生长和pH快速降低。青贮污水主要来自植物呼吸作用和有氧微生物的活动。污水的量取决于营养物的含量、青贮窖的类型、原料紧实度、原料切碎长度和青贮添加剂的使用，污水会引起营养物的损失，同时稀释青贮添加剂。因此，选择适宜营养物含量（30%~40%）、切碎长度（2~6cm）、紧实度（600kg/m³）等的青贮原料，在青贮窖中快速建立厌氧环境制作青贮饲料，是避免产生青贮污水和保证青贮饲料营养品质的必要措施。

(3) 建立酸化环境的措施

酸化是青贮保存的主要作用，其取决于厌氧促进乳酸菌发酵、缓冲能力和原料营养物含量。青贮中掺入土壤会增加其缓冲能力，如果缓冲能力高，青贮开始时的好氧微生物会较长时间存活，减少己糖和戊糖的含量，限制乳酸菌进一步发酵，进而出现梭状芽孢杆菌的二次发酵，乳酸转化为丁酸，pH 升高并进一步加剧腐败。

多年来，已有在青贮中添加化学试剂、糖类和酶制剂等措施，来促进青贮饲料酸化，限制病原微生物的生长。

除了化学和酶制剂，微生物接种剂越来越多地应用于青贮保存，其添加的目的是促进青贮期间有机酸的快速积累，从而减少发酵和营养物的损失。附着的乳酸菌或青贮添加剂产生的主要有机酸为乳酸，对 pH 下降有一定的促进作用。商品应用的微生物接种剂大多数是同型发酵乳酸菌剂，因为它们生产乳酸的效率高。最常见的是植物乳杆菌（$L.\ plantarum$）的发酵菌剂。一般认为，$1 \times 10^6\,CFU/g$ 的微生物接种剂足以压倒附着乳酸菌成为青贮饲料的优势菌，其他常用的还有乳杆菌、片球菌、肠球菌。还有一类是异型发酵乳酸菌，其典型代表是布氏乳杆菌（$L.\ buchneri$），它能产生高浓度的乙酸抑制青贮饲料中的真菌，使青贮饲料暴露于空气中时不易损坏，近年来逐渐被应用。

(4) 防止空气进入，改善好氧稳定性

为了获得良好品质的青贮饲料，从青贮窖原料的填充到贮藏期的密封保存，都必须避免污染源与空气进入青贮饲料中。目前，为了长时间密封贮藏，一般使用聚乙烯薄膜和两面黑白复合阻氧薄膜（125μm），后者已被证明可以抑制青贮饲料腐败，减少营养物损失。与聚乙烯薄膜相比，在青贮有氧暴露时，可延迟酵母菌和霉菌生长，也能抵抗鸟类和啮齿类动物的损伤和紫外线的照射。

青贮过程是好氧和厌氧之间的竞争，当青贮发酵后开窖时，空气进入可使青贮饲料中的营养物质被降解。因此，青贮窖的容量应根据动物的养殖规模和饲养需要来确定大小，确保每天的用量达到足够的深度，以尽量减少青贮饲料在空气中的暴露，整齐的切割也可以限制空气渗透和有害菌产生的腐败。

通过添加甲酸及其化合物和微生物接种剂可以增强有氧稳定性，而微生物接种剂被广泛用于开放式青贮窖来保持有氧稳定性。同型发酵接种剂被认为是青贮饲料的有效接种剂，但有些研究者认为，乳酸可作为乳酸同化酵母菌的基质，在厌氧生活不足时可导致青贮饲料腐败变质。异型乳酸发酵是提高出窖时青贮饲料有氧稳定性的优选。异型发酵接种剂——布氏乳杆菌（$L.\ buchneri$）已被证明能增加有氧稳定性，减少青贮发酵损失，其防腐作用是由于乙酸、丙酸浓度增加使青贮 pH 下降，以及正丙醇、乙酸丙酯和异丁醇等抗菌物质的增加抑制或减少了酵母和霉菌的生长和生存。

(5) 直接抑制有害微生物

为了保证青贮饲料的品质，通常向青贮饲料中添加抑制有害微生物的添加剂。亚硝酸钠和六亚甲基四胺混合，可有效地阻止梭状芽孢杆菌的生长，苯甲酸钠可限制酵母的生长。在青贮玉米中添加甲酸钙、苯甲酸钠和亚硝酸钠，可使玉米赤霉烯酮、脱氧雪腐镰刀菌烯醇、赭曲霉毒素、伏马菌素等浓度明显降低。

微生物接种剂对青贮病原菌的生长具有一定的抑制作用。除了有机酸，青贮有益菌也生产其他具有抗菌潜力的物质，如过氧化氢（H_2O_2）、乙醇、酮、胞外多糖和抗菌肽。玉米还含有阿魏酸和香豆酸等酚类化合物，是植物存在的天然抗菌成分。

8.1.6　微生物青贮剂

生产实践中，由于没有严格控制青贮饲料在发酵贮藏过程中所需的厌氧环境，以及在取用过程中未能妥善管理，往往会造成青贮饲料的好气性腐败，即二次发酵。这些会促进酵母菌、霉菌及一些好氧细菌的生长繁殖，其温度及 pH 值随之升高，青贮原料或饲料开始腐败。因此，如何有效地控制牧草在青贮发酵、贮藏及取用过程中的厌氧环境及有氧稳定性，对于保证青贮饲料的品质非常重要。微生物青贮剂的投加可以在一定程度上避免此类腐败。

微生物青贮剂亦称青贮接种菌、生物青贮剂、青贮饲料发酵剂，是专门用于饲料青贮的一类微生物添加剂，由一种或一种以上乳酸菌、酶和一些营养物组成，采用人工加入菌种的方法，有利于这类乳酸菌尽快达到足够的数量，加快乳酸菌发酵产酸，提高青贮质量。

另外，产乳酸能力的乳杆菌、肠球菌、片球菌等，具有多种促进青贮饲料发酵的作用。这类产乳酸的微生物能够作为青贮发酵促进剂，添加到青贮饲料中，能够有效提高青贮饲料品质，提高动物的生产性能，增加经济效益。

用于制作青贮饲料的微生物添加剂主要包括：①同型乳酸菌，主要为粪肠球菌（*Enterococcus faecalis*）、啤酒片球菌（*Pediococcus cerevisiae*）、植物乳杆菌（*L. plantarum*）、干酪乳杆菌（*Lactobacillus casei*），它们可迅速增加青贮原料中的乳酸菌数目，使乳酸发酵加速，而且在青贮料中适量添加能进行同型发酵的乳酸菌还可以减少有害菌的生长，预防奶牛乳房炎等疾病；②异型乳酸菌，如布氏乳杆菌（*Lactobacillus buchneri*）。

（1）粪肠球菌（*E. faecalis*）

粪肠球菌（图 8-7）为革兰氏阳性，过氧化氢阴性球菌。其原属于链球菌属，因其与其他链球菌同源程度低，甚至不到 9%，故将粪肠球菌与屎肠球菌从链球菌属中分离出来，将其归为肠球菌属（*Enterococcus*）。

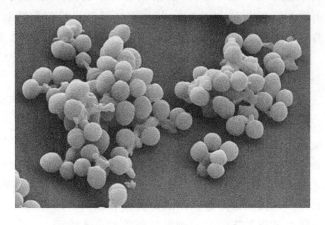

图 8-7　粪肠球菌（*E. faecalis*）

它是一种兼性厌氧型乳酸菌，菌体形态为单个、成双或短链排列的卵圆形球菌，可顺链的方向延长，直径 0.5～1.0μm，无荚膜，无芽孢，通常不运动。在丰富培养基上菌落大而光滑，直径 1～2mm，全缘，罕见色素。在血琼脂平板上 35℃培养 18～24h，形成较小、灰白色、湿润、凸起、有 α 或 γ 溶血环的菌落。在麦康凯琼脂平板上形成较小、干燥、粉红色菌落。在脑心浸液肉汤中均匀浑浊生长。其营养要求低，对环境适应力和抵抗力强，在普通营养琼脂上也可生长，并能耐 65℃约 30min。还可耐受四环素、卡那霉素、庆大霉素等多种抗生素，生长条件要求不严格。它可利用精氨酸为能源，发酵山梨醇，不发酵阿拉伯糖。在简单的培养基上生长不需叶酸。

它们属于动物肠道内的正常菌群，一般认为粪肠球菌对动物或人的机体无害，是一种共生菌。近年研究已证实，部分粪肠球菌在长期进化中出现毒力基因，可引起广泛的感染。而且由于抗生素的长期和大量不规范使用，粪肠球菌获得性的耐药性不断上升，治疗粪肠球菌感染日益困难。

（2）啤酒片球菌（*P. cerevisiae*）

它是一种败坏啤酒的细菌，为益生菌的一种，分布于腐败的啤酒和啤酒酵母中。它属于革兰氏阳性菌，细胞球状，直径 $0.6 \sim 1.0 \mu m$，单个、成对或呈四联排列。不运动，不形成芽孢，接触酶阴性，兼性厌氧，同型发酵，发酵葡萄糖产生 D,L-乳酸，DNA 中 G＋C 的 mol% 值为 $34 \sim 44$。最适生长温度 25℃，高于 35℃不生长。致死温度 60℃约 10min，高度耐啤酒花防腐剂。pH 在 $3.5 \sim 6.2$ 时可生长，最适 pH 约为 5.5。菌落由白色变浅黄色到黄褐色，在麦芽汁啤酒上生长，培养液混浊或中等混浊，对酒花敏感，生长适宜温度 $25 \sim 32℃$。

利用麦芽糖产酸不产气，可产生丁二酮，腐败啤酒中特殊的气味与该成分有关。可用于酿造酱油和酱，生产香肠和腊肉。

（3）植物乳杆菌（*Lactobacillus. plantarum*）

其特征为：直或弯的杆状，通常为 $0.12 \mu m \times (3.0 \sim 8.0) \mu m$，单个、成对或短链状。通常缺乏鞭毛，但能运动，革兰氏阳性，不生芽孢，兼性厌氧，表面菌落直径约 3mm，凸起，呈圆形，表面光滑，细密，色白，偶尔呈浅黄或深黄色。属化能异养菌，生长需要营养丰富的培养基，需要泛酸钙和烟酸，但不需要硫胺素、吡哆醛或吡哆胺、叶酸、维生素 B_{12}。能发酵戊糖或葡萄糖酸盐，终产物中 85% 以上是乳酸。通常不还原硝酸盐，不液化明胶，接触酶和氧化酶皆阴性。能产生 D,L-乳酸，有 1,6-二磷酸果糖醛缩酶和单磷酸己糖途径的活性，能在葡萄糖酸盐中生长，并产 CO_2。发酵 1 分子的核糖或其他的戊糖生成 1 分子的乳酸和 1 分子的乙酸。其在 15℃时能生长，通常最适生长温度为 $30 \sim 35℃$，最适 pH 在 6.5 左右。

植物乳杆菌（*L. plantarum*）是乳酸菌的一种，属于同型发酵乳酸菌。此菌与其他乳酸菌的区别在于此菌的活菌数比较高，能大量产酸，使水中的 pH 值稳定不升高，而且其产出的酸性物质能与重金属反应；由于此菌是厌氧细菌（兼性好氧），在繁殖过程中能产出特有的乳酸杆菌素，乳酸杆菌素是一种生物型的防腐剂。在养殖中后期，由于动物的粪便和残饵料增加，会下沉到池塘的底部，并且腐烂，滋生很多病菌，生成大量的氨氮和亚硝酸盐。如果长期使用植物乳酸杆菌，就能很好地抑制底部粪便和残饵料的腐烂，也就降低了氨氮和亚硝酸盐的增加，大量减少了化工降解素的用量，使养殖成本降低。

（4）干酪乳杆菌（*L. casei*）

它属于乳杆菌属（*Lactobacillus*，图 8-8），是革兰氏阳性菌，菌体长短不一，两端呈方形，常成链，不产芽孢，无鞭毛，不运动，兼性异型发酵乳糖，不液化明胶；最适生长温度为 37℃，G＋C 的 mol% 值为 $45.6 \sim 47.2$；它的菌落粗糙，灰白色，有时呈微黄色，能发酵果糖、半乳糖和葡萄糖，不能利用蜜二糖、棉籽糖和木糖，不能分解精氨酸产氨，所产乳酸旋光性为 L 型。

图 8-8 干酪乳杆菌（*L.casei*）

此菌存在于人的口腔、肠道内含物和大便及阴道中，也常常出现在牛奶、干酪、乳制品、饲料、面团和垃圾中。

(5) 布氏乳杆菌 (*L. buchneri*)

它是革兰氏阳性菌，菌体短杆状，无芽孢，接触酶阴性，无运动性，不产生硫化氢，生长最适 pH 值 4.5，产 D,L-型乳酸，进行异型发酵，生长温度 20～55℃，最适生长温度 48℃。其单菌落呈圆形，直径 0.2～0.8mm，较光滑，乳白色，不透明，边缘整齐，无缺刻。可利用葡萄糖、阿拉伯糖、核糖、半乳糖和蜜二糖；微弱利用麦芽糖和木糖；不能利用纤维二糖、果糖、葡萄糖酸钙、乳糖、甘露糖、甘露醇、松三糖、棉籽糖等。

此菌最初是从自然发生有氧稳定的青贮饲料中分离出来的。作为一种异型发酵的乳酸菌，在发酵过程中，虽然它会比同型发酵乳酸菌在青贮过程中消耗更多青贮饲料中的营养物质，但这种乳酸菌在发酵过程中能将乳酸分解成乙酸和丙二醇，而相对于乳酸而言，乙酸等挥发性脂肪酸是一种更有效的抗真菌物质。因此，从青贮饲料的有氧稳定性来讲，牧草青贮时，所添加的乳酸菌最好是异型发酵乳酸菌的菌株。

由酵母菌和霉菌引起的有氧变质是降低青贮饲料营养价值和增加病原微生物发生危害的主要原因。在厌氧发酵的过程中接种减少酵母菌的存活数以及暴露于氧气中时能抑制酵母菌繁殖的青贮接种菌，进而引起实质上的有氧稳定性的提高。在青贮过程中，不仅只有酵母菌而且还有乙酸菌也能引起有氧变坏。在青贮饲料暴露于空气之下没有观察到乙酸菌的繁殖，这可能是由于酵母菌菌落的快速繁殖消耗了所有的基础营养物质。虽然发现了布氏乳杆菌可以削弱乙酸菌的繁殖，但是布氏乳杆菌对乙酸菌的作用机理还不完全清楚。

作为青贮接种菌的布氏乳杆菌，可以通过抑制酵母菌的繁殖来提高有氧稳定性。在给定的 pH 值条件下，乙酸是比乳酸更好的酵母菌抑制剂，酵母菌的数量比没有产生乳酸的青贮饲料少，并且能够提高青贮饲料的有氧稳定性。

总之，理想的青贮应是乳酸菌控制整个发酵过程，乳酸生成占绝对优势。因此在玉米青贮过程中，关于乳酸菌添加剂的研究甚多，但仅局限在添加一种或两种乳酸菌混合添加剂对青贮品质影响的研究。研究表明：使用乳酸菌与其他微生物混合接种剂来提高青贮的品质效果会更好。另外，不同的原料调制青贮的乳酸菌种类不同，应针对具体的青贮作物筛选相应的乳酸菌混合接种剂。同时，可尝试利用基因工程筛选具有抑制致病菌生长的乳酸菌，使得多种功能性的基因在乳酸菌中实现高效表达，以便在生产中应用。

8.1.7 青贮饲料品质评判及影响青贮饲料品质的因素

8.1.7.1 青贮饲料品质评判

青贮饲料使用前，先做青贮饲料的品质鉴定，腐败的青贮饲料不能使用。

（1）观察颜色

打开密封的青贮窖后，首先观察颜色，从颜色判断青贮品质，判断其是否能够饲喂牲畜（表 8-2）。

表 8-2 青贮饲料的品质与其对应的颜色

品质	颜色	备注
良好	黄绿色	原料是实时收割青贮
中等	黄褐色或暗褐色	原料收割青贮时有黄色
劣质	黑色、墨绿色、暗色	品质低劣，不能够饲喂牲畜

（2）辨别气味

品质良好的青贮饲料，闻上去给人舒适感，这种青贮主要以乳酸发酵为主，品质中等的青贮可能是青贮过程中产生了一定的乙酸或乳酸，低劣的青贮闻上去刺鼻，品质低下，不能饲喂（表 8-3）。

表 8-3 青贮饲料的品质与其对应的气味

品质	气味	备注
良好	较浓的酸味、果香味或芳香味，气味不刺鼻	青贮饲料的品质高
中等	酒精味、酸味、果香味或芳香味较弱	青贮饲料的品质一般
劣质	腐败味和氨臭味	青贮饲料的品质低劣变质，不能够饲喂牲畜

（3）检查质地

品质良好的青贮饲料在装填时压得非常紧实，抓紧松开后能散开，手中略湿润，质地柔软，能清晰地看到原料的茎、叶、籽实在收获时候的状态，叶片、茎秆的叶脉和绒毛也能看出。品质较差的青贮饲料质地松散、粗糙发硬，较为干燥，或者用手抓紧后黏成团不易散开，说明青贮水分过低或者过高造成青贮质量较低。

8.1.7.2 影响青贮饲料品质的因素

要想提高动物的饲喂效果，就必须在了解青贮基本原理的基础上，提高青贮饲料的品质，缩短青贮的时间，控制二次发酵。目前，国内外的研究主要集中在乳酸菌接种剂对青贮饲料的发酵时间、温度、pH 值和品质的影响，以及不同原料青贮过程中乳酸菌种类及微生物多样性、二次发酵的主要原因、促进青贮饲料的有氧稳定性、缩短发酵时间、寻求理想的发酵品质以及乳酸菌发酵终产物是什么等问题。这些研究仍在继续，但都没有形成确切而成型的理论。但是，要想提高动物的饲喂效果，必须了解影响青贮饲料品质的因素，继而采取措施提高青贮饲料品质。目前认为，以下因素会影响青贮饲料品质。

（1）青贮场所的选择

青贮场所应建在土质坚实、地下水位低、不易积水，且离畜舍近、贮存较方便的地方，青贮窖可用水泥、石灰或其他防冻、防水材料来填充，窖壁要严密不透气，还要有深度和宽度（即根据饲喂的量，饲养的家畜头数来确定青贮窖体积的大小），这样利于采用青贮料本身的重量将其压实，青贮窖要背风向阳，有利于青贮料的发酵，从而能使青贮料达到长期保存的目的。

（2）青贮原料

青贮原料的收割和切碎要适宜。选择青贮原料的适宜收割期，既要兼顾较高的营养成分和单位面积产量，又要保证有较为适量的可溶性糖类物质和水分。豆科牧草的适宜收割期是现蕾至开花期，禾本科牧草为孕穗期，带果穗的玉米在抽穗期收割，如有霜害则应提前收割。青贮原料切碎，含水量越低的牧草，应切割越短；含水量高则可切割长一些。用于饲喂牛、羊等反刍家畜时，禾本科牧草、豆科牧草切成 3~4cm 长，有利于家畜的采食。

（3）青贮原料的水分

原料适宜的水分是保证青贮过程中乳酸菌正常活动的重要条件之一，水分过高或过低都会影响发酵过程和青贮饲料的品质。原料的种类不同，其青贮所要求的水分含量也不相同，一般青贮原料水分在 65%~75%，质地粗硬的原料含水量高达 78%~82%，收割早、幼嫩、多汁柔软的原料含水量 60%，豆科牧草含水量 60%~70%，禾本科牧草适宜的含水量为 65%~75%。水分过多容易腐败，且渗出液多，养分损失大；若水分过低，会直接抑制微生物发酵。青贮时，不易压实，应喷水，或与含水量多的饲料混合青贮，青贮时将原料握在手中捏紧，水从指缝中渗出但不滴下，表明含水量适宜。

（4）青贮原料的糖分

适宜的含糖量是乳酸菌发酵的物质基础，原料含糖量的多少直接影响到青贮效果的好坏。制作时必须采用"正的青贮糖差"（即饲料中实际含糖量要大于饲料青贮时最低需要含糖量）的原料。一般而言，禾本科牧草、玉米、高粱、甘薯藤等含有较高的易溶性糖类物质，具有较大的青贮糖差，青贮较为容易；豆科牧草，苜蓿、大豆、豌豆、马铃薯茎叶、瓜蔓等，含糖类物质少，为负的青贮糖差，不应单独青贮，可与禾本科牧草按一定含糖比例混合青贮。也可在青贮时添加 3%~5% 的玉米粉、米糠以增加含糖量。如青贮含蛋白质高的豆科作物，可加入 10%~20% 的米糠，增加糖分含量，提高青贮质量。

（5）青贮原料的缓冲能力

缓冲能力的高低将直接影响青贮发酵的品质。植物原料的缓冲能力或抗 pH 值变化的能力是影响青贮的重要因素。缓冲力较高时，由于缓冲剂中和了一些青贮的酸性，限制和延迟 pH 值的下降，发酵较慢，营养物质损失就多，不良发酵的风险就会增大。而成功的发酵与饲料干物质含量、可溶性糖类物质含量（占干物质 96%）与缓冲容量之比有关。饲草作物的缓冲能力由阴离子（有机酸盐、正磷酸盐、硫酸盐、硝酸盐、氯化物）和植物蛋白共同来完成，其中蛋白的贡献量大约占 10%~20%。原料的缓冲能力与粗蛋白含量有关，它们二者之间成正比例关系。

（6）青贮添加剂

生产实际中，原料的水分含量往往是不易控制的因素之一，对于水分过高的原料除了采取适当的翻晒预干、添加米糠等调节水分的方法以外，还可以直接加入青贮添加剂。根据青贮添加剂作用的不同可分为三类：

① 促进乳酸菌的发酵，达到保鲜贮藏的目的，常用的主要有糖、淀粉、糟粕、酶制剂及各种菌类制剂（主要是乳酸菌）；

② 保护剂，也称不良发酵抑制剂，主要抑制青贮发酵过程中有害微生物的活动，防止原料霉变和腐烂，减少营养物质的损失，主要有甲醛溶液、甲酸、亚硫酸钠、焦亚硫酸钠、无机酸；

③ 营养性添加剂，可提高青贮原料的营养价值，改善青贮饲料的适口性，如蛋白质、矿物质等，其中较常用的是非蛋白氮类物质（如尿素、氨水、各种氮肥）等。

青贮调制过程中添加不同种类的添加剂，可以提高青贮饲料的质量和促进反刍动物的生产。

(7) 青贮窖的密封和保存

青贮时窖内的氧气含量是保证青贮能否成功的关键因素。将切碎的原料迅速装填，要随切随装，装料要迅速，减少空气存在。此外，还需注意青贮窖内的温度，当青贮窖内温度在 $40\sim50℃$ 时，养分损失达到 $20\%\sim40\%$。温度过高还延长青贮发酵的时间，$35℃$ 以下时，发酵时间为 $10\sim13d$，$35\sim45℃$ 时为 $13\sim20d$；$45℃$ 以上时为 $17\sim22d$。而乳酸菌发酵的适宜温度为 $19\sim37℃$。这表明青贮窖温的变化主要受封窖时基础窖温和好氧性发酵阶段的影响，封窖时基础窖温过高或压紧封严不够，往往形成适合丁酸发酵的高温青贮，所以品质极差。因此，对青贮原料要切短，装填窖内的原料要压紧，压实密度约 $550\sim600kg/m^3$，密封越严越好，使其不漏气、不漏水，在顶部呈方形填装好的原料上面盖一层秸秆和软草，再铺盖塑料薄膜，上压 $30\sim50cm$ 厚的土，缩短装窖时间，以迅速营造一个持久的厌氧环境，减少营养物质的损失，提高青贮品质。

8.1.8 青贮饲料的益处

青贮饲料具有以下的益处：

① 可以最大限度地保持青绿饲料的营养物质，增高饲草的利用价值，新鲜的饲草水分高、适口性好、易消化，但不易保存，容易腐烂变质。青贮后，可比青绿饲料鲜嫩、青绿。青贮饲料中还含有大量的乳酸，微生物菌体蛋白，这些都是畜禽必需的营养物质，而且还有一种芳香酸味，刺激家畜的食欲，增加其采食量，对家畜的生长发育有良好的促进作用。

② 调整饲草供应时期。我国北方饲料生产的季节性非常明显，旺季时吃不完，饲草、饲料易霉烂，冬季缺少青绿饲料，青贮可以做到常年均衡供应，有利于增高牲畜的生产。

另外，由于青饲料生长期短，老化快，受季节影响较大，很难做到一年四季均衡供应。而青贮饲料一旦做成可以长期保存，保存年限可达 $2\sim3$ 年或更长，因而可以弥补青饲料利用的时差之缺，做到营养物质的全年均衡供应。

③ 青贮是一种经济实惠的获得比拟青绿饲料的办法，青贮可以使单位面积收获的总养分接近最高值，减少营养物质的浪费。一般青绿植物在成熟和晒干之后，营养价值降低约 $30\%\sim50\%$，但青贮后仅降低 $3\%\sim10\%$，青贮尤其可以有效地保护青绿植物中的维生素和蛋白质，如新鲜的甘薯藤，每千克干物质中含有 158mg 胡萝卜素，青贮后经 8 个月，仍可保留 90mg，但晒干后则只剩下 2.5mg，损失率达 98% 以上。另外，在平地区域还便于实现机械化作业收割、运输、贮存，减轻劳动强度，提高工作效率。

④ 可净化饲料，保护环境。青贮能杀死青饲料中的病菌、虫卵，破坏杂草种子的再生能力，从而减少对畜、禽和农作物的危害。另外，秸秆青贮可以使长期以来焚烧秸秆的现象

得到改观，使这一资源变废为宝，减少了对环境的污染。

基于这些特性，青贮饲料作为牲畜的基本饲料，已越来越受到各国重视。

8.2　秸秆生化饲料

秸秆生化饲料是将农作物秸秆，如玉米秸、玉米芯、小麦秸、豆秸、花生秧、花生壳、地瓜秧、稻草、杂草、树叶等，人为造就一个好氧/厌氧的生态环境，利用微生物快速生长繁殖而进行一系列酵解反应，将秸秆中的粗纤维、木质素、粗脂肪转化为低分子糖、氨基酸，并合成大量的菌体蛋白，从而把营养成分含量低的农作物秸秆转化为营养丰富、成本低廉、畜禽喜吃的生化饲料，达到秸秆化粮、变废为宝的目的，这不仅能提高资源的利用效率，而且对消除环境污染，改善生态系统循环具有重要意义。

秸秆生化饲料制作一般包括两类：

① 农业秸秆的饲料化发酵处理获得生化饲料。它是通过添加一定量特定的高活性微生物菌种，通过微生物菌种及其产生的酶和代谢产物的作用生产适口性好、营养丰富、活菌含量高、消化率高的秸秆发酵饲料。

② 农业秸秆的发酵获得菌体蛋白。将有机废物生产或先通过微生物转化可开发出各种动物蛋白或单细胞蛋白饲料。

秸秆经过微生物转化后作饲料，可大大提高秸秆利用的经济价值。通过这种处理，较之传统的直接饲喂方法，可极大提高动物的消化吸收率。

8.2.1　秸秆的饲料化发酵

作物秸秆的最大特点是含纤维素多，适口性差，消化利用率低，例如可消化蛋白质只有 $0.2\%\sim5\%$，动物对秸秆消化利用率只有 $35\%\sim55\%$。农业秸秆发酵处理能把难于消化利用的纤维素等高分子糖类物质降解转化为容易被动物消化利用的营养物质。

秸秆发酵饲料技术是一种与青贮不同的生物处理技术。发酵过程中，粗饲料中的纤维素、淀粉、蛋白质等复杂的大分子有机物在一定程度上会降解为动物容易消化吸收的单糖、双糖和氨基酸等小分子物质，从而提高饲料的消化吸收率。

8.2.2　秸秆蛋白饲料

一般来讲，农作物残体中都含有糖类物质、蛋白、脂肪、本质素、醇类、醛、酮和有机酸等，这些成分大都可被微生物分解利用进行生长繁殖。因此，秸秆菌体蛋白就是以农作物秸秆、杂草、树叶等为主要原料，将秸秆粉置于人工造就的特定的生态环境中，经过秸秆生化饲料发酵剂（特定微生物）的生物化学作用，促使微生物的大量生长繁殖，合成游离氨基酸和菌体蛋白，从而使秸秆转化为富含粗蛋白、脂肪、氨基酸及多种维生素的秸秆饲料。

首先，在发酵过程中可能产生并积累大量营养丰富的有用的代谢产物，如氨基酸、抗生素、激素、有机酸、醇、酯等，使饲料变软变香，营养增加；微生物代谢产物中，有些对饲料还具有防腐作用（如乳酸、醋酸和乙醇），有的能增强动物的抗病能力，刺激动物的生长发育。

其次，微生物菌体具有较高营养价值。微生物菌体中粗蛋白的含量在细菌中一般为 60%～80%，酵母菌为 50%～70%，丝状真菌稍低，为 50%～60%，关于蛋白质中的氨基酸组成，微生物蛋白中一般除含硫氨基酸不足外，其他种类的氨基酸含量都比较丰富，总量稍逊于鱼粉，但是优于大豆。微生物常常含有维生素 B_2 和 B_6 以及 β-胡萝卜素、麦角甾醇，只是维生素 B_{12} 略有不足。另外，微生物的磷和钾丰富，但钙含量略低。因此，若对微生物蛋白补充蛋氨酸、维生素 B_{12} 和钙，可以获得等同于鱼粉的营养效果。例如，以玉米作猪饲料时，蛋白质的效价（动物增重量/蛋白质消耗量）只有 0.15，而添加 1% 和 5% 酵母时，效价值可以分别增加至 0.73 和 2.11。总之，这些微生物含有较多的蛋白，其中动物所必需的氨基酸含量也较高，并含有较丰富的维生素，可作为动物的高蛋白食物，添加到动物饲料中可大大提高饲料效果。

8.2.3 秸秆饲料化处理的常见微生物

8.2.3.1 乳酸菌

内容见前文青贮的相关内容。

8.2.3.2 纤维素分解细菌

细菌的纤维素酶一般都存在于细胞中，或者吸附在细胞壁上。因此，在生产上很少用细菌做纤维素酶的生产菌种。自然界中的纤维素降解细菌包括：纤维单胞菌属（*Cellulomonas*）、噬纤维菌属（*Cytophaga*）和生孢噬纤维菌属（*Sporocytophaga*）等的细菌。

（1）纤维单胞菌属（*Cellulomonas*）

此类细菌在幼龄培养物中的细胞呈细长的不规则杆状，直到稍弯，（0.5～0.6）μm×（2.0～5.0）μm，有的呈 V 字状排列，偶见分支但无丝状体。老培养物的杆通常变短，有少数球状细胞出现。革兰氏阳性，但易褪色。常以一根或少数鞭毛运动。不生孢，不抗酸，兼性厌氧，有的菌株在厌氧条件下可生长但很差。在蛋白胨-酵母膏琼脂上的菌落通常凸起，淡黄色。化能异养菌，可呼吸代谢也可发酵代谢，葡萄糖和其他糖类物质在好氧和厌氧条件下都可产酸，接触酶阳性，能分解纤维素，能还原硝酸盐到亚硝酸盐，最适生长温度 30℃。广泛分布于土壤和腐败的蔬菜中。

（2）噬纤维菌属（*Cytophaga*）

此类细菌旧称纤维黏细菌属，为革兰氏阴性细菌。细胞杆状或丝状，长度可达 50μm；含黄色至红色类胡萝卜素色素，可作滑行运动，化能有机营养型，一般进行好氧呼吸代谢，少数可利用硝酸盐作电子受体进行硝酸盐呼吸，也有进行兼性发酵的兼性厌氧菌。普遍能利用琼脂、藻酸盐、纤维素和几丁质等复杂多糖。G＋C 的 mol% 值为 28～39。栖居于土壤、淡水、淡海水和海水等生境中，为厌氧条件下的纤维素分解菌。

（3）生孢噬纤维菌属（*Sporocytophaga*）

此类细菌为革兰氏阴性细菌，形成可屈挠的杆状细胞，末端圆，大小为（0.3～0.5）μm×（5～8）μm，单个，老培养物中出现圆质体和畸形细胞。形成小孢囊（休眠阶段），滑动运动。有机化能营养，可利用分子氧做最终受体。纤维二糖、纤维素、葡萄糖和甘露糖（对某些菌株）是仅知的碳源和能源。铵、硝酸盐离子、蛋白胨、尿素和酵母膏均可作为唯一的氮源。接触酶阳性，严格好氧，最适温度大约是 30℃。

8.2.3.3　酵母菌

酵母菌基本上都是兼性厌氧菌，在有氧的条件下细胞大量繁殖，利用发酵底物中的养分，合成含蛋白质和 B 族维生素等营养成分很高的菌体。酵母细胞一般含蛋白质 50％～55％，还有丰富的脂肪、维生素以及各种酶素、激素，是动物很好的精饲料。酵母菌在无氧条件下可进行酒精发酵，使青贮、发酵饲料具有特殊的香味。

酵母菌种类很多，适合于发酵饲料的有产朊假丝酵母（*Candida utilis*）、热带假丝酵母（*Candida tropicalis*）、啤酒酵母（Beer yeast）、解脂假丝酵母（*Candida lipolytica*）、葡萄酒酵母（*Saccharomyces ellipsoideus*）、巴氏酵母（*Saccharomyces pastorianus*）、生香酵母和白地霉（*Geotrichum candidum*）等。

(1)　产朊假丝酵母（*C. utilis*）

此菌又称产朊圆酵母或食用圆酵母。它的细胞呈圆形、椭圆形或腊肠形，大小为 $(3.5～4.5)\mu m \times (7～13)\mu m$。液体培养不产醭（表面生出的白色的霉），管底有菌体沉淀。在麦芽汁琼脂培养基上，菌落乳白色，平滑，有或无光泽，边缘整齐或菌丝状。在加盖片的玉米粉琼脂培养基上，形成原始假菌丝或不发达的假菌丝，或无假菌丝；能发酵葡萄糖、蔗糖、棉子糖，不发酵麦芽糖、半乳糖、乳糖和蜜二糖；不分解脂肪，能同化硝酸盐；其蛋白质和维生素 B 的含量都比啤酒酵母高，它能以尿素和硝酸作为氮源，在培养基中不需要加入任何生长因子即可生长。

因本菌能利用多种己糖、戊糖和尿素或是廉价工农业副产品、废料等合成营养丰富的蛋白质，例如可利用造纸厂亚硫酸废液、糖蜜、淀粉厂废液和木材水解液作碳源，以尿素或硝酸盐作氮源生长，其蛋白质和维生素 B 含量均超过酿酒酵母，故是生产食用、药用或饲料用的单细胞蛋白的优良菌种。

(2)　热带假丝酵母（*C. tropicalis*）

又称热带念珠菌，是常见的假丝酵母，为芽生，有假菌丝，有厚壁孢子、无子囊。一般情况下呈卵圆形的单壁细胞。大小为 $2\mu m \times 6\mu m$，成群分布，尚可见分隔的假菌丝，革兰氏染色阳性，生长最适宜的 pH 值为 5.5。

热带念珠菌是一种腐物寄生菌，广泛存在于自然界，可从水果、蔬菜、乳制品、土壤中分离出。也可存在于健康人体的皮肤、阴道、口腔和消化道等部位。因此它是一种条件致病菌。它在人体中可见到不同期表现，无症状时为酵母型，呈圆形或椭圆形；在侵犯黏膜组织致病时，常表现为菌丝型，为长条形的假菌丝。

(3)　啤酒酵母（Beer yeast）

啤酒酵母是指用于酿造啤酒的酵母，多为酿酒酵母（*Saccharomyces cerevisiae*）的不同品种。细胞形态与其他培养酵母相同，为近球形的椭圆体，与野生酵母不同。啤酒酵母在麦芽汁琼脂培养基上的菌落为乳白色，有光泽，平坦，边缘整齐。无性繁殖以芽殖为主。能发酵葡萄糖、麦芽糖、半乳糖和蔗糖，不能发酵乳糖和蜜二糖。它是啤酒生产上常用的典型的发酵用酵母。菌体维生素、蛋白质含量高，可作食用、药用和饲料酵母，还可以从其中提取细胞色素 C、核酸、谷胱甘肽、凝血质、辅酶 A 和三磷酸腺苷等。

按细胞长与宽的比例，可将啤酒酵母分为三组。第一组的细胞多为圆形、卵圆形或卵形（细胞长/宽小于 2），主要用于酒精发酵、酿造饮料酒和面包的生产；第二组的细胞形状以卵形和长卵形为主，也有圆或短卵形细胞（细胞长/宽约为 2），这类酵母主要用于酿造葡萄酒和果酒，也可用于啤酒、蒸馏酒和酵母的生产；第三组的细胞为长圆形（细胞长/宽大于 2），这类酵母比较耐高渗透压和高浓度盐，适合于以甘蔗糖蜜为原料的酒精生产。

(4) 解脂假丝酵母（C. lipolytica）

在葡萄糖、酵母膏、蛋白胨液体培养基中培养 3d（25℃）后，它的菌体细胞呈卵形至香肠形，大小为（3~5）μm×（5~11）μm 或 20μm。液面有菌醭，管底有菌体沉渣；无发酵能力。在麦芽汁琼脂斜面上可形成乳白色、黏湿、无光泽的菌落。有的菌株产生表面皱褶、边缘不整齐的菌落。在玉米粉琼脂培养基上加压盖玻片后，可见有假菌丝和菌丝形成。在菌丝或假菌丝顶端或中间会形成单个或成双的芽孢子，有时芽孢子轮生。

不发酵任何糖类。可同化的碳源有葡萄糖，不同化麦芽糖、半乳糖、蔗糖、乳糖、棉子糖、蜜二糖、纤维二糖、D-木糖、可溶性淀粉、D-阿拉伯糖和 L-阿拉伯糖。可分解脂肪和冻化牛奶（凝块乳），可利用（NH_4）$_2SO_4$ 作氮源。本菌能利用煤油和石蜡油等正构烷烃作碳源，故可用于石油脱蜡和利用石油作原料生产饲料用的单细胞蛋白。此外，还能利用石油生产柠檬酸、维生素（B_6 等）和脂肪酸。

(5) 葡萄酒酵母（S. ellipsoideus）

它是酵母属真菌，其单细胞呈圆形至椭圆形，大小约 7μm×12μm，含有转化酶，能直接利用蔗糖，在果汁和麦芽汁中均会产生葡萄酒香气和滋味。发酵力强，能生成 16% 酒精，在整个发酵阶段（主发酵和后发酵）均起主导作用。它能以各种果汁中的糖为原料，发酵生成酒精，普遍用于葡萄酒、果酒和酒精的生产。

(6) 巴氏酵母（S. pastorianus）

常危害发酵啤酒的一种酵母。该种归入啤酒酵母，其形态为长卵形或腊肠形，（2.5~7）μm×（4~26）μm；孢子圆形平滑，1~4 个，1.5~5μm。琼脂斜面培养，菌苔呈白色，湿润光滑，边缘弯曲；在液体培养基中，形成菌膜；能发酵葡萄糖、麦芽糖和棉籽糖，不发酵半乳糖和蜜二糖；不能同化硝酸盐，能稍微同化乙醇。

该菌引起啤酒混浊，妨碍酒液澄清。产生可厌的苦味及不愉快的气味，是对啤酒厂危害较大的野生酵母。

(7) 生香酵母

生香酵母，简单地说，是指在生长、繁殖过程中能产生芳香气味物质的酵母，例如酱油酿造过程中使用比较广泛的生香酵母主要是鲁氏接合酵母（Zygosaccharomyces rouxii）和多变假丝酵母（Candida versatilis）。生香酵母一般产生的主要芳香气味物质如下。

① 乙醇　在酱醪发酵过程中，鲁氏接合酵母（Z.rouxii）通过糖酵解途经（EMP 途径）分解糖为丙酮酸再脱羧形成乙醇，但是酱醪中，糖的种类非常多，在高盐环境下，并不是所有种类的糖均能由鲁氏酵母发酵生成乙醇，比如葡萄糖可以，麦芽糖则不行（但在无盐条件下麦芽糖也可以发酵生成乙醇）。

② 高级醇　鲁氏接合酵母（Z.rouxii）在形成高级醇，如 2-苯乙醇、3-甲硫基丙醇等的过程中，α-酮酸是关键的中间代谢物，高级醇是通过相应 α-酮酸的脱羧作用而形成，主要通过 2 条途径进行。其中一条途径是生物合成途径，另一条是氨基酸分解代谢途径，即所谓 Ehrlich 途径。在 Ehrlich 途径中，α-酮酸可以通过胞外氨基酸的脱氨和转氨作用而形成。在酱醪发酵过程中，有大量胞外氨基酸产生。因此，大多数高级醇可以通过鲁氏接合酵母的 Ehrlich 途径代谢产生。Ehrlich 途径也是形成 3-甲硫基丙醇的唯一途径。

③ 其他芳香杂醇　所谓的芳香杂醇，如异戊醇（3-甲基-1-丁醇）、活性戊醇（2-甲基-1-丁醇）、异丁醇（2-甲基-1-丙醇）等，是构成酱油香味的重要组成成分。与酿酒酵母相似，

鲁氏接合酵母（*Z. rouxii*）可以通过 Ehrlich 途径从不同枝链氨基酸（亮氨酸、异亮氨酸、缬氨酸等）合成相对应的芳香杂醇（异戊醇、活性戊醇、异丁醇等）。

④ 4-羟基-呋喃酮类 4-羟基-呋喃酮类是很多通过酵母菌或乳酸菌发酵的食品如酱油、米醋、啤酒、奶酪等中存在的重要香味物质，而且其味阈值很低，一般在很低浓度下（如 $20 \sim 160 \mu g/L$）就能发挥作用。已知由鲁氏接合酵母（*Z. rouxii*）合成的 4-羟基-呋喃酮类香味物质有 2 种：一种是 HEMF [4-羟基-2(或 5)-乙基-5-(或 2)-甲基-3(2H)-呋喃酮]，另一种是 HDMF [4-羟基-2,5-二甲基-3（2H）-呋喃酮]。HEMF 和 HDMF 能提高酱油的鲜味和焦糖型风味。

(8) 白地霉 （*G. candidum*）

它是半知菌亚门（Deuteromycotina），丝孢纲（Hyphomycetes），丝孢目（Hyphomycetales），丛梗孢科（Moniliaceae），地霉属（*Geotrichum*）的一种真菌。白地霉的形态特征介于酵母菌和霉菌之间。菌丝为有横隔的菌丝，有的为二叉分枝。菌丝宽 $3 \sim 7 \mu m$。繁殖方式为裂殖，菌丝成熟后断裂成单个或成链、长筒形、末端钝圆的节孢子。节孢子大小为 $(4.9 \sim 7.6) \mu m \times (5.4 \sim 16.6) \mu m$。单株白地霉具有一定程度的表型可变性，同种内不同菌株呈现遗传多态性，一般菌落呈平面扩散，生长快，扁平，乳白色，短绒状或近于粉状，呈同心圆，有的具有放射线，有的呈中心突起，少数菌株为浅褐色或深褐色，质地从油脂到皮膜状。在液体培养时生白醭，毛绒状或粉状。生长温度范围在 $5 \sim 38℃$，最适生长温度为 $25℃$。生长 pH 范围在 $3 \sim 11$，最适 pH 为 $5 \sim 7$，具有广泛的生态适应性。广泛分布在烂菜、青贮饲料、泡菜、有机肥、动物粪便、各种乳制品和土壤等处。

白地霉能水解蛋白，其中多数能液化明胶和陈化牛奶（凝块乳），少数只能陈化牛奶，不能液化明胶。在葡萄糖、甘露糖、果糖上能微弱发酵；有氧时能同化甘油、乙醇、山梨醇和甘露醇，能分解果胶和油脂，能同化多种有机氮源和尿素。

白地霉的菌体蛋白营养价值高，可供食用及饲料用，也可用于提取核酸。它还能合成脂肪，能利用糖厂、酒厂及其他食品厂的有机废水生产饲料蛋白。

8.2.3.4 霉菌

在饲料发酵过程中起主要作用的是根霉和曲霉，如黑曲霉（*A. niger*）、米曲霉（*A. oryzae*），能产生糖化酶，将淀粉分解成糖；米曲霉（*A. oryzae*）还能将蛋白质分解成氨基酸。在人工接种的情况下，发酵饲料中可以生长粗糙脉孢菌（*N. crassa*）、木霉（*richoderma* spp.）等。粗糙脉孢菌（*N. crassa*）可以合成蛋白质，木霉可以分解纤维素。国内外生产纤维素酶制剂多采用木霉、曲霉、青霉、根霉等做菌种，其中以绿色木霉（*Trichoderma viride*）使用最为广泛。

(1) 黑曲霉 （*A. niger*）

它是子囊菌亚门（Deuteromycotina），丝孢目（Hyphomycetales），丛梗孢科（Moniliaceae）中的一个常见种。它可生产淀粉酶、酸性蛋白酶、纤维素酶、果胶酶、葡萄糖氧化酶等，可以用作农业上生产糖化饲料的菌种。具体的生物学特性参见第 7 章的相关内容。

(2) 米曲霉 （*A. oryzae*）

它属于黄曲霉群，是曲霉属中的一个常见种。分生孢子头呈放射状，直径 $150 \sim 300 \mu m$，也有少数为疏松柱状。分生孢子梗长约 2mm，近顶囊处直径达 $12 \sim 25 \mu m$，壁较薄，粗糙，顶囊近球形或烧瓶形，通常 $40 \sim 50 \mu m$，小梗一般为单层，$12 \sim 15 \mu m$，偶尔有双层，也有单、双层小梗同时存在于一个顶囊上。有球形或近球形的分生孢子，黄绿色，分生孢子幼时洋梨形或卵圆形，老后大多变为球形或近球形，孢子直径一般为 4.5～7μm，个别大的可达 8～10μm，粗糙或近于光滑。

它的孢子只要吸收到水分和养料，有空气和适宜的温度、湿度，就立刻开始发芽，生出管子一样的白色菌丝，菌丝会伸展很长，中间有横隔膜分开，形成多细胞，每个细胞内又有几个细胞核，所以它的细胞是一种多核的细胞。进一步由菌丝长出分生孢子梗，在分生孢子梗上生长出顶囊，顶囊上再长出小梗，最后在小梗上长满孢子至成熟。一般培养 24h 左右就能生长出孢子，初为嫩黄色，经过 2～3d 时间逐渐变成黄绿色，衰老时孢子变为褐色。

米曲霉菌落生长快，10d 直径达 5～6cm，质地疏松，初呈白色、黄色，后转黄褐色至淡绿褐色，背面无色，适宜生长的 pH 范围为 6.5～6.8，生长水分为 34%～45%，孢子发芽温度为 28～32℃，生长温度为 32～35℃，产酶最适宜温度为 28～30℃；分布甚广，主要在粮食、发酵食品、腐败有机物和土壤等处。

它是能够合成复合酶的菌种，除蛋白酶外，还能产淀粉酶、糖化酶、纤维素酶、植酸酶、果胶酶等。它不产生黄曲霉毒素，是我国传统酿造食品酱和酱油的主要生产菌种，还在酿酒生产中被作为糖化菌。此外，它还是曲酸的生产菌。

(3) 绿色木霉 (*Trichoderma viride*)

它属于半知菌亚门 (Deuteromycotina)，丝孢纲 (Hyphomycetes)，丝孢目 (Hyphomycetales) 的真菌，能产生多种具有生物活性的酶系，如纤维素酶、几丁质酶和木聚糖酶等。它是产纤维素酶活性最高的菌株之一，所产生的纤维素酶对作物有降解作用；它还是一种资源丰富的拮抗微生物，在植物病的生物防治中具有重要的作用，具有保护和治疗双重功效，可有效防治土传性病害。具体的生物学特性参见第 7 章的相关内容。

(4) 粗糙脉孢菌 (*Neurospora crassa*)

它是一种多细胞丝状真菌，属于球壳目 (Sphaeriales)。它作为木质纤维素降解真菌，不仅具有完整的木质纤维素降解酶系，而且还知道其全基因组序列，是研究丝状真菌纤维素酶表达分泌机质和木质纤维素降解机制的优秀体系。国内外利用粗糙脉孢菌系统，在木质纤维素降解机制方面取得了显著进展，包括纤维素酶信号传导、调控以及生物质降解后的糖转运和利用等。具体生物学特性参见第 7 章的相关内容。

(5) 担子菌

木材腐朽菌，如小皮伞 (*Marasmius salicicola*) 等，是可以考虑用来处理粗饲料中的木质素和纤维素，提高粗饲料的营养价值。担子菌的菌丝体最发达，由分枝且分隔的纤细菌丝所组成。这些菌丝穿入基质吸收营养，因此用秸秆、秕谷等粗纤维原料培养食用菌，可以获得营养价值很高的食用菌子实体和菌糠饲料；其液体发酵法生产的菌丝体更是值得大力开发利用的饲用菌体蛋白。

柳小皮伞 (*M. salicicola*) 属于担子菌亚门 (Basidiomycotina)，伞菌目 (Agaricales)，白蘑科 (Tricholomataceae)，小皮伞属 (*Marasmius*)。其形态与构造特征如下：担子果群生，偶尔丛生，菌盖膜质，扁钟形 (降落伞形)，白色，边缘浅白色，中央略带褐黄色，表面有明显的沟纹，菌盖直径 1.5～2.1cm。菌褶直生，边缘直或略成弓状，近菌柄一端成短垂生，长短不一，全长菌褶 10～12 片，2/3 长菌褶 12 片，1/2 长菌褶 12 片，菌褶中的髓层近规则型。菌柄中央生或偏生，白色，基部为黑色，长 1～1.5cm，顶端粗 1～2mm，基部稍细为 1mm。担子棒状，顶端稍粗 (17.0～28.6)μm×(4.4～6.6)μm，有 4 个小梗。孢子乳白色，在显微镜下透明五色，近茄形，一端圆，一端稍尖，8.8μm×2.2μm，单核，萌发前可能呈双核。柳小皮伞在春夏多雨时，生于柳树皮层或木头上，故名柳小皮伞，可作秸秆发酵饲料菌种。

8.2.4 农业秸秆的饲料化发酵展望

饲料工业和畜牧业是我国有相对优势的产业，产品的数量需求大，产品的质量要求更高。目前发酵饲料的主要产品是青贮饲料，它是反刍动物的主要粗饲料。饲用微生物发酵工程技术和产品在解决饲料工业难题上有巨大的发展潜力，是当前国内外的研究重点和发展方向。通过微生物发酵技术和酶制剂创造新产品、新技术和新工艺，与饲料生产相关企业和养殖业结合，形成具有展示效应的技术与产品，是饲料生物技术研究的主要任务。

目前微生物发酵饲料所遇到的难题主要是秸秆中的纤维素和木质素以及蜡质等物质结合在一起，微生物很难短时间内通过酶将其破坏和降解。因此，研究和应用饲料生物技术获取微生物发酵产品及添加剂，开发饲料添加剂资源，促进秸秆中的纤维素和木质素以及蜡质等物质的破坏和降解，继而提高营养元素的消化吸收率，提高饲料生产和养殖企业经济效益，是适应市场化需求且非常必要的，是目前及今后相当长时间的新产品研究发展的方向。

🖊 复习思考题

1. 什么是青贮，其微生物发酵原理是什么？
2. 试分析乳酸菌在青贮过程中的作用。
3. 影响青贮饲料品质的因素有哪些？
4. 什么是农业秸秆的饲料化发酵？其原理是什么？

第9章
蘑菇栽培对农业固体废物的处置

　　我国是栽培食用菌最早的国家之一。大约在一千多年前，古人就记载过蘑菇的种植方法，记录下"芝生于土，土气和而芝草生""紫芝之载如种豆"这样的语句。宋朝的陈仁玉在淳祐五年写成《菌谱》，这是目前所知的世界上最早的食用菌专著，被编入《四库全书》。公元 500 年左右，我国开始栽培金针菇。公元 600 年左右，我国开始栽培木耳。公元 1150—1200 年左右，浙江龙泉、庆元和景宁一带开始栽培香菇。200 多年以前，广东南华寺开始栽培草菇。在国外，1605 年左右，法国农学家拉昆提尼在皇帝路易十六的花园的草堆之上成功栽培了双孢蘑菇。19 世纪末，发明了双孢蘑菇孢子培养法。1902 年，使用组织分离法成功培育了双孢蘑菇菌种。

　　农业的固体废物可以用于栽培蘑菇，例如利用牛粪栽培蘑菇，这是一项传统技术，最早起源于法国，该技术在欧美已有 300 多年的历史，我国从 20 世纪 70 年代开始发展。蘑菇栽培技术的发展最初是为了帮助农民致富，直到 1999 年，科学家开始探索用牛粪等固体废弃有机物栽培蘑菇，这种结合在带来丰厚经济效益的同时，还能实现良好的环境效益，可以说实现了"一箭四雕"：产出食用菌产品，帮助农民增收；利用畜禽粪污，降低环境污染；减少秸秆剩余量，降低焚烧秸秆对环境的污染；生产大量有机肥，促进了有机农业发展。因此在农业固废处置中，蘑菇栽培技术作为一种新兴的、绿色环保的循环农业技术正蓬勃发展起来。

9.1　真菌的生长特性

　　蘑菇是真菌中可供人类食用或药用的一类大型真菌类群，一般能形成大型的肉质（或胶质）子实体或菌核类组织。目前已知的可食的菌种约 2000 多种，人工大面积栽培的种类约有 40～50 种。

　　多数蘑菇属于担子菌亚门，常见的有：香菇、草菇、蘑菇、木耳、银耳、猴头、竹荪、松口蘑（松茸）、口蘑、红菇、灵芝、虫草、松露、白灵菇和牛肝菌等。

　　也有少数蘑菇属于子囊菌亚门，如：羊肚菌、马鞍菌、块菌等。

　　它们都是丝状真菌，具有真菌的以下基本特征。

9.1.1　真菌的化学组成特征

与其他生物一样，丝状真菌是由各种元素按照一定的生命规律构建而成：

首先是具有由各种元素构成的生物小分子，如氨基酸、核苷酸以及脂肪酸等。其中，C、H、O、N、P、S元素组成细胞的有机化合物和水；K、Na、Ca、Mg、Cl、Mn 或以离子的形态游离于细胞质中，或是参与有机酸的构成，形成容易被解离的盐类；B、F、Si、Se、As、I、V、Cr、Fe、Co、Ni、Cu、Zn、Sn、Mo 则分别组成真菌细胞内外各种酶的辅基，参与到丝状真菌细胞的生命活动中。

其次，各种生物小分子物质常常是生物大分子物质的单体，这些单体可以通过各种化学键，按照一定的规则结合，最终形成生物大分子物质。这些生物大分子物质包括蛋白质、核酸、糖、脂类和它们相互结合的产物，如糖蛋白、脂蛋白、核蛋白等。

最后，各种生物大分子还能进一步通过非共价键或共价键结合，组成超分子（super molecule，如酶及其底物、激素及其受体等）和单元粒子（elementary particle，如基粒，又称 ATP 酶复合体，单元粒子是一组聚合蛋白质组成的能量转导单位，存在于线粒体内膜，由7个复合体组成，其中4个是电子传递复合体，另外3个是 ATP 合成酶的转质子酶和转氢酶复合体）。超分子可进一步装配构成各种亚细胞结构，如细胞壁、细胞膜、细胞核、核蛋白体等，最后再由这些亚细胞结构进一步组成真菌细胞。

9.1.2　真菌的细胞结构特征

细胞壁是蘑菇细胞的最外层结构，其细胞壁的功能与原核微生物类似，除具有对细胞外形的固定作用外，还有保护细胞免受各种外界因子（渗透压、病原微生物等）影响的功能。细胞壁的内侧为细胞膜。细胞膜的内侧是原生质和各种细胞器（图9-1）。因此，外界的营养物质若要进入真菌细胞内，继而参与真菌的生命活动，必须穿过细胞壁和细胞膜。

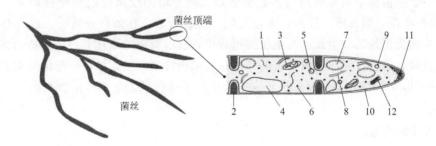

图 9-1　丝状真菌的细胞结构示意

1—细胞壁；2—横隔膜；3—线粒体；4—液泡；5—结晶体；6—核糖体；7—细胞核；

8—内质网；9—脂质体；10—细胞膜；11—小泡；12—高尔基体

细胞膜内充满整个真菌细胞的内含物就是原生质。原生质是真菌细胞结构和生命活动的物质基础。真菌细胞原生质的化学组成是极其复杂且不断变化的，但按照化合物的性质可分成有机物和无机物两大类。在真菌原生质中，含量最高的无机物是水，一般含水量约占细胞的 $60\% \sim 90\%$。因此，认为"真菌细胞主要是水做的"这种观点是不足为奇的；原生质中的有机物包括大量的蛋白质（含酶）、核酸、脂类和糖类。此外，原生质中还有许多极其微量的生理活性物质。

真菌细胞的细胞器包括细胞核、线粒体、内质网和液泡等（图 9-1）。真菌细胞的细胞核数目因种类不同而存在差异：在那些无隔菌丝中，往往存在多个细胞核，这些细胞核均匀地分布在细胞质中，这样的细胞被称为多核细胞（coenocyte）；而有隔菌丝的单个细胞中则存在包含 1 个、2 个或多个细胞核的情况。单核细胞、双核细胞分别是不同类型真菌的特征，但大多数真菌中存在多核细胞。此外，在很多真菌的菌丝细胞中还包含许多大小不等的油球。液泡在真菌细胞内普遍存在，其形态和大小随真菌细胞年龄和生理状态的变化而变化。一般在老的真菌细胞内的液泡体积较大。液泡的主要作用是维持细胞渗透压和贮存营养物质。此外，由于真菌液泡内还含有糖原、脂肪、多磷酸盐、碱性氨基酸（例如精氨酸、鸟氨酸等）以及蛋白酶等多种水解酶，液泡也具有类似溶酶体的降解作用。

9.1.3　真菌营养体的形态结构特征

真菌的生命周期包括营养生长阶段以及繁殖阶段。真菌在营养生长阶段的菌体常常被称为营养体。

9.1.3.1　真菌的营养体特征

典型的真菌营养体形态是丝状或管状，称为菌丝（hypha）。菌丝生长在基质上或从基质中延伸出菌丝分枝，是吸收养分的结构。菌丝直径一般在 $10\,\mu m$ 以下，最细的不到 $0.5\,\mu m$，最粗的可超过 $100\,\mu m$。多数真菌的菌丝产生隔膜（sept）而将菌丝分成很多间隔（菌丝段），这样的菌丝称为有隔菌丝（septahypha），普遍存在于高等真菌如蘑菇中；少数菌种的菌丝无隔，叫无隔菌丝（non-septahypha），常见于低等真菌中。不同真菌的菌丝差异较小，一般表现在透明、有色、暗色、有无隔、直径大小、横隔的构造和隔处的直径是否小于菌丝直径、表面有无疣状物、是否等径等方面。若与复杂的孢子形态相比，这种差异是微不足道的。

菌丝一般是由孢子萌发后进一步延伸形成，或是由一段菌丝细胞增长而来，它的直径（横向）生长有限，但长度（纵向）生长无限。现在认为：在条件合适时，菌丝总以顶端生长的方式向前无限地延伸生长。在生长的过程中，有些真菌的菌丝会形成独特的菌丝形态。

我们将菌丝集合在一起构成一定的宏观结构或由许多菌丝连结在一起组成的营养体叫菌丝体（mycelium），如长期储存的橘子皮上长出的蓝绿色绒毛，放久的馒头或面包上长出来的黑色绒毛。

9.1.3.2　菌丝体的组织

真菌没有复杂的组织分化，但在不同的环境条件或特定的生活周期下会呈现出以下几种不同形态的菌丝组织：

① 有时，菌丝交织比较松散，其特征是相互平行的一个个的菌丝细胞比较细长，两端稍细，此时称为疏丝组织（prosenchyma）；

② 有时，菌丝组织由大致等径的薄壁细胞组成，排列紧密如同高等植物的薄壁组织，菌丝组织中的菌丝细胞一般不容易分离，此时称为拟薄壁组织（pseudoparenchyma）；

③ 当环境条件不良或在繁殖阶段，真菌的菌丝体通过反复分枝，相互紧密地缠结在一起，最终形成菌丝组织体，即所谓的密丝组织（plectenchyma）。

许多真菌中的疏丝组织和拟薄壁组织还能够进一步生长发育，最终形成各种不同的营养结构和繁殖结构。最常见的主要有子座（stroma）和菌核（sclerotium）。子座是一个垫状的营养结构，是容纳子实体的褥座，常常在其中或其上产生子实体，其形状通常为垫状、柱状、棒状、头状等；菌核是一个坚硬的营养结构，常常可以进入休眠以抵御外界不良的环境，休眠后再萌发产生能够产孢的子实体。

菌丝体有时形成长长的绳状物，称为根状菌索（rhizomorph）（图 9-2），它有一个坚实的外层和一个生长的尖端，能抵抗不良环境，保持休眠状态。当出现利于生长的环境时，它又从尖端部位继续延伸生长，且到一定生长阶段时可以从菌索上生长出繁殖体。在蘑菇中常能看到根状菌索的形态。

图 9-2 延伸在腐朽的木材上的根状菌索

9.1.3.3 真菌的营养特征

真菌细胞一般既不含叶绿体，也没有质体，不能进行光合作用，因此它们需要从外界吸收营养物质以维持自身正常的生理活动。大多数真菌能利用无机或有机氮、各种矿物元素来合成自己所需的蛋白质。真菌的正常生长一般需要碳、氢、氧、氮、磷、钙、钾、镁、硫、硼、锰、铜、钼、铁和锌等元素，有时还需要硫胺素、生物素、吡哆醇和肌醇等生长因子。

总之，自然界中真菌的营养方式为异养吸收型，即它们通过分解和吸收环境中的有机物，提供生命和生活的基本保障。这些有机物来源广泛，包括动物、植物的活体、死体或生物排泄物，断枝、落叶和土壤腐殖质等（图 9-3）。真菌的营养方式与植物（光合作用）和动物（吞噬作用）明显不同，是一类典型的异养生物。真菌的异养方式包括寄生、腐生和共生等。真菌的营养特征就是利用农业固体废物栽培蘑菇的生理基础。

图 9-3 生长在腐朽木材上的担子菌的子实体

真菌对可溶物质的吸收一般借助菌丝体的渗透作用实现。菌丝细胞吸收营养物质的能力取决于细胞的渗透压与弹性。真菌营养器官的渗透压一般比其他生物的渗透压要大，如寄生真菌的渗透压比寄主的渗透压大 2～5 倍。

真菌对于某些不溶于水的大分子有机物难以直接吸收和利用，如蛋白质、脂肪和糖类物质等。因此，一般通过自身分泌的胞外酶，首先将这些大分子物质水解成可溶性小分子有机物，最终被真菌吸收和利用。

真菌利用有机物的过程是在多种酶的共同作用下完成的，根据这些酶作用的位置，可以将它们分为两类，即胞内酶（endoenzyme）和胞外酶（exoenzyme）。胞内酶是真菌呼吸作用或发酵作用不可或缺的生物催化剂。它们在细胞内起催化作用，协助完成营养物质的分解及转化，最终为真菌细胞提供生命活动所需的结构物质及能量。胞外酶多为水解酶，它们能够在胞外将脂肪、蛋白质、碳水化合物和脂类等大分子有机物分解成易被吸收的小分子物质。胞外酶构成的水解酶种类很多，如篱边黏褶菌（*Gleophyllum saepiarium*）分泌的淀粉酶、纤维素酶、半纤维素酶、降解木质素的酶、脂肪酶、麦芽糖酶、氧化酶以及尿素酶等二十多种。

由于酶的催化具有专一性，因此真菌所能利用的物质种类及效率就取决于真菌所具有的酶种类。一般的，如果腐生菌可产生的酶种类多，它们能利用的有机物质种类也多。反之，如果真菌产生的酶种类很少，它所能利用的物质种类也少。

9.1.3.4　真菌的生长特征

真菌的生长是指真菌细胞数量增多和菌体体积增大。不同类型的真菌生长过程所表现的微生物特性有所差异。单细胞真菌（主要是一些酵母菌）的生长表现为通过营养物质的吸收代谢，最终在固态培养基上形成菌落或在液态培养条件下保持自身的形态。丝状真菌表现为通过菌丝顶端的延伸完成其生长过程。真菌的细胞壁是一个透水性好、具有弹性的结构，这种结构有利于真菌对营养物质的吸收。在真菌生长过程中，当细胞壁逐渐硬化时，液泡压力随之增大，菌丝内的原生质便从衰老部分快速流向幼嫩部分，从而使菌丝不断地向前延伸，这就是丝状真菌生长的细胞内过程。

在固态培养条件下，真菌生长可形成肉眼可见的菌落。丝状菌落常常由分枝状菌丝体组成，外观上常呈现出形状、颜色及大小的差异变化。菌落形状常呈现绒毛状、棉絮状、毯状、绳索状、皮革状或蜘蛛网状等。菌落及培养基的颜色也各有千秋，某些真菌由于其分生孢子有颜色，因此形成的菌落常会呈现出相应的色彩。有的真菌会将代谢产生的水溶性色素分泌到培养基中，从而使培养基的颜色发生改变。菌落的大小在不同真菌类别、培养基条件下差异较大。以霉菌中的部分种类的菌落大小为例：根霉、毛霉、链孢霉的菌丝生长很快，在固体培养基表面蔓延，以致菌落没有固定大小，可充满整个容器；青霉和曲霉则有一定的局限性，其直径 1～2cm 或更小。此外，同一霉菌在不同成分的培养基上形成的菌落特征可能有变化。

同一类别的真菌在一定的培养基上形成的菌落，在大小、形状、颜色等指标上是相对明确的，因此常用这三个指标作为鉴定真菌的参考特征。但需要注意的是，在培养基上人工传代或培养时间过久，真菌容易变异，其形态、培养特性甚至毒力也会发生一定的改变。

9.1.3.5　真菌的繁殖特征

繁殖体是指真菌在繁殖阶段所形成的菌丝结构。真菌通过营养阶段的生长后，便进入繁殖阶段。繁殖阶段末期，多数真菌会产生孢子进行繁殖。孢子形态多样化，不仅种间存在差异，即使是同种也常有不同类型的孢子出现。

真菌的繁殖方式分为无性（asexual）繁殖和有性（sexual）繁殖两类。无性繁殖是指营养繁殖，而有性繁殖是指通过两性细胞结合的繁殖，种植收获的蘑菇就是有性繁殖时的繁殖结构——子实体。

(1) 真菌的无性繁殖

真菌的无性繁殖有以下四种方式：

① 通过菌丝体的断裂产生新个体，每一条断裂的菌丝小段都可发育成一个新的菌丝体；真菌的这种繁殖方式被广泛应用在菌种人工培养繁殖过程。通过这种方式，可以利用一段很小的菌丝快速、大量地获得所需菌种。

② 通过营养细胞分裂产生子细胞。

③ 通过营养细胞或孢子的芽繁殖产生新个体。

④ 通过产生孢子，每个孢子再萌发形成新个体。

通过营养菌丝上产生孢子的繁殖是真菌无性繁殖中最普遍的方式之一。菌体经过无性繁殖过程产生的孢子通常叫无性孢子（图9-4）。无性孢子的形状、颜色、细胞数目、排列方式、产生方式具有明确的种属特征，可以作为菌种鉴定的依据。

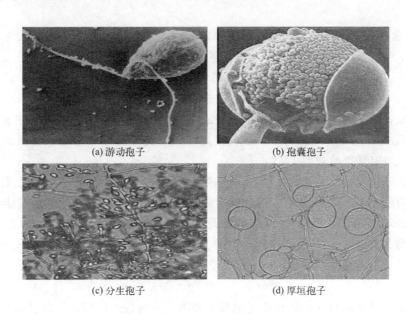

(a) 游动孢子　　　　　　　　　(b) 孢囊孢子

(c) 分生孢子　　　　　　　　　(d) 厚垣孢子

图9-4　真菌无性繁殖中常见的孢子类别

(2) 真菌的有性繁殖

真菌的营养体生长发育到一定阶段，进入繁殖期，可进行有性繁殖。有性繁殖必须要经过两性细胞的结合。真菌的有性繁殖比无性繁殖要复杂，有性繁殖的过程包括三个阶段，即质配（plasmogamy）阶段、核配（karyogamy）阶段和减数分裂阶段。

① 质配（plasmogamy）阶段　两个性细胞的融合过程，首先是原生质进行融合，这一过程称为质配（plasmogamy）。通过质配，两细胞的细胞核（n）共存于同一细胞中，形成所谓的双核期（n+n）。不各种真菌的双核期有所不同。一般低等真菌的双核期较短，高等真菌的双核期较长。

② 核配（karyogamy）阶段　核配（karyogamy）是在两个性细胞融合后，处于同一细胞中的两个细胞核进行融合。此时，两个单倍体（haploid）的细胞核结合成一个二倍体的核（2n）。

③ 减数分裂阶段　核配后所形成的二倍体（diploid）细胞核（2n）经过减数分裂，最终形成四个单倍体的核（n），从而保证种属的遗传稳定性。

不同真菌有性生殖三个阶段的时间连续性不同，有些在质配之后马上进行核配，休眠后萌发时进行减数分裂；有些在质配后并不随即进行核配，双核阶段可以保持很长时间，而在核配后马上进行减数分裂形成单倍体的有性孢子（n）。

有性繁殖过程可以通过不同的方式完成，如特殊的结构、营养菌丝或孢子等，具体有以下5种方式：

① 游动配子的配合（planogametic copulation）　两个游动配子结合，可以是同型的也可以是异型的。异型游动配子结合，两个配子中往往是一个配子能动，而另一个配子则不动。

② 配偶囊接触交配（gametangial contact）　雌性和雄性配偶囊中的配子，一方或双方退化为核。交配时，两个配偶囊的接触部位出现溶壁或溶孔，进而形成通道。借助通道将一方的核通过彼此相连的通道进入另一方的配偶囊中，随后无核的配偶囊被分解。可分为同型和异型两类。

③ 配偶囊配合（gametangial copulation）　两个配偶囊细胞完全融合在一起，合二为一，或将一个配偶囊的全部内容移入另一个配偶囊中去，从而完成配合。

④ 精孢配合（spermatization）　有些真菌能以一定的方式产生许多小型单核的精子（spermatium），它借助风、虫、水等媒介而被带到受精丝或营养菌丝上去，在二者的接触点上形成小孔，精子的内容物借助小孔进入受精丝或营养菌丝中，完成配合过程。

⑤ 体细胞配合（somatogamy）　在一些高等真菌有性繁殖中常见，真菌通过营养细胞的彼此接触完成有性繁殖过程。

真菌有性繁殖过程是在相应的结构上完成的，特别是某些特化的结构是在真菌的性分化过程中形成的。在不同的种属中，性分化后形成的结构差异较大：有些真菌能在同一个体上分化出两种明显不同的性器官，即雌雄同株；有些真菌的两性器官的分化是在不同的个体上，即雌雄异株；还有的真菌虽然具有性功能器官，但在形态上却没有两性的区别。在生理表现上，还存在自身可孕和自身不孕两种类别，前者称为同宗配合，后者称为异宗配合。

真菌在有性繁殖的过程中还会相应地形成繁简不一的各式组织，借以容纳或承受有性孢子，这类组织通常称为子实体（fructification；sporophore）。在某些高等真菌中，还有子囊果（盘状的、瓶状的、球状的等）、担子果及其附属组织，并且具有一定的种属特异性。

大部分蘑菇的有性孢子是担孢子（basidiospora）。其形成过程与子囊菌相似。在担子菌中，两性器官多退化，常常以菌丝结合的方式产生双核菌丝，在双核菌丝的两个核分裂之前可以产生钩状分枝而形成所谓的锁状联合（clamp connection）。双核菌丝的顶端细胞膨大成为担子，担子内2个不同性别的核配合，然后形成1个二倍体的细胞核，继而二倍体的细胞核经减数分裂后形成4个单倍体的核（n），同时在担子的顶端长出4个小梗，小梗顶端稍微膨大，最后4个核（n）分别进入了小梗的膨大部分，形成4个外生的单倍体的担孢子（n）（图9-5）。担孢子多为圆形、椭圆形、肾形和腊肠形等。

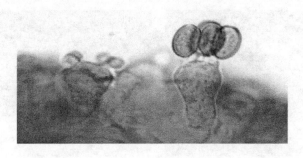

图 9-5 担孢子

目前发现的大部分真菌都能进行无性与有性繁殖，并且无性繁殖的次数多；少数菌种缺少无性繁殖阶段或有性繁殖阶段。其中，对于缺少或暂未发现具有有性繁殖的这类真菌，统称为半知菌类。

9.1.4 真菌的生态学特征

9.1.4.1 真菌与环境

除获取所需的营养基质外，真菌的生长还受到其他环境因素的影响。每一种真菌都有它自身的生态特性，在非生物因子方面主要表现在对温度、湿度和光线有其特殊的要求和独特的适应能力上。

(1) 温度

真菌的孢子萌发、菌体的生长与繁殖以及所有的生命活动，都需要在一定的温度下进行。在最适温度下，真菌生命活动最旺盛，而在最低或最高温度下的生命活动是最缓慢的，甚至死亡。

根据真菌所需的最适温度的高低，人为地将真菌分为：喜温菌、嗜热菌和耐冷菌。植物病原真菌一般是喜温菌（最适温度在20~25℃）。粪生真菌和一些木材腐朽菌能够在50℃下生长。引起落叶松癌肿病的真菌，其所需的最适温度为15℃，最低为2℃，最高为25℃，可归为耐冷菌。对多数真菌来说，高温对它们的生存不利，然而低温却对它们没有损害，很多真菌能耐受-40℃以下的低温还能存活。

(2) 水分

虽然少数真菌具有较强的耐旱能力，有的甚至可以生活在炎热干旱的沙漠环境。但大多数真菌仍喜好在阴暗多湿的环境中生活。在潮湿的森林、丛林和草丛中，真菌的种类相对较多，个体生长也更旺盛。在真菌的不同生命阶段，最适湿度会有变化。孢子萌发阶段对湿度要求较高，大多数的真菌孢子萌发需要95%以上的相对湿度。而在菌丝体的生长阶段，虽然也需要高湿环境，但因为高湿环境下氧的供给受到限制，所以对湿度的要求相对降低，研究发现，菌丝体在70%~75%相对湿度下生长更好。因此，温度与湿度的相对配比，是真菌生长、发育的重要影响因素（图9-6）。

(3) 光线

光线对菌丝体生长的直接影响不大，即使在黑暗或散光的条件下，多数真菌也能很好地生长。但是真菌的生理、生长及发育过程受光的调节，如色素的调节、向光性等现象。有些

(a) 在干燥的冬季子实体生长停滞   (b) 湿润的夏季木材腐朽菌的白色子实体生长明显

图 9-6　水分对真菌生长的影响

真菌在特定的生命阶段必须要有光，如某些种类在繁殖阶段如果缺乏一定的光，就不能形成孢子；大多数的高等担子菌在子实体形成过程中也需要光，否则就会产生畸形子实体。

（4）酸碱度

真菌能适应的酸碱范围较广，但是对绝大多数菌种而言，它们的最适 pH 范围在 4～7 之间。

9.1.4.2　真菌的种群关系

由一个孢子或一段菌丝生长出的菌丝体叫菌落（colony）。菌落一般呈放射状生长，因菌丝是通过顶端延伸而生长，因而菌落外围的生命力最旺，蘑菇圈就是最好的证明（图 9-7）。

图 9-7　蘑菇圈

（引自 http://earthsky.org/earth/fairy-rings）

蘑菇圈是由于蘑菇的菌丝辐射生长的缘故。菌丝由中间一点向四周辐射生长，时间长了，中心点处的老化菌丝相继死去，而外面的菌丝生命力强，于是形成了自然的菌丝体环，并长出子实体，形成蘑菇圈。每当夏季雨过天晴，草地上便出现一个个神秘的圆圈，直径小则十米，大则上百米。

在同一环境中，菌种并不是单一的，常常是几个种先后出现，形成一定的种群关系。例如，堆肥高温期后接种 *C. cinerea* 和 *C. comatus* 后，首先出现 *C. cinerea* 的子实体 [图 9-8（a）]，其后是 *C. comatus* 的子实体 [图 9-8（b）]。这种关系常表现在菌种间的协同作用、拮抗作用或抑制作用几方面。

(a) *C.cinerea*的子实体　　　　　　　　　　(b) *C.comatus*的子实体

图 9-8　菌种间的种群关系

菌种间的协同作用，在森林落叶层中表现得尤为明显。在落叶层分解过程中，相关的菌种依次出现，且各自完成应该完成的分解作用之后，让位于后续菌种，如此便形成菌种间的协同作用，显示出明显的菌种更替规律。在这个规律中，控制菌种出现顺序的因素是落地叶片本身的化学结构。例如在森林落叶层中，菌种的组成及其出现顺序是：分解糖类的真菌→分解半纤维素的菌种→分解纤维素菌种→分解甲壳质的菌种→分解木质素的菌种。这种菌种间的协同作用普遍存在于自然界。

与协同作用相反，菌种间的拮抗作用也是很普遍的现象。在一定的环境中，因为有一种菌的定居并积极地阻止其他菌种的定居，或抑制其他能定居下来的菌种。拮抗作用的主要机理是定居菌种产生的毒素或酶对其他菌种的抑制。拮抗的方式常见的有寄生、毒害抑制或被分解消灭等。拮抗作用常随拮抗菌种的衰老而减弱，随其死亡而告终。

9.1.4.3　真菌的适应性

在营养、湿度、温度和光线等条件合适的情况下，真菌便能迅速生长发育，并产生孢子进一步繁殖。当所处环境不是最适条件，真菌常常也能适应环境而生存下来，只是生长变得缓慢而已。当环境条件不适于生存时，真菌会采取不同的对策来适应不利环境条件，如被迫转入有性繁殖阶段；产生坚硬的保护组织如菌核、子座等；产生厚垣孢子或休眠孢子进入休眠状态等。若不造成严重损伤或死亡，在环境适宜时，真菌又可以转入新的生长发育阶段。

9.1.4.4　真菌的传播

真菌主要依靠孢子进行传播，当然也有些真菌的子实体、菌核和菌丝体等组织可以通过人类或动物的活动进行传播。真菌的传播方式主要有以下几种。

（1）气流传播

许多真菌是靠气流进行传播的，这些真菌的孢子数量大、体积小、孢子表面有刺或其他附属物，这些特征有利于孢子借助气流进行传播。

（2）水力传播

某些能产生游动孢子、黏胶孢子和具有子座、子囊壳等组织体的真菌，生活中需要充沛的水分，因此往往借助水的作用来分散孢子，孢子可随着流水或水滴的溅散向远方传播。有些病原真菌先借助水力分散，然后再靠气流进行传播。

（3）动物传播

高等担子菌中的一些菌种，常形成一种尸腐气味的液体，可吸引某些昆虫来进食，通过昆虫的活动把孢子传播开来。有些真菌则能分泌黏液或蜜露，吸引昆虫、鸟类等动物来活动，从而帮助其传播孢子，例如栗疫病菌的孢子可通过鸟类传播。

（4）人为传播

人类活动也会帮助真菌传播，其中最值得注意的是随邮递、空运和远洋运输等途径的传播。特别是在样品、种苗、农林产品、工业品等的运输过程中，会使得真菌发生远距离传播，有时在几日内便可完成跨国及跨洲际的传播。

9.1.4.5 真菌的生活史特征

一般而言，丝状真菌从一种孢子开始，经过一定的生长、繁殖过程，最后又产生同一种孢子，这一完整过程称为丝状真菌的生活史（life-cycle）。真菌的生活史多种多样，种间差异也较大。

丝状真菌典型的繁殖阶段包括无性繁殖和有性繁殖两个过程。真菌的菌丝体（营养体）在适宜条件下产生无性孢子，无性孢子萌发形成新的菌丝体，这个过程重复多次，此为生活史中的无性繁殖阶段。当真菌生长发育一段时间后，在一定条件下，开始有性繁殖，即从菌丝体上分化出特殊的性细胞（器官），或两条异性营养菌丝进行接合，经过质配、核配后便形成二倍体细胞核，最后经过减数分裂形成单倍体孢子，这类孢子萌发再形成新的菌丝体。这就是一般丝状真菌生活史的一个循环周期。

蘑菇属真菌同隔担子菌纲，其生活史的典型特征是：在其生活史的大部分时间中都是单倍体，细胞核的融合仅发生在孢子形成前的担子中，每一个二倍体的细胞核通过减数分裂最终形成四个单倍体孢子，这些单倍体孢子通过担子梗进入到四个独立的担孢子中（图9-9）。

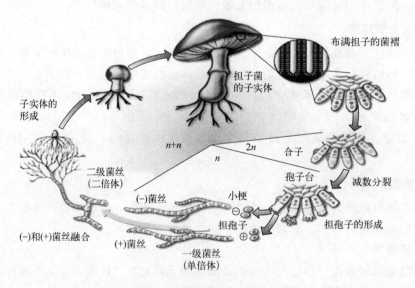

图9-9 蘑菇属真菌的生活史

单倍体孢子萌发形成的菌丝不能产生子实体，这些不育菌丝被称为同核体，具有不同的交配型的同核体之间可以产生融合，继而发生细胞核的交换，形成异核体（或者称之为双核体）。在一个细胞中，呈现出两种不同的交配型细胞核可以在环境条件适宜的时候形成子实体。这些异宗配合现象是由一个或两个不连锁的位点所控制，正因为这些数量众多的交配型位点组合，在担子菌中的远缘杂交中成功的概率是很高的。大部分的同隔担子菌纲真菌展示出的是这种异宗配合生活史。

少数蘑菇属于子囊菌亚门，如羊肚菌。该真菌生活史由有性生殖和无性生殖两个阶段组成，其中有性生殖阶段具有三种繁殖模式，分别为：异宗配合、假同宗配合和单性生殖。无性阶段产生两种无性孢子，分别为：分生孢子和厚垣孢子，其具体的生活史见图 9-10 所示。

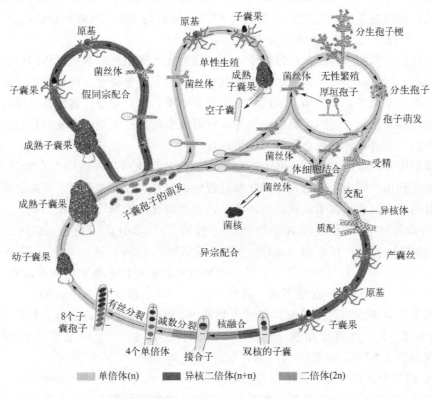

图 9-10　羊肚菌属真菌生活史示意图（文后彩图 9-10）

9.2　蘑菇栽培过程中可利用的固体废物种类及原理

我国是世界上最早认识食用菌并开展人工栽培的国家之一，也是香菇栽培的发源地。根据栽培的蘑菇在自然环境中利用的基质不同，可以简单地将蘑菇分为两类。一类是木生的腐生菌类，如香菇、木耳、侧耳、灵芝等，在自然界它们以木质材料为营养基质。对于这类菌的培养，培养料的主体应采用木质原料，如木屑或人工截制的树木段。另一类是粪草生的腐生菌类，又称作草腐菌，是以草质材料中的有机物为营养来源的一类菌，如蘑菇、草菇、双孢蘑菇等。对粪草生的腐生菌类（蘑菇）而言，一般采用固体废物作为栽培蘑菇的培养料，主要是畜粪肥和禾草。

尽管以孢子繁殖为核心的砍花法栽培技术在我国历史悠久，但近代食用菌生产的形成则开始于 20 世纪 30 年代。以双孢蘑菇种植的技术发展为例：欧美国家制培养料时多采用马粪。1957 年，上海率先引进了双孢蘑菇的纯种堆料栽培技术，并试用猪、牛粪肥代替马粪栽培双孢蘑菇获得成功。此后各地先后开展了关于各类基料＋配料组合、室外堆制腐熟等技术环节的栽培尝试，进一步促进了双孢蘑菇的生产，取得采用麦秆、稻草为基料，辅以猪粪、牛粪等配料的养殖基质，以及用土粒代替泥炭作为覆土等的技术成功。

20 世纪 70 年代，又开发了以木屑、棉籽壳等农副产品下脚料以及啤酒精、中药渣、甜菜渣等工业生产下脚料的配料添加入堆料的探索，使食用菌的生产得到极大的发展。中国部分地区的高产栽培配方中，粪肥和禾草各约 47％、饼肥约 3％、石膏和过磷酸钙各约 1％、石灰 0.3％。根据情况，还可酌加适量尿素、硫酸铵。

在蘑菇栽培物料的多样化探讨过程中，逐步也形成了利用蘑菇栽培过程同时处置固废的新思路和方向，同时对所能处理的固废种类及体量开展了大量研究。研究指出，蘑菇栽培过程中，利用粪、草及工、农业加工副产品中的废弃物质，经过分解、转化等代谢过程，产出可供人食用的菇体蛋白、脂肪、糖类物质等，可有效实现固废处理、固废的资源化，并且不产生二次污染，具有良好的社会效益和经济效益。

蘑菇栽培中对固废的处理，是基于这些作为蘑菇栽培物料的固废中含有大量营养物质，可供蘑菇生长利用。其中，最适合蘑菇栽培过程中利用的固废种类主要是畜禽粪便和农业秸秆，也是目前研究最多、技术最成熟的两类。这两类固废的营养物质组成如下：

① 畜禽粪便中含有大量的营养物质。一般新鲜牛粪中含干物质 22.56％、粗蛋白 3.1％、粗脂肪 0.37％、粗纤维 9.84％、无氮浸出物 5.18％、钙 0.32％、磷 0.08％、氮 0.30％～0.45％、钾 0.10％～0.15％，是一种能被种植业用作土壤肥料来源的有价值资源；猪粪含有机质 15％，总养分含量不高，氮 0.5％～0.6％、磷 0.45％～0.5％、钾 0.35％～0.45％；鸡粪含有丰富的营养成分，包含干物质 89.8％、粗蛋白 28.8％、粗纤维 12.7％、可消化蛋白 14.4％、无氮浸出物 28.8％、磷 2.6％、钙 8.7％、组氨酸 0.23％、蛋氨酸 0.11％、亮氨酸 0.87％、赖氨酸 0.53％、苯丙氨酸 0.46％。

② 农业秸秆中同样含有丰富的营养物质，如第 4 章的表 4-3 和表 4-4 所示。

这些畜禽粪便和秸秆能提供蘑菇生长所需的绝大多数营养需求。在蘑菇栽培过程中对固体废物的利用见图 9-11。

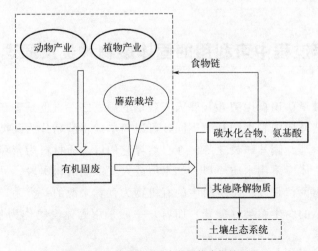

图 9-11 蘑菇栽培对农业固体废物的利用

9.3 基于农业有机固废的双孢蘑菇栽培

在农业固废处理过程中，结合蘑菇栽培的人工产业主要栽培的蘑菇种类为草腐菌，其中又以双孢蘑菇的栽培地域最广、历史悠久、技术成熟、规模最大、产量最多。因此也被称为"世界菇"。在人工栽培双孢蘑菇中，利用蘑菇生长代谢过程实现对农业固体废物的处理。

9.3.1 双孢蘑菇的特征

双孢蘑菇广泛分布在世界各地，在中国普遍栽培。人工栽培双孢蘑菇始于19世纪初的法国，之后传遍欧洲及全世界。1978年起，我国开始引进并推广培养料二次发酵技术，并在1988年一度成为双孢蘑菇世界第二大产量国家。据统计，双孢蘑菇个大紧实，色质白嫩，肉质肥厚，营养丰富，产量可观，一般1m^{2}鲜菇平均产量达12.3kg。

双孢蘑菇拉丁学名为 *Agaricus bisporus*（Lange）Sing，也有叫 *Agaricus brunnescens* 的，又称为蘑菇，双孢菇、洋菇，属于真菌门（Eumycota），担子菌纲（Basidiomyeetes），无隔担子菌亚纲（Homobasidiae），伞菌目（Agaricales），蘑菇科（Agaricaceae），蘑菇属（*Agaricus*），因其担子上通常仅着生2个担孢子而得名。双泡蘑菇为粪草生腐生菌类，自然界中多生于腐殖质含量丰富的林地、草地、田野、公园、道旁等处。

9.3.1.1 双孢蘑菇的形态特征

（1）菌丝体的形态特征

菌丝体是双孢蘑菇（*A.bisporus*）生长的营养体。其菌丝无色，管状，多细胞，有横隔，有分枝，无锁状联合。幼嫩菌丝细胞壁薄，直径为4～7μm，老菌丝细胞壁厚，直径为7～10μm。在PDA培养基（马铃薯葡萄糖琼脂培养基）上，幼嫩菌丝白色，老后略带黄色。菌丝绒毛状，生长性状因品种而异。根据菌丝体的培养特征可以将双孢蘑菇品种分为3种类型，即气生型、半气生型、匍匐型和杂交型，具体描述见下文的双孢蘑菇（*A.bisporus*）人工栽培。

双孢蘑菇的生活史（图9-12）类型是单孢可育，多核菌丝出菇。菌丝体由担孢子萌发形成，经过初生菌丝生长、次生菌丝生长及三生菌丝生长再到菌丝生理成熟后，形成子实体。

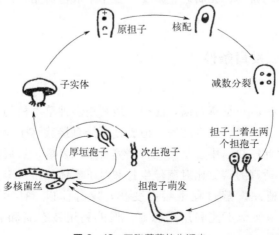

图9-12 双孢蘑菇的生活史

(2) 子实体的形态特征及分化发育

双孢蘑菇（*A.bisporus*）子实体中等大，幼时半球状，逐渐成熟后菌盖展开呈伞状，直径 5～15cm，呈白色、淡黄色或灰色，表面光滑、不黏。子实体有典型的菌盖、菌褶、菌柄、菌环等结构，见图 9-13。

图 9-13 人工栽培双孢蘑菇（A.bisporus）

菌盖宽 5～12cm，初半球形，后平展，白色，光滑，略干则变淡黄色，边缘褐色内卷。菌褶粉红色，后变褐色至黑褐色，密，窄，离生，不等长。菌环着生于柄中部，膜质、白色。菌肉白色，厚，伤后略变淡红色，具蘑菇特有的气味。菌柄长 4.5～9cm，粗 1.5～3.5cm，白色，光滑，具丝光，近圆柱形，内部松软或中实。菌环单层，白色，膜质，生菌柄中部，易脱落。孢子褐色，椭圆形，光滑。一个担孢子萌发生成的双核菌丝自身即具有结实能力。

在子实体形成过程中，两个不同交配型的细胞核在原担子中进行核配，形成 1 个二倍体细胞核。二倍体核经减数分裂形成 4 个单倍体核，两个不同交配型的细胞核在担子内配对，最后发育成 1 个异核性的双核担孢子，从而完成整个生活史（图 9-12）。担子上偶尔也会产生不孕性的单孢、三孢以及 4 个单核担孢子等。

9.3.1.2 双孢蘑菇生长发育的营养来源

双孢蘑菇（*A.bisporus*）的栽培主要利用的是来自秸秆和粪肥中的营养物质。秸秆可以是稻草、大麦草及其他禾本科等茎叶，另外苜蓿茎秆、玉米芯、甘蔗渣、小麦秆、棉籽壳等也可以。以上原料都要求新鲜、无腐烂、霉变。多年来双孢蘑菇生产所用秸秆仍以稻草和大麦为主。

9.3.2 双孢蘑菇生长发育条件

(1) 营养要求

双孢蘑菇（*A.bisporus*）是草腐菌，能很好地利用多种草本植物秸秆和叶子中的多种营养素，如稻草、麦秸、玉米秸、玉米芯等。但蘑菇不能直接栽培于原料中，原料需要有微生物先进行发酵腐熟。因此，栽培中总是要先将培养料堆积发酵，然后再播种栽培。

双孢蘑菇栽培中，适宜的碳氮比对菌丝生长和对子实体的丰产至关重要。研究表明，粪草培养料等最佳 C/N 值在发酵过程中略有变化，发酵前以 33∶1 为宜，发酵结束后以（17～18）∶1 为宜。双孢蘑菇不能利用硝态氮，但能利用铵态氮和有机氮，如尿素、硫酸铵、蛋白质和氨基酸等。

此外，双孢蘑菇的生长过程需要大量的钙、磷、钾、硫等矿质元素。因此，培养料中常加入一定量的石膏、石灰、过磷酸钙、草木灰、硫酸铵等。

（2）温度

孢子萌发的最适温度为 24～26℃。菌丝生长温度范围 5～33℃，在 8～27℃ 范围内，菌丝生长速度随温度升高而加快，适宜生长温度为 22～26℃。超过 26℃，菌丝生长虽快，但较稀疏，在 25℃ 下菌丝生长浓密，更健壮。温度超过 28℃，菌丝生长速度开始变慢，33℃ 时明显变慢，甚至停止生长。这种现象在夏季制作蘑菇菌种时经常出现，瓶内菌丝发黄和出现大量黄色分泌物。秋末冬初，我国南方省份的一些栽培区，在播种后若遇到暖高压的气候，菇房气温上升到 36℃ 以上，会严重阻碍菌丝生长，常遭致病虫害的发生。

子实体分化发育的温度范围为 5～22℃，以 13～18℃ 最为适宜。在 18～20℃ 时，产生子实体数量多、密度大、转潮快，但朵型较小、菇肉组织松、重量轻，品质较低。在 12～15℃ 时，产生子实数量少、转潮慢，但朵形较大、菇柄短、菌盖肥厚、菇肉组织致密、菇重，品质较优。虽然在子实体适生的低温区和高温区内，二者的最终产量没有大的差别，但在较低温度下培养对提高栽培效益更为有利。温度超过 20℃ 对子实体生长受到明显影响，小菇蕾在 20～23℃ 条件下，菌柄很快伸长，并开伞形成薄皮菇（俗称"硬开伞"），有的菇蕾甚至枯萎死亡。在这样的温度条件下，菌丝不再扭结形成子实体，停止出菇。

（3）湿度

对双孢蘑菇（A.bisporus）栽培过程而言，湿度控制包含三个层次：培养料中的水分含量、覆土中的含水量和大气相对湿度。

① 培养料含水量　菌丝生长阶段含水量以 60%～63% 为宜。子实体生长阶段含水量则以 65% 左右为好。

② 覆土含水量　覆土含水量约 50% 左右。

③ 大气相对湿度　不同发菌方式要求大气相对湿度不同，传统菇房栽培开架式发菌，要求大气相对湿度高些，应在 80%～85%，否则料表面干燥，菌丝不能向上生长，薄膜覆盖发菌则要求大气相对湿度要低些，在 75% 以下，否则易生杂菌污染。子实体生长发育期间则要求较高的大气相对湿度，一般为 85%～90%，但也不宜过高，如长时间高于 95%，极易发生病原性病害和喜湿杂菌的危害。

（4）酸碱度（pH 值）

蘑菇菌丝生长的 pH 范围在 5～8.2，母种培养以 pH 5.8～6.5 为宜，培养料以 pH 6.8～7.2 为宜，覆土层应保持 pH 7.5～7.8。在栽培过程中，由于菌丝的代谢作用，所产生的有机酸（主要是草酸和碳酸）积累在培养料和覆土层中而使之酸化，极易招致嗜酸性细菌病害的发生。因此，在栽培实践中，考虑到生长代谢中会产生大量有机酸和杂菌的控制，培养料和覆土的酸碱度一般先调至 pH 值 7.5～8.0 范围内；另外，在栽培过程中，要经常调节培养料和覆土层的 pH 值，以防止料土的酸化。

（5）通风

双孢蘑菇（A.bisporus）是好氧真菌，播种前必须彻底排除发酵料中的二氧化碳和其他废气。菌丝体生长期间二氧化碳还会有自然积累，其生长期间的二氧化碳浓度以 0.1%～0.5% 为宜。子实体生长发育要求充足的氧气，通风良好。但覆土层孔隙中低浓度的二氧化碳对原基形成有刺激作用，当覆土层上方的二氧化碳含量在 0.06%～0.2% 时，对子实体的分化最好。在通风不良情况下，菌丝体向覆土层蔓延，很容易变形。菇房内二氧化碳含量在

$0.2\%\sim0.4\%$时，使菇盖变小，菇柄变细长，小菇蕾很容易开伞。菇房二氧化碳含量达到$0.4\%\sim0.6\%$时，菇床培养料出现"冒菌"现象，不能出菇，超过10%时，则出菇停止。

(6) 土壤

双孢蘑菇（*A.bisporus*）与其他多数食用菌不同，其子实体的形成不但需要适宜的温度、湿度、通风等环境条件，还需要土壤中某些化学和生物因子的刺激。因此，出菇前需要覆土。

(7) 光照

双孢蘑菇（*A.bisporus*）菌丝体和子实体的生长都不需要光，在光照过多的环境下菌盖不再洁白而发黄，影响商品的质量。因此，双孢蘑菇栽培的各个阶段都要注意控制光照。

9.3.3 双孢蘑菇人工栽培

9.3.3.1 双孢蘑菇人工栽培的主要类型

双孢蘑菇（*A.bisporus*）栽培的主要类型，根据培养环境不同可分为室内栽培和室外大棚栽培；根据培养料容器的不同，可分为床架式栽培、箱式栽培、地畦式栽培等类型。

床架式栽培是将培养料平铺在层层相叠的床架上，能充分利用菇房空间，设备简易，但操作不便；箱式将培养料装在易于搬运的箱子内，利于实现机械化和自动化；地畦式栽培则是将物料堆放在人工作畦的干稻田中，一般多利用冬季闲田，操作简便、易于管理。不同的容器栽培在培养料配制、栽培管理上没有本质差别。

9.3.3.2 人工栽培的双孢蘑菇品种

双孢蘑菇（*A.bisporus*）栽培的品种较多，根据各地的气候特点和原料条件，相继选育适合各地栽培的高产优质品种，在生产上推广应用。根据菌株在培养基上性状的不同，主要分为以下四种类型。

① 气生型菌株　菌丝洁白，生长旺盛，尖端直立，密度均匀，基内菌丝少，产量高。

② 贴生型、匍匐型菌株　菌丝灰白色，平伏较纤细，有束状菌丝，基内菌丝多，菇体质量好。

③ 半气生型菌株　菌丝洁白，菌丝短，基内菌丝数多，菌丝在培养基上的生长状态介于气生型菌株和贴生型菌株之间。目前生产上应用的大多数菌株都属于此类。如西北地区推广的双7、双13等，品种表现为菌丝长势旺，吃料快，爬土能力强，子实体多单生，出菇均匀，商品性好，产量高，抗病性强，适应性广，适合西北日光温室栽培和高海拔冷凉地区高温反季节栽培。

④ 杂交型菌株　菌丝银白色，生长旺盛，生长快，菌被少，适应性强，兼有气生型菌株和贴生型、匍匐型菌株的优点，产量较气生型菌株高，质量较贴生型、匍匐型菌株好。如全国普遍种植的As2796，该菌株菇体洁白，菇形圆整，肉质致密，子实体大小均匀，菌柄粗短，抗逆性强，高产。

9.3.3.3 利用农业固体废物栽培双孢蘑菇的工艺

利用农业固体废物栽培双孢蘑菇（*A.bisporus*）的一般工艺流程为：培养料配制→培养料混合前发酵→入菇房后发酵→播种→菌丝培养→覆土→出菇管理→采收。

(1) 常见的培养料配方

蘑菇是粪草生菌类，其栽培用的培养料基本成分是草和粪。草料是蘑菇生长的主要碳源，一般选用稻草或麦秸，也有选用桑枝等草质物料；粪料主要是用作氮源，常用牛、马等家畜粪便。

实践证明，培养料的配制直接关系到蘑菇栽培的成败及产量高低。蘑菇培养料主要有粪草培养料及合成培养料两大类。

① 粪草培养料　这是目前蘑菇栽培中采用最多的一类。通常粪草比例为 1.5∶1 或 1∶1 两种。其中以牛粪作为主要氮源的两种常见配方如下。

a. 牛粪 58%、干稻麦草 39%、过磷酸钙 1%、尿素 0.5%、硫酸铵 0.5%、石膏 1%。按此配方约需干牛粪 2600kg，稻麦草各半共 1800kg，过磷酸钙 45kg，尿素 23kg，硫酸铵 23kg，石膏 45kg，C/N 约为 31.6∶1。

b. 干牛粪 47.5%、干稻麦草 47.5%、菜籽饼 4.5%、尿素 0.5%、石膏 1%。按此配方需干牛粪约 2100kg，干稻麦草各半共 2100kg，菜籽饼 200kg，尿素 25kg，石膏 45kg，C/N 为 33∶1。

总的说来，培养料配制时的最佳 C/N 为 33∶1［发酵后为 (17～18)∶1］。粪草一般按 6∶4 的比例（干重）使用。粪肥来源不足时可适当减少粪的用量，降低粪草比至 5∶5 甚至 4∶5，此时应适当添加硫酸铵、尿素、饼肥等氮源物质以得到合适的 C/N 值。此外，培养料中还需添加石膏（总干重的 1%～1.5%），用过磷酸钙（0.5%～1%）调节酸碱度。

② 合成培养料　主要以稻草、麦秆类为主要材料，并添加含氮量高的尿素、硫酸铵或饼肥等合成培养料。通常在配料时还需要添加一定量的磷、钾、钙等营养元素。此外，由于合成培养料中不用或少用粪肥，因此培养料的腐熟比粪草培养料慢，特别是使用小麦秆、玉米芯等不易腐熟的材料时，还需添加营养成分以及加速物料腐熟的微量元素。

下面列举几种国内外比较常见的合成培养料配方（以每 100m² 栽培面积为单位）：

a. 配方 1：稻草 2250kg、尿素 18.5kg、过磷酸钙 22.5kg、石膏粉 45kg、碳酸钙 22.5kg，C/N 为 33∶1，经二次发酵后，播种前 C/N 为 18∶1，pH 值由 8.3 左右降至 7.3 左右。

b. 配方 2：稻草 100kg、尿素 1kg、过磷酸钙 3kg、硫酸铵 2kg、碳酸钙 2.5kg。

c. 日本配方：稻草 1000kg、石灰氮 10kg、尿素 5kg、硫酸铵 13kg、硫酸钙 30kg、过磷酸钙 30kg。

d. 美国兰伯特式合成培养料的配方：小麦秆或黑麦杆 1000kg、血粉 40kg、马粪 100kg、尿素 10kg、过磷酸钙 40kg、碳酸钙 20kg、细土 500kg、水 2500kg。

e. 美国辛登式配方：麦秆 1000kg、豆秸 1000kg、干啤酒糟 75kg、石膏 50kg、硝酸铵 30kg、氯化钾 25kg。

f. 韩国配方：稻草 1000kg、鸡粪 100kg、尿素 12～15kg、石膏 10～20kg。

在双孢蘑菇（A. bisporus）栽培的过程中，两种培养料配方均能有效为蘑菇生长提供良好的营养物质。我国是典型的农业大国，同时也拥有大规模的养殖业市场，因此这两类有机固废的处理及处置量巨大，利用粪草培养料栽培蘑菇，非常符合我国国情，可同时利用作物秸秆及畜禽粪便这两类产量大的农业固废，更好地实现蘑菇产业及固废资源化双重效益。

(2) 蘑菇栽培培养料的准备

① 畜禽粪的准备　作为培养料的主要组分之一，粪肥的含水率因种类的差异而变化较大，需要在进行配制之前控制含水量。蘑菇栽培所用粪肥以干粪为首选。因此，一般粪肥在试用期需要在晒粪场进行晾晒。晒粪场一般设在通风向阳的空地。粪肥堆放沥水后，及时拉到晒粪场晾晒。根据场地大小，将湿粪摊开，厚度适当，让其自然晒干成粪饼。注意晾晒时

不要随意翻动，如翻动则不容易晒干，即使晒干也是粉状而不便储存，甚至不利于蘑菇的栽培和高产。

粪饼的晾晒方法，各地可根据不同情况和季节灵活运用。如果来不及晒干，可挖坑密封暂存。粪肥晒干至半干时，粉碎成粉状，再晒干透。与牛粪相比，猪粪含水率较高，因此首先利用固液分离机进行分离，然后在晒粪场晾晒。此外，还应注意对粪肥中的病原微生物、虫害等进行防疫处理。

② 作物秸秆的准备　作物收获后，在废料中挑选新鲜、无霉烂的秸秆。将秸秆稍晾晒后，在茎叶变黄不再鲜绿时，选用滚压式铡草机将秸秆截断成 10～30cm 左右的小段。部分工艺会采用 2%～3% 的石灰水浸泡秸秆，风干或晾干后作为培养蘑菇的垫料备用。在进行蘑菇栽培前，需将备好的秸秆进行栽培物料堆的准备，此时有以下两个具体的操作环节。

a. 秸秆预湿　根据配方准备好一定质量的秸秆，分批用水浸泡。当秸秆均匀吸水后，分层堆放在料场一边。预湿时，一般用水量为秸秆重的 2～3 倍，水被分成 2～3 次洒入，使秸秆充分、均匀地吸收洒入的水分，从而将含水量控制在 65%～70% 之间。实际操作中以手握培养料有水滴即可。

b. 秸秆处理　秸秆进行预湿处理的第三天，进行预堆，先铺 1 层预湿后的麦秸，接着在麦秸上撒 1 层石灰粉（石灰粉可以破坏秸秆表层的蜡质，以保证秸秆充分发酵），喷淋 1 次水，再撒尿素，然后再铺土层，以此类推。

③ 培养料的堆积发酵　堆积发酵过程中，通过堆积料中自然产生的微生物活动，促使物料中的纤维素、半纤维素、木质素分解为蘑菇菌丝可利用的化合物，如嗜热性纤维分解菌的活动使纤维软化和降解；而在堆积过程中参与的微生物死亡后，也可为蘑菇提供所需的有机氮；发酵堆在发酵过程中释放的热还可以一定程度上杀灭物料中的病虫害，经过发酵后，物料的物理状态得到改善，变得松软、透气。

将不同组分按照配方物料比进行混合后，进入物料堆积发酵处理。物料堆积发酵分为两个阶段进行，因此又称为二次发酵。前发酵又称一次发酵或室外发酵；后发酵或称第二次发酵，因在室内进行又称为室内发酵。

a. 前发酵　用一层草一层粪的方法进行培积，并适当加水，使草和粪等物料饱吸水分，5～7d 后进行一次翻堆，以利发酵均匀。一般应进行 4 次翻堆。在建堆后 6～7d 进行第一次翻堆，同时加入石膏粉和石灰粉。此后每隔 5～6d、4～5d、3～4d 各进行一次翻堆。每次翻堆要注意上下、里外对调位置，堆起后要加盖草帘或塑料膜，防止料堆受到日晒、雨淋。

发酵的标准堆制全过程大约需 25d 左右。发酵应达到如下标准：培养料的水分控制在65%～70%（手紧握麦秸有水滴浸出而不下落），外观呈深咖啡色，无粪臭和氨气味，麦秸平扁柔软易折断，物料混合均匀，松散、细碎，无结块。翻堆 2～4 次后，草茎变得柔软，呈酱色，即可入菇房进行后发酵。

不同物料配比的前发酵周期不一样，其中粪草混合培养料所需的前发酵时间较长，一般为 15～20d；以稻草为主的合成培养料，前发酵时间为 10～15d；麦秆因为吸水力差，可通过提前浸泡 2～3d 后缩短前发酵时间。

b. 后发酵　后发酵是人工对培养料加温，此过程温度变化分为升温、持温和降温三个阶段：后发酵开始时，温度逐渐升高到 60℃ 左右，即升温阶段，这一阶段利用巴氏消毒的原理杀死粪草中的病菌和虫卵；然后进行通风降温，温度维持在 48～52℃ 数天，即持温阶段，持温阶段的目的是促进有益于蘑菇生长的嗜热微生物群增殖（如腐殖霉、链霉菌等），加速培养基质的降解以利于蘑菇菌丝吸收，这是后发酵的重要阶段；持温阶段结束后，开始慢慢降低堆料的温度，这是降温阶段。

后发酵的方法有两种，即固定床架式后发酵和就地式后发酵。固定床架式后发酵是将培养料移动到室内进行再一次发酵；就地式发酵则是将前发酵的物料在原场地进行后发酵的过程。前者是一类主要的方法，其具体的技术环节为：将经过前发酵的培养料堆积于菇房内的床架上，外热加温，1～2d 内迅速使菇房内温度升至 57～60℃然后维持 6～8h，然后通风降温至 48～52℃，维持 4～6d。外热加温常采用将湿热蒸汽通入菇房的方法来进行。

在后发酵过程中，还需要做到杀虫杀菌：杀虫和杀菌一般按每立方米空间用高锰酸钾 10g 加甲醛 20mL 熏蒸消毒，24h 后打开门窗通风换气。或用稀释 800 倍的敌敌畏和 200 倍的甲醛喷洒，然后堆放覆膜 24h。

通常前发酵以化学反应为主，要求高温快速；后发酵则是生物活动过程占优势，要求控温、控湿和通气。

在发酵过程中容易出现的问题与处理办法如下。

a. 料堆不升温或升温缓慢　若发现升温较慢，可适当加入碳酸氢铵，调节碳氮比，促其升温。若温度能升到 60℃以上，则不必调节。

b. 料堆中下部变成黑褐色，有异味　这种现象是由缺氧引起的，原因是料堆堆得过大或过实，应抓紧翻堆，翻堆后打孔通气。

④ 菇房及培养料的消毒灭菌　若需要将适度腐熟的培养料搬入菇房进行后发酵，则应做到及时。转移时一般采取从上到下逐层填入的方式，先填充最上层床架。填料的厚度为 16～20cm，填料完毕后关闭门窗，用甲醛或硫黄粉熏蒸消毒 24h，操作方法与空菇房消毒相同。

消毒过后，需要对物料定期进行翻堆和开窗通风，即将铺在菇床上的培养料上下翻动并抖松，并开窗彻底通风一次。

翻堆的目的主要有三：

a. 物料在消毒过程中会产生二氧化碳、乙醛和乙烯等各种有害气体，通过翻料将其排除；

b. 通过翻堆也能促进新鲜空气进入物料中，利于接种后的菌丝生长；

c. 同时，翻匀的过程可使料层平整，有利于后续栽培管理，如床面喷水等。

⑤ 播种　待菇房内无氨味，料温在 25～28℃以下，即可播种。进棚播种先在棚内菇床上铺一层 3cm 厚的新鲜麦秸，再将发酵好的培养料均匀地铺到菇床上，将床架上处理好的培养料翻拌均匀，整平，厚度以 12～15cm 为宜。粪草菌种采用穴播，穴株的行距控制在 12cm×12cm，每瓶（750mL 菌瓶）菌种可播 0.4m² 的栽培面积。常用麦粒菌种，采用穴播或散播均可，穴行距 10cm×10cm，每穴放入 10～15 粒麦粒菌种，每瓶（750mL 菌瓶）菌种可播 2～3m²。将菌种均匀地撒在料面上，轻轻压实打平，使菌种沉入料内 2cm 左右为宜。刚播种的床面，可覆盖报纸等材料进行保温。

⑥ 菌丝培养　播种后菇房温度控制在 20～24℃，空气相对湿度保持在 70%～75%，若有氨味应立即通风，若无氨味可密闭 3～4d 后适当通风。在正常情况下，播种后 2～3d 菌丝即可恢复。经过 15d 左右，菌丝从播种穴向四周蔓延，半径可达 10cm～12cm，伸入各层，长满物料面。

⑦ 覆土　播种两周后要进行覆土，目的是保持培养料表面稳定的湿度，促进子实体的形成。选择吸水性好、具有团粒结构、孔隙多、湿不黏、干不散的土壤为佳，每 100m² 菇床

约需 2.5m² 的土，土内拌入占总量 1‰～2‰ 的石灰粉，然后再用 5‰ 的甲醛水溶液将土湿透。待土壤手抓不黏、抓起成团、落地就散时进行覆盖，覆土厚度为 2.5～3.5cm。土粒含水量约 36%～40%，以手捏能成形，但不黏手为宜。

⑧ 水分管理　覆土后，要适当增加菇房通风量，并通过定期喷水保持土层含水量。

⑨ 出菇　覆土 13～16d 菌丝就能长到粗土与细土粒之间，并开始形成纽结、分化、出菇。这时的主要任务是调节好水分、温度并通气。

9.4　基于农业有机固体废物的黑木耳栽培

黑木耳（*Auricularia auricula*）是一种质优味美的胶质食用菌和药用菌。我国黑木耳产区主要包括三个大的片区，分别是：东北片区（辽宁、吉林、黑龙江）、华中片区（陕西、山西、甘肃、四川、河南、河北、湖北）和南方片区（云南、贵州、广西、广东、湖南、福建、台湾、江西、上海）。

黑木耳（*A. auricula*）肉质细腻，脆滑爽口，营养丰富，其蛋白质含量远比一般蔬菜和水果高，且含有人类所必需的氨基酸和多种维生素，具有较高的食用价值。此外，黑木耳也具有很好的药用价值。其性味甘平，具有清肺润肠、滋阴补血、活血化瘀、明目养胃等功效，被用于治疗崩漏、痔疮、血痢、贫血及便秘等症状。同时它所含有的发酵素和植物碱可促进消化道和泌尿道腺体分泌，并协同分泌物催化结石，对胆结石、肾结石等有明显的化解作用。

我国黑木耳产区的早期传统栽培技术主要包括：借助孢子自然传播；老耳木的菌丝蔓延；利用碎木耳来接种等老方法。20 世纪 50 年代，我国科学工作者经过努力，成功地培育出黑木耳纯菌种，并应用于生产。这一技术进展改变了长期以来的半人工栽培状态，不仅缩短了黑木耳的生产周期，使黑木耳产量获得了成倍的增长，还促使产品菌的质量有了显著的提高。

自 20 世纪 70 年代以来，国内又相继开展了代料栽培黑木耳的研究，现在这种技术已广泛应用于生产。黑木耳代料栽培是利用木屑、玉米蕊、稻草作原料，用玻璃瓶、塑料袋等容器栽培黑木耳（图 9-14）。代料栽培资源丰富，产量高，周期短，是一种有发展前途的栽培方法。

图 9-14　黑木耳（*A. auricula*）代料栽培

9.4.1　黑木耳的特征

黑木耳（*A. auricula*）在分类中是隶属担子菌纲（Heterobasidiomycetes），银耳目（Tremellales），木耳科（Auriculariales），黑木耳属（*Auricularia*）的真菌。

近年来，国外也很重视黑木耳生产，但除日本外，国外生产的黑木耳不是真正的黑木耳，大部分是黑木耳的近缘种——毛木耳。由于毛木耳生长环境与黑木耳相同，在我国分布也相当广泛，外表与黑木耳也非常相似，所以国内也常常有人误将毛木耳当成黑木耳。

在自然界中，黑木耳侧生于枯木上，它是由菌丝体、子实体和担孢子三部分组成。

（1）菌丝体

黑木耳菌丝体由许多具有横隔和分枝的绒毛状菌丝所组成，单核菌丝只能在显微镜下观察到，菌丝是黑木耳分解和摄取养分的营养器官，生长在木棒、代料或斜面培养基上，如生长在木棒上则木材变得疏松呈白色；生长在斜面上，菌丝呈灰白色绒毛状贴生于表面，若用培养皿进行平板培养，则菌丝体以接种块为中心向四周生长，形成圆形菌落，菌落边缘整齐，菌丝体在强光下生长，分泌褐色素使培养基呈褐色，在菌丝的表面出现了黄色或浅褐色。另外，培养时间过长菌丝体逐渐衰老也会出现与强光下培养的相同特征。

（2）子实体

又称为担子果，即食用部分，是由许多菌丝交织起来的胶质体。初生时呈颗粒状，幼小时子实体呈杯状，在生长过程中逐渐延展成扁平的波浪状，即耳片（图 9-15）。耳片有背腹之分，背面有毛，腹面光滑有子实层，在适宜的环境下会产生担孢子，子实体新鲜时有弹性，干时脆而硬，颜色变深。

图 9-15　代料栽培过程中木耳（*A. auricula*）形成的子实体

（3）担孢子

通常是一个核，肾形，长约 $9\sim14\mu m$，宽 $5\sim6\mu m$。大量担孢子聚集在一起时可看到一层白色粉末。

黑木耳生长发育的过程是担孢子→菌丝体→子实体→担孢子，称为一个生活周期或称为一个世代。

黑木耳的有性繁殖是以异宗结合的方式进行的，必须由不同交配型的菌丝结合才能完成其生活史。黑木耳是异宗结合的两极性的交配系统，是单因子控制，具有"＋""－"不同性别。不同性别的担孢子在适宜条件下萌发后，产生单核菌丝，这种菌丝称为初生菌丝。

初生菌丝初期多核，很快产生分隔，把菌丝分成多个单核细胞。当各带有"＋""－"

的两条单核菌丝结合进行核配后，产生双核化的次生菌丝，也叫双核菌丝。

次生菌丝的每一个细胞中都含有两个性质不同的核，双核菌丝通过锁状联合，使分裂的两个子细胞都含有与母细胞同样的双核。它比初生菌丝粗壮，生长速度快，生命力强。人工培育的菌种就是次生菌丝。

次生菌丝从周围环境大量吸收养料和水分，大量繁殖，菌丝交替缠绕，生长在基质中的密集菌丝构成了肉眼可见的白色绒毛，这就是菌丝体。经过一定时间，菌丝体逐渐向繁殖体的子实体转化，在基质上长出子实体原基。通过从基质中大量吸收养分和水分，逐渐形成胶状而富有弹性的黑木耳子实体（图 9-15）。

发育成熟的子实体，在其腹面产生棒状担子。担子又从排列的四个细胞侧面伸出小枝，小枝上再生成担孢子。担孢子经过子实体上特殊的弹射器官被弹离子实体，借风力飘散，找到适宜的基质又重新开始一代新的生活史。在适宜的条件下，完成整个一代生活史约需要 60～90d。

9.4.2 黑木耳的生长发育条件

黑木耳（A. auricula）的生长发育条件包括营养、温度、水分、空气、光线和酸碱度。

(1) 营养

在自然界中，木耳是一种腐生真菌，它的营养来源是依靠有机物质，即从死亡树木的韧皮部、木质部中分解和吸收各种糖类物质、含氮物质和无机盐，从而得到生长发育所需的能量。再生能力强的树种在刚砍伐时，组织尚未死亡，有机物质也就不能被黑木耳菌丝分解，黑木耳菌丝也就不能繁殖。

在采用木屑、棉籽壳、玉米蕊、豆秸秆、稻草等作培养料时，常常要加米糠或麸皮，增加氮源和维生素，以利菌丝体的生长繁殖，适合木耳生长发育的碳氮比是 20：1。木耳的营养来源完全依靠菌丝从代料基质中吸取。菌丝体在生长过程中能不断地分泌各种酶，通过酶的作用把培养料中的复杂物质分解为木耳菌丝容易吸收的物质。

(2) 温度

品种不同对温度要求也不同。同一品种在不同发育阶段对温度的要求也不一样，不同地区的菌种对温度的要求也不同。黑木耳各阶段的温度要求，是人工栽培管理的依据。

① 黑木耳（A. auricula）孢子萌发对温度的要求 在 22～23℃时黑木耳的孢子萌发最快，在 4℃以下和 30℃以上不产生孢子。

② 黑木耳（A. auricula）菌丝生长对温度的要求 菌丝生长对温度适应性很强。在 5～35℃均可生长繁殖，最适温度是 20～28℃。在零下 40℃的低温时，菌丝仍能保持生命力。但难以忍受 36℃以上的高温。

③ 黑木耳（A. auricula）子实体发育对温度的要求 子实体的发生范围大约为 15～32℃，最适温度是 15～22℃。子实体的形成温度与地区有关，一般南方的品种比北方的要高 5℃左右。在黑木耳的生长温度范围内，昼夜温差大，菌丝生长健壮，子实体大，耳片厚，温度偏高时，菌丝虽然生长快，但生命力弱，子实体颜色较淡，质量较差。

(3) 水分

黑木耳（A. auricula）对空气相对湿度和基质中水分的含量有一定的要求。人工配制培养基水分含量以 60%～65% 为宜，黑木耳的菌丝体在生长中要求木材的含水量约 40% 左右。在菌丝生长阶段，培养室的空气相对湿度应控制在 50%～70%。在子实体形成期对空气的相对湿度比较敏感，要求达 90％以上，如果低于 70％，子实体不易形成。子实体生长时需要吸收大量水分，所以每天要喷几次水。菌丝耐旱力很强，在段木栽培时如百日不下雨，菌丝也不会死亡。在黑木耳人工栽培中，干湿的水分管理是符合黑木耳生长发育要求的。

（4）空气

黑木耳（*A. auricula*）是好气性的腐生菌，在代谢过程中吸收氧气而排出二氧化碳。露天栽培时一般可不考虑黑木耳对空气的要求，但在室内栽培和培养菌丝时，应注意通气和避免培养基水分含量过多而排挤空气，造成生长不良。

（5）光线

黑木耳（*A. auricula*）菌丝需要在黑暗和（或）微弱光线环境中生长。但在完全黑暗的条件下又不能形成子实体。若光线不足，子实体发育不正常。在 400 烛光的条件下，子实体能正常生长。

（6）酸碱度

菌丝生长的 pH 最适范围是 5～6.5。一般配制木屑培养基时常加 1％的硫酸钙或碳酸钙能自动调节 pH 至微酸性。

9.4.3　黑木耳的段木栽培

段木栽培方法主要是将黑木耳适生的阔叶树枝干截成适宜的木段，将黑木耳菌种种在木段上，放在适宜的生长环境中培养，其操作规程如下。

9.4.3.1　耳场的选择与清理

耳场是人工栽培木耳的场地，其条件应以满足木耳的生活条件为依据。只有满足木耳生长发育所需要的温度、水分、光照条件才能获得丰收。

（1）耳场的选择

耳场位置宜选海拔 500～1000m，且空气流通和靠近水源的半高山地区，有利于黑木耳的生长发育。有回头山的地方，阴沟边或山岗上下不宜选作耳场。前者日照不足，通气条件差；后者风力过大不利于保湿，耳场上方要有树木遮阴。

（2）耳场的清理

耳场选好地址后，要对场地进行清理：割去刺藤杂草，保留地皮草、浅草和苔藓等，既有利于通风透光又有利于耳场保湿，还可以避免泥土污染木耳。郁闭度过大的要剃掉部分树枝，创造合理的透光条件。上方和两边要挖排水沟，防止耳场积水。场地清理结束后撒些石灰和杀虫剂，进行耳场消毒。

9.4.3.2　段木的准备

耳树的选择包括树种、树龄与树径和立地条件等内容。

（1）耳树的种类

耳树的种类很多，但不同的树种或同一树种在不同环境中生长，由于质地和养分不同，产耳量也有很大的差距。耳树一般选用树皮厚度适中，不易剥落，边材发达，树木和黑木耳亲和力强，不但能出耳，且能获得高产的树种。

常用的有麻栎、栓皮栎、青杠栎、朴树、枫香、白杨、枫扬、榆树、椴、赤杨、白桦、檞树、刺槐、桑树、山拐枣、洋槐、黄连木、悬铃木等。凡含有松脂、醇醚类杀菌物质的阔叶树如樟科、安息香料等树种，不能用来栽培黑木耳。

在适宜栽培黑木耳的树材中，木质疏松，通透性能好又容易接收水分和贮藏水分的树种，接种后出耳早、多、长得快。当年秋天便可长出较多的子实体，能采收几次。第二年盛产，但第三年就基本无收了，而木质坚硬的树种接种当年产量较少，但产木耳的年限长。

(2) 树龄与树径

壳斗的树木如栓皮栎、麻栎等，砍伐的树龄以 8～10 年为宜，胸径为 10cm 最好。实践证明，以直径 6～10cm 的小径木的产量最高，经济效益好。树龄过小，虽能早出耳，但由于树皮薄、平滑、保湿和吸水性差，木质中养分少，产量低。反之，树龄过大，皮层厚，心材大，产量也低。

(3) 立地条件

选用生长在阳坡，土质肥厚的山地上的树木为好，因为长在阳坡及土质肥厚的山地上的树木生长速度快，木质疏松，养分多；反之，长在阴坡，土质瘠薄的山地上的树木生长速度慢，木质也较硬，养分也不足。

9.4.3.3 砍树

段木砍伐时间在冬至到立春之间为好，这段时间树木进入"冬眠"阶段，树中汁液处于凝滞状态，营养丰富，含水量少，皮层与木质之间结合紧密不易脱皮，病虫害少。砍伐时为了使营养集中于树干，伐树时尽可能使树梢倒向上坡。为了使树干内水分加速蒸发，砍后保留枝叶一段时间再剃枝，一般保留 10d 到半月。大树，含水率高的树种留枝时间宜长一点，反之则短一些。剃枝时要适当留一点凸出的杈子，也不要留得太长。剃枝时，粗一点的枝干仍可用作接种耳木。

剃枝后将树干锯成 1～1.2m 的段木，然后按"♯"形堆叠在地势高、通风向阳的地方干燥。堆叠时，应将粗细不同的段木分开堆叠。堆与堆之间要留有空隙以利通风架晒。在架晒过程中每隔 10～15d 翻堆一次，将段木上下、内外对调，以利于均匀干燥。架晒时不能让阳光暴晒和淋雨，所以应遮盖。待段木两端变色，敲击声音变脆，就应接种栽培。初学者经验不足，不易掌握时，可采用称重法，先将湿木称重，每百斤湿木干到只有 70～80 斤时接种为宜。如果椴木干燥过度，接种后菌种水分很快被段木吸收，会影响段木透气性，阻碍菌丝向内伸展，但段木太湿又容易产生霉菌。

9.4.3.4 人工接种

人工接种就是把培养好的菌种移接到段木上的一道工序，它是人工栽培黑木耳（*A. auricula*）的重要环节，也是新法栽培的特点。人工接种中有许多因素需要注意，具体如下。

(1) 接种季节

根据黑木耳（*A. auricula*）菌丝生长对气温的要求，当自然温度稳定在 5℃ 以上时即可进行接种。在此期间，杂菌处于不活跃状态，而黑木耳菌丝能生长，既减少污染，又保证了黑木耳菌丝充足的营养生长期，一般都把接种季节安排在"惊蛰"期间为宜。故此，老区有"进九砍树，惊蛰点菌"之说，近年来有的单位把接种时间提前到二月份，效果也很好，且更有利于劳动力安排。即便遇上低温，菌丝也不会冻死，气温回升菌丝又继续生长。

(2) 接种密度

接种密度一般采用穴距 10～12cm，行距 6cm，穴的直径 1.2cm，穴深打入木质部

1.5cm，品字形排列。此处，穴距还应：树径粗，木质硬，海拔高要加密，反之要稀疏。

(3) 接种方法

黑木耳（*A. auricula*）菌种分木屑种和木塞种。木屑种制种容易，接种麻烦，而木塞种制种麻烦，接种容易。

① 木屑种的接种法　先用 1.3cm 冲头的打孔锤、皮带冲或电钻，按接种密度和深度要求打孔，然后将木屑种填入，以八分满为度，然后将用 1.4cm 皮带冲打下的树皮或木塞盖在接种穴上，用小锤轻轻敲平。

② 木塞种的接种法　木塞菌种是先将木塞和木屑培养基按比例装瓶制成菌种。接种时不必另外准备木塞或树皮盖。接种时，先将木屑种接入少许于种植孔，然后敲进一粒木塞菌种即可。

9.4.3.5　黑木耳的生长

黑木耳接种后，为了使其尽快定植，使菌丝迅速在耳木中蔓延生长，应采取上堆发菌，其方法如下。

① 在栽培场内选择向阳、背风、干燥而又易于浇水的地方打扫干净，搞好场地消毒。

② 铺上横木或石块砖头，把接好的耳木按树径粗细分类堆成"♯"字形。堆高 1m 左右，耳木之间留有一定间隙，便于通气。上堆初期气温较低，空隙可留小一点，堆的高度可高一点。后期随着气温上升，结合翻堆应增加间隙，降低堆高，堆面上盖薄膜或草帘保温保湿。

③ 为了使菌丝生长均匀，发菌期间每隔 7～10d 要翻一次堆，使耳木上下、内外对调。第一次翻堆因耳木含水量较高，一般不必浇水，第二次酌情浇少量水。以后翻堆都要浇水，且每根耳木都应均匀浇湿。若遇小雨还可打开覆盖物让其淋雨，更有利于菌丝的生长。发菌期间应注意温度、湿度、空气的调节工作，以满足菌丝生长条件，提高菌丝成活率。上堆发菌 20～30d，应抽样检查菌丝成活率，方法是用小刀挑开接种盖，如果接种孔里菌种表面生有白色菌膜，而且长入周围木质上，白色菌丝已定植，表明发菌正常，否则就应补种。

9.4.3.6　黑木耳的散堆排场

接种的耳木过 4～6 周后完成定植阶段，菌丝开始向纵向深处伸展，极个别的接种穴处可看到有小子实体，这时应散堆进行排场，为菌丝进一步向纵深伸展创造一个良好的环境，促使菌丝发育成子实体。

排场的方法是先在湿润的耳场横放一根小木杆，然后将耳木大头着地，小头枕在木杆上，耳木之间隔 1～2 寸间隙，便于耳木接受地面潮气，促进耳芽生长；又不会使耳木贴地过湿，闷坏菌丝和树皮，且可使耳木均匀地接收阳光、雨露和新鲜空气。

排场后要进行管理，主要是调控水分。菌丝在耳木中迅速蔓延，这时需要的湿度比定植时期大，加上气温升高，水分蒸发快，需要进行喷水。开始 2～3d 喷一次水，以后根据天气情况逐渐增加次数和每次喷水量。排场期间需要翻棒，即每隔 7～10d 把原来枕在木杆上的一头与放在地面的一头对换；把贴地的一面与朝天的一面对翻，使耳木接触阳光和吸收水分均匀。

9.4.3.7　黑木耳的起架管理

排场后一个月左右，耳木已进入"结实"采收阶段。当耳木上大约占半数的种植孔产生耳芽时便应起架。方法是将一根木杆作横梁，两头用支架将横木架高 30～50cm。耳场干燥宜架低一点，反之则架高一点。然后将耳木两面交错斜靠在横木上，形成"人"字形耳架。为了便于计算和管理，一般每架放 50 根耳木。

　　起架后，子实体进入迅速生长和成熟阶段，水分管理最为重要。耳场空气相对湿度要求在 85%～95% 左右，需要喷水管理。喷水的时间、次数和水量应根据气候条件灵活掌握。晴天多喷，阴天少喷，雨天不喷；细小的耳木多喷，粗大的耳木少喷；树皮光滑的多喷，树皮粗糙的少喷；向阳干燥的多喷，阴暗潮湿的少喷。喷水时间以早晚为好，每天喷 1～2 次。中午高温时不宜喷水。在黑木耳生长发育过程中，若能有"三晴两雨"的好天气，对菌丝生长和子实体发育都极为有利。每次采耳之后，应停止喷水 3～5d，降低耳木含水量，增加通气性，使菌丝复壮，积累营养。然后再喷水，促使发出下一茬耳芽。

9.4.4 黑木耳的坑道栽培

　　坑道栽培又分为深坑和浅坑两种。深坑，挖坑时多花工，但管理起来极为方便，且产量很高；浅坑，挖坑容易，管理麻烦，产量一般。

(1) 深坑栽培法

　　挖宽 1m，深 1m 的坑，长需要视地形和耳木数量来定。挖出的土可堆在坑沿并拍紧以增加坑的深度。坑的上方用竹片或木棍搭成弓形或"人"字形弓架，铺上树枝或提前种上绿色攀缘植物，如苦瓜、豆角和番茄等。坑底两边各挖一条窄沟排水，中间作管理过道。排水沟与过道之间放上薄石块或砖块垫耳木，也可铺一层粗砂垫耳木。坑道两壁离垫石 80cm 的地方各放一根横木，横木两头各用一根 80cm 长的短木作支柱。将耳木一头枕在横木上，另一头放在垫石上，使耳木斜放在坑道两壁。深坑栽培受外界不良气候影响小，湿度也容易保证，喷水和采收都很方便。晚秋气温下降，可将阴棚上遮阴物去掉，覆上薄膜进行保温栽培，延长采收期。深坑栽培法是目前产量较高的一种栽培方式。

(2) 浅坑栽培法

　　挖宽 1m，深 33cm，长不限的浅坑，坑底两边各放一根枕木，将耳木垂直平放在枕木上，放满一层还可再放枕木，排二层，然后搭上弓架，并根据气候覆盖薄膜或树枝，管理时因坑内没有管理过道和顶棚与坑底间隔太低而无法直接入内，所以翻木和采收都需要先拆除覆盖物，管理和采收后再覆盖上，所以比深坑栽培管理麻烦得多，产量也不及深坑栽培法。

9.4.5 黑木耳的塑料棚栽培

　　采用塑料棚栽培黑木耳，容易控制温度、湿度和光照条件，能够防止低温、雨涝和干旱，与露天栽培相比较，延长了黑木耳的生长时间，提高了单产水平。

　　塑料棚的设置，应建在距水源近，避风向阳，土质湿润的坡地或者平坦的草地，棚内地面铺上砂石，并开有排水沟。棚体的骨架可采用竹木结构或因地制宜，就地取材进行搭架。棚体为拱式造型，中间部位一般为 2.2～2.4m，两侧留有门和通气窗。

　　塑料棚栽培时主要采用代料栽培。代料栽培不但可以变废为宝，还具有比段木栽培周期短、产量高等优点，且更适用于工厂化大规模栽培和家庭庭院栽培。

　　凡含有一定量的碳源、氮源、维生素、无机盐的原料都可用来栽培木耳，原料中欠缺的成分还可以添加其他物质来补充。各地可根据当地的资源情况就地取材，现介绍几种配方，以供参考：

① 木屑（阔叶树）78%、麸皮（或米糠）20%、石膏粉1%、糖1%；

② 杂木屑49%、玉米蕊（粉碎）49%、石膏粉1%、糖1%；

③ 玉米蕊粉79%、麸皮20%、石膏粉1%；

④ 玉米蕊粉49%、稻草粉49%、糖1%、石膏粉1%；

⑤ 稻草粉49%、杂木屑49%、糖1%、石膏粉1%；

⑥ 稻草粉78%、麸皮（或米糠）20%、糖1%、石膏粉1%；

⑦ 棉籽壳90%、麸皮（或米糠）8%、糖1%、石膏粉1%；

⑧ 甘蔗渣84%、麸皮（或米糠）15%、石膏1%；

⑨ 豆秸秆粉88%、麸皮（或米糠）10%、糖1%。

各地还可根据资源情况配制多种配方，因配方中主料营养成分不同，产量也有所差异。但总的原则是：尽可能满足木耳营养的要求以提高产量，以当地资源条件为主要原料则可降低成本，以获得较高的经济效益。

代料栽培黑木耳的方法有多种，主要有菌砖栽培法、玻璃瓶栽培法、塑料袋栽培法。其中以塑料袋栽培法产量最高。

(1) 菌砖栽培法

根据配方，先将糖溶于水中，把其他料称好拌匀，再加入糖水拌匀。含水量为60%～65%。将培养料装入菌种瓶中，边装边振动，使瓶中培养料上下部松紧一致。装至瓶颈，压平表面，洗净瓶壁，中间扎孔，瓶口塞上棉塞，并捆上牛皮纸，灭菌。可上甑灭菌，平压灶甑内温度达到100℃以后保持8h，下甑冷却。在无菌室内接入黑木耳菌种。然后置培养室，在20～25℃和50%～70%湿度下培养。随时择除杂菌污染瓶，待菌丝长满瓶底后即可挖瓶压砖。

一般采用24cm×17cm×6cm的活动木模，将培养好的菌丝体从瓶中挖出，倒入模内压紧成块。用薄膜包好，放在20～25℃下使菌丝愈合成块，约需7～10d。

当菌块表面出现耳芽时，将菌块移入栽培室。栽培室要求通风透光，保湿性好。温度20℃左右为宜。如利用自然气温栽培，必须选择合适的栽培季节。将菌砖去掉薄膜直立于培养架上，经常喷水，空气相对湿度保持在85%以上，经10～15d部分子实体便可成熟，即可开始采收。室外树荫下，草丛中及人工荫棚内均可栽培菌砖。

(2) 玻璃瓶栽培法

利用旧罐头瓶或500mL广口瓶栽培黑木耳的步骤是：配料装瓶后，瓶口里层用塑料薄膜封口。在薄膜中央打一个0.4cm的孔，孔处盖少许棉花。外层再用牛皮纸封住扎紧，灭菌。灭菌冷却后按常规方法接种。菌瓶置于20～25℃下培养30d左右菌丝可长满瓶。

菌丝长满瓶后就要创造生长子实体的条件。如果让其自然出耳，经常可见在瓶壁产生大量耳芽或在瓶中央耳芽密集，不易开瓶，影响产量。一般可采用以下几种方法来促使原基形成。

① 光保湿法　将发好菌丝的瓶子立放，周围用木板遮光，打开上层纸盖，去掉棉花，在塑料盖上覆盖一块纱布。每天喷水使纱布保持湿润。调节温度在20～24℃，保持昼夜温差，10d左右原基即在瓶中央产生。

② 石灰刺激法　菌丝发满瓶后，去掉全部封盖，自然风干6h，用小刀挖掉表面的菌膜3小块，成"△"字形，直径约1cm，马上用毛笔涂上石灰一层，将瓶子横卧在室内架上或

室外培养池中保湿培养 7d 左右,在涂石灰处均能产生原基。

③ 提前曝光法 当菌丝在暗室中培养长到全瓶的 80% 时,对瓶口曝以充分的散射光,提前催耳。为防止耳基过大和过密,可在薄膜上用毛笔画"♯"形的黑框线,线宽 1~1.5cm,黑框线处不出耳芽。

将已形成耳基的瓶子,横卧在栽培架或室外培养池中,培养出耳。横放可以避免瓶内积水引起烂耳。室温控制在 20℃ 左右,昼夜温差要大,湿度控制在 80%~90% 之间。待耳芽大量出现后要增加喷水量、通风量和加强散射光照。

(3) 塑料袋栽培法

用塑料袋作容器生产木耳,其生产流程及生产时间是:菌丝生长 40~45d→开洞栽培 7~10d→耳芽形成 15~20d→成熟采收 10d→二次耳芽形成 15~20d→采收。

根据当地情况选用培养料,按培养料配方加水拌匀,培养料的含水量为 55%~60%,采用 17cm×33cm 或 15cm×30cm 聚丙烯塑料袋。装袋前先将袋底的二个角向内塞,装入培养料至袋高的 4/5 处,振实,压平表面。用纱布擦去沾在袋壁上的培养料,袋口加上塑料颈圈,把袋口向下翻,用橡皮筋或绳子扎紧,再塞上棉塞并罩上牛皮纸,灭菌。冷却后无菌操作拉入原种 5~10g,菌种要求分散在培养料的表面,这样可以加快发菌。

将接好种的袋整齐排列在培养架上培养。在培养过程中,要使木耳菌丝能健壮生长,又要控制子实体不规律地出现,就需要培养室光线控制在黑暗,室温应控制在 20~25℃ 为宜,每天通气 10~20min,空气相对湿度保持在 50%~70%,如超过 70%,棉塞易生霉。在培养期间尽可能不搬动料袋,必须搬动时要轻拿轻放,以免袋子破损,污染杂菌。培养 40~45d 后,菌丝长到袋底后,即可移到栽培室进行栽培管理。

室内床架栽培采用挂袋法:将每层床架用铁丝每隔 20cm 拉一根作挂袋用。操作方法是:除去菌袋口棉塞和颈圈,用绳子扎住袋口,并用锋利的小刀轻轻将袋壁切开三条长方形洞口,上架时用铁丝制成"S"形挂钩,将袋吊挂到栽培架的铁丝上。按子实体生长阶段对温湿度和空气的要求进行管理。在自然温度适宜的季节也可在树荫下或人工荫棚中搞室外栽培,栽培方法仍以挂袋法为佳。

9.4.6 黑木耳的栽培过程(以袋栽法为例)

(1) 拌料及装袋

拌料要拌匀,保证含水量在 65% 左右。用 17cm×33cm 或 16cm×52cm 低压聚乙烯袋,袋装完后要套上硬质塑料套环,然后塞上棉塞,外面扎上牛皮纸,灭菌。

(2) 灭菌

采用常压灭菌方式,提前将灭菌锅锅屉放好,要求锅屉离锅水平口约 10cm,上面放麻袋片,17cm×33cm 的菌袋灭菌时需装在铁筐中或在蒸锅内搭架子,16×52cm 灭菌时培养袋依长向平放成"♯"形重叠排列在屉子上。行间距 3kg,便于内部空气流通。然后用塑料和棉被将锅封严,待菌袋内温度达 100℃ 后再保持 12h。灭菌后趁热出锅,将菌袋送入接种室进行冷却。

(3) 接种

待袋中料温降至 30℃ 以下时,就可进行接种。接种要做到无菌操作,17cm×33cm 的菌袋接种程序为:将冷却的菌袋放入接种箱内,原种瓶外壁用 75% 酒精擦拭消毒后也放入接种箱内,然后用每立方米 5g 高锰酸钾,10mL 甲醛熏 0.5~1h,接种时点燃酒精灯,用灭菌的镊子将原种弄碎，在点燃酒精灯的无菌区内，使原种瓶口对着袋口，将菌种均匀地撒在袋内培养料表面上，形成一薄层，这样黑木耳菌丝生长快，抢先占领培养料，以抑制杂菌侵染。每瓶二级种可接 30 袋左右。16cm×52cm 的菌袋接种方法相同。

(4) 发菌管理

17cm×33cm 的菌袋接菌后要放在消毒后的培养架上发菌，培养架的每层之间高度至少为 35cm 左右，培养初期，菌袋应直立整齐摆放，袋间留有适当的距离，待菌丝伸入培养料内后，可以将袋底相对，口朝外，卧放 2 行，上下迭叠 4 排。16cm×52cm 的菌袋发菌时可将培养袋摆成"♯"形，高十层左右，初期四个菌袋一层，每垛间要留有适当的距离，随着温度的升高可改为三个一层或二个一层。培养前期，即接种后 15d 内，培养室的温度适当低些，保持在 20~22℃，使刚接种的菌丝慢慢恢复生长，菌丝粗壮有生命力，能减少杂菌污染。中期，即接种 15d 后，黑木耳菌丝生长已占优势，将温度升高到 25℃左右，加快发菌速度。后期，当菌丝快发满，即培养将结束的 10d 内，再把温度降至 18~22℃，菌丝在较低温度下生长得健壮，营养被分解且被吸收充分。这样培养方式下菌袋出耳早，分化快，抗病力强，产量高。

发菌期间菌袋内的温度必须一直控制在 32℃以下，温度测量须以上数第二层和最下层为准。培养室的湿度一般保持在 55%~65%之间。黑木耳在菌丝培养阶段不需要光线，培养室的室内光线应该接近黑暗。培养室每天要通风 20~30min。保证有足够的氧气来维持黑木耳菌丝正常的代谢作用。后期，更要增加通风时间和次数，保持培养室内空气新鲜。

(5) 露天管理

分床前需在地面上铺设一层地膜，菌袋须轻拿轻放，直立摆放（16cm×52cm 菌袋要从中间割开），每平方米摆放 20 袋，袋间隔 10cm，以免木耳长大出现粘连和影响空气的流通。在人行道铺设喷水带。生产黑木耳浇水是最关键的一环。要采用清澈无污染的河水或井水。pH 值是中性。喷水时间应合理安排，干干湿湿，干湿交替，黑木耳耐旱性强，耳芽及耳片干燥收缩后，在适宜的湿度条件下可恢复生长发育。干燥时，菌丝生长，积累养分；湿润时耳片生长，消耗养分，在整个管理时期，应掌握"前干后湿"，形成耳芽后保持"干干湿湿，干湿交替"。

(6) 做床

做床时，选地势平坦、靠近水源、排水良好的地方，可以是房前屋后空地，并要求避开风口。土质黏重的地块作床时，可距地高 5cm，宽 90cm，长度不限，床与床之间留有排水沟。床做好后，床面应浇水且要浇透，然后消毒，可喷 500 倍甲基托布津溶液。

(7) 采摘

当耳片背后出现白色的孢子，达到八成熟时要及时采收。若待耳片伸长或向上卷时再采摘就会影响质量和产量。

子实体成熟的标准是颜色由深转浅，耳片舒展变软，肉质肥厚，耳根收缩，子实体腹面产生白色孢子粉。段木栽培从耳芽发生到成熟大约需 6~7d，袋栽一般两个星期。但栽培袋所处的位置不一致，成熟时间也不一致，故需分批采收。室外栽培最好在雨过天晴或晴天的早晨采摘为宜，如遇雨天成熟的应突击采收，尽量避免损失。阴天不下雨时可以整天采收。室内栽培则不受天气限制。采摘时用手抓住整朵木耳轻轻拉下，或用小刀沿壁削下，切忌留下耳根，以免腐烂发霉，发生烂根流耳，滋生杂菌，影响下一批出耳。

9.5 蘑菇人工栽培过程中对有机固废的处理

在蘑菇人工栽培过程中，蘑菇利用自身的酶对培养料进行降解并吸收利用，完成对农业有机废物的降解作用，并最终实现对农业固废的资源化处理过程，特别是对于废弃物中的木质素、纤维素和半纤维素等成分的降解及利用过程，对于构建绿色、生态农业循环模式具有重要的意义。

研究表明，蘑菇栽培过程的多个环节中，可对多种类型的农业固废具有较好的降解作用，诸如玉米、稻草、桑枝、锯末等，并且对纤维素、半纤维素、木质素的降解率普遍达到30%以上。

9.5.1 堆料理化性质的改变

培养堆料在堆制和栽培过程中，由于蘑菇菌丝和其他微生物等的生理活动，会对堆料的物理性质产生影响，这些变化也是栽培管理环节中需要关注和控制的部分。堆料在栽培过程中，最突出的物理性质变化包括温度、pH 值和含水量等因素的改变。

在堆料发酵过程中，堆料从内到外的等温线表现出从高到低的变化，表明堆料内部温度高于外部。外部与空气接触到的这一层被称为冷却层，可保护堆料内部的微生物。根据等温线从冷却层依次向内分别为放线菌活动层、最适发酵层和嫌气层。嫌气层温度低且湿度大，不适合发酵。培养料的发酵温度对后期微生物活动和酶活性影响较大。因此，在堆料过程中通过翻堆，让不同温度的料层混合均匀，达到料堆充分发酵的目的。

堆料中对蘑菇菌丝生长起决定作用的另一个重要物理因子就是 pH。如上文提到的，适合双孢蘑菇菌丝发育的 pH 范围在 6.0~7.5 之间，而在物料发酵过程中一般会出现 pH 的波动，生产管理环节中会通过添加石灰来调节。pH 过低的酸性条件，会导致培养料发酸，影响菌丝生长。

除了以上两个重要的物理因素的改变外，栽培中堆料的含水量也会发生下降。物料含水率的变化与组分的吸水能力、持水能力相关。有研究表明，与稻草和玉米秆相比，玉米芯具有较强的吸水能力，较差的持水能力。因此在发酵结束后，含水率低于其他两种组分的物料配方。

9.5.2 堆料中微生物的变化

在蘑菇栽培过程中，一方面物料中的微生物、蘑菇菌丝生长会对物料的物理性质产生影响；另一方面，物料的物理性质变化也会作用于这些生物，使得堆料中的微生物发生数量及群落构成的改变。

总体而言，蘑菇栽培过程中，与农业固废降解相关的三类微生物的生物量变化明显，培养料中的细菌、真菌和放线菌的生物量呈现先升高再降低的变化趋势。

从优势种群的更替来看，伴随着堆料的发酵温度变化过程，首先是中温型微生物数量剧增成为优势种群，随着物料温度上升，高温型微生物成为优势种群，此时中温型微生物数量降低，最终随着物料的降解，微生物的总量都会呈现出降低的趋势。

9.5.3　堆料中重要有机物质的降解

(1) 木质素降解

在蘑菇栽培过程中，真菌、放线菌和细菌等微生物在堆料发酵和蘑菇生长发育两个阶段都参与了木质素的降解。木质素是一类化学性质较为复杂的物质，广泛存在于几乎所有的植物类生物质材料中，其分子量大、结构复杂、自然降解速度缓慢。因此，木质素成为地球生物圈中碳循环的主要障碍。微生物降解木质素的降解机理具体见第 7 章的相关内容。

研究表明：在培养料发酵过程中，漆酶活性呈现先升高后降低的趋势。木质素降解的高峰一般出现在二次发酵阶段，因为在二次发酵阶段，高温分解菌类的数量增多、活跃度升高。此外，木质素降解高峰还出现在漆酶活性高峰期；在双孢蘑菇生长发育期间，培养料中的木质素酶和蘑菇菌丝共同发挥作用，对木质素进行降解，这一阶段，漆酶变化呈现出先升高后降低的趋势，活性高峰出现在覆土阶段。

(2) 纤维素降解

纤维素是自然界分布最广、含量最高的一类多糖，也是地球上数量最大的一类再生资源，其化学通式为 $(C_6H_{10}O_5)_n$，是 D-葡萄糖以 β-1,4 糖苷键联结而成的线形大分子多糖。纤维是由小纤维单元聚合而成，小纤维包含大约 30 个糖链，又称为纤丝或原纤维，聚合过程为：由小纤维聚集成微纤维，最后形成纤维。天然纤维由于内部致密的晶体结构阻碍了与相关降解酶的接触，从而导致其难以被水解。

自然界中能够降解纤维素的微生物分布广泛，与纤维素降解相关的微生物类别主要有：真菌、好氧及厌氧细菌。关于微生物降解纤维素的机制，其降解机理具体见前文第 7 章的相关内容。

在蘑菇栽培过程中，参与纤维素降解的酶与降解模式相关，其中研究较多的是纤维素酶。纤维素酶是一个复合酶，它们能将纤维素分解成低聚纤维素、纤维二糖和葡萄糖等，而这些可溶性糖为播种后蘑菇菌丝定植生长创造了一个良好的营养环境。纤维素酶的活性伴随培养料的发酵过程呈现出先升高后降低的趋势。在蘑菇生长培育阶段，纤维素酶活性随菌丝的菌龄增加而增加，且保持较高的含量。在出菇即子实体形成阶段，纤维素酶含量与纤维素降解率都达到最大量。

(3) 半纤维素降解

半纤维素（hemicellulose）是一种广泛存在于各种植物资源中的多糖（由戊糖、己糖构成的异质多聚体）。这些戊糖、己糖包括木糖、阿拉伯糖和半乳糖等，因此半纤维素的组成和结构较纤维素复杂。半纤维素木聚糖在木质组织中占总量的 50%，它结合在纤维素微纤维的表面，并且相互连接，这些纤维构成了坚硬的细胞相互连接的网络。半纤维素是仅次于纤维素的一类重要可再生有机资源，其降解机理具体见前文第 2 章的相关内容。

目前，已知自然界中能分解半纤维素的微生物种类涉及几十个属，100 多个种，细菌、放线菌和真菌均有分解半纤维素的种类，且这些微生物均具有较高的胞外半纤维素酶活性。降解半纤维素的微生物通过半纤维素降解酶实现对半纤维素的降解，微生物先分泌胞外酶，将半纤维素水解为单糖。

在堆料发酵过程中，半纤维素的降解率与相关酶的活性变化一致，呈现先升高后降低的趋势。在出菇期间，酶活性达到最高，半纤维素降解率较高，而含量呈现下降趋势。

在双孢蘑菇、黑木耳等多种可食用菌栽培及生产过程中，对木质素、纤维素和半纤维素的降解主要发生在菌菇的生长发育阶段。降解作用主要是木质素酶、纤维素酶和半纤维素酶共同作用的结果。在原基形成前，是蘑菇对木质素利用最快的时期；而蘑菇利用纤维素和半纤维素的高峰则是在出菇阶段。有研究指出，三者构成细胞壁的结构特点是：由木质素和半纤维素共同包围着纤维素，故而在降解中，出现木质素将被优先利用，进而促进纤维素和半纤维素的进一步分解。

9.6 菌渣的处理或处置

菌渣是指食用菌栽培废弃料，其进一步的处理和处置主要有以下几种利用途径。

(1) 菌渣作肥料或堆肥原料

农业废物中木质素、纤维素类有机物经食用菌菌丝的部分分解作用，食用菌废物中含有丰富的菌体蛋白、多种代谢产物及未被充分利用的营养物质，有机质含量高，是较好的堆肥原料。经堆肥处理形成的菌渣肥料比用秸秆堆沤的肥料有更多的可给态养分和更好的增产效果。例如，在柑橘、苹果、葡萄等果园内结合深翻改土把食用菌废物深施后掩埋，可起到改良果园土壤、增加土壤的通透性、改善理化性质，提高水果品质、增产增收的效果。此外，把出菇后的废物与土壤混合后堆积发酵处理后，用来作为蔬菜、花卉育苗基质，基质的土壤理化性质得到改善，且生产成本低，幼苗生长健壮。

(2) 菌渣做饲料添加剂

在食用菌菌丝体的生长过程中，随着酶解反应的完成，副产品中木质素降解了30%，粗纤维降解了50%，粗蛋白由原来的2%～3%提高到10.03%～17.43%，氨基酸含量0.5%～0.6%，特别是含有多种禽畜体内不能合成的、一般饲料中又缺乏的必需氨基酸和菌类多糖。因此，栽培食用菌的下脚料是一种很好的菌糠饲料。

(3) 菌渣用作食用菌栽培原料

选择培养料未被杂菌污染的木耳、金针菇、杏鲍菇、白灵菇等栽培后的菌渣，进行剥袋、打碎、建堆发酵及灭菌等处理，用于平菇、草菇、鸡腿菇、双孢蘑菇等草腐菌栽培，节约成本。

(4) 菌渣用作燃料

将出菇后的食用菌废物晒干保藏，用于菌种培养基和培养料的灭菌燃料，这已在生产中广泛应用。但随着代料栽培模式的不断推广，越来越多的栽培基质采用聚丙烯塑料袋作为容器，塑料袋燃烧伴有浓烟，可能产生强烈刺激性气体，甚至剧毒致癌物，造成大气环境的污染，近年来开发的剥袋机，解决了脱袋困难和菌袋回收利用的问题。近年开发的菌渣木炭机，将菌渣进行粉碎、烘干、制棒、炭化处理等，在隔绝空气条件下，经高温高压成型、炭化处理后可制成一种废物再生能源。另外，近年开发的"生物质气化炉"，可直接利用菌渣作燃料，提高了热值和气化效率。

(5) 利用菌渣发展沼气

河南西峡县是食用菌生产大县，也是沼气试点县，目前已发展沼气5000户，每年有5000t菌渣投入沼料使用。也可以作为禽畜养殖垫料，禽畜粪污被菌渣垫料中的微生物分解，禽畜舍无臭味，垫料发酵后投入沼气池。以平菇6号渣作为发酵原料，以稻草为对照，采用厌氧技术研究了菇渣作原料进行沼气发酵的细菌组成、数量分布及其与产气的关系，结果表明产气效果菇渣优于稻草。

（6）环境治理方面作为生态环境修复材料

菇渣中含有大量的漆酶、多酚氧化酶以及过氧化物酶等多种降解酶类，这类酶不仅可以降解木质素，还能有效地降解萘、菲、吡等多环芳烃类化合物。将菇渣作为接种剂用于环境污染修复领域的研究报道越来越多，例如有研究发现，蘑菇渣堆肥中含有木质素降解酶，在室温条件下用 1%的菇渣处理 100mg 多环芳烃类（PAH）污染物，其中对萘的生物降解达 82%±4%，对菲的生物降解为 59%±3%；添加 5%的蘑菇渣堆肥材料于 PAH 污染土壤中，在 80℃下培养 2d 后发现，土壤中 PAH 显著下降。

总之，在蘑菇人工栽培过程中，实现了种植业的经济产出，同时完成了对农业有机废物的降解，特别是对木质素、纤维素和半纤维素等难处理有机质的资源化利用。这是一种融合社会、经济和生态等多重效益的绿色生态农业模式，真正实现了清洁生产、资源综合利用的可持续性生态设计，符合未来循环经济的发展战略。

 复习思考题

1. 蘑菇栽培技术处置农业固废的原理是什么？影响因素有哪些？

2. 简述蘑菇栽培的工艺流程，试分析蘑菇栽培过程中，堆料主要发生哪些相关变化。针对这些变化有什么控制措施。

3. 与其他现有农业固废的处置方法对比，蘑菇栽培处理农业固废有什么优点及局限性？

4. 结合蘑菇栽培对农业固废的处置流程，分析该技术是如何实现农业固废减量化、资源与综合利用的目的。

第10章
微生物冶金

自然界中存在某些微生物，它们可依靠无机物生存，通过多种途径对矿物作用（图 10-1），将矿物中的酸性金属氧化成可溶性的金属盐，而不溶的贵金属留在残留物中。对可溶性的金属盐而言，可与残留物分离，继而采取传统加工方式，如溶剂萃取等方法来回收溶液中的金属；对在残留物中不溶的贵金属，可以考虑经氰化物提取，简单地说这就是微生物冶金的本质。

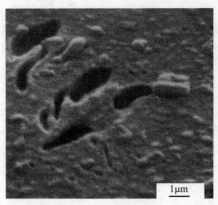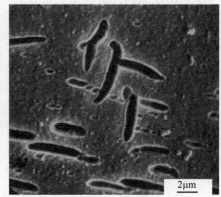

图 10-1 微生物对矿物表面的蚀刻

早在 1687 年，在瑞典中部的 Falun 矿，人们使用微生物技术已经至少浸出了 200 万吨铜，但当时人们对其反应机理并不清楚，细菌浸矿技术的发展十分缓慢。1947 年，Colmer 和 Hinkel 首次从酸性矿坑水中分离到氧化亚铁硫杆菌（*Thiobacillus ferrooxidans*）。其后，Temple 等和 Leathen 等先后发现氧化亚铁硫杆菌（*T. ferrooxidans*）能够将 Fe^{2+} 氧化为 Fe^{3+}，并且能够将矿物中的硫化物氧化为硫酸。1958 年，Zimmerley 等首次申请了生物堆浸技术的专利，并将该专利委托于美国 Kennecott 铜业公司，建成世界上第一座针对铜的生物堆浸工厂，为迄今应用最成功的铜硫化矿的微生物浸取，从而开启了现代微生物冶金的工业应用。1966 年，加拿大采用微生物浸出从铀矿中提取铀。此后利用微生物技术处理矿冶资源的研究异常活跃，并取得了长足进步。许多国家从几十亿吨低品位矿石中回收了价值数百万英镑的铜和铀。据统计，当今世界铜的总产量中约有 15% 是利用微生物技术获得的，而且还能从金属硫化矿石中浸出锰、钴、锡、金、银、铂、铬和钛等各种金属。由此可见，微生物冶金是比火法冶金更具技术优越性的提取冶金新技术。

中国采用生物冶金浸矿的专业研究始于 20 世纪 60 年代，中国科学院微生物研究所对铜官山铜矿进行微生物浸出的实验研究，取得了显著进展；20 世纪 80 年代，中国科学研究院所和许多大学等单位，分别对铜、镍等低品位矿石的生物冶金及含砷金矿的预氧化技术进行了广泛研究；1997 年 5 月，中南大学与江西铜业公司合作，在江西德兴铜矿建成了我国第 1 家年产 2000t 阴极铜的微生物堆浸厂；紫金矿业于 2000 年也建成微生物堆浸厂，处理矿石含铜 0.68%；目前国内微生物冶金技术近年来已进入了工业化的应用阶段，烟台的黄金冶炼厂在 2000 年建成投产了生物预氧化工厂，对含砷较高的金精矿进行预处理，处理量达到 60t/d；高砷金精矿常规浸出仅能回收 10% 的金，而经过生物预氧化后，回收率能够达到 96%。另外，镍的微生物浸出技术也在甘肃金川集团逐步应用施行。

微生物冶金在含金属矿物或矿渣的固废再生中具有重要的应用。在金属矿床开采过程中，会产生很多低品位的矿石；在选矿过程中，也会产生大量的尾矿。这些矿石虽然含金属的比例很低，但其总含量可能很大。如何充分利用这些矿产资源，从低品位的矿石和尾矿中提取有用的金属，已是一个亟待解决的实际问题。如果采用火法冶炼（冶炼方式的一种，是利用高温从矿石中提取金属或其化合物的冶金过程），高能耗、低产出，经济上显然不合算。浸矿细菌的发现促使人们探索，有可能利用微生物的作用来开采这些金属含量很低的贫矿和尾矿（图 10-2）。

图 10-2　利用微生物浸矿

此外，与现有的其他冶金技术对比，微生物冶金技术具有成本低、效益相对高、工艺简单易于控制、设备要求简单和污染小的特点，因而有着巨大的发展潜力和良好的应用前景。

10.1　微生物对金属的反应

对微生物冶金的认识必须了解微生物为什么能抵抗重金属毒性，这与微生物对金属的反应相关。一般而言，微生物对金属具有如下的反应。

（1）减少吸收

使微生物细胞内的重金属含量保持在很低的水平而不产生对细胞的毒害作用，如一种金黄色葡萄球菌对 Cd^{2+} 的抗性就是如此。

(2) 增加排出

有些微生物可以通过主动的方式把细胞内的重金属离子排出细胞外，从而维持细胞内的低含量水平，如一种芽孢杆菌对铜的抗性。

(3) 氧化还原作用

很多微生物可以通过氧化作用或还原作用（多数情况）把重金属从毒性较高的价态转变成为毒性较低的价态，从而解除了重金属的毒性，例如对汞的抗性即是如此（图 10-3），自然界中有很多微生物，如大肠杆菌（*E.coli*）、假单胞菌（*Pseudomonas*）、芽孢杆菌（*Bacillus*）等，可以把高毒性的 Hg^{2+} 还原成为低毒的 Hg^0，形成沉积或挥发到大气中。

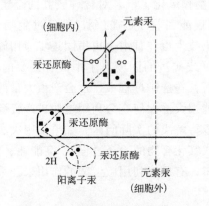

图 10-3 细菌还原汞离子减毒示意图

另外，自然界中还有些微生物，如大肠杆菌（*E.coli*）、芽孢杆菌（*Bacillus*）等，可以将高毒的 Cr^{6+} 还原成低毒的 Cr^{3+}，从而达到解毒的作用，这一原理可以被应用于电镀废水的生化处理。

(4) 与金属离子结合形成络合物

某些微生物能在细胞外产生可以结合（包括细胞表面吸附）有毒重金属离子的络合物，从而减少环境中毒性重金属的浓度，达到解毒的目的。如大肠杆菌（*E.coli*）的抗铜作用就是如此，它可以分泌能结合铜离子的蛋白质，从而降低了铜离子的有效浓度；另外，一些微生物还可以产生 H_2S，以非特异性的方式结合各种重金属离子，如硫酸盐还原菌可产生硫化氢结合 Fe^{2+} 等离子。

(5) 吸附作用

很多微生物的细胞表面具有特殊的结构，可以吸附重金属离子，从而减少溶液中重金属离子的浓度。在外部环境的作用下，许多微生物菌体能够分泌黏性的胞外聚合物（extracellular polymeric substances，EPS），其主要成分是多糖、蛋白质等，富含带负电荷的官能团（如羧基、羟基等），可与重金属发生沉淀作用或者络合作用。EPS 作为含水凝聚基质，可将体系中的微生物黏结聚集在一起发挥作用。EPS 也是生物膜的主要成分之一，常用在污泥或者生物膜法处理重金属废水的过程中，EPS 主要包括以下几个方面作用：①絮凝捕获重金属离子；②EPS 可以与重金属离子形成离子键；③促进细胞对重金属离子的富集与积累。

此外，一些细菌在生长过程中，释放出一定量的蛋白质，与溶液中可溶性离子（Cd^{2+}、Cu^{2+} 等）形成不溶性的沉淀，从而去除重金属离子。当出芽短梗霉菌（*Aureobasidium pul-*

lulans）分泌 EPS 时，Pb^{2+} 积累在整个菌体细胞的表面，且随着菌体存活时间的延长，EPS 分泌量增多，吸附在细胞表面的 Pb^{2+} 水平也有较大提高，把菌体分泌的 EPS 分离提取出来后，导致 Pb^{2+} 积累量显著减少。

10.2　微生物冶金

由微生物对金属的反应可以看出，某些微生物对金属的反应可以被用于金属提取过程，这就是微生物冶金（microbial metallurgy），相对于火法冶炼而言，它是一种在水溶液中进行的特殊冶炼，因此属于湿法冶金。由于微生物冶金中的主体微生物是细菌，因此通常又称为细菌冶金（bacterial metallurgy）。

根据微生物在金属提取过程中所起的作用，微生物冶金可分两类：微生物浸出和生物沉积。

微生物浸出是利用微生物在生命活动中自身的氧化和还原特性，使资源中的有用成分氧化或还原，以水溶液中离子态或沉淀的形式与原物质分离，或靠微生物的代谢产物与矿物作用（图 10-4）溶解提取矿物有用成分。

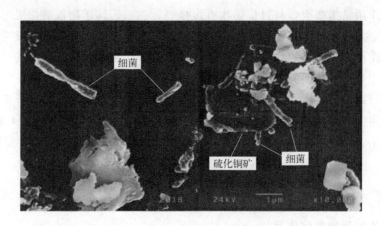

图 10-4　细菌与硫化矿物作用的扫描电镜图

例如，对于难处理金矿，金常以固-液体或次显微形态被包裹于砷黄铁矿（FeAsS）、黄铁矿（FeS_2）等载体硫化矿物中，应用传统的方法难以提取，很不经济。应用生物技术可预氧化载体矿物，使载金矿体发生某种变化，使包裹在其中的金解离出来，为下一步的氰化浸出创造条件，从而使金易于提取；此外，铝土矿存在许多细菌，该类微生物可分解碳酸盐和磷酸盐矿物，如胶质芽孢杆菌（*Bacillus mucilaginous*）分泌出的多糖可和铝土矿中的硅酸盐、铁、钙氧化物发生作用；应用黑曲霉（*A. niger*）、环状芽孢杆菌（*Bacillus circulans*）、多黏芽孢杆菌（*Bacillus polymyxa*）和铜绿假单胞菌（*P. aeroginosa*）可从低品位铝土矿中选择性浸出铁和钙。

生物沉积即利用微生物的吸附和累积作用富集或分离溶液中的有价值的或有害的金属元素。

生物吸附是微生物通过细胞壁中的活性基团发生物理化学作用，吸附溶液中的金属离子，如废水中金属离子的分离回收；或微生物吸附在固体表面使其亲水或疏水性发生改变，如矿物的生物浮选；或微生物起桥联作用使微细颗粒絮凝沉降，如固体物料生物脱水和生物絮凝浮选。

生物累积是微生物依靠代谢作用在体内累积金属元素离子而使其得以分离，如巴伦支海的藻类细胞含金量是海水中金浓度的 2×10^{14} 倍。铜绿假单胞菌（*P. aeruginosa*）能累积铀，荧光假单胞菌（*Pseudomonas fluorescens*）和大肠杆菌（*E. coli*）能积累钇，一些不动杆菌（*Acinetobacter*）、气单胞菌（*Aeromonas*）或放线菌（*Actinomycetes*）能过量摄取磷。

10.3 微生物浸出

10.3.1 微生物浸出的原理

矿石的微生物浸出是水溶液中多相体系的一个复杂过程，它同时包含了化学氧化、生物氧化和电化学氧化反应。一般认为，在微生物浸出过程中，微生物的作用表现在两方面，即直接氧化作用和间接氧化作用。

(1) 微生物的直接氧化作用

直接氧化作用是指微生物与目标矿物直接接触，加速固体矿物被氧化成可溶性盐的反应过程，如许多金属硫化矿物在浸矿微生物的直接氧化作用下，会发生浸出反应。

直接氧化作用中，细菌的"催化"功能是通过酶催化溶解机制来完成的，细菌在酶解矿物晶格的过程中获得生长所需的能量。

某些细菌可以直接吸附在硫化物矿物表面，通过胞外聚合物（EPS）与矿物接触，氧化硫化物以及产生 Fe^{3+}，通过细菌细胞内特有的铁氧化酶和硫氧化酶直接氧化金属硫化物，将金属溶解出来。在细菌参与下的过程可用下列化学反应式来表达：

$$2FeS_2 + 7O_2 + 2H_2O \longrightarrow 2FeSO_4 + 2H_2SO_4$$
$$4FeSO_4 + O_2 + 2H_2SO_4 \longrightarrow 2Fe_2(SO_4)_3 + 2H_2O$$
$$2S + 3O_2 + 2H_2O \longrightarrow 2H_2SO_4$$

(2) 微生物的间接氧化作用

间接氧化作用是指通过微生物代谢产生的化学氧化剂溶解矿物的作用，如上述反应产生的硫酸亚铁，其又可作为能源被细菌氧化为硫酸铁。硫酸铁是一种强氧化剂，可通过化学氧化作用溶解矿物。间接氧化作用是细菌代谢产物的化学溶解作用，细菌在其中的作用是再生氧化剂——硫酸铁，完成生物化学循环，细菌可不与矿物接触。在实际细菌浸出过程中，既有直接氧化作用，又有间接氧化作用，属于一种耦合作用。细菌不与矿物接触，通过产生的 Fe^{3+} 和 H^+ 氧化溶解矿物。用化学反应式表达（在细菌参与下）为：

$$4FeSO_4 + O_2 + 2H_2SO_4 \longrightarrow 2Fe_2(SO_4)_3 + 2H_2O$$
$$2S + 3O_2 + 2H_2O \longrightarrow 2H_2SO_4$$
$$FeS_2 + 7Fe_2(SO_4)_3 + 8H_2O \longrightarrow 15FeSO_4 + 8H_2SO_4$$

根据主要的中间产物的不同，可以把间接浸出分为两种途径：硫代硫酸盐途径和多硫化物途径，前者主要针对 FeS_2、MoS_2、WS_2，而后者主要针对 ZnS、$CuFeS_2$、PbS。它们的具体反应过程如下：

① 硫代硫酸盐途径

$$MeS_2 + 6Fe^{3+} + 3H_2O \longrightarrow S_2O_3^{2-} + 6Fe^{2+} + 6H^+ + Me^{2+}$$

$$S_2O_3^{2-} + 8Fe^{3+} + 5H_2O \longrightarrow 2SO_4^{2-} + 8Fe^{2+} + 10H^+$$

② 多硫化物途径

$$MeS + Fe^{3+} + H^+ \longrightarrow Me^{2+} + 0.5H_2S_n + Fe^{2+} \quad (n \geqslant 2)$$

$$0.5H_2S_8 + Fe^{3+} \longrightarrow 0.125S_8^0 + Fe^{2+} + H^+ \quad (n \geqslant 2)$$

$$0.125S_8^0 + 1.5O_2 + H_2O \longrightarrow SO_4^{2-} + 2H^+$$

总反应式：$MeS + 2Fe^{3+} + 1.5O_2 + H_2O \longrightarrow Me^{2+} + 2Fe^{2+} + SO_4^{2-} + 2H^+$

(3) 协作浸出机制

协作浸出机制认为：既有接触细菌，也存在游离细菌，它们通过各自的化学反应，共同对矿石发生作用，更好地进行单类微生物群不能够完成或不能够高效完成的物质转化，提高金属浸出的速率和浸出率的微生物作用机制。Rojas Chapana 认为在该种机制的协调下有利于细菌的生存。研究协作浸出机制涉及多个方面，特别在黄铁矿伴生浸矿过程中，人为地加入 Fe^{2+}，细菌就会先氧化环境中的 Fe^{2+}，然后才利用黄铁矿。常见的类型有铁氧化菌与硫氧化菌的协同作用、自养菌和异养菌的协同作用［如嗜酸氧化亚铁硫杆菌（*Acidithiobacillus ferrooxidans*）与异养菌隐藏嗜酸菌（*Acidiphilium cryptum*）在浸矿体系中的相互作用］、吸附菌与游离菌的协同作用。

(4) 原电池效应

当有两种或两种以上的金属硫化矿共存时，浸出效果要比单一矿物浸出效果好。金属硫化矿大多具有半导体性，当静电位不同的两种硫化矿相接触时，在溶液的作用下就会组成原电池，发生电化学腐蚀，电子从电位低的地方向电位高的地方转移，静电位高的硫化矿充当阴极，得到保护，而静电位低的硫化矿则充当阳极，加剧氧化。在阳极上发生氧化反应，阴极上发生还原反应，氧化剂 O_2 在阴极接受电子被还原：

$$O_2 + 4H^+ + 4e \longrightarrow 2H_2O \text{（酸性介质）}$$

$$O_2 + 2H_2O + 4e \longrightarrow 4OH^- \text{（碱性介质）}$$

硫化矿的硫离子在阳极被氧化为 SO 或 SO_2^{4-}。许多硫化矿阳极氧化是多步骤进行的，总反应式或代表性反应式如下（M 为金属元素）：

$$MS_n \longrightarrow M^{2+} + nS + 2e \text{（酸性介质）}$$

$$MS_n + 4nH_2O \longrightarrow M^{2+} + nSO_4^{2-} + 8nH^+ + (2+6n)e \text{（碱性介质）}$$

10.3.2　微生物浸出的微生物种类

目前人们了解到：大多数金属硫化矿（如黄铜矿、辉铜矿、黄铁矿、黝铜矿、闪锌矿）和某些金属氧化矿（如铀矿、氧化锰矿）难溶于稀硫酸等一般工业浸出剂。但人们可利用某些特殊微生物，在合适条件下将上述矿物中的金属用稀硫酸浸出。

用于微生物浸出的微生物种类繁多，但主要可分为两大类：化能无机自养型和化能有机异养型。化能无机自养型细菌主要用于有色金属硫化物的氧化浸出，化能有机异养型中的真菌、藻类等主要用于从硅酸盐和碳酸盐矿物中提取金属，如浸金。

10.3.2.1　化能无机自养型的浸矿微生物

已研究过用于微生物浸出的微生物有 20 多种，分布在硫杆菌属（*Thiobacillus*）、钩端螺菌属（*Leptospirillum*）、硫化杆菌属（*Sulfobacillus*）、硫化叶菌属（*Sulfolobus*）、喜酸菌属（*Acidiamus*）、生金球菌属（*Metallosphaera*）和硫球菌属（*Sulfosphaerellus*）等，其中比较重要的有以下几种。

(1) 硫杆菌属（*Thiobacillus*）

此属细菌是土壤和自然水体中最常见的一种无色硫细菌，一般是无芽孢的短杆菌，革兰氏阴性，端生鞭毛，能将硫化物氧化成单质硫或硫酸盐，或将硫代硫酸盐氧化为硫酸盐。

硫杆菌属（*Thiobacillus*）中，用于微生物浸出的最为重要的 3 个种为：氧化亚铁硫杆菌（*Thiobacillus ferrooxidans*）、氧化硫硫杆菌（*Thiobacillus thiooxidans*）和排硫硫杆菌（*Thiobacillus thioparus*）。

① 氧化亚铁硫杆菌（*T. ferrooxidans*，简称 *T. f* 菌） 该菌是最常用的一种浸矿工程菌，革兰氏阴性、化能无机自养细菌，专性好氧，嗜酸性，靠氧化二价铁离子和还原态硫获得能源进行生长、代谢与繁殖。

菌体呈短杆状，细胞大小为直径 0.3～0.5μm，长 1.0～1.7μm，在 pH 值 1.0～6.0 范围内生长良好，最适生长 pH 范围为 2.0～3.0，在 2～40℃下都能存活，但最适生长温度为 28～35℃。它栖居于含硫温泉、硫和硫化矿矿床、煤、含金矿矿床及硫化矿矿床氧化带中，能在上述矿的酸性矿坑水中存活。

它可以氧化几乎所有已知的硫化矿物（辰砂矿和辉铋矿除外）、元素硫、其他还原性硫化合物及二价铁。它氧化二价铁的速率比在同样条件下空气中的氧的纯化学氧化速率增加 200000 倍，氧化黄铁矿速率增加 1000 倍，氧化其他硫化物的速率可增加数十到数百倍。

② 氧化硫硫杆菌（*T. thiooxidans*，简称 *T. t* 菌，图 10-5） 该菌由 Waksman 和 Joffe 在 1922 年分离获得，具有快速氧化单质硫以及还原态的硫化物的功能。它以氧化单质硫或还原态的硫化物来获得自身细胞生长和代谢所需要的能量，以 NH_4^+ 为氮源，以空气中 CO_2 为碳源进行生长繁殖。

图 10-5 氧化硫硫杆菌（*T. thiooxidans*）

它常栖居于硫和硫化矿的矿床。专性好氧，嗜酸，革兰氏阴性菌，菌体呈圆头短杆状，常以单个、双个或短链状存在，细胞大小为宽 0.5μm，长 1.0μm，最适生长 pH 范围为 2.0～2.5，最适生长温度为 28～30℃。可以氧化元素硫和硫的一系列还原性化合物，不能氧化硫化物矿物。在菌体两端各有一油滴，可将培养基中的硫溶入油滴之中再吸入体内进行氧化，可产生较多的酸，并有较强的耐酸性能。研究还发现：该菌能耐 80～110V 电压，抗电流密度 4A/dm^3。

③ 排硫硫杆菌（*T. thioparus*） 它是硫杆菌中较常见的一种，在液体硫代硫酸盐培养

基上能生成小而圆的菌落。由于生成硫沉淀，菌落呈黄色。该菌通常只存活一星期左右，可将硫代硫酸盐氧化成元素硫，又将元素硫氧化成硫酸。

(2) 钩端螺菌属 (*Leptospirillum*)

所有钩端螺菌属的菌株都是严格好氧微生物。它们专一性地通过氧化溶液中的亚铁离子或矿物中的亚铁离子来获取能量，它们在浸矿系统中通常和氧化亚铁硫杆菌协同作用。

此属包括一个中温菌种——氧化亚铁钩端螺菌 (*Leptospirillum ferrooxidans*) 和一个中等嗜高温菌种——嗜热氧化亚铁钩端螺菌 (*Leptospirillum thermoferrooxidans*，图 10-6)。其特征是有螺旋状端生鞭毛和黏液层，严格好氧，栖居于黄铜矿的矿床或矿堆等处，能氧化亚铁离子、黄铁矿和白铁矿，不能氧化硫和硫的其他还原性化合物。最适生长 pH 为 $2.5 \sim 3.0$，最适生长温度为 30℃。其中，氧化亚铁钩端螺旋菌 (*L. ferrooxidans*) 是生物湿法冶金过程中主要的浸矿菌种之一，该菌是一类专性自养铁氧化细菌，螺旋状，革兰氏阴性菌。

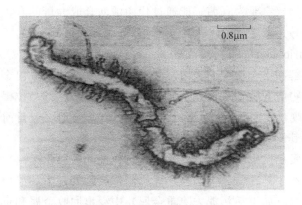

图 10-6　嗜热氧化亚铁钩端螺菌 (*L. thermoferrooxidans*)

(3) 硫化杆菌属 (*Sulfobacillus*)

该属菌种的生理及生化特性都很相似。它们的能量来源于亚铁离子、硫黄及其他矿物，如硫铁矿、黄铜矿、砷黄铁矿、闪锌矿、亚锑酸盐、蓝铜矿和辉铜矿等。培养基中加入 $0.01\% \sim 0.02\%$ 的酵母膏，则菌体生长会更好。该属中所有种在混合营养 (矿物质加上酵母膏、某些糖类、氨基酸或一些更为复杂的有机底物) 条件下，比只在谷胱甘肽或酪蛋白水解产物的环境中生长得更好。

该属细菌均严格好氧且极度嗜酸，杆状，革兰氏阴性菌，广泛分布于自然界。硫化杆菌属 (*Sulfobacillus*) 共有 5 种，它们分别是：嗜热硫氧化硫化杆菌 (*Sulfobacillus thermosulfidooxidans*)、嗜酸硫化杆菌 (*Sulfobacillus Acidophilus*)、氧化二硫化物硫化杆菌 (*Sulfobacillus disulfidooxidans*)、西伯利亚硫化杆菌 (*Sulfobacillus Sibiricus*) 和耐热硫化杆菌 (*Sulfobacillus Thermotolerans*)，该属细菌具有氧化金属硫化矿的功能，其中的嗜热硫氧化硫化杆菌是典型的中度嗜热喜酸菌，存在于各种富硫的高温酸性环境，如酸性热泉、酸性矿坑水、自燃煤堆、硫化矿矿堆和高温生物浸矿反应器等，还集中在硫化矿物矿床及火山地带，其中热氧化硫化杆菌 (*S. thermosulfidooxidans*) 还可见于城市供热管道的锈蚀处。它们具有比嗜中温喜酸菌 [如氧化亚铁嗜酸硫杆菌 (*Acidithiobacillus ferrooxidans*)、氧化亚铁钩端螺旋菌 (*Leptospirillum ferrooxidans*) 等] 更强的硫化矿氧化能力，是中度高温浸矿环境中的主要菌种之一。

(4) 嗜酸嗜热古生菌纲类群

在该类群中，一共有 4 个属的菌可以氧化硫化物，它们分别为硫化叶菌属（*Sulfolobus*）、喜酸菌属（*Acidiamus*）、生金球菌属（*Metallosphaera*）和硫球菌属（*Sulfosphaerellus*）。该 4 属微生物均为好氧菌，极度嗜热嗜酸，兼性无机化能自养菌。菌体一般呈球形，直径 $1.0\mu m$，不具有鞭毛，因此细胞不具运动性。

在硫化叶菌表面有类纤毛结构，有助于细菌附着在矿粒表面。在自养条件下能催化元素硫、二价铁离子及硫化物矿物的氧化，在含 $0.01\% \sim 0.02\%$ 酵母膏或其他有机物的混合培养条件下生长更快。嗜热酸硫化叶菌（*Sulfolobus acidocaldarius*）还可在厌氧条件下以 Fe^{3+} 作电子受体氧化元素硫，其生长 pH 范围为 $1.0 \sim 5.9$，最适生长 pH 为 $2.0 \sim 3.0$，生长温度为 $55 \sim 80℃$，最适生长温度为 70℃。该类群微生物主要分布于高温硫黄泉中。

10.3.2.2 产有机酸类的浸矿微生物

一些异养型微生物（主要为真菌）能通过代谢活动合成大量的有机酸，这些有机酸主要有柠檬酸（citric acid）、苹果酸（malic acid）、草酸（oxalic acid）、葡萄糖酸（gluconic acid）、酒石酸（tartaric acid）和乳酸（lactic acid），Cu、Zn、Ni、Co、Ag、Pb 等金属能与这些有机酸发生酸解和络合反应而被溶浸到溶液中，从而达到浸出金属的目的。

有些真菌类微生物能有效地从镍红土矿、低品位氧化矿、低品位褐铁矿和绿脱石（nontronite）及城市固体废物中回收 Ni、Cu、Zn、Fe、Co 等金属。但目前这方面的研究都处于实验室研究阶段，对其放大实验和应用少有报道。

由于存在异养型浸矿微生物的营养要求比硫氧化菌和铁氧化菌高，且金属耐性和浸出率相对较低等问题，制约了其在低品位矿物和无机固体废物处理中的应用。但此类微生物在从富含有机质的固体废物（如生活污泥去除重金属）中浸出回收金属和重金属解毒等方面有着广阔的前景。

10.3.2.3 产氰类浸矿微生物

另一类应用于金属浸出的微生物为产氰类微生物，许多微生物可以产生 HCN，如紫色色杆菌（*Chromobacterium violaceum*）、荧光假单胞菌（*P. fluorescens*）、绿脓杆菌（*P. aeruginosa*）及某些真菌如硬柄小皮伞（*Marasmius oreades*）等，通常认为产氰类微生物通过产氰抑制其他微生物的生长，从而保持自己的竞争优势。

(1) 紫色色杆菌（*C. violaceum*）

该菌是一种兼性厌氧、无芽孢、可运动的革兰氏阴性细菌，属于奈瑟氏菌科（Neisseriaceae）的细菌。该菌存在于北纬 35°和南纬 35°之间的热带及亚热带，是土壤和水中的腐生菌，是条件致病菌。紫色色杆菌（*C. violaceum*）可用常规琼脂培养基培养，培养的菌落具有紫色色素的特性，被其感染的临床症状进程非常迅速，在感染出现症状后的几天内，通常会迅速发展为致命的系统性疾病，但此病在人和动物中罕见。

(2) 荧光假单胞菌（*P. fluorescens*）

该菌（图 10-7）对于人类是一种罕见的机会致病菌。菌体细胞为直的杆菌，大小为 $(0.7 \sim 0.8)\mu m \times (2.3 \sim 2.8)\mu m$，不产芽孢，革兰氏染色阴性。有数根极生鞭毛，运动。需氧，进行严格的呼吸型代谢，以氧为最终电子受体。能以硝酸盐为替代的电子受体进行厌氧呼吸。化能异养，不需要有机生长因子。氧化酶阳性，接触酶阳性。能利用葡萄糖和果糖，有些菌株能从蔗糖合成果聚糖，明胶液化。生长温度范围 $4 \sim 37℃$，最适生长温度 25～

30℃。DNA 中 G+C 的 mol% 值为 60~61。广泛分布于自然界，如土壤、水、植物及动物活动的环境中。该菌生化能力活跃，可降解许多人工合成化合物，常被用于环境保护。

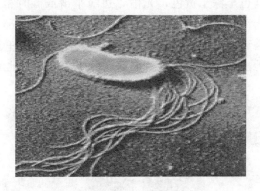

图 10 - 7 荧光假单胞菌（*P. fluorescens*）

（3）铜绿假单胞菌（*P. aeruginosa*，图 10-8）

图 10 - 8 铜绿假单胞菌（*P. aeruginosa*）

该菌以前称绿脓杆菌，1882 年首先由 Gersard 从伤口脓液中分离得到，是一种机会性感染细菌，且对植物亦是机会性感染的，感染后因脓汁和渗出液等呈绿色而得名。菌体长约 1.5~3.0 μm，宽 0.5~0.8 μm。单个，成对或偶尔成短链，在肉汤培养物中可以看到长丝状形态。菌体有 1~3 根鞭毛，运动活泼。无芽孢，能形成荚膜。易被普通染料着染，革兰氏阴性。为需氧菌，在普通培养基上易于生长，培养的适宜温度为 35℃，最适 pH 值为 7.2。普通琼脂上形成光滑、微隆起、边缘整齐波状的中等大菌落。由于产生水溶性的绿脓素（呈蓝绿色）和荧光素（呈黄绿色），故能渗入培养基内，使培养基变为黄绿色。数日后，培养基的绿色逐渐变深，菌落表面呈现金属光泽。普通肉汤均匀混浊，呈黄绿色。液体上部的细菌发育更为旺盛，在培养基的表面形成一层很厚的菌膜。但广泛使用有效抗生素后筛选出的变异株常常丧失其合成能力。该菌分解蛋白质能力甚强，而发酵糖类能力较低，分解葡萄糖、伯胶糖、甘露糖产酸不产气，不分解麦芽糖、菊糖、棉籽糖、甘露醇、乳糖及蔗糖，能液化明胶。分解尿素，不形成吲哚，氧化酶试验阳性，可利用枸橼酸盐。不产生 H_2S，MR（乙酰甲基甲醇）试验和 VP（甲基红）试验均为阴性。

另外，该菌还是一种重要的植物根际促生细菌，是已知植物根际有益微生物中种群数量较多的细菌种类之一。该菌营养需求相对简单，能够利用根系分泌物中大部分营养迅速在植物根围定殖。其中一些菌株具有促进植物生长和防治病害的作用，因而可能用于植物病害的生物防治。

（4）硬柄小皮伞（*Marasmius oreades*）

又称硬柄皮伞、仙环上皮伞（图 10-9）。子实体较小。菌盖宽 3～5cm，扁平球形至平展，中部平或稍凸，浅肉色至深土黄色，光滑，边缘平滑或湿时稍显出条纹。菌肉近白色，薄。菌褶白色，宽，稀，离生，不等长。菌柄圆柱形，长 4～6cm，粗 0.2～0.4cm，光滑，内实。它是著名的形成蘑菇圈（仙人环）的种类，由此而流传着许多关于蘑菇圈形成的美妙神话故事，夏秋季在草地上群生并形成蘑菇圈，有时生长于林中地上。

图 10-9　硬柄小皮伞（*Marasmius oreades*）

值得一提的是，微生物只在其生长稳定期前期的一小段时间内具有产氰作用，而且只有在特定的培养条件下才具有显著的产氰作用。氰化物是微生物将氨基乙酸（Glycine）通过氧化脱羧作用转化而成的，通常以 CN^- 和 HCN 的形式存在于溶液中。理论上，几乎除镧系和锕系以外的所有的变价金属都能与 CN^- 形成可溶的氰化配合物。然而对产氰微生物从矿物中浸出金属的原理及金属的氰化配合物的形成机理的研究较少，有少数文献报道了其浸金原理，认为其主要是以 $[Au(CN)_2]^-$ 的形式浸出金的。

10.3.3　微生物浸出工艺

10.3.3.1　微生物浸出工艺类型

微生物浸出工艺包括微生物堆浸、微生物地浸、微生物槽浸和微生物搅拌浸出，它们各自的工艺特点如下。

① 微生物堆浸　微生物堆浸一般多在地面上进行，通常利用斜坡地形，将矿石堆在不透水的地面，在矿石堆表面喷洒细菌浸矿剂浸出目标金属，在低处建立集液池，收集浸出液。该工艺的特点是规模大、浸出时间长，成本低。

② 微生物地浸　又称原地浸出或溶浸采矿，它是通过地面钻孔至金属矿体，然后由地面注入细菌浸矿剂到矿体中，浸矿剂在多孔金属矿体中循环，最后经泵将浸出液抽到地面并回收溶解出来的金属。

进行微生物地浸时，为了使微生物在地下能正常生长并完成浸矿作用，除了要在浸出剂中加入足够的微生物营养物质以外，还必须通过专用钻孔向矿体内鼓入压缩空气，为微生物提供所需的氧和二氧化碳。

③ 微生物槽浸　矿石槽浸是一种渗透浸出过程，通常在浸滤池或者槽中进行，一般用于处理高品位的矿石或精矿。矿石粒度比堆浸小，每个浸出槽一次可以装矿数十吨或数百

吨，浸出周期为十天至数百天。

微生物槽浸工艺通常有两种操作方式，一种是在喷洒（连续或间断的方式）浸出剂的同时连续排放进出液，在矿层中不存留过多的溶液；另一种是在喷洒（连续或间断的方式）浸出剂的时候不排放浸出液，使浸出剂浸没矿石层并存留一段时间，然后排放出浸出液。

④ 微生物搅拌浸出 又可分为机械搅拌浸出法、空气搅拌浸出法、混合搅拌浸出法（机械加空气搅拌、液体输送式搅拌）。一般用于处理高品位的矿石或精矿，通常是在浸出前先将待处理矿石磨到 0.074mm（200 目）占 90% 以上的细度，然后放入多个串联起来的搅拌槽，加入微生物浸出剂进行浸出作业。用于搅拌浸出的物料一般粒度非常细，浓度比较低。搅拌过程中还需控制温度，以免影响细菌生长。

此工艺中，搅拌的一个作用是使矿物颗粒与浸出剂充分混合，增加矿粒与微生物的接触机会，提高浸出过程的传质效率；另一个作用是增加矿浆中的空气含量，为微生物提供充足的氧和二氧化碳。

10.3.3.2 微生物浸出工艺流程

微生物浸矿的典型流程如图 10-10 所示。

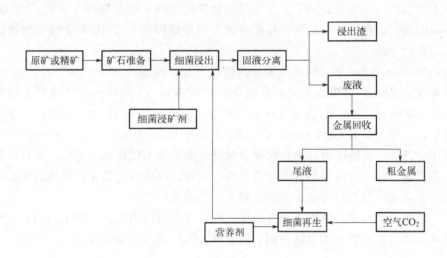

图 10-10 微生物浸矿的典型流程

由图 10-10 可见，微生物浸出的典型流程包括原料准备、浸出、固液分离、金属回收及微生物浸出剂再生 5 个主要工序。现以利用氧化亚铁硫杆菌浸出金属硫化矿的通用流程进行介绍。

(1) 原料准备

此工序是对矿石进行微生物浸出前的准备作业，其目的是制备出与后续的浸出作业相适应的矿石原料。在堆浸和槽浸中，该工序包括配矿、破碎、堆矿和装矿；在搅拌浸出中则包括配矿、破碎和磨矿。

(2) 浸出

浸出工序是微生物浸矿工艺流程中的核心部分。该工序包括微生物浸出剂的制备、粗矿块或细矿粒的堆浸或渗滤浸出作业，以及磨细矿石的搅拌浸出作业。

(3) 固液分离

对于搅拌浸出来说，一般不能得到能够直接送到金属回收工序的澄清浸出液，而需要进行固液分离。实现固液分离常常采用过滤的方法，有时也可以采用逆流倾析和洗涤得到固体含量很低的浸出液后再进行下一步的金属回收。

（4）金属回收

此工序是指从浸出液中回收金属的操作。常用的方法有置换沉淀法、电解沉淀法、离子交换法和溶剂萃取法等。

（5）微生物浸出剂再生

此工序是将回收金属以后的澄清的含菌尾液送入专门的设备中，再加入适量的营养物质、空气和二氧化碳等，进行一段时间的微生物培养，然后送回浸出工序循环使用，以达到降低成本、减少废水排放量的目的。

10.3.3.3 两种主要微生物浸出工艺

工业化微生物浸出工艺中主要运用两种工艺，即微生物槽浸和微生物堆浸两大类。

1）微生物槽浸工艺

微生物槽浸技术的先驱者是南非 Gencor 公司（目前其技术已被 Gold Fields 公司和 BHP Billiton 公司分享），其开发的 BIOX 工艺于 1986 年在南非 Fairview 金矿建立了世界上第一个微生物槽浸厂，率先实现了含金难浸硫化物精矿的工业化槽浸。自此，BIOX 技术在全世界范围内推广，在南非、巴西、秘鲁和澳大利亚等国建立了 10 多个微生物槽浸厂，其工艺不断完善。

同时，Mintek/Bactech 共同开发完成的槽浸工艺（Mintek/Bactech 工艺）也于 1994 年在澳大利亚 Youanmi 矿（现已关闭）建成年产 6 万盎司（1 盎司＝28.35g）金的微生物浸出厂。随后，Mintek/Bactech 技术又在澳大利亚 Beaconsifield 和中国莱州金矿得到进一步推广。目前，世界上只有 Gold Fields 公司和 Mintek/Bactech 公司实现了难浸金矿微生物浸出的工业化。其生产实践证明：微生物槽浸预处理难浸金不仅技术上可行，而且比其他方法投资少、生产成本低，已取得显著的经济效益。同时，国内也有几家机构致力于难浸金矿微生物浸出的工业化，如长春黄金研究院、烟台黄金冶炼厂等。

微生物槽浸是指在搅拌槽中进行含金属矿物的微生物浸出工艺（图 10-11），通常用于难浸出的贵重金属（金）和基本金属（铜、钴、镍、锌）的浮选精矿浸出。

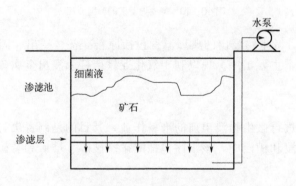

图 10-11 微生物槽浸示意图

用微生物槽浸技术浸出几种基本金属如铜、镍、锌、钴的研究近年来也取得了巨大进步。在采用微生物槽浸技术提取基本金属领域，BRGM（Bureaude Recherches Gologiqueet Minires，法国矿业与地质资源局）、BHP Billiton 公司（与 Codelco 公司联合）及 Mintek/

Bactech 公司（与 Peoles 公司联合）推进了基本的微生物浸出技术，实现了工业化生产。

(1) BIOX 技术

BIOX 技术当前属于南非 Gold Fields 公司，是指用中温细菌在搅拌槽内处理细磨难浸出金硫化精矿。在这类矿石中，金被硫化矿物包裹而使传统的氰化浸出的金回收率仅有 15% 左右，通过 BIOX 技术进行预处理，可使最终的金回收率高达 98%。BIOX 技术在 30 余年的发展过程中有很多成功的工业化微生物浸出的例子。表 10-1 列举了目前 BIOX 工业化工厂的具体运作情况。其基本工艺流程如图 10-12 所示。

表 10-1　难处理金矿细菌氧化预处理工厂一览表

厂家名称	国家	原料性质	处理能力 / (t/d)	采用工艺	投产时间
Faiview	南非	精矿	55	BIOX®	1988 年
Sao Bento	巴西	精矿	510	BIOX®	1990 年
Youanmo	澳大利亚	精矿	60	BacTech	已关闭
Harbour Lights	澳大利亚	精矿	40	BIOX®	1991 年现关闭
Wiluna	澳大利亚	精矿	158	BIOX®	1993 年
Ashanti	加纳	精矿	960	BIOX®	1994 年
Nemont-Carlin	美国（内华达州）	原矿块矿（含铜金矿）	10 000	Nemont	1995 年
Tamboraque	秘鲁	精矿	60	BIOX®	1998 年
Beaconsfield	澳大利亚	精矿	60		1998 年
Amantaytau	乌兹别克斯坦	精矿	>100		2000 年以后
Olypias	希腊	精矿	>200		2000 年以后
Fosterille	澳大利亚	精矿	120		2000 年以后
烟台黄金冶炼厂	中国	精矿	80	BIOX®	2000 年 9 月
山东天承金业股份有限公司（莱州）	中国	精矿	100[①]	BacTech	2001 年 5 月

① 设计处理能力为 100t/d，实际达产能力为 140t/d，投资 6300 万元。技术为国外引进，设备由国外制作。

首先，浮选精矿进入矿浆池，然后与其他营养物质一起添加进入反应槽进行微生物浸出，其浸出过程分两级进行：第一级由 3 个反应槽并联而成，主要目的在于使细菌繁殖生长，达到需要的菌体浓度；第二级由 3 个反应槽串联而成，使硫化矿物氧化，达到需要的浸出率。通常来说，两级的停留时间各为 2d，总停留时间为 4d。若浸出矿物为含金矿物时，浸出残渣通过洗涤后进入氰化操作，以提取其中的金；若浸出含铜、钴、镍等基本金属矿物时，将微生物浸出后的浸出液进行溶剂萃取-电积工艺，得到阴极金属物。

(2) Mintek/Bactech 工艺

Mintek/Bactech 工艺指采用最佳生长温度在 45~55℃ 的中等嗜热菌在搅拌槽或浸出反应器中处理难浸金硫化精矿，其由南非国家矿业技术研究院 Mintek 和加拿大矿业公司 Bactech 公司共同开发并推广。其工艺流程与 BIOX 工艺相似，也是采用两级微生物浸出。

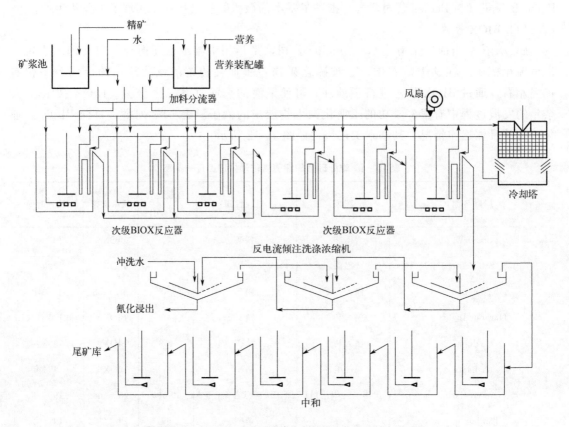

图 10-12 以 BIOX 工艺浸出金为例的微生物槽浸基本流程图

表 10-1 还列举了投入运作的难浸出金矿的微生物浸出工厂。

(3) BIOCOP™及相关技术

BIOCOP™工艺 [起源于 Gencor 公司的基本金属（一般包括铁、锰、铜、铝、铅、锌、锡）的微生物浸出技术]，由 BHP Billiton 生物技术集团公司开发。该法用嗜热细菌在搅拌池内从铜硫化精矿（可以是黄铜矿）中浸出铜，在 $65\sim80℃$ 下细菌氧化硫化矿物，产生金属硫酸盐和硫酸，在 10d 的浸出周期内可以成功浸出黄铜矿。该法的特点是：高温细菌浸出时需大量的氧，因此必须有制氧设备，其主要成本是气流形式的氧；砷可在单独的步骤中除去，故浸出过程产生的渣易于处理，可处理砷含量高的矿石。BHP Billiton 公司和智利 Codelco 公司于 1999 年签订了一项协议，正式成立联合铜有限公司（Alliance Copper Limited），以便用 Billiton 公司的 BIOCOP™等生物技术开发铜和钼项目。该公司于 2002 年 5 月开始在智利 Chuqu icamata 建立铜精矿微生物浸出的示范工厂，其微生物浸出部分由 6 个 $1260m^3$ 的反应槽构成，年处理铜精矿 7.7 万吨，年产阴极铜 2 万吨。

影响微生物槽浸的因素如下：

(1) 不同生物冶金反应器

高效的生物冶金反应器是降低生产成本、进一步扩大微生物槽浸工业应用范围的关键。

在现有的微生物槽浸工业应用中，其反应器几乎都是搅拌槽式微生物冶金反应器，具有优良的传质、混合效果。搅拌槽式微生物冶金反应器中搅拌转速的提高通常有利于通气效果的改善，矿浆浓度的提高通常有利于反应器单位处理能力的提高，但过高的搅拌转速和矿浆浓度会导致剪切摩擦对微生物造成伤害。工业生产中的矿浆浓度一般难以超过 20%。搅拌槽式微生物冶金反应器的设备投资成本较高，且矿浆停留时间长、矿浆浓度低会导致高的生产运行成本，通气和搅拌的电力消耗约占生物预氧化-氰化提金工艺中生产运行成本的一半以上，这从经济上限制了微生物槽浸的工业应用范围。

与搅拌槽式微生物冶金反应器相比，气升式微生物冶金反应器内部的剪切力更低且更均匀，达到相同气液传质效果的设备投资成本和生产运行成本更低。

与搅拌槽式微生物冶金反应器相比，转鼓式微生物冶金反应器的混合机理不同，对微生物的剪切力较低，有望应用于超过 20% 矿浆浓度的生物冶金体系。

(2) 溶解氧浓度的影响

生物冶金是一个好氧生物过程，氧气是维持微生物生长代谢的关键物质。氧气在水溶液中的溶解度较低，生物冶金体系中的溶解氧浓度由氧气从气相转移到液相的传递速率和溶液中微生物的氧气消耗速率共同决定。

一般认为氧气传递速率是生物冶金过程的速率控制步骤，搅拌槽式微生物冶金反应器中，通气和搅拌的目的之一就是为了保持较高的氧气传递速率，它也是评价反应器性能的重要参数；微生物的氧气吸收速率是微生物的基本生理特性，也是评价微生物活性的重要参考。一般认为，生物冶金过程中溶解氧浓度有一个最高临界值和一个最低临界值，在两个临界值之间溶解氧浓度的提高有利于生物冶金过程的进行；当溶解氧浓度高于最高临界值或低于最低临界值时，生物冶金过程会受到抑制。

虽然不同生物冶金过程中溶解氧浓度的最高临界值可能受到操作条件、微生物种类等因素影响，导致较大波动，但是抑制现象的存在对于生物冶金反应器的设计和操作有意义，有助于避免高成本保持的高溶解氧浓度抑制生物冶金过程的情况发生。例如，在难处理金矿生物预氧化的 BIOX 工艺（图 10-12）中，通常包括六个连续搅拌槽式微生物冶金反应器，总停留时间为 4~6d，矿浆在前三个并联操作的反应器中停留约 2~3d，待微生物量稳定后，再进入后三个串联操作的反应器，且要求反应器中的溶解氧浓度不得低于 2mg/L。当溶解氧浓度在最低临界值附近时，微生物冶金过程可能会减缓，但不会停止，在金矿生物预氧化的后期（如 BIOX 工艺中后三个串联操作的反应器中），可以适当降低通气和搅拌的强度，无需维持过高的溶解氧浓度即可保证反应的正常进行。

(3) 温度的影响

微生物冶金过程中，微生物不断生成的 Fe^{3+}、H^+ 等与矿石发生化学反应是导致矿石溶解的主要原因，在微生物的适应性范围内，提高温度有利于加快化学反应速度。

微生物槽浸工艺的发展历程是一个反应器操作温度逐渐提高的过程，操作温度逐渐从 35~40℃ 发展至 45~55℃，并向 60~85℃ 过渡，这一过程也伴随着高效嗜热菌种的筛选和培育，逐渐从中温菌发展至中度嗜热菌，并向极端嗜热菌过渡。

微生物冶金是一个放热过程，在实际生产过程中，需要对反应器进行降温处理，以避免温度过高导致微生物失活，高效嗜热菌种的筛选和培育以及反应器操作温度的提高有利于换热成本的降低。

黄铜矿的高效利用是微生物冶金领域的重大挑战之一，这是因为在微生物冶金过程中，其表面会形成一层以铁沉淀物和单质硫为主的钝化层，阻碍铜的进一步浸出，近来发现操作温度的提高可以减少钝化层，嗜热微生物之间的协同作用也有利于钝化层的去除，这推动了黄铜矿高温微生物浸出的研究与发展。但是，高温下氧气在微生物冶金体系中的溶解度明显降低，需要提高气源中的氧气分压来保证良好的通气效果；由于极端嗜热菌与中温菌相比对剪切力更为敏感，所以矿浆浓度一般不超过 12.5%，制约了高温工艺的工业化进程。

(4) 反应器内构件的影响

搅拌桨（图 10-13）是搅拌槽式微生物冶金反应器的关键部件，其目的是尽可能在维持低功率消耗和低剪切的情况下，将矿物、微生物等固体和通入的气体均匀分散在液体中，以获得良好的传质效果。

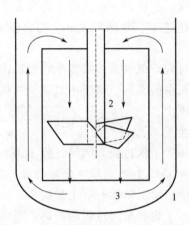

图 10-13 装有导流筒的搅拌槽式反应器示意图
1—槽；2—搅拌桨；3—导流筒

径流式 Rushton 搅拌桨，因其结构和制造简单起初得到了广泛应用，其分散气体的能力较强，但作用范围较小，容易形成上下独立的分区循环，影响传质效果。

轴流式搅拌桨，如 Lighting 公司的 A315 搅拌桨的作用范围较大，现有商业化的难处理金矿生物预氧化工业应用，如 BIOX 和 BacTech 工艺中几乎都采用了这种搅拌桨，与径流式搅拌桨相比，其达到相同搅拌水平时的功耗和剪切力较小，可节省 35%~50% 的电力。

在相同搅拌功耗的情况下，多层桨的搅拌转速和最大剪切力低于单层桨，所以比较适合对剪切力敏感的微生物冶金反应器。Milton Roy Mixing 公司研发的 BROGIM® 多层搅拌桨主要包括一个位于底部的径流式搅拌桨用以分散空气，1~2 个位于顶部的轴流式搅拌桨以保证整体混合均匀。良好的气液传质效果和较低的电力消耗，不仅与搅拌桨的结构和搅拌转速有关，还与气体分布器有关。

导流筒是一个安装在反应器内的上下开口的圆筒（图 10-13），在搅拌混合中起到导流的作用。不过，搅拌槽式微生物冶金反应器中导流筒的存在，也会导致搅拌功率的增大和搅拌动力成本的增加。

2）微生物堆浸工艺

微生物堆浸工艺的现代化应用起源于 1955 年美国肯尼科特铜业公司的从次级硫化铜矿石中浸出铜的商业化工厂，随后堆浸处理低品位且难浸出金矿的工业化工厂也在美国 Carlin 金矿得以实现。由于矿物浸出效果的差异，现存的微生物堆浸厂大多是处理氧化铜矿和次生硫化铜矿。进入 21 世纪后，原生硫化铜矿（黄铜矿）和其他基本金属如镍、钴、锌等生物堆浸的工业化也在不断实践中得到发展，并已建成了许多示范性工厂。

堆浸通常是在矿山附近的山坡、盆地、斜坡等地上（图 10-14），铺上混凝土或沥青等防渗材料，矿石经粉碎后筑堆，堆高通常为 6～10m，然后将事先准备好的含菌浸出剂，用泵自矿堆顶面上浇注或喷淋矿石的表面，使之在矿堆上自上而下浸润，同时通过底部事先埋好的通气管路通入空气，经过一段时间后，浸提出有用金属。含金属的浸提液积聚在矿堆底部，集中送入收集池中，而后根据不同金属性质采取适当方法回收有用金属。回收金属之后的含菌浸出剂，经调节 pH 后，可再次循环使用。

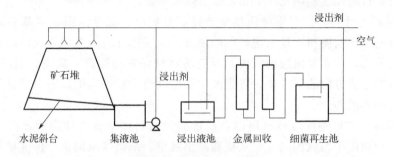

图 10-14 生物堆浸示意图

微生物堆浸通常用于低品位且难浸出贵重金属（金、铀）和基本金属矿物浸出（图 10-14），大规模工业生产主要采用两种方式，即地表堆浸和原地浸出（bioleaching in situ）。前者用于处理已采至地面的低品位矿石、废石和其他废料；后者用于处理地下残留矿石或矿体，如果这些矿体或矿柱未采动，为提高堆浸效果，需预先进行松动爆破。

(1) 地表堆浸

地表堆浸是将开采出的原矿或破碎到一定粒度的矿石或经制粒后的矿团，按一定几何尺寸堆积在铺设有防渗漏垫层的堆场上，然后间歇地或连续地在堆顶自动喷淋、人工喷淋或堰矿灌注浸出剂，浸出剂在往下渗滤的过程中流经矿石，有选择性溶解和浸出其中的有用成分，含有用金属的浸出液从堆底流出，由泵送至工厂进行处理，回收有用金属。它包括筑堆浸出（heap bioleaching）和废石堆浸（dump bioleaching）。筑堆浸出和废石堆浸通常用于边缘矿物，但筑堆浸出的堆高通常为 6～10m，而废石浸出直接将废石筑堆浸出，堆高可达 50m。

地表堆浸是应用最早且应用最广的溶浸采矿方法，它的适用范围如下：

① 处于工业品位或边界品位以下，但其所含金属量仍有回收价值的贫矿与废石。根据国内外堆浸经验，含铜 0.12％以上的贫铜矿石（或废石）、含金 0.7g/t 以上的贫金矿石（或废石）、含铀 0.05％以上的贫铀矿石（或废石），可以采用此堆浸法处理。

② 边界品位以上但氧化程度较深的难处理矿石。

③ 化学成分复杂，并含有有害伴生矿物的低品位金属矿和非金属矿。

④ 被遗弃在地下，暂时无法开采的采空区矿柱、充填区或崩落区的残矿、露天矿坑底或边坡下的分枝矿段及其他孤立的小矿体。

⑤ 金属含量仍有利用价值的选厂尾矿、冶炼加工过程中的残渣与其他废料。

总之，地表堆浸适合处理边界品位以下，仍有回收利用价值的贫矿和废石；或品位虽然在边界品位以上，但氧化程度深，不宜采用选矿法处理的矿石；或化学成分复杂，甚至含有害伴生矿物的复杂难处理的矿石。

地表堆浸工艺包括如下过程：

① 破碎矿石（废石）堆的设置

a. 地表堆浸矿石的粒度要求　被浸矿石的粒度对金属的浸出率及浸出周期的影响很大，一般来说矿石粒度越小，金属的浸出速度越快。例如，用粒级 25～50mm 与 5mm 的金属矿石浸出 12d，其浸出率分别为 29.575% 和 97.88%。但矿石粒度又不宜太细，否则将影响浸出剂的渗透速度。国内堆浸金矿石的粒度一般控制在 50mm 以内，并要求粉矿不超过 20%，国外许多堆浸矿石的粒度控制在 19mm，浸出效果良好。

b. 堆场选择与处理　矿石堆场应尽量选择靠近矿山、靠近水源、地基稳固、有适合的自然坡度、供电与交通便利，且有尾矿库的地方。堆场选好后，先将堆场地面进行清理，再在其表面铺设浸垫，防止浸出液的流失。浸垫的材料有热轧沥青、黏土、混凝土和 PVC 薄板等。在堆场的渗液方向的下方要设置集液沟和集液池，在堆场的周边需修筑防护堤，在堤外挖掘排水沟和排洪沟。

c. 矿石筑堆　矿堆高度对浸出周期及浸垫面积的利用率有直接影响，高度大，浸出周期长，浸垫面积利用率得到提高。但从提高浸出效率、缩短浸出周期、保证矿堆有较好的渗透性来综合考虑，矿堆高度以 2～4m 为宜。

② 浸出作业控制

a. 配制浸出剂　根据浸出元素的不同，配制合适的浸出剂，如堆浸提取金普遍采用氰化物作浸出剂，铀、铜、镍堆浸用稀硫酸作浸出剂。

b. 矿堆布液　矿堆布液方法有喷淋法、灌溉法及垂直管法。前者主要适合于矿石堆浸，后两者主要适合于废石堆浸。喷淋法是指用多孔出流管、金属或塑料喷头等各种不同的喷淋方式，将浸出剂喷到矿堆表面的方法；灌溉法是在废石堆表面挖掘沟、槽和池，然后用灌溉的方法将浸出剂灌入其中；垂直管法适合高的废石堆布液，其做法是废石堆内根据一定的网格距离，插入多孔出流管，将浸出剂注入管内，并分散注入废石堆的内部。

c. 浸出过程控制　浸出过程控制的主要因素包括温度、酸碱度、杂质矿物等。

③ 浸出液处理与金属回收　浸出液中含有需要提取的有用元素，可采取适当的方法将其中的有用元素置换出来。如从堆浸中所得的含金和银浸出液（富液）中回收贵金属的方法有锌粉置换法、活性炭吸附法等传统工艺，离子交换树脂法和溶剂萃取法等新工艺；铀的回收采用移动床离子交换或溶剂萃取，及氢氧化钠沉淀生产重铀酸钠产品；铜和镍的回收一般采用溶剂萃取和电解法；金和铁回收采用活性炭或树脂吸附、解吸电解生产金锭的方法。

(2) 原地浸出

原地浸出是指在已开采的矿坑中，通过注液孔向矿层注入浸出液，浸出液选择性地浸出矿石中的有用组分，生成的可溶性化合物进入浸出液流中，通过抽液孔被提升至地表进行加工处理以提取金属的一种采矿技术，但存在浸出率过低、浸出周期长且可能对环境产生损害的特点。原地浸出主要有以下两类。

① 地下就地破碎浸出　地下就地破碎浸出法开采金属矿床，是利用爆破法就地将矿体中的矿石破碎到预定的合理块度，使之就地产生微细裂隙发育、块度均匀、级配合理、渗透性能良好的矿堆，然后从矿堆上部布洒浸出剂，有选择性地浸出矿石中的有价金属，浸出的溶液收集后转输到地面继而加工回收金属，浸后尾矿留在采场，就地封存处置。

溶浸矿山比常规矿山基建投资少，建设周期短，生产成本低，有利于实现矿山机械化与自动化，有利于矿区环境保护。因此，该法很有应用发展前景，目前在国外已得到广泛应用，我国也在铀、铜等金属矿床进行试验研究或推广应用。

② 原地钻孔溶浸采矿方法　其特征是矿石处于天然赋存状态下，未经任何位移，通过钻孔工程往矿层注入浸出剂，使之与非均质矿石中的有用成分接触，进行化学反应。反应生成的可溶性化合物通过扩散和对流作用离开化学反应区，进入沿矿层渗透的液流，汇集成含有一定浓度的有用成分的浸出液，并向一定方向运动，再经抽液钻孔将其抽至地面水冶车间加工处理，提取浸出金属。由于适用条件苛刻，目前国内外仅在疏松砂岩铀矿床应用地下原地钻孔法开采。

比较典型的原地浸出工艺是克莱韦斯特铀矿的浸出采铀工艺。该矿是美国第一个大规模商业性生产的原地浸出采铀矿山，1975 年 4 月投产，是由美国钢铁公司（U.S.Steel）和尼亚加拉公司（Niagara）共同经营，其年产 U_3O_8 的能力初期为 112.5t，后增加到 450t。

克莱韦斯铀矿位于得克萨斯州的乔治韦斯特镇（George West）西南 16km 处。铀矿体呈舌状赋存于中新世的阿克维利（Oakville）砂岩中。含矿层平均埋深 116～150m，平均厚度为 10m。含矿砂岩，结构疏松，渗透率为 2000mD。矿石平均品位为 0.1%，主要铀矿物是沥青铀矿和水硅铀矿，共生矿物有硒和钼。

a. 钻孔布置　钻孔总数达 2000 多个，共有四个采区。每个采区都平均有 550 个钻孔，其中 250 个为注液孔，150 个为抽液孔，150 个为监测孔。每组钻孔一般布置成 5 点式。方形边长为 16.67m，抽液孔在中心，四角为注液孔，抽液孔和注液孔的距离为 11.78m。钻孔也有按边长为 22.33～33.33m 的方形布置。

b. 钻孔结构　抽液、注液和监测孔的结构基本相同。钻孔深略超过矿体底板。在注液和监测孔内安装有内径为 100mm 的聚氯乙烯塑料套管。在抽液孔内的则是内径为 150mm 的聚氯乙烯塑料套管；矿层部位安装过滤管。在孔壁和套管壁间固井，为防止固井时水泥浆进入过滤管和矿层，在过滤管之上装有一个带石膏塞的接头；水泥浆通过石膏塞上方的排浆孔进入套管外的空隙，排浆孔下面的垫圈可防止水泥浆下漏。为了保护过滤管，套管上带有 3～4 个扶正器，以扶正套管和过滤管在孔内的位置。

c. 溶浸液配制　配制浸出液，初期使用碳酸铵、碳酸氢铵和过氧化氢，之后换成碳酸钠、碳酸氢钠和氧气。溶浸液的 pH 值为 9 左右。

d. 抽注液设备和抽出液　用耐腐蚀的卧泵注入浸出液，注入压力为 1.5MPa 左右；从抽液孔中抽出溶液，用 2.24～5.6kW 的不锈钢潜水泵，与泵连接的不锈钢管或玻璃纤维管的直径为 50～60mm。由于矿层渗透率高和钻孔抽液量大，抽出液中 U_3O_8 的含量仅为 20～30mg/L。

e. 产品溶液的水冶加工处理　用离子交换树脂吸附产品溶液中的铀，用 NaCl（加 Na_2CO_3）作淋洗液，把铀从树脂上淋洗下来，用 NH_3 从被淋洗出的高浓度含铀溶液中沉淀铀（重铀酸铵），最终产品是粉状黄饼。废液通过钻孔注入深部地层。

(3) 常见的微生物堆浸技术

① TLB（thin layer bacteria leach process）　智利是当前微生物堆浸工业化应用最多的国家，其最先投入生产的微生物浸出厂是 1982 年开始生产的 SM Paudahuel 矿。2001 年智利有 13 家公司采用微生物浸出技术，通常采用成熟的制粒、结块和堆浸的方法，即 TLB（thin layer bacteria leach process），年产铜占智利铜生产的 10%。硫化铜矿石筑堆微生物浸出已经成为智利广泛应用的工艺，每天约处理 8.5 万吨矿石。

TLB 技术是微生物堆浸工业中使用最多的浸出技术。其主要特征是：将酸加入粉碎矿物中并与酸溶矿物和脉石反应；通过旋转鼓来确保制粒的矿石结块或堆浸矿石的酸化和润湿。迄今为止在世界上建立了超过 30 家使用 TLB 技术的堆浸厂，其发展和工业化的水平很高。

BHP 公司在智利 Spence 建立低品位黄铜矿生物堆浸试验项目，于 2007 年建成投产，是目前建成的极少数的黄铜矿生物堆浸项目，总储量 3.11 亿吨铜，平均品位 1.14%。其中氧化矿 7900 万吨，品位 1.18%；硫化矿 2.32 亿吨，品位 1.13%。氧化矿和硫化矿分开堆浸，设计规模年产阴极铜 20 万吨，服务年限 17 年，堆高设定在 10m，氧化铜矿可在 9 个月的浸出周期内达到 82.4% 的浸出率，硫化铜矿可在 22 个月内达到 80.8% 的浸出率。

智利 La Escondida Mine 矿归属于 BHP Billiton 公司，其铜品位为 0.52%，采用酸结块萃取电积工艺，于 2006 年初建成年产 18 万吨阴极铜的工厂。2010 年 BHP Billiton 将在智利 La Escondida Mine 建成堆长 5km，宽 3km，7 层层高均为 18m 的矿堆，总容积为 15 亿立方米，将成为世界上最大的铜矿石生物反应器。

我国的紫金山铜矿是已探明的大型含金铜矿，特点是上金下铜，储量大，品位低。铜工业储量 125.64 万吨，矿石平均品位 Cu 为 0.68%，S 为 2.58%，As 为 0.035%，主要目的矿物以蓝辉铜矿和铜蓝为主。采用北京有色金属研究总院和南昌有色金属设计研究院自主开发并设计的微生物浸出工艺流程，其与典型的生物堆浸流程几乎一致。原矿破碎至 30mm，采用自动卸矿的后移式筑堆法筑堆，堆高 8~10m。浸出初期引入驯化菌液，然后利用采矿形成的酸性矿坑水配适量的工业硫酸，调 pH 值为 2 后喷淋浸出。一般不需单独补充菌液，只需维持 pH 在 2 左右。当浸出液中 Cu^{2+} 质量浓度大于 1.5g/L 时，进行萃取电沉积，生产阴极铜。该公司已建成 1 万吨电铜的生物冶金厂，成为国内最大的生物提铜基地。2008 年上半年，紫金山生物冶金厂构造了共三层每层高 8m 的矿堆，堆中含 140 万吨平均品位为 0.5% 的铜矿石。浸出结果显示浸出周期约为 180d，浸出率接近 80%。

② BIOPRO™　BIOPRO™ 由美国 Newmont Gold Company 公司开发，是采用堆浸方式生物氧化预处理难处理金矿，其处理矿石中金品位较低，通常为 1.0~2.4g/t。该工艺于 1997 年在美国卡林金矿和澳大利亚 Mtleyshon Coldmine 得到运用。其中卡林金矿可在 150d 内处理近 80 万吨的低品位金矿矿堆，在 2000 年生产了 66000 盎司黄金。鉴于成本因素，该工艺的应用实例较少，但作为一种微生物浸出金硫化矿物的可行工艺，在某些特殊条件下其工艺性优势明显。

③ Geocoat™　众多的科研院校和大型公司在黄铜矿的工业化微生物浸出上进行了巨大的努力，目前其工业化的前景明朗，已经有数家公司开发出专利技术，在工业化水平上处理黄铜矿精矿，如 Geobiotic, LLC 公司开发的 Geocoat™ 技术和 Titan Resources Ltd. 开发的 IOHEAP™ 技术。

Geocoat™ 技术由美国矿业公司 Geobiotics, LLC 开发，是指将难处理金矿的浮选精矿包覆于块状支撑材料表面，然后筑堆进行细菌堆浸氧化预处理。

此法兼具微生物槽浸的处理速率快、后续金浸出率高与生物堆浸基建投资省的优点，适合处理低品位且低硫化物的难浸硅质金矿石和含碳硅质金矿石及其尾矿，预氧化时间约为 30~90d，硫氧化率达 50%~70%，金的氰化浸出率达 80%~95%。使用 Geocoat™ 技术处理难浸金，已经由 African pioneer Mining 于 2003 年第一季度在 Agnes Gold Mine 实现了商业化，其微生物浸出时间为 65~70d。同时该工艺也可用于黄铜矿的微生物浸出，将精矿浆包覆在块状支撑材料表面，并将这些包覆的矿石筑成堆。支撑材料可以是低品位的铜矿石，包覆时与精矿的质量比大约为 (5~10):1。通常的浸出周期为 210d。其工艺流程如图 10-15 所示。

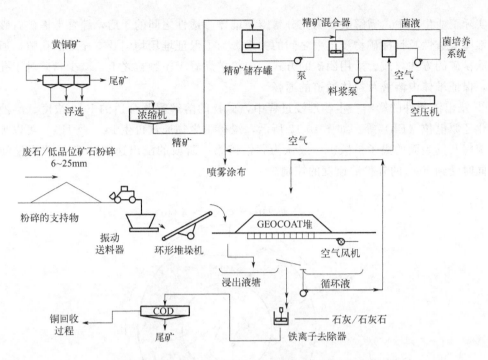

图 10-15 Geocoat™工艺关于微生物浸出黄铜矿流程图

（4）影响生物堆浸的因素

① 矿石粒度及堆体孔隙的影响　生物堆浸的堆体是由气、液、固组成的典型多孔介质体系（图 10-16），浸出液从堆体上部进入，向下渗流通过堆体，在微生物、空气等的参与下实现目标矿物的溶解。用于生物堆浸的矿石品位一般比较低，矿石中脉石矿物（矿石中与有用矿物伴生的无用的固体物质）占绝大部分，目标矿物常被脉石矿物包裹，导致浸出液难以与目标矿物接触。矿石的粒度大小决定了暴露于浸出液中的目标矿物比例，在很大程度上决定了矿石中目标矿物的最大浸出率。同时，矿石的粒度大小及矿石在生物堆浸过程中表面形貌的变化，决定了目标矿物的比表面积，比表面积越大，目标矿物的浸出速度越快。

孔裂隙网络（图 10-16）是矿石堆体的结构特征，是浸出液接触目标矿物并实现有效浸出的基本前提，决定于矿石颗粒大小、形貌及孔隙分布等。经典的渗流力学是基于连续和均匀介质假说之上的唯象宏观渗流力学，不涉及孔隙介质本身的细观空间结构，因此须发展微观层次上的渗流力学理论，即充分考虑散体多孔介质微观形貌对渗流行为的影响。

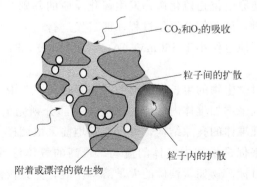

图 10-16　气体及液体在堆体矿石颗粒间的输送示意图

实际工业生产中，需解决矿物充分暴露与堆体渗透性之间的矛盾，综合考虑矿石破碎成本、堆体渗透性及目标矿物浸出率之间的关系。为了保证堆场均匀及有充足的孔隙，通常采用筛除粉矿的方式，或者采用团矿的方式，使粉矿黏着于粗颗粒之上，减少粉矿对于孔隙的堵塞，保证堆体内溶液及气体通道的通畅。

② 浸出液条件的影响　生物堆浸过程中，矿物的溶解需要合适的 Fe^{3+} 浓度、溶液酸度及氧化还原电位（Eh）等。如图 10-17 所示，浸矿微生物通过再生 Fe^{3+} 及 H^+，可以加快矿物的溶解及其表面的离子扩散。一般认为辉铜矿第一阶段的浸出速度与 Fe^{3+} 浓度呈线性相关，同时受到 Fe^{3+} 的外扩散速度的控制。

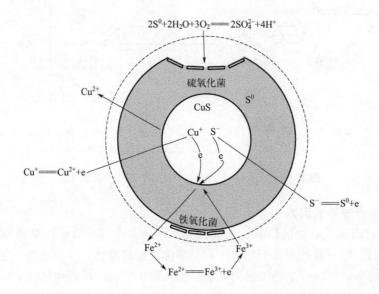

图 10-17　微生物在辉铜矿第二阶段浸出中的作用示意图

足够的酸度可以维持溶液中 Fe^{3+} 的活度，尤其是当矿石中存在耗酸脉石时，浸出液中足够的酸度是保证 Fe^{3+} 不发生水解的关键。Thomas 等在恒定 $0.1mol/L$ Fe^{3+} 下改变 H_2SO_4 浓度，发现 H_2SO_4 浓度在 $0.01\sim1.0mol/L$ 内，对辉铜矿的浸出速度无显著影响；但是当有碳酸盐脉石溶解等耗酸的副反应发生时，pH 会明显升高，造成 Fe^{3+} 的大量水解，生成 $Fe(OH)_3$ 胶体沉淀，或和一价阳离子（K^+、Na^+、NH_4^+ 和 H_3O^+ 等）反应生成铁矾，导致浸出速度的降低。

另外，较高的氧化还原电位是硫化矿物发生氧化反应的基础，只有当氧化还原电位大于某种硫化矿物的静电位时，该矿物的氧化过程才能自发进行，如在微生物浸出体系中，即使生物活性较强，但氧化还原电位小于 $650mV$（Ag/AgCl 电极）时，黄铁矿的氧化也几乎不会发生。

浸堆内氧气的供应对微生物的生长和矿物的浸出很重要。工业生产中，一部分堆浸操作通过从堆场底部泵送空气来增加堆体内气体的供应，一部分则完全依赖于自然空气的扩散。对于后者，则更需要保证堆体的孔隙结构，可以在筑堆前采取团矿、筛除粉矿，以及浸出过程中间歇喷淋等措施，来促进堆体内气体的流动。较高的气体渗透系数可以提高微生物活性，但有时也促进了非目标矿物如黄铁矿的大量溶解产酸，导致溶液后处理成本的提高，有时通过限制堆内氧气的传输，可以在不显著影响辉铜矿浸出的同时，有选择性地抑制黄铁矿的氧化。

温度是堆浸的重要参数，决定了化学反应的速度，同时也影响着微生物的活性。辉铜矿的微生物浸出主要分为两个步骤，第一个步骤的反应速度较快，反应整体速度受到 Fe^{3+} 向矿物表面扩散的控制，所以浸出前期约一半的铜很快被浸出；如图 10-17 所示，第二个步骤中 CuS 和 Fe^{3+} 的反应会逐渐生成一层单质硫并覆盖在颗粒表面阻碍反应的进行，导致第二个步骤的反应速度较慢，在浸矿微生物的适应性范围内提高反应温度可以加快反应速度。不同温度条件下微生物种群及活性有所不同，会影响反应中间产物的氧化。常温条件下一般以中温菌为主，35～40℃是大部分微生物生长的适宜温度范围；低于 25℃时，微生物活性下降，浸出速度下降；高于 65℃时，极端嗜热菌开始生长，但数量及活性一般不足，不能很好地氧化铁硫等中间产物。所以堆浸温度不宜太高或太低，需兼顾化学反应速度与微生物活性。硫化矿物在堆内氧化过程中会放热，引起温度升高，通常情况下有利于堆浸效率的提升。由于堆浸处于自然开放体系中，堆体内温度在很大程度上取决于堆浸所在地的气候条件和堆场表面的热传递过程。在寒冷天气下，需采取工程措施防止结冰并保证溶液循环，如加热喷淋溶液、给堆浸管路增加保温措施、调整喷淋强度和频率以减少堆内热量的流失等。

③ 化工分离技术的影响　20 世纪 80 年代以来，次生铜矿中铜的生物堆浸浸出-溶剂萃取-电沉积工艺在全世界得到了广泛应用。实际上在这之前，铜的生物堆浸浸出技术已经有一定发展，人们用铁粉与含 1～2g/L Cu^{2+}、pH≈2 的生物堆浸浸出液反应，可以得到含铜量约 75%～85% 的粗铜，但是粗铜精炼过程不仅需要额外成本，还带来了许多污染，所以该技术的工业应用有限；同时，在直流电作用下，利用不溶的惰性阳极将溶液中的金属离子沉积在阴极上的电沉积技术也已经有所发展，只是电沉积技术的电能效率和能耗，受溶液中金属离子的浓度影响较大，工业上铜的电沉积过程一般要求 Cu^{2+} 浓度为 40g/L，远高于铜矿生物堆浸的浸出液中铜的浓度。据此，以 Lix 系列螯合萃取剂为代表的铜离子专用萃取剂的开发与应用，实现了铜矿生物堆浸浸出液中低浓度铜离子的富集，该溶剂萃取过程不仅选择性高、环境友好、经济优势明显，而且打通了从铜的生物堆浸浸出到电沉积之间的关键中间环节，相关工业应用在创造极大经济价值的同时又反过来推动了生物堆浸的发展，这正是化工技术强化生物冶金过程的体现。

但是在微生物浸出液中，除铜以外的其他有价金属目前还无法通过萃取选择性分离。芬兰拥有欧洲境内已知最大的硫化镍矿床资源，该矿床中同时含有铜、锌等资源。该国 Talvivaara 公司建立了生物堆浸-硫化氢沉淀法，将微生物浸出液中的镍离子、铜离子、锌离子分别以硫化镍、硫化铜、硫化锌的形式沉淀下来，并用于后续的精炼。该工艺中镍的浸出率在 400 天内达 80%，锌的浸出率在 480 天内达 80%，铜的浸出率在 500 天内仅为 2.5%，这主要由于该矿床中的铜矿是难浸出的黄铜矿。该工艺不仅发展了硫化镍矿资源的生物堆浸过程，还发展了硫化氢沉淀法从酸性、含低浓度有价金属溶液中综合回收利用不同金属的方法。

10.4　微生物槽浸工艺和微生物堆浸工艺的对比

微生物槽浸工艺与微生物堆浸工艺的对比见表 10-2。对微生物堆浸工艺而言，其工艺简单、处理量大、设备投资成本和生产运行成本较低，尤其适合低品位矿的回收利用，目前常用于氧化铜矿石和次生硫化铜矿石中铜的回收利用等。但是，微生物堆浸运行中也存在着目标矿物浸出速度较慢、矿物充分暴露与堆体渗透性之间存在矛盾、开放环境中反应参数难以调控等问题，限制了生物堆浸效率的提高及应用范围的扩大。

表 10-2 微生物槽浸工艺与微生物堆浸工艺的对比

项目	微生物槽浸工艺	微生物堆浸工艺
处理品位	中等品位和高品位精矿	品位较低的矿物
规模	相对较小	很大
浸出周期较短	一般为 4～6d	较长，200d
浸出效率	90%左右	40%～85%，取决于矿物类型
投资成本	高	低
操作成本	高	低
设备与操作	较复杂	简单
可控性	强	很弱
人员素质要求	较高	低

微生物槽浸通常在大型的生物冶金反应器中进行，主要是搅拌槽式微生物冶金反应器，一般需要数天的停留时间，由于便于实现对通气、温度等的控制以提供适微生物生长和矿物浸出的环境，故其金属回收率较高。但是，微生物槽浸的设备投资成本和生产运行成本相对较高，存在高传质和低剪切之间的矛盾，目前主要用于从精矿中回收高附加值的金属，如含砷难处理金矿的生物预氧化工艺。

10.5 微生物浸出工艺的应用状况

(1) 铜矿石的微生物浸出

微生物浸铜工艺（表 10-3）分地面废石堆浸和地下就地浸出。堆浸用于处理传统选冶技术难以处理的低品位矿、废矿、尾矿和表外矿，地下就地浸出用于品位高但无法采至地面的矿石。黄铜矿是最主要的铜矿物，属四方晶系矿物，其晶格能比常见硫化物高很多，故较难浸出。

表 10-3 细菌浸铜厂矿一览表

厂矿名称	国家	原料特点	规模/(t/d 矿石)	投产时间
Lo Aguirre	智利	辉铜矿，含 Cu 1.4%（堆浸）	3500 （14000～15000t/a Cu）	1980
Gnndpower Mammoth	澳大利亚	辉铜矿与斑铜矿，含 Cu 2.2%（原位浸出）	设计能力为 13000t/a Cu	1991

续表

厂矿名称	国家	原料特点	规模/(t/d 矿石)	投产时间
Leyshon	澳大利亚	含金辉铜矿，含 Cu 1750g/t，含金 1.739g/t	1370	1992
Cerro Colorado	智利	辉铜矿，含 CuO 0.25% （堆浸）	16000 （60000t/a Cu）	1993
Girilambone	澳大利亚	辉铜矿，含 Cu 2.5% （堆浸）	2000 （14000t/a Cu）	1993
Ivan-Zar	澳大利亚	辉铜矿，含 Cu 2.5% （堆浸）	1500 （10000~12000t/a Cu）	1994
Queered Blanca	智利	辉铜矿，含 Cu 1.3% （堆浸）	17300 （75000t/a Cu）	1994
Sulfuros Bajalay	智利	原生硫化铜矿，含 Cu 0.35%	14000~15000	1994
Toquepala	秘鲁	次生与原生硫化铜矿，含 Cu 0.17%	60000~120000	1995
Mt Cuthbert	澳大利亚	次生硫化铜矿	16000	1996
Andacollo	智利	辉铜矿	10000	1996
Dos Amigos	智利	辉铜矿	3000	1996
Zaldivar	智利	次生硫化铜矿，含 Cu 1.4%	约 20000	1998
德兴铜矿	中国（江西）	含铜废石堆浸，原生硫化铜，含 Cu 0.09%	设计年产电铜 2000t	1997
紫金山铜矿	中国（福建）	矿含铜 0.6%，辉铜矿占 60%	设计年产电铜 10000t	2004
官方铜矿	中国（云南）	矿含铜 0.9%，含 Ag 50g/t，原生硫化铜矿占 20%，次生硫化铜矿占 70%	年产 2000t 电铜	2003
Chuqicamata	智利	硫化铜浮选精矿	年产 20000t 电铜	2003

最初微生物浸出铜主要用于从废石和低品位硫化矿中回收铜，细菌是自然生长的，近年来这种微生物浸出（表 10-3）方法已用来处理含铜品位大于 1% 的次生硫化铜矿。目前大多采用萃取-电积技术从浸出液中提取铜，微生物浸铜技术的成功提高了微生物冶金的竞争力。

美国和智利用 SX-EW 法生产的铜中约有 50% 以上是采用微生物堆浸技术生产的，如世界上海拔最高（4400m）的湿法炼铜厂位于智利北部的奎布瑞达布兰卡，该厂处理的铜矿石含 Cu 量为 1.3%，主要铜矿物为辉铜矿和蓝铜矿，采用微生物堆浸，铜的浸出率可以达到82%，生产能力为年产 7.5 万吨阴极铜。

我国已开采的铜矿中 85% 属于硫化矿，在开采过程中受当时选矿技术和经济成本的限制，产生了大量的表外矿和废石，废石含铜通常为 0.05%~0.3%。德兴铜矿采用微生物堆浸技术处理含铜 0.09%~0.25% 的废石，建成了生产能力 2000t/a 的湿法铜厂，萃取箱的处理能力达到了 320m/h，已接近了国外萃取箱的水平。该厂 1997 年 5 月投产，已正常运转了几年，生产的阴极铜质量达到 A 级。福建紫金山铜矿已探明的铜金属储量 253 万吨，属低品位含砷铜矿，铜的平均品位 0.45%，含 As 为 0.37%，主要铜矿物为蓝辉铜矿、辉铜矿和铜蓝。该矿采用生物堆浸技术已建立了年产300t阴极铜的试验厂。

（2）铀矿石的微生物浸出

铀的微生物浸出主要为微生物的间接氧化作用，在硫酸、硫酸高铁或硫杆菌属细菌存在下，不溶性四价铀转变成可溶性的六价铀。

在大多数铀矿石当中，或多或少存在一些金属硫化矿，比较常见的有黄铁矿。这些金属硫化矿为浸矿细菌提供了能源，在适宜的环境下，矿石中的 FeS_2 等受空气和水的作用或者受浸矿细菌的浸蚀作用，生成 $FeSO_4$ 和 H_2SO_4。其中 $FeSO_4$ 在细菌作用下，很快被氧化为 $Fe_2(SO_4)_3$，而 $Fe_2(SO_4)_3$ 是一种很好的氧化剂，又可以氧化黄铁矿：

$$FeS_2 + Fe_2(SO_4)_3 = 3FeSO_4 + 2S$$

反应生成的元素硫也是细菌的能源，受细菌氧化生成 H_2SO_4，在 H_2SO_4 和 $Fe_2(SO_4)_3$ 存在的条件下，铀矿物被溶解出来，反应如下：

$$UO_2 + Fe_2(SO_4)_3 = UO_2SO_4 + 2FeSO_4$$

反应生成的 $FeSO_4$，又被细菌氧化为 $Fe_2(SO_4)_3$，上述反应不断进行，细菌对铀矿的溶解过程起间接催化作用，铁离子是铀氧化反应的电子传递者。浸出得到含铀溶液后用离子交换吸附或溶剂萃取的方法提取铀。

细菌浸铀工艺主要采用地下就地浸出，其次还有堆浸和槽浸，其对象为低品位铀矿石和地下不能采出的富铀矿石。

在国外，细菌浸铀已有几十年的研究与应用历史，有几十个大规模微生物浸出铀、金、铜的工业应用实例，它们主要分布在加拿大、法国、南非、美国及澳大利亚等国。

葡萄牙的"镭公司"从1953年开始进行铀矿自然浸出的研究，这是细菌浸出铀矿的最早例子。在1956年的第二届国际和平利用原子能会议上，他们发表了"铀的自然浸出"研究报告。从此细菌浸出的研究和应用开始受到各国的重视。

加拿大的伊利奥特湖地区是世界有名的铀产区，该地区的斯坦洛克矿从1964年起在采空区利用细菌浸铀，平均每月回收 U_3O_8 为6804kg，已达当时全矿总产量的7%。此外，美国、南非等也用这一方法生产铀。

西班牙几乎所有的铀都是通过细菌浸出获得的，美国用细菌回收的铀产值到1983年已经达到9000万美元；世界上规模最大的丹尼森矿井原地生物浸出铀矿的场所，仅1998年就从矿井中回收了约300t铀；据报道，法国启动微生物浸铀后，贫铀矿年铀产量有明显增加。此外，印度、塔吉克斯坦、日本等国也广泛应用细菌法溶浸铀矿，并取得了良好的效果和社会经济效益。大量的研究表明，依靠微生物浸矿技术，不但可以从其他方法所不能利用或无法取得经济效益的低品位铀矿石中回收铀资源，而且其所耗成本仅是其他方法的一半或更低。

在我国，微生物浸出技术的研究工作起步于20世纪70~80年代，应用则在90年代初期，主要应用于微生物浸铜、铀、金、银等领域，尚未完全实现工业化，其中以微生物浸铜应用较广。

湖南某铀矿山是我国最早利用细菌浸出技术的矿山之一。1965—1971之间，中科院微生物研究所和核工业第五研究设计院在该矿山用酸和细菌开展了表外矿石的堆浸研究。20世纪90年代初，核工业铀矿开采研究所对该矿山铀矿石进行了室内细菌浸出试验，并对该矿山某采场低品位矿石原地破碎细菌浸出进行了研究，采用富含浸矿细菌的矿坑水进行了留矿淋浸工业性试验。

近年来，随着国际铀价的大幅度上涨，我国也十分重视采用微生物浸出技术进行铀的提取，并开展了相关的研究工作。例如，核工业北京化工冶金研究院分别对草桃背铀矿和741矿的铀矿石开展了微生物浸出的试验研究，取得了较为可喜的成绩。但铀矿石属正常品位，且仍存在耗酸量大、泥化堵塞、四价铀难以浸出等问题。

（3）难处理金矿的生物氧化预处理

金矿资源中有 1/3 属于用传统氰化法难于提取的难处理金矿。这类矿可分为以下 3 类。

① 含金硫化矿 金具有亲硫和亲铁的双重性质，故常常与硫化矿物共生，黄铁矿和砷黄铁矿（毒砂）是常见的载金矿物，金常以固溶体或次显微形态包裹在其中，直接氰化浸出时，包裹的金无法与浸出剂直接接触。

② 碳质金矿 金被碳质物包裹或与碳质物形成稳定配合物，阻碍用传统氰化法回收金。

③ 黏土型金矿 它是一种矿石中含一定量高岭石、绿泥石或蒙脱石等黏土矿物的含泥难选金矿资源。现有黏土型金矿的矿物回收技术一般为重选、浮选、全泥氰化三种工艺。

细菌氧化能破坏金的包裹体释放出金，是难处理金矿预处理的有效手段（表 10-1）。例如含金砷黄铁矿的细菌氧化预处理常用菌种为硫杆菌属，采用槽浸工艺。另外，由于溶于浸出液中的三价砷比五价砷毒性要大，故处理含砷矿石的工艺流程须考虑以生态环境可以接受的形式排放固态或液态的含砷废物。对浸出液中砷的稳定存在形式，目前尚存不同观点，微生物氧化预处理含砷金矿的原理还有待进一步研究。

微生物冶金技术在金银矿中主要应用于氧化预处理阶段，近年来已有 6 个生物氧化预处理厂分别在美国、南非、巴西、澳大利亚和加纳投产。

南非的 Fairvirw 金矿厂采用细菌浸出，金的浸出率达 95% 以上；美国内华达州的 Tomkin Spytins 金矿于 1989 年建成微生物浸出厂，日处理 1500t 矿石，金的回收率为 90%；澳大利亚于 1992 年建成 Harbour Lights 细菌氧化提金厂，处理规模为 40t/d。巴西一家工厂于 1991 年投产，处理量为 150t/d。

我国陕西省地矿局 1994 年进行了 2000t 级黄铁矿类型贫金矿的细菌堆浸现场试验，原矿的含金量只有 0.54g/t，经细菌氧化预处理后，金的回收率达 58%，未经处理的只有 22%；1995 年云南镇源金矿难浸金矿细菌氧化预处理项目启动，这是我国第一个微生物浸金工厂。此外，新疆包古图金矿经细菌氧化预处理后，金浸出率高达 92%~97%。

（4）微生物冶金技术在其他金属矿中的应用

目前，锑、镉、钴、钼、镍和锌等硫化物的微生物浸出试验比较成功。由此可知，氧化铁硫杆菌（$T. ferrooxidans$）和喜温性微生物可从纯硫化物或复杂的多金属硫化物中将上述重金属有效地溶解出来。金属提取速度取决于其溶度积，因而溶度积最高的金属硫化物具有最高的浸出速度。这些金属硫化物可用细菌直接或间接浸出。

除上述金属硫化物外，铅和锰的硫化物、二价铜的硒化物、稀土元素以及镓和锗也可以用微生物浸出。硅酸铝的生物降解曾被广泛研究，特别是采用在生长过程中能释放出有机酸的异养微生物的生物降解，这些酸对岩石和矿物有侵蚀作用。另外，它还应用在贵金属和稀有金属的生物吸附锰、大洋多金属结核（自生于深海底的多金属矿床）、难选铜-锌混合矿、大型铜-镍硫化矿、含金硫化矿石、稀有金属钼和钪的细菌浸取等众多方面。

10.6 生物沉积

生物沉积是利用微生物的吸附和累积作用富集或分离溶液中的有价或有害元素,因此微生物冶金的另一个重要应用领域是从稀溶液或废水中分离回收金属。生物吸附法能处理很稀的溶液,能选择性富集复杂溶液中的特定金属离子。

10.6.1 生物沉积的原理

用微生物提取溶液中的金属时,涉及的反应可能有氧化还原反应、细胞表面螯合或聚合反应、沉淀作用、离子交换、胞外细胞器对金属的夹杂等。

(1) 胞外生物吸附

组成细胞壁的化学物质常具有酰基、羟基、羧基、磷酸基和巯基等功能团。它们构成金属离子被细胞壁吸附的物质基础。溶液中金属离子通过物理化学作用结合在细胞膜和细胞壁上,如铀在无根根霉(*Rhizopus arrhizus*)细胞上的吸附包括 3 个过程:

① 铀结合在细胞壁壳多糖中酰胺的氮位上,该过程每克干细胞累积的铀为 6mg。

② 已结合的铀作为活性点聚积更多的铀,该过程符合 Freundlich 吸附等温线模型。前两个过程可在 60s 内快速达到吸附平衡,完成吸附总量的 66%。

③ 细胞壁上铀酰离子发生水解,形成 $UO_2(OH)_2$ 沉淀,这是一个较慢的过程,需达到平衡。

经该 3 个过程,吸附的铀可达每克干细胞 120mg。

赭色纤发菌(*Leptothrix ochracea*)和其他纤发菌可氧化 Fe^{2+} 和 Mn^{2+},并将相应的氧化物沉积在其鞘膜上。这种壳化鞘很厚,以至于它所包含的细菌完全不可见。胞外吸附是微生物提取溶液中金属离子的一个重要原理,革兰氏阳性菌往往能固定较多金属离子。

(2) 胞内生物累积

在微生物的新陈代谢过程中,细胞营养所需的金属首先在细胞壁上附着,然后通过特定的机制进入细胞,有时被还原成低毒物质。微生物胞内累积金属的原理目前尚不太清楚,但具有金属键合能力的蛋白质可在胞内累积金属。

一些微生物的代谢物如脱乙酰壳多糖、蛋白质、肽和氨基酸等可以作为沉淀剂、螯合剂、吸附剂富集和分离溶液中金属离子,如活性硫酸盐还原法即是利用硫酸盐还原菌(sulfate-reducing bacteria,简称 SRB)产生的 H_2S,与金属离子反应生成硫化物沉淀,以降低溶液中的重金属离子浓度和酸度。

生枝动胶菌(*Zoogloea ramigera*)的胞外多糖由葡萄糖、半乳糖和丙酮酸等构成,具有很高的金属键合活性,可作为多聚电解质吸附重金属离子。

磷酸酶位于柠檬酸杆菌(*Citrobacter* sp.)的细胞表面上,该酶裂解甘油-2-磷酸,释放出 HPO_4^{2-},引发铀沉淀。

多种细菌、放线菌中可分离一种儿茶酚或羟氨的衍生物,通过螯合作用有效沉积铁、铀、钍和钚等金属离子。微生物产生的一些生物大分子聚合物可有效吸附金属离子。

利用有代谢活性细胞的工艺回收处理稀溶液中的金属离子可在活性污泥法中实现,然而这种工艺需解决两个问题:一是废水的化学组成不断变化,如何维持细胞的吸附活性;二是如何将已吸附金属的活细胞从净化液中分离出来。当废水中含有某些有毒组分时常会影响活细胞工艺的有效性。为维持最佳的微生物生长和活性，还需向废水中加入营养基质。非活性的休止细胞或致死细胞表面同样具有对金属离子有亲和力的负电基团，且死菌还易于固定化和吸附后的分离，避免了影响活细胞工艺的各种问题。基于此，利用非代谢活性细胞工艺的商业化程度更高。

10.6.2 生物沉积的微生物

很多微生物具有从各种水溶液中提取金属离子的属性，研究较多的是化能有机异养型中的细菌、真菌和藻类等。

(1) 无根根霉 (*Rhizopus arrhizus*)

其形态特征如下：菌落在马铃薯葡萄糖琼脂上呈棉絮状，充满试管，起初白色，老熟后灰褐色。发育温度为 30～35℃，最适温度为 37℃，41℃时不能生长。

假根极不发达或无。孢子囊梗直立或弯曲，长约 15～2000μm，通常 500～1000μm，直径 6～20μm，通常 8～12μm，淡褐至黄褐色，不分枝或分枝，多单生，由菌丝膨大处着生。孢子囊球形，近球形，直径 50～250μm，常 60～130μm，初始白色，后转黑色，壁有微刺。囊轴卵圆或球形，直径 30～120μm，常见 50～90μm，无色或淡黄褐色，壁光滑或少有粗糙，与囊托接触处扁平。孢囊孢子球形，拟卵圆形或其他形状，直径 4～10μm，或 (4～10)μm×(4～8)μm，灰蓝色，有不明显条纹，有棱角。厚垣孢子形状大小不一。接合孢子球形或卵形，直径 120～140μm，有粗糙突起。配囊柄对生，无色，无附属物。异宗配合。

无根根霉就是工业上用于发酵生产苹果酸的微生物之一。除此之外还能用来发酵豆类食品和谷类食品。

(2) 赭色纤发菌 (*Leptothrix ochracea*)

其细胞呈杆状，端生鞭毛，短串生或单生、双生，严格好氧，兼性自养。幼龄细胞无色，形成氧化铁或氧化锰外壳鞘后变黄。不附着于固体表面，自由浮游，常生活在含铁的流动水域中，一般生活在含氧、但溶有较多铁质和 CO_2 的微酸水中，碱性环境不利于其生存。常常成为成串的杆状细胞互相连成丝状，外面包有共同的鞘套，在细胞内或鞘套上常有铁等金属积累。能够氧化亚铁离子形成铁离子，在此过程中获得能量来同化二氧化碳进行生长，是典型的铁细菌。

(3) 硫酸盐还原菌 (sulfate-reducing bacteria，简称 SRB)

它们是一类以乳酸或丙酮酸等有机物作为电子供体，在厌氧状态下，把硫酸盐、亚硫酸盐、硫代硫酸盐等还原为硫化氢的细菌总称，分布于 12 个属，约有 40 多个种。已广泛应用于废水中硫酸盐的去除。

SRB 不仅具有广泛的基质谱，生长速度快，还含有不受氧毒害的酶系，因此可以在各种各样的环境中生存，保证了 SRB 有较强生存能力。SRB 的另一生理特性是硫酸盐的存在能促进其生长，但不是其生存和生长的必要条件。在缺乏硫酸盐的环境下，SRB 通过进行无硫酸盐参与的代谢方式生存和生长；当环境中出现了足量的硫酸盐后 SRB 则以硫酸根离子为电子受体氧化有机物，通过对有机物的异化作用，获得生存所需的能量，维持生命活动。在 pH 为 5～10 内均能生存，最佳 pH 值在 7～8 之间。

(4) 生枝动胶菌 (*Zoogloea ramigera*)

此菌为好氧的革兰氏阴性杆状菌，主要分布于富含有机质的潮湿环境中，菌体 (0.5～1.3)μm×(1.0～3.6)μm，无芽孢，端生鞭毛，可以利用氧化无机物如 Mn 获得能量，但同时还可以利用有机化合物作碳源。此外，此菌还参与活性污泥的形成；同时还能够吸附金属，如 Cd、Cu 和 U 等。

(5) 柠檬酸杆菌 (*Citrobacter* sp.)

它是 *Citrobacter* 属的微生物，原产地为中国，采集于福建厦门的近海。

其形态特征为：与模式菌株 *Citrobacter werkmanii* CDC 0876-58（T）AF025373 相似性为 99.752%；革兰氏阴性，在培养基上菌落乳白色，边缘较透明，表面光滑湿润，规则，圆形，无晕环，中央隆起，直径约 2mm。在 25℃下，在麦芽汁琼脂培养基上生长 7d，蛋白酶、淀粉酶、脂酶（三丁酸甘油酯）阴性，半乳糖苷酶阳性。

它是野生鲻鱼的肠道共生菌，可以作产酶微生物用于半乳糖苷酶的合成。

10.6.3 生物沉积的应用

用微生物法提取溶液中的金属，最重要的问题是如何分离和回收吸附了金属的微生物。美国矿务局研究人员以某种多孔聚砜为基体，将微生物或泥炭藓掺于其中，形成名为 BIOFIX 的多孔吸附剂，把这种多孔小珠装在柱内形成固定床，溶液流经床层或在一些简单的设备中进行吸附。美国 AMT 公司开发的有机胶粒是用枯草芽孢杆菌（*Bacillus subtilis*）经化学腐蚀制得的。腐蚀剂将微生物菌体转化为固定化颗粒，并使其金属吸附能力提高。利用这种胶粒可直接从溶液中富集金属，无需耗资又麻烦的化学预处理，且可以反复再生利用。用泡沫浮选法回收富集了重金属的微生物，是稀溶液重金属回收过程中一种较有潜力的方法。

尽管微生物冶金技术可以从尾矿、贫矿、废矿和废水中回收某些金属，生产成本也大大低于传统冶炼法，并可使污染减少甚至无污染，但也存在反应速率慢、生产周期长的问题，这些问题有待于今后进一步改进和提高。

复习思考题

1. 在自然环境条件下，微生物对金属离子会作出哪些反应？
2. 微生物浸出的原理是什么？
3. 简述微生物浸矿的典型流程。
4. 列举两种典型的浸矿微生物并简述其浸矿机理。
5. 什么是生物沉积？生物沉积的原理是什么？

参考文献

［1］Arancon NQ. ，Edwards CA. ，Dick R，et al. Vermicompost tea production and plant growth impacts［J］. BioCycle，2007：51-52.

［2］Beaudoin J，Ekici S，Daldal F，et al. Copper transport and regulation in *Schizosaccharomyces pombe*［J］. Biochemical Society Transactions，2013，41（6）：1679-1686.

［3］Beckham GT，Bomble YJ，Bayer EA，et al. Applications of computational science for understanding enzymatic deconstruction of cellulose［J］. Current Opinion in Biotechnology，2011，22（2）：231-238.

［4］Boca Raton，FL. Edwards，Clive，Norman Arancon，and Rhonda Sherman（eds.）. Vermiculture Technology：Earthworms，Organic Wastes，and Environmental Management［M］. CRC Press，2010.

［5］Brierley CL. Mining Biotechnology：Research to Commercial Development and Beyond. In：Douglas E. Rawling eds. Biomining：Theory，Microbes and Industrial Processes［J］. Springer-Verlarg and Landes Bioscience，1997：3-17.

［6］C. J. 阿历索保罗，C. W. 明斯，M. 布莱克韦尔. 菌物学概论［M］. 4版. 北京：中国农业出版社，2002.

［7］陈小华，朱洪光. 农作物秸秆产沼气研究进展与展望［J］. 农业工程学报，2007，03：279-283.

［8］Diallinas G. Understanding transporter speciaficity and the discrete appearance of channel-like gating domains in transporter［J］. Frontier in Pharmacology，2014，5：207.

［9］Edwards CA. ，Arancon N Q. ，Emerson E，et al. Suppressing plant parasitic nematodes and arthropod pests with vermicompost teas［J］. BioCycle，2007：38-39.

［10］Ferreira T，Mason AB，Slayman CW. The yeast Pma1proton pump：a model for understanding the biogenesis of plasma membrane proteins［J］. The Journal of Biological Chemistry，2001，276：29613-29616.

［11］Gadd GM. Heavy Metal Accumulation by Bacteria and Other Microorganisms［J］. Experientia，1990，46（8）：834-840.

［12］Gaither LA，Eide DJ. Eukaryotic zinc transporters and their regulation［J］. Biometals，2001，14（3-4）：251-270.

［13］黄得扬，陆文静，王洪涛. 有机固体废物堆肥化处理的微生物学机理研究［J］. 环境污染治理技术与设备，2004，01：12-18+71.

［14］Jack Barret MN. Hudhes GL. Karavaiko，Spence PA. Metal Extraction by Bacterial Oxidation of Minerals［M］. New York. London. Toronto. Sydney. Tokyo. Singapore：Ellis Horwood，1993，48.

［15］高景秋，李建华，刘静. 食用菌栽培与病虫害防治技术菌类种植技术［M］. 北京：农业科学技术版社，2018.

［16］Jeyabharathi S，Jeenathunisa N，Sathammaipriya N，et al. Bioremediation of Kitchen wastes through Mushroom Cultivation and Study their Phytochemical and Antioxidant Potential using GCMS Chromatogram［J］. Research journal of pharmacy and technology，2021，（14）：6627-6631.

［17］Li J，Lu JJ，Lu XC，et al. Sulfur Transformation in Microbially Mediated Pyrite Oxidation by *Acidithiobacillus ferrooxidans*：Insights from X-ray Photoelectron Spectroscopy-based Quantitative Depth Profiling［J］. Geomicrobiology Journal，2016，33（2）：118-134.

［18］李春凤，王力生. 白腐真菌降解木质素酶系特性及其应用［J］. 现代农业科技，2009，11：274-275.

［19］李维尊. 现代生物质资源化应用技术［M］. 北京：化学工业出版社，2022.

［20］李洋，席北斗，赵越，等. 不同物料堆肥腐熟度评价指标的变化特性［J］. 环境科学研究，2014，27（06）：623-627.

［21］Liu H，Lu XC，Zhang LJ，et al. Collaborative Effects of *Acidithiobacillus ferrooxidans* and Ferrous Ions on the Oxidation of Chalcopyrite［J］. Chemical Geology，2018，493：109-120.

［22］陆现彩，李娟，刘欢，等. 金属硫化物微生物氧化的机制和效应［J］. 岩石学报，2019，35（1）：153-163.

［23］阮仁满，温健康，车小奎. 紫金山铜矿细菌浸出研究［J］. 有色金属，2000，52（4）：159-162.

［24］McGuire MM，Edwards KJ，Banfield JF，et al. Kinetics，Surface Chemistry，and Structural Evolution of Microbially Mediated Sulfide Mineral Dissolution［J］. Geochimicaet Cosmochimica Acta，2001，65：1243-1258.

［25］蒙杰，王敦球. 沼气发酵微生物菌群的研究现状［J］. 广西农学报，2007，04：46-49.

［26］Nicol ML. Hydrometallurgy into Next Millennium［J］. The AusIMM Proceeding，2001，（1）：65-69.

［27］聂永丰. 三废处理工程技术手册. 固体废物卷［M］. 北京：化学工业出版社，2000.

[28] 柏内特. 真菌学基础 [M]. 北京：科学出版社，1989.

[29] Prole DL，Taylor CW. Identification and Analysis of Cation Channel Homologues in Human Pathogenic Fungi [J]. PLoS ONE，2012，7 (8)：e42404.

[30] 岑承志，陈砺，严宗诚，等. 沼气发酵技术发展及应用现状 [J]. 广东化工，2009，36 (06)：78-79+257.

[31] Recycled Organics Unit，University of New South Wales (Australia). Literature Review of Worms in Waste Management [M]. Vols. 1and 2，2007.

[32] Sand W，Gehrke T，Jozsa PG et al. Biochemistry of Bacterial Leaching-direct vs. Indirect Bioleaching [J]. Hydrometallurgy，2001，59 (2-3)：159-175.

[33] Schippers A and Sand W. Bacterial Leaching of Metal Sulfides Proceeds by Two Indirect Mechanisms via Thiosulfate or via Polysulfides and Sulfur [J]. Applied and Environmental Microbiology，1999，65 (1)：319-321.

[34] Schrenk MO，Edwards KJ，Goodman RM，et al. Distribution of *Thiobacillus ferrooxidans* and *Leptospirillum ferrooxidans*：Implications for generation of acid mine drainage [J]. Science，1998，279 (5356)：1519-1522.

[35] 孙进杰，赵丽兰. 沼气正常发酵的工艺条件 [J]. 农村能源，2000，04：20-21.

[36] Singh Mohan Prasad，Rai Sachchida Nand，Dubey Sushil Kumar，et al. Biomolecules of mushroom：a recipe of human wellness [J]. Critical Reviews in Biotechnology，2022，(42)：913-930.

[37] Steinberg G. Endocytosis and early endosome motility in filamentous fungi [J]. Current Opinion in Microbiology，2014，20：10-18.

[38] Vera M，Schippers A and Sand W. Progress in Bioleaching：Fundamentals and Mechanisms of Bacterial Metal Sulfide Oxidation. Part A [J]. Applied Microbiology and Biotechnology，2013，97 (17)：7529-7541.

[39] Vuorinen A，Hiltunen P，Hsu JC et al. Solubilization and Speciation of Iron during Pyrite Oxidation by *Thiobacillus ferrooxidans* [J]. Geomicrobiology Journal，1983，3 (2)：95-120.

[40] 王伟东，王小芬，朴哲，等. 堆肥化过程中微生物群落的动态 [J]. 环境科学，2007，11：2591-2597.

[41] 王志慧，刘炳炎，黄彩霞，等. 自然堆肥过程中可培养细菌群落多样性的研究 [J]. 青海大学学报，2022，40 (02)：7-13.

[42] 魏源送，王敏健，王菊思. 堆肥技术及进展 [J]. 环境科学进展，1999，03：12-24.

[43] 席北斗，刘鸿亮，白庆中，等. 堆肥中纤维素和木质素的生物降解研究现状 [J]. 环境污染治理技术与设备，2002，(03)：19-23.

[44] 席北斗，孟伟，刘鸿亮，等. 三阶段控温堆肥过程中接种复合微生物菌群的变化规律研究 [J]. 环境科学，2003，02：152-155.

[45] 许修宏，李洪涛，张迪. 堆肥微生物原理及双孢蘑菇栽培 [M]. 北京：科学出版社，2010.

[46] Yang Xianwan，Lei Yun. Important role of Biohydrometallurgy in Development of Mineral Resoures in West of China [M]. In：V. S. T. Ciminelli，O. Garcia eds，Biohydrometallurgy：Fundamentals，Technology and Sustainable Development，Part A. Elsevier，2001.

[47] 杨恋，杨朝晖，曾光明，等. 好氧堆肥高温期的嗜热真菌和嗜热放线菌群落结构 [J]. 环境科学学报，2008，12：2514-2521.

[48] 杨涛，贾晓君，秦晓萌，等. 一株烟曲霉菌株 F7 的筛选及其纤维素降解与温度适应相关机制 [J]. 应用与环境生物学报，2022，28 (01)：190-200.

[49] 杨显万，沈庆峰，郭玉霞. 微生物湿法冶金 [M]. 北京：冶金工业出版社，2008.

[50] 赵芹，程东会，王燕，等. 不同物料堆肥过程中溶解性有机质和腐殖酸的物质结构演化时序差异分析 [J]. 环境工程技术学报，2023，13 (04)：1514-1524.

[51] 曾光明，黄国和. 堆肥环境生物与控制 [M]. 北京：科学出版社出版，2006.

[52] 赵立欣，姚宗路. 畜禽粪污资源化利用技术 [M]. 北京：中国农业出版社，2022.

[53] 周德庆. 微生物学教程 [M]. 第 4 版. 北京：高等教育出版社，2020.

[54] 周继豪，沈小东，张平，等. 基于好氧堆肥的有机固体废物资源化研究进展 [J]. 化学与生物工程，2017，34 (02)：13-18.

[55] 周叶锋，廖晓兰. 影响甲烷排放量的两种细菌——产甲烷细菌和甲烷氧化菌的研究进展 [J]. 农业环境科学学报，2007，S1：340-346.

［56］ ZhouYong，ZhangDan，ZhangYunfeng，et al. Evaluation of temperature on the biological activities and fertility poten-
tial during vermicomposting of pig manure employing *Eisenia fetida*［J］. Journal of cleaner production，2021，302：
126804. 1-126804. 10.

［57］ 邹平，杨家明，周兴龙，等. 嗜热嗜酸菌生物浸出低品位原生硫化铜矿［J］. 有色金属，2003，55（2）：21-24.

［58］ Zhu TT，Lu XC，Liu H，et al. Quantitative X-ray Photoelectron Spectroscopy-based Depth Profiling of Bioleached Ar-
senopyrite Surface by *Acidithiobacillus ferrooxidans*［J］. Geochimicaet Cosmochimica Acta，2014，127：120-139.

A

结构域Ⅰ   结构域Ⅱ   结构域Ⅲ   结构域Ⅳ

H₂N   COOH

B

结构域Ⅰ（带*号）

S.cerevisiae	(Cch1)	:FDNIVNSMELVFVIMSANTFTDLMY	679
C.posadasii	(XP_003070141):	FDNVANSLELVFVVMSSNTFTDLLY	713
C.immitis	(XP_001243065):	FDNVANSLELVFVVMSSNTFTDLLY	695
P.brasiliensis	(XP_002794469):	FDNVAHSLQLVFVVMSSNTFTDILY	726
H.capsulatum	(HCEG_02563)	:FDNVAHSLQLVFVVMSSNTFTDILY	727
A.clavatus	(XP_001269155):	FDDIVHSLELVFVIMSSNTFTDLLY	692
A.fumigatus	(XP_752476)	:FDNILHSLELVFVIMSSNTFSDILY	685
A.flavus	(EED50022)	:FDNILNSLELVFVIMSANTFTDLLY	663
T.rubrum	(XP_003231641):	FDDVLHSLELVFVVMSSNTFTDILY	687
B.dermatitidis	(EGE78212)	:FDDVAHSLQLVFVVMSSNTFTDILY	736
C.glabrata	(XP_445066)	:FDNIINSMELVFIVMSANTFSDIMY	735
C.albicans	(XP_718390)	:FDNILQSLEIVFVMSANTFTDIMY	816
C.tropicalis	(XP_002550113):	FDNILQSLEIVFVIMSVNTFSDLMY	820
C.gattii	(XP_003194030):	FDNVFSSLVQIIIITSINTWAPVMY	658
C.neoformans	(XP_570175)	:FDNVFSSLVQIIVVISINTWTDVLY	657
hCav1.2	(NP_955630)	:FDNFAFAMLTVFQCITMEGWTDVLY	370

结构域Ⅱ（带*号）

:MYSLPNSFLSLFIIGSTENWTDILY	960
:FFSIYNSFLGMYQILSSEDWTSILY	975
:FFSIYNSFLGMYQILSSEDWTSILY	956
:FFDIYNSFLGMYQILSSENWTSILY	985
:FFDIYNSFLGMYQILSSENWTSILY	990
:FADIYNSFIGMYQILSSENWTTILY	951
:FADIYNSFLGMYQILSSENWTTMLY	948
:FNNIYNSFLGMYQILSSENWTEILY	922
:FSNIYNSFLGMYQILSSENWTSILY	950
:FFDIYNSFLGMYQILSSENWTAILY	999
:MYSLPNSFLSLYSIGSTENWTSILY	1015
:MTTLPGVFIALYVITSTENWTEILY	1095
:MNTLPGVFIALYVITSTENWTSVLY	1099
:FSQTYNSFLGMYQIFSSENWTDIVY	921
:FSQTYNSFLGMYQIFSSENWTDIVY	920
:FDNFPQSLLTVFQILTGEDWNSVMY	713

结构域Ⅲ（带*号）   结构域Ⅳ（带*号）   基本模式

S.cerevisiae	(Cch1)	:LDSFASAFSSLYQIISLEGWVDLLE	1429	:FRTVIKSMIVLFRCSFGEGWNY	1715	:NEEE
C.posadasii	(XP_003070141):	FDTFGDSLFILFQIVSQEGWTDVLW	1443	:FRTVPKALILLFRMSCGEGWNQ	1728	:NEEE
C.immitis	(XP_001243065):	FDTFGDSLFILFQIVSQEGWTDVLW	1425	:FRTVPKALILLFRMSCGEGWNQ	1710	:NEEE
P.brasiliensis	(XP_002794469):	FDTFGDSLFILFQIVSQEGWTDVLW	1455	:FRDVPRALILLFRTSCGEGWNE	1654	:NEEE
H.capsulatum	(HCEG_02563)	:FDNFGESLFILFQIVSQEGWTGVLW	1461	:FRDVPRALVLLFRTSAGEGWNE	1745	:NEEE
A.clavatus	(XP_001269155):	FDNFGNALFILFQIVSQEGWTDVQM	1426	:FRDIPRTLILLFRMSCGEGWNA	1710	:NEEE
A.fumigatus	(XP_752476)	:FDNFGDSLFILFQIVSQEGWTDVLW	1423	:FRDIPRALILLFRMSCGEGWNQ	1707	:NEEE
A.flavus	(EED50022)	:FDNFFDSLFILFQIVSQEGWTDVQA	1392	:FRDIPRSLILLFRMSCGEGWNQ	1676	:NEEE
T.rubrum	(XP_003231641):	FDNFGSSLFILFQIVSQEGWTDVLW	1421	:FRSVPKALILLFRMSCGEGWNQ	1706	:NEEE
B.dermatitidis	(EGE78212)	:FDNFGESLFILFQIVSQEGWTGVLW	1468	:FRDVPRALILLFRTSVGEGWNE	1753	:NEEE
C.glabrata	(XP_445066)	:LDSFTSAFNSLFQIISLEGWVDLLG	1483	:FRTVLKALIVLFRCSFGEGWNY	1770	:NEEE
C.albicans	(XP_718390)	:FNRFASSFATLFEIVSLEGWVDLLN	1554	:LRSVPKALILLFRCSFGEGWNY	1839	:NEEE
C.tropicalis	(XP_002550113):	FNRFASSFASLFEIVSLEGWTDMLS	1562	:LRSVPKSLILLFRCSFGEGWNY	1847	:NEEE
C.gattii	(XP_003194030):	FDSFRESILILFEIVSLEGWIDVMA	1399	:YYTFGNALLMLAFMSTGEGWNG	1690	:NEEE
C.neoformans	(XP_570175)	:FDSFRESILILFEIVSLEGWIDVMA	1398	:YYTFGNALLMLAFMSTGEGWNG	1689	:NEEE
hCav1.2	(NP_955630)	:FDNVLAAMMALFTVSTFEGWPELLY	1142	:FQTFPQAVLLLFRCATGEAWQD	1469	:EEEE

彩图 2-9 病原真菌中的 Cav 通道蛋白在膜中的可能构象模拟

注:1. 红线表示 Ca²⁺ 通道;2. 星号(*)表示 Ca²⁺ 结合位点。

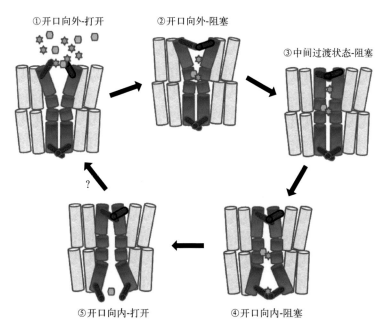

①开口向外-打开   ②开口向外-阻塞   ③中间过渡状态-阻塞

⑤开口向内-打开   ④开口向内-阻塞

彩图 2-10 运输蛋白在跨膜转运中的作用模型

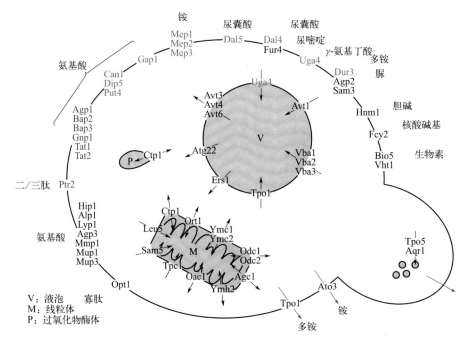

彩图 2-18 含氮化合物的吸收和胞内的转运示意图

注：1. 绿色文字：转运蛋白，其表达是在氮调节（NCR）下进行。

2. 蓝色文字：转运蛋白，其表达由细胞外氨基酸的 SPS 传感器的转录所控制。

3. 红色向外指向的箭头：被认为参与氨基酸排泄的转运蛋白（在晚期分泌途径中或在质膜上起作用）。

4. 箭头为传输的方向。

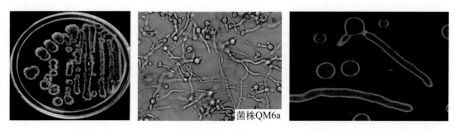

彩图 7-17 里氏木霉

注：红色为泡囊，蓝色是几丁质。

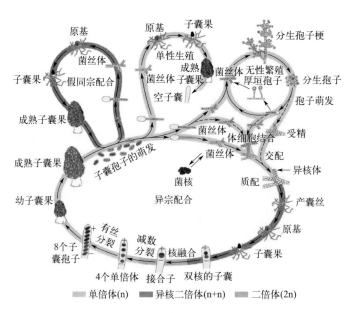

彩图 9-10 羊肚菌属真菌生活史示意图